**OSTWALDS KLASSIKER
DER EXAKTEN WISSENSCHAFTEN
Band 107**

**Jakob Bernoulli**
27.12.1654 - 16.8.1705

# OSTWALDS KLASSIKER DER EXAKTEN WISSENSCHAFTEN
# Band 107

Reprint der Bände 107 und 108

# Wahrscheinlichkeitsrechnung
(Ars conjectandi)

I., II., III. und IV. Theil
(1713)

mit dem Anhange:
**Brief an einen Freund über das Ballspiel**
*(Jeu de Paume)*

von
**Jakob Bernoulli**

Übersetzt und
herausgegeben von
R. Haussner

**Verlag Harri Deutsch**

Die Deutsche Bibliothek - CIP-Einheitsaufnahme

**Bernoulli, Jakob:**
Wahrscheinlichkeitsrechnung : I., II., III. und IV. Theil = Ars conjectandi / von Jakob Bernoulli. Uebers. und hrsg. von R. Haussner. - Nachdr. der Ausg. 1713. - Thun ; Frankfurt am Main : Deutsch, 1999
  (Ostwalds Klassiker der exakten Wissenschaften ; Bd. 107)
  Einheitssacht.: Ars conjectandi <dt.>
  ISBN 3-8171-3107-0

ISBN 3-8171-3107-0

Jede Verwertung außerhalb der Grenzen des Urheberrechtsgesetzes ist ohne Zustimmung des Verlages unzulässig und strafbar. Das gilt insbesondere für Vervielfältigungen, Übersetzungen, Mikroverfilmungen und die Einspeicherung und Verarbeitung in elektronischen Systemen.
Der Inhalt des Werkes wurde sorgfältig erarbeitet. Dennoch übernehmen Autoren, Herausgeber und Verlag für die Richtigkeit von Angaben, Hinweisen und Ratschlägen sowie für eventuelle Druckfehler keine Haftung.
Die Druckvorlage für den Band 108 wurde freundlicherweise von der Bibliothek des Instituts für Geschichte der Naturwissenschaften der Universität Frankfurt/M. zur Verfügung gestellt.
© Verlag Harri Deutsch, Thun und Frankfurt am Main, 1999
1. Auflage Verlag Engelmann, Leipzig
2. Auflage 1999
Druck: Rosch - Buch Druckerei GmbH, Scheßlitz
Printed in Germany

# Inhalt

## Erster Theil.

Christian Huygens´ Abhandlung über die bei Glücksspielen möglichen Berechnungen, mit Anmerkungen von Jakob Bernoulli ... 3

Sätze über den Werth meiner Hoffnung, wenn ich erhalten kann

| | | |
|---|---|---|
| I. | gleich leicht $a$ oder $b$ | 4 |
| II. | gleich leicht $a$, $b$, oder $c$ | 6 |
| III. | in $p$ Fällen $a$ und in $q$ Fällen $b$ | 7 |

Theilungsaufgaben bei zwei Spielern, welchen noch bez. fehlen

| | | |
|---|---|---|
| IV. | 1 und 2 Spiele | 12 |
| V. | 1 und 3 Spiele | 15 |
| VI. | 2 und 3 Spiele | 16 |
| VII. | 2 und 4 Spiele | 16 |
| Tafel für das Theilungsverhältnis | | 18 |

Theilungsaufgaben bei drei Spielern, welchen noch bez. fehlen

| | | |
|---|---|---|
| VIII. | 1, 1 und 2 Spiele | 18 |
| IX. | 1, 2 und 2 Spiele | 19 |
| Tafel für die Theilungsverhältnisse | | 20 |
| Ueber das Würfelspiel | | 21 |
| Tafel für die Anzahl aller möglichen Würfe mit 1 bis 6 Würfeln | | 27 |

Aufgaben über das Würfelspiel

| | | |
|---|---|---|
| X. | Mit wievielen Würfen kann es unternommen werden, mit 1 Würfel 6 Augen | 28 |
| XI. | und mit 2 Würfeln 12 Augen zu werfen? | 30 |

## Inhalt

| | | |
|---|---|---|
| | Verallgemeinerte Aufgabe | 32 |
| XII. | Mit wievielen Würfeln kann man es wagen, auf den ersten Wurf zwei Sechsen zu werfen | 40 |
| | Verallgemeinerte Aufgabe | 41 |
| XIII. | Fallen bei einem Wurfe mit 2 Würfeln 7 Augen, so erhält $A$ den Einsatz, fallen aber 10 Augen, so erhält ihn $B$; bei jeder anderen Augenzahl wird er zwischen $A$ und $B$ getheilt | 48 |
| XIV. | $A$ und $B$ würfeln abwechselnd mit 2 Würfeln und zwar beginnt $B$. $A$ gewinnt, wenn er 7, $B$, wenn er 6 Augen wirft | 48 |
| XIV. | $A$ und $B$ würfeln abwechselnd mit 2 Würfeln und zwar beginnt $B$. $A$ gewinnt wenn er 7, $B$, wenn er 6 Augen wirft | 49 |

## Anhang 52

| | | |
|---|---|---|
| I. | Nachdem $A$ anfangs einen Wurf mit zwei Würfeln gethan hat, wirft jeder der beiden Spieler zweimal hinter einander; $A$ gewinnt, wenn er 6, $B$, wenn er 7 Augen wirft | 52 |
| | Verallgemeinerung | 55 |
| II. | Drei Spieler haben 4 weisse und 8 schwarze Steine; derjenige gewinnt, welcher zuerst einen weissen Stein zieht | 61 |
| III. | $A$ will aus 40 Spielkarten, von denen je 10 gleiche Farbe haben, vier von verschiedener Farbe ziehen | 70 |
| IV. | Von 4 weissen und 8 schwarzen Steinen will $A$ blindlings 7 Steine, unter welchen sich 3 weisse befinden sollen, ergreifen | 71 |
| V. | $A$ und $B$ haben je 12 Münzen. Werden mit 3 Würfeln 11 Augen geworfen, so giebt $A$ dem $B$ eine Münze, werden aber 14 Augen geworfen, so erhält $A$ von $B$ eine Münze. Wer zuerst alle 24 Münzen besitzt, hat gewonnen | |

# Inhalt III

## Zweiter Theil.

**Permutations- und Combinationslehre** — 76

I. Permutationen — 78
II. Von den Combinationen im Allgemeinen. Combinationen ohne Wiederholung zu allen Classen zusammen; — 82
III. Combinationen ohne Wiederholung zu bestimmten Classen; figurirte Zahlen und ihre Eigenschaften — 86
  *Bernoulli*'sche Zahlen — 99
IV. Combinationen ohne Wiederholung zu einer bestimmten Classe; Anzahl derselben, welche gewisse Dinge einzeln oder miteinander verbunden enthalten — 101
V. Anzahl der Combinationen mit Wiederholung — 111
VI. Anzahl der Combinationen mit beschränkter Wiederholung — 116
VII. Variationen ohne Wiederholung — 121
VIII. Variationen mit Wiederholung — 124
IX. Anzahl der Variationen mit beschränkter Wiederholung — 129

## Anmerkungen.

Historische Einleitung — 134
Entwicklung der Wahrscheinlichkeitsrechnung vor *Jakob Bernoulli* — 134
Biographische Notizen über *Jakob Bernoulli* — 134
Die Ars conjectandi — 139
Schlussbemerkungen — 143

Specielle Textanmerkungen
zu dem ersten Theile — 144
zu dem zweiten Theile — 149

## Dritter Theil.

**Anwendungen der Combinationslehre auf verschiedene Glücks- und Würfelspiele** — 161

| | | |
|---|---|---|
| IV. | Ueber die zwei Arten, die Anzahl der Fälle zu ermitteln. Was von der Art sie durch Beobachtung zu ermitteln, zu halten ist. Hauptproblem hierbei, und anderes (Wahrscheinlichkeit a priori und a posteriori) | 246 |
| V. | Lösung des vorigen Problems | 252 |
| | *Bernoulli's* Theorem | 263 |

**Brief an einen Freund über das Ballspiel** — 266

| | | |
|---|---|---|
| I-III. | Beide Spieler haben die gleiche Geschicklichkeit im Spiele | 268 |
| IV.-V. | Der eine Spieler ist geschickter als der andere | 273 |
| VI.-XII. | Zusammenhang zwischen der Vorgabe des einen Spielers an den andern und dem Verhältnisse ihrer Geschicklichkeiten | 278 |
| XIII. | Ein Spieler spielt gegen zwei andere | 285 |
| XIV. | Zwei Spieler spielen gegen zwei andere | 288 |
| XV-XVII. | Weiteres üb. d. Vorgabe eines Spielers an d. andern | 289 |
| XVIII-XIX | Bisques | 293 |
| XX. | Services | 299 |
| XXI. | Schassen | 300 |
| XXII. | Besprechung falscher Schlussfolgerungen | 302 |

# Anmerkungen.

| | |
|---|---|
| **Specielle Textanmerkungen** | 305 |
| zu dem dritten Theile | 305 |
| zu dem vierten Theile | 310 |
| zu dem Briefe über das Ballspiel | 318 |

Inhalt V

Zahlen 1 bis 6 aus. Das Spiel wird abgebrochen, nachdem
$A4$, $B2$, $C3$ Zahlen gelöscht hat

XIV. $A$ soll soviele Würfe mit einem Würfel thun, als der Würfel zuerst Augen zeigt; $B$ werden 12 Augen angerechnet 182

XV. Dieselbe Aufgabe wie XIV; $B$ werden soviele Augen angerechnet, als das Quadrat der Augenanzahl des ersten Wurfes anzeigt 186

XVI. Cinq et neuf 187

XVII. Ein gewisses Jahrmarkts-Glücksspiel 189

XVIII. Treschak 194

XIX. In einem Glücksspiele hat der Bankhalter $p$ Fälle für Gewinn und $q$ für Verlust, m Fälle, sein Amt zu behalten, und $n$, es zu verlieren, wobei $p > q$ und $m > n$ ist 201

XX. Das Bockspiel 205

XXI. Das Bassette-Spiel 210

XXII. Titius kauft sich von Cajus jeden Wurf um einen Pfennig und erhält in $b$ Fällen von Cajus m Pfennige, in $c$ Fällen nichts. Hat er aber $n$-mal hintereinander nichts erhalten, so erhält er seine $n$-Pfennige zurück 220

XXIII. Das Spiel mit blinden Würfeln 224

XXIV. Dasselbe Spiel wie unter XXIII, nur soll der Spieler nach 5 erfolglosen Würfen seinen Einsatz zurückerhalten 227

# Vierter Theil.

**Anwendung der vorhergehenden Lehre auf bürgerliche, sittliche und wirthschaftliche Verhältnisse** 229

I. Einleitende Bemerkungen über Gewissheit, Wahrscheinlichkeit, Nothwendigkeit und Zufälligkeit der Dinge 229

II. Wissen und Vermuthen. Vermuthungskunst. Beweisgründe für Vermuthungen. Einige allgemeine hierhergehörige Grundsätze 233

III. Verschiedene Arten von Beweisgründen; Schätzung ihres Gewichtes für die Berechnung der Wahrscheinlichkeiten von Dingen 238

# Inhalt

I. Derjenige von drei Spielern, welcher von zwei in einer Urne liegenden Steinen, einem schwarzen und einem weissen, den weissen zieht, erhält von dem Spielunternehmer einen Preis; zieht keiner der drei den weissen Stein, so erhält keiner den Preis ... 161

II. Diesselbe Aufgabe wie I, nur soll der Preis unter die drei Spieler vertheilt werden, wenn keiner den weissen Stein zieht ... 162

III. $A$, $B$, $C$, $D$, $E$, $F$ spielen in der Weise miteinander, dass zuerst $A$ mit $B$ spielt. Dann der Gewinner mit $C$, von diesen beiden der Gewinner mit $D$, u. so fort ... 162

IV. Dieselbe Aufgabe, nur soll der Gewinner, wenn er gegen seinen $2^{ten}$, $3^{ten}$, $4^{ten}$ Gegner spielt, bez. 2-, 4-, 8-mal so viele Gewinnaussichten als dieser haben ... 163

V. $A$ soll aus 40 Spielkarten, von denen je 10 gleiche Farbe haben, vier von verschiedener Farbe ziehen ... 166

VI. Von 4 weissen und 8 schwarzen Steinen will $A$ blindlings 7 Steine, unter welchen sich 3 weisse befinden sollen, ergreifen ... 167

VII. Beliebig viele Spieler heben von einem Haufen Spielkarten, unter denen nur eine Bildkarte sich befindet, die Blätter der Reihe nach ab. Die Bildkarte lässt gewinnen ... 168

VIII. Dieselbe Aufgabe wie VII, nur befinden sich mehrere Bildkarten in dem Haufen. Die erste Bildkarte lässt gewinnen ... 169

IX. Dieselbe Aufgabe wie VIII. Wer die grösste Anzahl Bildkarten zieht, gewinnt ... 171

X. Vier Spieler heben die 36 Karten eines Haufens, unter welchen sich 16 Bildkarten befinden, der Reihe nach ab. Das Spiel wird abgebrochen, nachdem 23 Karten gezogen sind und $A$4, $B$3, $C$2, $D$1 Bildkarte gezogen hat ... 176

XI. Jemand will mit einem Würfel auf 6 Würfe jede Augenzahl einmal werfen ... 178

XII. Er will die Augenzahlen der Reihe nach werfen ... 179

XIII. $A$, $B$, $C$ spielen mit einem Würfel und jeder löscht die von ihm geworfene Zahl unter den vor sich hingeschriebenen ... 179

# Wahrscheinlichkeitsrechnung

(Ars conjectandi)

von

**Jakob Bernoulli.**

Basel 1713.

---

### Erster Theil.

Abhandlung über die bei Glücksspielen möglichen Berechnungen

von

Christian Huyghens.

Mit Anmerkungen von **Jakob Bernoulli.**

---

[3] Wenn bei den Spielen, welche allein vom Glück entschieden werden, auch der Ausgang ungewiss ist, so lässt sich doch immer genau berechnen, um wieviel wahrscheinlicher ein Mitspieler gewinnt als verliert. Z. B.: Wenn Jemand, um zu gewinnen, mit einem Würfel sechs Augen auf den ersten Wurf werfen muss, so ist es ungewiss, ob er gewinnt. Um wieviel wahrscheinlicher es aber ist, dass er verliert, als dass er gewinnt, ist durch die Spielbedingung selbst bestimmt und lässt sich durch Rechnung genau ermitteln. Oder: ich spiele mit einem Andern unter der Bedingung, dass derjenige den Spieleinsatz erhält, welcher zuerst drei Einzelspiele gewonnen hat. Wenn ich nun bereits ein Spiel gewonnen habe, so ist es zwar noch ungewiss, wer von uns Beiden schliesslich Sieger sein wird, aber es kann der Werth meiner Gewinnhoffnung und derjenigen meines Mitspielers genau ermittelt werden. Hieraus

lässt sich dann berechnen, um wieviel grösser der mir zufallende Theil des Spieleinsatzes sein muss als der meines Mitspielers, wenn wir uns geeinigt haben, das Spiel jetzt unvollendet aufzugeben, oder welchen Preis mir ein Dritter zahlen muss, wenn er in dem Augenblicke an meine Stelle zu treten und meine Gewinnaussichten zu übernehmen wünscht. In ähnlicher Weise lassen sich unzählige Fragen aufwerfen, wenn sich zwei, drei und mehr Personen an einem Spiele betheiligen. Da die hierbei anzuwendende Rechnung nicht allbekannt ist, aber sich oft sehr nützlich erweist, so will ich hier die Methode derselben kurz auseinandersetzen und darauf das, was sich auf Glücks- oder Würfelspiele im besonderen bezieht, entwickeln.

In beiden Fällen benutze ich den folgenden Grundsatz[1]): Beim Glücksspiele ist die Hoffnung eines Spielers, etwas zu erhalten, so hoch anzuschlagen, dass er, wenn er diese Hoffnung hat, von neuem zur gleichen Hoffnung gelangen kann, [4] wenn er unter der gleichen Bedingung spielt. Wenn z. B. Jemand ohne mein Wissen in der einen Hand drei, in der anderen Hand sieben Kugeln verbirgt und mir die Wahl lässt, aus welcher Hand ich die Kugeln nehmen will, so sage ich, dass mir dies ebensoviel werth ist, als wenn mir fünf Kugeln gegeben seien. Und wenn ich fünf Kugeln habe, so kann ich von neuem dahin gelangen, dass ich die gleiche Erwartung auf drei oder sieben Kugeln erlange: nämlich indem ich unter der gleichen Bedingung spiele.

## I.

**Satz. Wenn ich die Summe $a$ oder die Summe $b$ erwarte, von denen ich die eine ebenso leicht wie die andere erhalten kann, so ist der Werth meiner Hoffnung gleich $\frac{a+b}{2}$.**

Um diesen Satz nicht nur zu beweisen, sondern ihn sogar von Grund aus aufzubauen, setze ich meine Hoffnung gleich $x$. Dann muss ich, wenn ich $x$ habe, die gleiche Hoffnung wieder erlangen können, sobald ich unter der gleichen Bedingung spiele. Gesetzt nun, ich spiele mit einem Andern unter der Bedingung, dass jeder von uns Beiden die Summe $x$ einsetzt und der Gewinner des ganzen Einsatzes dem Verlierer die Summe $a$ geben muss. Dieses Spiel ist völlig gerecht, und es ist klar, dass ich unter diesen Bedingungen die gleiche Erwartung habe, die Summe $a$ zu erhalten, wenn ich nämlich das Spiel verliere, als wie die Summe $(2x - a)$, wenn ich gewinne (denn dann erhalte ich den ganzen Einsatz $2x$, von welchem ich die Summe $a$ meinem Mitspieler geben muss). Wenn nun aber $2x - a$ ebensoviel werth wäre als $b$, so hätte ich auf $a$ dieselbe Hoffnung wie auf $b$. Ich setze also $2x - a = b$ und erhalte dann $x = \dfrac{a+b}{2}$ als Werth meiner Hoffnung. Der Beweis ist leicht. Wenn ich nämlich die Summe $\dfrac{a+b}{2}$ habe, so kann ich mit einem Andern, welcher ebenfalls $\dfrac{a+b}{2}$ einsetzen will, unter der Bedingung spielen, dass der Gewinner dem Verlierer die Summe $a$ giebt. Auf diese Weise ist meine Hoffnung, $a$ zu erhalten (wenn ich verliere), gleich der, $b$ zu bekommen (wenn ich gewinne); im letzteren Falle erhalte ich nämlich den ganzen Einsatz $a + b$, und von diesem habe ich dem Andern die Summe $a$ zu geben.

Zahlenbeispiel. Wenn ich die gleiche Hoffnung habe, die Summe 3 oder 7 zu erhalten, so ist der Werth meiner Hoffnung gleich 5. Es ist klar, dass, wenn ich die Summe 5 habe, ich wieder zu der gleichen Hoffnung gelangen kann. [5] Wenn ich nämlich mit einem Andern unter der Bedingung spiele, dass jeder von Beiden 5 einsetzt und der Sieger dem Andern 3 giebt, so ist das Spiel völlig gerecht, da ich die gleiche Hoffnung auf 3 (wenn ich verliere) wie auf 7 (wenn ich gewinne) habe; im letzteren Falle erhalte ich nämlich den ganzen Spieleinsatz 10, von welchem ich dem Andern 3 geben muss.

»Anmerkungen. Der Verfasser dieser Abhandlung setzt am Schlusse seiner Einleitung im Allgemeinen, hier aber und in den beiden folgenden Lehrsätzen im Einzelnen die Grundlagen seines ganzen Verfahrens auseinander. Da es sehr wesentlich ist, dass das richtige Verständniss derselben gewonnen wird, so will ich versuchen, diese Grundsätze durch andere, einfachere und dem Verständniss eines jeden Lesers näher liegende Betrachtungen zu beweisen. Hierzu brauche ich nur festzusetzen: Jeder darf soviel erwarten, als er

unfehlbar erhalten wird. Denken wir uns, um den ersten
Satz zu beweisen, Folgendes: Jemand hält in der einen
Hand 3 (oder allgemein $a$) und in der anderen 7 (oder $b$)
Kugeln; er stellt mir frei, die Kugeln, welche er in der einen
Hand, und einem Anderen die, welche er in der andern Hand
hält, zu nehmen. Demnach erhalten wir Beide zusammen
unbedingt sicher und haben also zu erwarten die Kugeln, welche
er in beiden Händen hält, das sind 10 (oder allgemein $a+b$)
Kugeln. Jeder von uns Beiden hat aber den gleichen Anspruch
auf das, was wir erwarten; folglich muss die ganze Hoffnung
in zwei gleiche Theile getheilt und jedem die halbe Hoffnung,
d. h. 5 $\left(\text{oder } \dfrac{a+b}{2}\right)$ Kugeln zugebilligt werden.

Zusatz. Hieraus folgt, dass, wenn in der einen Hand $a$,
in der andern Hand nichts verborgen ist, die Hoffnung eines
jeden von uns gleich $\frac{1}{2}a$ ist.

Bemerkung. Aus dem Gesagten ist zu entnehmen, dass
das Wort Erwartung oder Hoffnung (Expectatio) nicht nur
in dem gewöhnlichen Sinne genommen werden darf, in welchem
wir etwas erwarten oder hoffen, was für uns gut und
vortheilhaft ist; es kann vielmehr auch den Sinn haben, dass
für uns Ungünstiges und Nachtheiliges zu befürchten ist. Das
Wort bezeichnet daher unsere Hoffnung, das Beste zu erhalten,
soweit als dieselbe nicht durch die Furcht, Schlimmes zu bekommen,
gemässigt und abgeschwächt wird. Mithin muss das
Wort so verstanden werden, dass es die Mitte bezeichnet zwischen
dem Besten, was wir erhoffen, und dem Schlimmsten, was
wir befürchten. Dies ist im Folgenden immer zu beachten.«

[6] ## II.

**Satz. Wenn ich eine der Summen $a$, $b$ oder $c$ erwarten
darf, von denen die eine ebenso leicht als
jede der beiden andern mir zufallen kann, so ist
der Werth meiner Hoffnung gleich $\frac{1}{3}(a+b+c)$.**

Um diesen Satz zu finden, bezeichne ich wiederum, wie
vorhin, den Werth meiner Hoffnung mit $x$. Wenn ich aber
die Summe $x$ habe, so muss ich die gleiche Hoffnung erhalten
können, wenn das Spiel gerecht ist. Gesetzt nun, ich spiele
mit zwei Andern unter der Bedingung, dass jeder von uns
Dreien die Summe $x$ einsetzt; mit dem Einen vereinbare ich
ferner, dass er mir die Summe $b$ giebt, wenn er gewinnt, und

ich ihm $b$ auszahle, falls ich gewinne, und mit dem Dritten komme ich überein, dass er mir die Summe $c$ zu geben hat, wenn er gewinnt, und im entgegengesetzten Falle ich ihm die gleiche Summe auszuhändigen habe. Das Spiel ist dann ein durchaus gerechtes, und ich habe unter diesen Bedingungen die gleiche Erwartung auf $b$, wenn der Andere gewinnt, als auf $c$, wenn der Dritte siegt, als auch auf $3x - b - c$, wenn ich selbst gewinne (denn in diesem Falle erhalte ich die Summe $3x$, von welcher ich die Summen $b$ und $c$ an meine beiden Mitspieler auszahlen muss). Wenn nun $3x - b - c = a$ wäre, so hätte ich die gleiche Hoffnung $a$ zu erhalten, wie $b$ oder $c$. Ich setze daher $3x - b - c = a$ und erhalte dann für den Werth meiner Hoffnung $x = \frac{1}{3}(a + b + c)$. Auf die nämliche Weise findet man, dass, wenn ich auf $a$, $b$, $c$ oder $d$ gleiche Hoffnung habe, der Werth meiner Hoffnung gleich $\frac{1}{4}(a + b + c + d)$ ist.

»**Anmerkungen.** Dieser Satz kann in anderer Weise folgendermaassen bewiesen werden: Wir nehmen an, dass wir drei Kästchen haben, und dass $a$ Kugeln in dem ersten, $b$ in dem zweiten und $c$ in dem dritten Kästchen seien. Mir und zwei Andern sei nun erlaubt, dass jeder von uns ein Kästchen wähle und seinen Inhalt behalte. Dann geschieht es, dass wir Drei zusammen alle drei Kästchen nehmen und den gesammten Inhalt, das sind $a + b + c$ Kugeln behalten. Jeder hat nun ebensoviel Hoffnung als einer der Anderen, und folglich ist die Erwartung jedes Einzelnen gleich dem dritten Theile der ganzen Summe, also gleich $\frac{1}{3}(a + b + c)$. [7] Wenn ich von vier Kästchen ein beliebiges wählen darf, so folgt auf gleiche Weise, dass der Werth meiner Hoffnung gleich dem vierten Theile der Gesammtsumme, also gleich $\frac{1}{4}(a + b + c + d)$ ist. Sind es fünf Kästchen, so ist meine Hoffnung gleich $\frac{1}{5}(a + b + c + d + e)$ zu bewerthen, u. s. w.

**Zusatz.** Ist in einem oder mehreren der Kästchen nichts, so ist klar, dass dann der Werth meiner Hoffnung auf den Inhalt des oder der übrigen Kästchen gleich dem dritten, vierten, fünften, ... Theile sein wird, wenn insgesammt drei, vier, fünf, ... Kästchen vorhanden sind.«

## III.

**Satz.** Wenn die Anzahl der Fälle, in denen ich die Summe $a$ erhalte, gleich $p$ und die Anzahl der Fälle, in denen ich die Summe $b$ erhalte, gleich $q$ ist und ich annehme, dass alle Fälle gleich leicht eintreten können, so ist der Werth meiner Hoffnung gleich $\frac{pa+qb}{p+q}$.

Um diese Regel zu finden, setze ich wieder $x$ für den Werth meiner Hoffnung. Ich muss dann, wenn ich $x$ habe, zur gleichen Erwartung kommen können, wenn das Spiel gerecht ist. Ich nehme nun so viele Mitspieler, dass ihre Zahl, mich eingerechnet, gleich $p+q$ ist; jeder der Spieler setzt die Summe $x$ ein, sodass die Summe $px+qx$ den gesammten Einsatz bildet, und spielt mit der gleichen Erwartung auf Gewinn. Ferner treffe ich mit $q$ Mitspielern das Uebereinkommen, dass mir jeder von ihnen die Summe $b$ geben muss, falls er gewinnt, und umgekehrt, dass ich jedem dieselbe Summe geben muss, wenn ich obsiege; in ähnlicher Weise einige ich mich mit den einzelnen $p-1$ übrigen Spielern dahin, dass mir jeder von ihnen die Summe $a$ auszuzahlen hat, falls er das Spiel gewinnt, und dass umgekehrt ich jedem dieselbe Summe aushändige, wenn ich Sieger werde. Da bei diesen Bedingungen keiner der Spieler im Nachtheil ist gegenüber einem andern, so ist das Spiel ein völlig gerechtes. Offenbar habe ich nun $q$ Fälle, in welchen ich die Summe $b$ erhalte, $p-1$ Fälle, in welchen ich die Summe $a$ erhalte, und einen Fall, in welchem ich $px+qx-qb-(p-1)a$ erhalte (wenn ich siege, erhalte ich nämlich den ganzen Einsatz $px+qx$ und habe davon jedem Einzelnen der $q$ Mitspieler die Summe $b$ und jedem der übrigen $p-1$ Mitspieler die Summe $a$, also im ganzen $qb+(p-1)a$ auszuzahlen). Wenn nun $px+qx-qb-(p-1)a$ gleich $a$ selbst sein würde, so hätte ich $p$ Hoffnungen auf $a$ (da ich bereits $p-1$ Hoffnungen auf $a$ hatte) [8] und $q$ Hoffnungen auf $b$ und so würde ich wieder zu meiner früheren Hoffnung gekommen sein. Wenn ich also

$$px+qx-qb-(p-1)a = a$$

setze, so ist der Werth meiner Hoffnung

$$x = \frac{pa+qb}{p+q},$$

wie oben behauptet worden ist.

Wahrscheinlichkeitsrechnung (Ars conjectandi).

Zahlenbeispiel. Wenn ich 3 Hoffnungen auf 13 Mark und 2 auf 8 Mark habe, so ist nach der vorstehenden Regel der Werth meiner Hoffnung gleich 11. Es lässt sich auch leicht zeigen, dass ich wieder zur gleichen Erwartung gelange, wenn ich 11 Mark habe. Ich nehme nämlich an, dass ich gegen vier andere Spieler spiele und jeder von uns fünf Theilnehmern 11 Mark einsetzt; mit zwei Spielern vereinbare ich einzeln, dass wer von ihnen gewinnt mir 8 Mark geben muss, und ich beiden je 8 Mark aushändige, wenn ich siege; mit den beiden andern Spielern einige ich mich dahin, dass jeder von ihnen mir 13 Mark geben muss, wenn er Sieger wird, und ich beiden je 13 Mark gebe, wenn ich gewinne. Dann ist das Spiel völlig gerecht, und ich habe zwei Hoffnungen auf 8 Mark, wenn einer von den beiden Spielern, welche mir 8 Mark versprochen haben, gewinnt, und drei Hoffnungen auf 13 Mark, wenn einer der beiden übrigen Spieler oder ich selbst das Spiel gewinne (im letzteren Falle erhalte ich nämlich den ganzen Einsatz, gleich 55 Mark und muss von demselben zwei Spielern je 13 Mark und den beiden andern je 8 Mark geben, sodass mir selbst 13 Mark übrig bleiben).

»Anmerkungen. Anders lässt sich die Regel auf folgende Weise begründen. Ich nehme wieder an, dass mit mir $p + q$ Personen am Spiele theilnehmen und dass jedem Einzelnen je ein Fall zukommt. Es seien nun ebensoviele Kästchen vorhanden, von denen jedes die Summe enthält, welche in dem einzelnen Falle erhalten wird, d. h. $p$ Kästchen enthalten $a$ und $q$ Kästchen $b$. Jeder Mitspieler nimmt ein Kästchen; alle zusammen bekommen mithin sicher den Inhalt sämmtlicher Kästchen, das ist $pa + qb$. Da nun alle Spieler die gleiche Hoffnung haben, so muss man die Summe, welche sie zusammen erhalten, durch ihre Anzahl dividiren, und erhält für den Werth der Hoffnung jedes Spielers $\dfrac{pa + qb}{p + q}$. Auf gleiche Weise kann man zeigen, dass der Werth meiner Hoffnung gleich $\dfrac{pa + qb + rc}{p + q + r}$ ist, wenn ich in $p$ Fällen $a$, in $q$ Fällen $b$ und in $r$ Fällen $c$ zu erwarten habe.

[9] Zusatz 1. Hieraus ergiebt sich sofort, dass, wenn mir in $p$ Fällen $a$ und in $q$ Fällen nichts zukommt, meine Hoffnung gleich $\dfrac{pa}{p + q}$ ist.

Zusatz 2. Wenn die Anzahl der Fälle einen gemeinsamen Theiler haben, so kann offenbar der Werth meiner Hoffnung auf einen Bruch mit kleineren Zahlen im Zähler und Nenner zurückgeführt werden. Denn wenn ich $a$ in $mp$ Fällen und $b$ in $mq$ Fällen erhalte, so ist nach der obigen Regel meine Hoffnung gleich $\frac{mpa + mqb}{mp + mq}$, welcher Werth durch Division mit $m$ gleich $\frac{pa + qb}{p + q}$ wird.

Zusatz 3. Wenn ich in $p$ Fällen $a$, in $q$ Fällen $b$ und in $r$ Fällen $c$ erhalte, so kommt dies auf dasselbe hinaus, als wenn ich $p + q$ Fälle habe, in denen ich $\frac{pa + qb}{p + q}$ bekomme, und $r$ Fälle, in denen ich $c$ erhalte. Denn nach der obigen Regel ergiebt sich als Werth meiner Hoffnung:

$$\frac{(p+q)\frac{pa+qb}{p+q} + rc}{(p+q) + r} = \frac{pa + qb + rc}{p + q + r}.$$

Zusatz 4. Wenn ich $p$ Fälle, $a$ zu erlangen, $q$ Fälle, $b$ zu erhalten und $r$ Fälle dafür habe, in meiner Lage zu bleiben, d. h. meine ursprüngliche Hoffnung zurückzuerlangen, so ist meine Hoffnung gleich $\frac{pa + qb}{p + q}$, also gleich derjenigen, welche ich haben würde, wenn keiner der $r$ Fälle vorhanden wäre. Denn bezeichne ich mit $x$ den Werth meiner ursprünglichen Hoffnung, so habe ich $p$ Fälle für $a$, $q$ Fälle für $b$ und $r$ Fälle für $x$. Meine Hoffnung hat also nach der Regel (Zusatz 3) den Werth $\frac{pa + qb + rx}{p + q + r}$, und da dieselbe mit $x$ bezeichnet wurde, so ist

$$x = \frac{pa + qb + rx}{p + q + r},$$

woraus

$$px + qx + rx = pa + qb + rx$$

und schliesslich

$$x = \frac{pa + qb}{p + q}$$

folgt.

Wahrscheinlichkeitsrechnung (Ars conjectandi).

Zusatz 5. Wenn ich in $p$ Fällen die Summe $a$ (von welcher ich die Hälfte als Einsatz geleistet habe) und in $q$ Fällen nichts erhalte, so bezieht sich meine Hoffnung, welche nach dem ersten Zusatze gleich $\dfrac{pa}{p+q}$ ist, auf den ganzen Einsatz und bezeichnet den Theil des gesammten Einsatzes, welcher mir von diesem anfänglich gebührt, nicht die Grösse meines Gewinnes oder Verlustes. Handelt es sich aber um diesen, so muss ich bedenken, dass ich nur $\frac{1}{2}a$ gewinne, wenn der ganze Einsatz mir zufällt, und nur $\frac{1}{2}a$ verliere, das heisst $-\frac{1}{2}a$ gewinne, wenn ich nichts von dem Einsatze erhalte. Daher ist in diesem Sinne meine Hoffnung gleich

$$\frac{p\cdot\dfrac{a}{2}+q\cdot\left(-\dfrac{a}{2}\right)}{p+q}=\frac{(p-q)\dfrac{a}{2}}{p+q};$$

folglich steht mir ein Gewinn in Aussicht, wenn $p$ grösser als $q$ ist, und ein Verlust, wenn $q$ grösser als $p$ ist.

[10] Zusatz 6. Wenn ich $p$ Fälle habe, in denen ich die Summe $a$, und $q$ Fälle, in denen ich die Summe $b$ erhalte, wo ich zwar zu keiner von beiden Summen etwas beigesteuert, mir jedoch die Theilnahme am Spiel um den Preis der Summe $n$ erkauft habe, so ist meine Hoffnung $\dfrac{pa+qb}{p+q}$ wiederum nicht ganz auf den Gewinn zu beziehen, sondern sie muss um den Werth $n$ vermindert werden. Denn wenn ich meinem Mitspieler $n$ gebe und er mir $a$ oder $b$ zurückgiebt, so kommt dies auf dasselbe hinaus, als wenn ich dem Andern nichts gebe und er mir $a-n$ oder $b-n$ zurückerstattet. In diesem Falle vermindert sich aber der Werth meiner Hoffnung auf

$$\frac{p(a-n)+q(b-n)}{p+q}=\frac{pa+qb}{p+q}-n,$$

welcher mir wiederum Gewinn oder Verlust in Aussicht stellt, je nachdem der positive Theil grösser als der negative ist oder umgekehrt.

Bemerkung. Ein Blick auf diese Rechnung zeigt, dass sie mit der in der Mischungsrechnung gebräuchlichen Regel, nach welcher Dinge von verschiedenem Werthe in gegebenen Mengen miteinander vermischt werden und nach dem Preise der

Mischung gefragt wird, grosse Aehnlichkeit hat, oder vielmehr dass die Rechnung in beiden Fällen ganz die gleiche ist. Denn wie die Summe aller Produkte, welche ich erhalte, wenn ich die Menge jedes der zu mischenden Dinge in den zugehörigen Preis multiplicire, dividirt durch die Summe aller einzelnen Mengen mir den Preis der Mischung bestimmt — welcher immer zwischen dem höchsten und niedrigsten Preise der einzelnen Bestandtheile liegt —, so ergiebt die Summe der Produkte aus den Zahlen der Fälle in den Gewinn des einzelnen Falles dividirt durch die Anzahl aller Fälle den Werth der Hoffnung, welcher ebenfalls immer zwischen dem zu erwartenden grössten und kleinsten Gewinne liegt. Nimmt man nun die dort für die Mengen der Bestandtheile und ihre Preise gültigen Zahlen hier für die Zahlen der Fälle und die zugehörigen Gewinne, so wird auch dieselbe Zahl dort den Preis der Mischung, hier den Werth der Hoffnung angeben. Z. B. Wenn man drei Kannen Wein zum Preise von 13 Mark mit zwei Kannen Wein zum Preise von 8 Mark mischt und 3 mit 13, 2 mit 8 multiplicirt, so erhält man als Preis aller Kannen der Mischung 55 Mark; dividirt man diese Zahl durch 5, die Anzahl der Kannen, so ergiebt sich als Preis einer Kanne der Mischung 11 Mark. Ebenso hoch ist aber nach der obigen Regel der Werth meiner Hoffnung, wenn ich 3 Fälle für 13 und 2 für 8 habe.«

[11]  **IV.**

**Aufgabe**[2]). $A$ spielt mit $B$ unter der Bedingung, dass derjenige, welcher zuerst dreimal gewonnen hat, den Spieleinsatz erhält. Nun hat $A$ bereits zweimal, $B$ aber erst einmal gewonnen, und ich will wissen, wie der Spieleinsatz in gerechtem Verhältnisse getheilt werden muss, wenn Beide jetzt das Spiel abbrechen. Wieviel erhält $A$?

Um die vorgelegte Frage nach der gerechten Vertheilung des Spieleinsatzes unter die beiden Spieler, deren Gewinnhoffnungen ungleiche sind, zu beantworten, beginnen wir mit einem leichteren Falle.

Zuerst muss man die Spiele beachten, welche beiden Spielern noch fehlen[A]. Wenn sie unter einander vereinbart hätten, dass derjenige den Einsatz erhält, welcher zuerst zwanzig Einzelspiele gewonnen hat, und $A$ bereits 19 Spiele gewonnen hat, der Andere aber erst 18, so ist offenbar die

Hoffnung des $A$ auf Gewinn um ebensoviel besser wie die des $B$, als sie es im Falle der vorliegenden Aufgabe ist, wo $A$ von 3 Spielen schon 2 gewonnen hat, $B$ aber erst 1; denn in beiden Fällen fehlt dem $A$ noch ein Spiel, dem $B$ aber fehlen noch 2 Spiele.

Um den jedem der Spieler zukommenden Theil des Einsatzes zu berechnen, muss man erwägen, welche Fälle eintreten können, wenn sie das Spiel fortsetzen. Gewinnt $A$ dann sofort das nächste Spiel, so hat er die vorgeschriebene Zahl von Spielen gewonnen und erhält den ganzen Einsatz, welcher durch $a$ bezeichnet werden mag [B]. Gewinnt aber $B$ das nächste Spiel, so sind die Hoffnungen beider Spieler auf Gewinn einander gleich geworden (da ja jedem von Beiden nur noch ein Spiel fehlt) und jedem kommt daher $\frac{1}{2}a$ zu. Nun hat $A$ aber die gleiche Aussicht, dieses erste Spiel zu gewinnen als es zu verlieren, d. h. die Erwartungen $a$ oder $\frac{1}{2}a$ zu erhalten. Mit Rücksicht auf den Lehrsatz I erhält also $A$ die halbe Summe beider, das ist $\frac{3}{4}a$, und es bleibt folglich seinem Mitspieler $\frac{1}{4}a$ übrig [C], welcher Theil auch direct auf die gleiche Weise wie der des $A$ hätte gefunden werden können [D]. Daraus ergiebt sich, dass derjenige Spieler, welcher den Platz des $A$ in dem Spiele einnehmen will, ihm $\frac{3}{4}a$ geben muss, und dass derjenige, welcher ein Spiel gewinnen muss, ehe der andere 2 Spiele gewonnen hat, 3 gegen 1 einsetzen kann [E].

[12] »Anmerkungen. (A) [Zuerst muss man die Spiele beachten, welche beiden Spielern noch fehlen.] Es ist also bei der Berechnung der zu erwartenden Gewinne nur auf die Spiele, welche noch gemacht werden müssen, Rücksicht zu nehmen, nicht auf die bereits gemachten. Denn für jedes einzelne folgende Spiel ist die Wahrscheinlichkeit, dass das Glück diejenigen Spieler begünstigt, welche es bisher bevorzugt hat, nicht grösser als die, dass es diejenigen begünstigt, welche es bisher stiefmütterlich behandelt hat. Dies glaube ich gegenüber der lächerlichen Ansicht von vielen Leuten bemerken zu müssen, welche das Glück gewissermaassen als einen Besitz betrachten, welcher eine längere Zeit bei einem Menschen bleibt und ihm gleichsam ein Recht einräumt, künftighin ein gleiches Glück zu erhoffen.

(B) [welcher durch $a$ bezeichnet werden mag.] Unter dem Buchstaben $a$ können wir nicht nur mit dem Verfasser (*Huyghens*) die eingesetzte Geldsumme, welche unter den Mit-

spielern im Verhältnisse der zu erwartenden Gewinne getheilt
werden kann, verstehen, sondern auch ganz allgemein alles
das, was zwar an sich untheilbar ist, aber doch als theilbar
nach der Anzahl der Fälle, in denen es erworben oder verloren, erreicht oder nicht erreicht wird, aufgefasst werden
kann, wie dies im letzten Theile dieses Buches ausführlicher
gezeigt werden wird: z. B. eine Belohnung, einen Lorbeer-
kranz, einen Sieg, eine Lebensstellung, einen bestimmten Ver-
mögensstand, ein öffentliches Amt, irgend eine Unternehmung,
Leben oder Tod u. s. w. Wenn z. B. zwei zum Tode ver-
urtheilten Verbrechern durch besondere Gunst des Fürsten
gestattet wird, bei gleicher Hoffnung auf Gewinn um ihr Leben
zu würfeln, so muss man annehmen, dass jeder die Hoffnung
auf $\frac{1}{2}$ Leben oder $\frac{1}{2}$ Tod nach dem Satze I hat, sodass ein
solcher Mensch im eigentlichen Sinne des Wortes halblebendig
oder halbtodt genannt werden kann.

(C) [es bleibt folglich seinem Mitspieler $\frac{1}{4}a$ übrig.]
D. h. der Rest des gesammten Einsatzes, da nach Abbruch
des Spieles $A$ und $B$ zusammen sicher den ganzen Einsatz $a$
haben müssen. Wenn aber in einem bestimmten Falle beide
Spieler mehr oder weniger als das Ganze $a$ erhalten, so kann
auch die Hoffnung des einen Spielers die des andern nicht
zu $a$ ergänzen. Wenn z. B. zwei Verbrechern, welche gehängt
werden sollen, gestattet wird, unter der Bedingung mit einander um ihr Leben zu würfeln, dass derjenige, welcher
weniger Augen wirft als der andere, gehängt wird, dem
anderen aber das Leben geschenkt wird, und dass Beide be-
gnadigt werden, wenn sie die gleiche Zahl von Augen werfen,
so hat, wie später gezeigt wird, jeder von beiden die Hoffnung
$\frac{7}{12}a$ oder $\frac{7}{12}$ des Lebens. In diesem Falle folgt daraus nicht,
dass die Hoffnung des andern Verbrechers $\frac{5}{12}$ des Lebens
beträgt, denn da die Hoffnungen beider offenbar gleich sind,
so hat auch der andere eine Hoffnung gleich $\frac{7}{12}$ des Lebens,
also beide $\frac{7}{6}$ Leben, d. h. mehr als ein Leben. [13] Dies
kommt daher, dass es keinen Fall giebt, in welchem nach
Beendigung des Spieles nicht wenigstens einer am Leben bleibt,
dass es aber einige Fälle giebt, in welchen beide Verbrecher
am Leben bleiben.

(D) [welcher Theil auch direct u. s. w.] Nämlich auf
folgende Weise: Wenn der Gegner $B$ das nächste Spiel gewinnt, so sind die Hoffnungen beider Spieler wieder gleich
und betragen für jeden $\frac{1}{2}a$; wenn $A$ aber gewinnt, so erhält

Wahrscheinlichkeitsrechnung (Ars conjectandi). 15

jener nichts. Da $B$ also mit gleicher Wahrscheinlichkeit $\frac{1}{2}a$ und nichts erhalten kann, so ist der Werth seiner Hoffnung gleich $\frac{1}{4}a$ nach Zusatz 1 des Satzes III.

(E) [und dass derjenige, welcher ein Spiel u. s. w.] Man muss nachweisen, dass Derjenige, welcher in drei Fällen gewinnen und nur in einem Falle verlieren kann oder welcher drei Viertel des Einsatzes erwerben will, 3 gegen 1 einsetzen kann. Zu diesem Zwecke muss man annehmen, dass er die Aussichten dreier Spieler übernimmt. Denn wenn vier Spieler mit gleicher Aussicht auf Gewinn spielen und jeder von ihnen 1 einsetzt, so hat jeder seinen Einsatz, also den vierten Theil des ganzen Einsatzes zu erwarten. Nach Zusatz 1 des Satzes III haben also jene drei Spieler $\frac{3}{4}$ des Einsatzes und der vierte $\frac{1}{4}$ desselben zu erwarten. Da die ersteren aber auch 3 eingesetzt haben, während der letztere nur 1 beigesteuert hat, so ist es völlig gerecht, dass derjenige, welcher an die Stelle der drei Spieler treten will, d. h. welcher dreimal mehr als sein Mitspieler gewinnen will, auch dreimal mehr einsetzt. Oder auf andere Weise: Wer drei Fälle hat, in denen er gewinnt, und nur einen Fall, in dem er verliert, kann eben so oft dreimal gewinnen, als der Andere nur einmal. Wenn also das Spiel gerecht sein soll, so muss jener Spieler mit der dreifachen Gewinnaussicht ebensoviel gewinnen als der andere mit seiner einfachen, was nur der Fall ist, wenn der erstere dreimal soviel als der letztere einsetzt. Und so kann man allgemein zeigen, dass ein Spieler um so mehr billiger Weise einsetzen muss, je grösser seine Hoffnung auf Gewinn ist, wenn die Aussichten der Spieler gleich sein sollen.«

## V.

**Aufgabe.** Dem Spieler $A$ fehlt, um zu gewinnen, noch ein Spiel; seinem Gegner $B$ aber fehlen noch drei Spiele dazu. Es soll der Einsatz in gerechter Weise getheilt werden.

Wir betrachten wiederum, wie die Verhältnisse liegen, wenn $A$ oder sein Gegner $B$ das erste Spiel gewinnen. Wenn $A$ gewinnt, so erhält er den Einsatz $a$. Gewinnt aber $B$, [14] so fehlen ihm noch zwei Spiele und dem $A$ noch ein Spiel. Beide würden sich dann in der gleichen Lage befinden, wie sie in der vorigen Aufgabe angenommen war, und $A$ würde $\frac{3}{4}a$ erhalten, wie dort gezeigt wurde. Er kann also ebenso leicht $a$, wie $\frac{3}{4}a$ erhalten, was nach dem Satze I für ihn $\frac{7}{8}a$ ergiebt; seinem Mitspieler $B$ bleibt nur $\frac{1}{8}a$ übrig, sodass die Hoffnung des $A$ sich zu der des $B$ wie 7 : 1 verhält.

Wie aber bei dieser Rechnung auf die vorhergehende zurückgegriffen ist, so wird diese wieder weiter benutzt, wenn wir annehmen, dass dem $A$ ein Spiel fehlt und seinem Gegner $B$ vier Spiele fehlen. Auf gleiche Weise ergiebt sich dann, dass $A$ $\frac{15}{16}$ und $B$ $\frac{1}{16}$ des Einsatzes erhalten muss.

»**Anmerkung.** Aus der Reihe der Brüche $\frac{3}{4}a$, $\frac{7}{8}a$, $\frac{15}{16}a$, welche in der voraufgehenden und in dieser Aufgabe gefunden worden sind, erkennt man weiter, dass, wenn dem $B$ noch 5 Spiele zum Gewinnen fehlen, die Erwartung des $A$ gleich $\frac{31}{32}a$ ist; dass sie gleich $\frac{63}{64}a$ ist, wenn dem $B$ noch 6 Spiele fehlen, und gleich $\frac{127}{128}a$, wenn dem $B$ noch 7 Spiele fehlen. Allgemein[3]), wenn dem $A$ ein Spiel fehlt, dem $B$ aber noch $n$ Spiele, so verhält sich die Erwartung des $A$ zu der des $B$ wie $(2^n - 1) : 1.$«

## VI.

**Aufgabe.** Dem Spieler $A$ fehlen zwei Spiele und seinem Mitspieler $B$ drei Spiele.

Nach dem ersten Spiele fehlen entweder dem $A$ noch ein Spiel und dem $B$ noch drei Spiele (in welchem Falle dem $A$ nach dem vorigen Satze $\frac{7}{8}a$ zufallen würde), oder es fehlen beiden Spielern noch je zwei Spiele (in welchem Falle dem $A$ offenbar $\frac{1}{2}a$ zukommt, da dann beider Hoffnungen gleich sind). Nun ist für $A$ die Möglichkeit, das erste Spiel zu gewinnen, die gleiche wie die es zu verlieren, daher hat er die gleiche Hoffnung auf $\frac{7}{8}a$ und auf $\frac{1}{2}a$, woraus nach Satz I für $A$ sich $\frac{11}{16}a$ ergiebt. Es gebühren dem $A$ mithin 11 Theile und seinem Gegner $B$ nur 5 Theile des Einsatzes.

## VII.

**Aufgabe.** Dem Spieler $A$ fehlen zwei Spiele und seinem Mitspieler $B$ vier Spiele.

Nach dem ersten Spiele sind zwei Fälle möglich: Entweder hat $A$ das erste Spiel gewonnen und muss also noch ein Spiel gewinnen, während $B$ noch vier Spiele zu gewinnen hat, oder $A$ hat das erste Spiel verloren und muss noch zwei

Spiele, $B$ noch drei Spiele gewinnen. $A$ hat also auf $\frac{15}{16}q$ und auf $\frac{11}{16}q$ die gleiche Hoffnung; er erhält daher, nach Satz I, $\frac{13}{16}q$. Daraus leuchtet unmittelbar ein, dass $A$ günstigere Aussichten hat[F], wenn er zwei Spiele und $B$ vier zu gewinnen hat, als wenn er nur ein Spiel gewinnen muss, ehe $B$ zwei gewonnen hat. Denn in diesem letzteren Falle ist der Antheil des $A$, welcher ein Spiel gegen zwei des $B$ gewinnen muss, gleich $\frac{3}{4}q$ nach Satz IV, was weniger ist als $\frac{13}{16}q$.«

»**Anmerkungen.** (F) [Daraus leuchtet u. s. w.] Es hat derjenige Spieler noch günstigere Aussichten, welcher drei Spiele gewinnen muss, während der andere noch sechs zu gewinnen hat, denn es ergiebt sich für seinen Theil $\frac{219}{256}q$, was mehr als $\frac{13}{16}q$ ist. Derjenige, welcher ein Spiel zu gewinnen unternimmt, ehe der andere vier Spiele gewonnen hat, besitzt nicht die gleiche Hoffnung wie jener, welcher zwei Spiele gewinnen muss, bevor der andere acht Spiele gewonnen hat, sondern die Erwartung desjenigen, welcher zwei Spiele gewinnen muss, ehe sein Mitspieler sechs Spiele gewonnen hat. Wenn die Rechnung nicht eines Besseren belehrte, so möchte vielleicht Niemand glauben, dass nicht zwischen den Hoffnungen zweier Spieler das gleiche Verhältniss bestehen muss, wenn das Verhältniss der noch fehlenden Spiele das gleiche ist. Dadurch müssen wir uns mahnen lassen, dass wir mit der Antwort vorsichtig sein müssen und unsere Ueberlegungen nicht auf scheinbare Analogien gründen dürfen, wie es häufig genug selbst von sonst sehr klugen Leuten geschieht.

Es mag mir gestattet sein, hier eine Tafel\*) für zwei Spieler $A$ und $B$ anzufügen; eine ähnliche Tafel hat der Verfasser (*Huygens*) weiter unten nach Aufgabe IX für drei Spieler gegeben.

---

\*) Die Tafel giebt den Theil des Einsatzes an, welcher dem $A$ zukommt, wenn das Spiel in dem Augenblick abgebrochen wird, wo, um den ganzen Einsatz zu gewinnen, dem $A$ noch 1, 2, ..., 9 Spiele und dem $B$ noch 1, 2, ..., 7 Spiele fehlen. *H.*

[16] *Tafel für 2 Spieler.*

| Anzahl der Spiele, welche noch fehlen | dem Spieler B | | | | | | |
|---|---|---|---|---|---|---|---|
| | 1 | 2 | 3 | 4 | 5 | 6 | 7 |
| dem Spieler A | | | | | | | |
| 1 | 1 : 2 | 3 : 4 | 7 : 8 | 15 : 16 | 31 : 32 | 63 : 64 | 127 : |
| 2 | 1 : 4 | 4 : 8 | 11 : 16 | 26 : 32 | 57 : 64 | 120 : 128 | 247 : |
| 3 | 1 : 8 | 5 : 16 | 16 : 32 | 42 : 64 | 99 : 128 | 219 : 256 | 466 : |
| 4 | 1 : 16 | 6 : 32 | 22 : 64 | 64 : 128 | 163 : 256 | 382 : 512 | 848 : |
| 5 | 1 : 32 | 7 : 64 | 29 : 128 | 93 : 256 | 256 : 512 | 638 : 1024 | 1486 : |
| 6 | 1 : 64 | 8 : 128 | 37 : 256 | 130 : 512 | 386 : 1024 | 1024 : 2048 | 2510 : |
| 7 | 1 : 128 | 9 : 256 | 46 : 512 | 176 : 1024 | 562 : 2048 | 1586 : 4096 | 4096 : |
| 8 | 1 : 256 | 10 : 512 | 56 : 1024 | 232 : 2048 | 794 : 4096 | 2380 : 8192 | 6476 : |
| 9 | 1 : 512 | 11 : 1024 | 67 : 2048 | 299 : 4096 | 1093 : 8192 | 3473 : 16384 | 9949 : |

Diese Tafel kann mit grosser Leichtigkeit beliebig weit fortgesetzt werden: Die Fortsetzung der ersten Zeile geschieht nach der in der Anmerkung zu der Aufgabe V gegebenen Regel. In der ersten Columne erhält man die einzelnen Glieder durch fortgesetztes Halbiren von $\frac{1}{2}$. Jedes andere Glied, welches weder der ersten Zeile noch der ersten Columne angehört, erhält man dadurch, dass man die Glieder, welche dem gesuchten in derselben Zeile und in derselben Columne unmittelbar vorangehen, zu einander addirt und die Summe halbirt. Die Construction der Tafel ist nach dem eben Gesagten hinreichend deutlich. Wie aber die Hoffnungen zweier Spieler, denen noch eine beliebige Anzahl von Spielen fehlen, ohne Fortsetzung der Tafel ermittelt werden können, wird weiter unten im Anhange zu Kapitel IV. des zweiten Theiles gezeigt werden.«

[17] VIII.

**Aufgabe.** Wir nehmen jetzt an, dass drei Personen $A$, $B$ und $C$ mit einander spielen und dass $A$ und $B$ je ein Spiel fehlt, während dem $C$ zwei Spiele fehlen.

Damit man den dem $A$ zukommenden Antheil findet, muss man wiederum auf das sein Augenmerk richten, was ihm zukommt, wenn er selbst oder einer der beiden andern Spieler das erste Spiel gewinnt. Gewinnt er selbst, so erhält er den Einsatz $a$. Gewinnt aber $B$, so erhält $A$ nichts, da ja dann

$B$ das Spiel beendigt haben würde. Wenn schliesslich $C$ gewinnt, so fehlt jedem der drei Spieler noch ein Spiel, und es kommt daher jedem von ihnen $\frac{1}{3}a$ zu. Also hat $A$ einen Fall für $a$, einen für Null und einen für $\frac{1}{3}a$ (da jeder der drei Spieler mit gleicher Wahrscheinlichkeit das erste Spiel gewinnen kann), was nach Satz II für ihn $\frac{4}{9}a$ ausmacht. In gleicher Weise ergiebt sich, dass $\frac{4}{9}a$ dem $B$ zukommen, und folglich bleibt $\frac{1}{9}a$ für $C$ übrig. Man hätte auch den Theil des $C$ für sich berechnen und dann die Antheile der Anderen finden können [G].

»**Anmerkung.** (G.) [Man hätte auch den Theil des $C$ u. s. w.] Nämlich auf folgende Weise: Gewinnt $C$ selbst das erste folgende Spiel, so ist seine Hoffnung auf Gewinn gleich $\frac{1}{3}a$. Wenn aber $A$ oder $B$ das nächste Spiel gewinnen, so erhält $C$ nichts. Folglich hat er einen Fall für $\frac{1}{3}a$ und zwei Fälle für nichts, was nach Zusatz 1 des Satzes III für ihn $\frac{1}{9}a$ ergiebt.«

## IX.

**Satz. Um bei beliebig vielen Spielern, von denen dem einen mehr, dem andern weniger Spiele noch fehlen, die Hoffnung jedes einzelnen zu berechnen, muss man ermitteln, was dem Spieler, dessen Antheil bestimmt werden soll, zukommt, wenn er selbst oder irgend ein andrer Spieler das nächstfolgende Spiel gewinnt. Addirt man die so erhaltenen einzelnen Theile zu einander und dividirt man die Summe durch die Anzahl der Spieler, so erhält man den gesuchten Antheil des betreffenden Spielers.**

[18] Nehmen wir an, dass drei Spieler $A$, $B$, $C$ am Spiele theilnehmen und dass dem $A$ noch ein Spiel fehlt, während dem $B$ und dem $C$ noch je zwei Spiele fehlen. Es soll der Theil des Einsatzes gefunden werden, welcher dem $B$ zukommt. Der ganze Einsatz werde mit $q$ bezeichnet.

Zunächst muss man bestimmen, was dem $B$ zukommt, wenn er selbst oder $A$ oder $C$ das nächste Spiel gewinnt.

Gewinnt $A$, so hat er dadurch das Spiel beendigt und folglich erhält $B$ nichts. Wenn $B$ gewinnt, so fehlt ihm dann ebenso wie dem $A$ noch ein Spiel, dem $C$ aber fehlen noch zwei Spiele. Nach der Aufgabe VIII kommt dem $B$ in diesem Falle $\frac{4}{9}q$ zu.

Wenn endlich $C$ das nächstfolgende Spiel gewinnt, so fehlt sowohl dem $A$, als dem $C$ ein Spiel, während dem $B$ noch zwei Spiele fehlen; nach der Aufgabe VIII gebührt dem $B$ dann $\frac{4}{9}q$. Da nun $B$ auf $0$, $\frac{4}{9}q$ und $\frac{1}{9}q$ die gleiche Hoffnung hat, so folgt aus Satz II, dass der ihm gebührende Theil des Einsatzes gleich $\dfrac{0 + \frac{4}{9}q + \frac{1}{9}q}{3} = \frac{5}{27}q$ ist.

Um aber in irgend einem beliebigen Falle zu finden, was jedem einzelnen Spieler gebührt, wenn er selbst oder einer der Mitspieler das nächstfolgende Spiel gewinnt, muss man zunächst einfachere Fälle untersuchen und mit Hülfe dieser die darauf folgenden verwickelteren Fälle. Denn wie der letzte Fall nicht gelöst werden konnte, bevor der Fall der Aufgabe VIII, in welchem 1, 1, 2 Spiele noch fehlten, erledigt war, so lässt sich auch der jedem Spieler zukommende Antheil in dem Falle, wo noch 1, 2, 3 Spiele fehlen, nicht berechnen, wenn nicht zuvor die beiden Fälle, in welchen noch 1, 2, 2 Spiele und 1, 1, 3 Spiele fehlen, erledigt worden sind. Der erstere dieser beiden Fälle ist soeben behandelt worden, und der letztere kann in gleicher Weise nach der Aufgabe VIII erledigt werden. Auf diese Weise kann man allmählich alle Fälle, welche auf der folgenden Tafel verzeichnet sind, und beliebige andere ausrechnen.

[19] *Tafel für 3 Spieler.*

| | $A.$ | $B.$ | $C.$ | $A.$ | $B.$ | $C.$ | $A.$ | $B.$ | $C.$ | $A.$ | $B.$ | $C.$ |
|---|---|---|---|---|---|---|---|---|---|---|---|---|
| Anzahl der fehlenden Spiele: Gewinnantheile: | 1. $\frac{4}{9}$ | 1. $\frac{4}{9}$ | 2. $\frac{1}{9}$ | 1. $\frac{17}{27}$ | 2. $\frac{5}{27}$ | 2. $\frac{5}{27}$ | 1. $\frac{13}{27}$ | 1. $\frac{13}{27}$ | 3. $\frac{1}{27}$ | 1. $\frac{19}{27}$ | 2. $\frac{6}{27}$ | 3. $\frac{2}{27}$ |
| Anzahl der fehlenden Spiele: Gewinnantheile: | 1. $\frac{40}{81}$ | 1. $\frac{40}{81}$ | 4. $\frac{1}{81}$ | 1. $\frac{121}{243}$ | 1. $\frac{121}{243}$ | 5. $\frac{1}{243}$ | 1. $\frac{178}{243}$ | 2. $\frac{58}{243}$ | 4. $\frac{7}{243}$ | 1. $\frac{542}{729}$ | 2. $\frac{179}{729}$ | 5. $\frac{8}{729}$ |
| Anzahl der fehlenden Spiele: Gewinnantheile: | 1. $\frac{65}{81}$ | 3. $\frac{8}{81}$ | 3. $\frac{8}{81}$ | 1. $\frac{616}{729}$ | 3. $\frac{82}{729}$ | 4. $\frac{31}{729}$ | 1. $\frac{629}{729}$ | 3. $\frac{87}{729}$ | 5. $\frac{13}{729}$ | | | |
| Anzahl der fehlenden Spiele: Gewinnantheile: | 2. $\frac{34}{81}$ | 2. $\frac{34}{81}$ | 3. $\frac{13}{81}$ | 2. $\frac{338}{729}$ | 2. $\frac{338}{729}$ | 4. $\frac{53}{729}$ | 2. $\frac{353}{729}$ | 2. $\frac{353}{729}$ | 5. $\frac{23}{729}$ | | | |
| Anzahl der fehlenden Spiele: Gewinnantheile: | 2. $\frac{133}{243}$ | 3. $\frac{55}{243}$ | 3. $\frac{55}{243}$ | 2. $\frac{451}{729}$ | 3. $\frac{195}{729}$ | 4. $\frac{83}{729}$ | 2. $\frac{1433}{2187}$ | 3. $\frac{635}{2187}$ | 5. $\frac{119}{2187}$ | | | |

# Wahrscheinlichkeitsrechnung (Ars conjectandi).

[20] **Ueber das Würfelspiel**[4]).

Bei dem Würfelspiele können Fragen folgender Art aufgeworfen werden: Wie gross ist die Wahrscheinlichkeit, mit einem Würfel 6 Augen oder eine andere Zahl von Augen zu werfen? Wie gross ist die Wahrscheinlichkeit, mit zwei Würfeln zwei Sechsen oder mit drei Würfeln drei Sechsen zu werfen? Und andere derartige Fragen.

Um diese Fragen zu beantworten, muss man Folgendes beachten. Zunächst giebt es sechs verschiedene Würfe mit einem Würfel, von denen jeder gleich leicht fallen kann, wenn der Würfel die Gestalt eines genauen Cubus besitzt, was wir annehmen. Ferner sind mit zwei Würfeln 36 verschiedene Würfe möglich, von denen ebenfalls jeder eben so leicht als ein anderer fallen kann. Denn mit jedem Wurfe des einen Würfels kann jeder der sechs Würfe des anderen Würfels zusammentreffen, was $6 \times 6 = 36$ Würfe ergiebt. Bei drei Würfeln sind 216 einzelne Würfe möglich, da mit jedem der 36 Würfe zweier Würfel jeder der 6 Würfe des dritten Würfels zusammentreffen kann, was $6 \times 36 = 216$ Würfe ergiebt. Auf gleiche Weise erkennt man, dass mit 4 Würfeln $6 \times 216 = 1296$ Würfe möglich sind, und so kann man die Anzahl der mit beliebig vielen, z. B. $n$ Würfeln möglichen Würfe berechnen, indem man die Anzahl der mit $(n-1)$ Würfeln möglichen Würfe mit 6 multiplicirt, was $6^n$ Würfe ergiebt.

Weiter ist zu berücksichtigen, dass mit zwei Würfeln nur ein einziger Wurf möglich ist, welcher 2 oder 12 Augen zeigt, dass aber zwei Würfe möglich sind, welche 3 oder 11 Augen aufweisen. Bezeichnet man nämlich die beiden Würfel mit $W_1$ und $W_2$, so sind für 3 Augen die beiden Fälle möglich, dass die Augenzahl auf $W_1$ eins, auf $W_2$ zwei oder auf $W_1$ zwei, auf $W_2$ eins ist; um 11 zu werfen, müssen auf $W_1$ sechs, auf $W_2$ fünf oder auf $W_1$ fünf, auf $W_2$ sechs Augen erscheinen. Für den Wurf 4 sind drei Möglichkeiten vorhanden, nämlich 1 auf $W_1$ und 3 auf $W_2$, oder 3 auf $W_1$ und 1 auf $W_2$, oder schliesslich 2 auf $W_1$ und 2 auf $W_2$.

Für zehn Augen ergeben sich ebenfalls drei Würfe.
Für fünf oder neun Augen ergeben sich vier Würfe.
Für sechs oder acht Augen ergeben sich fünf Würfe.
Für sieben Augen ergeben sich sechs Würfe.

[21]

Bei drei Würfeln ergeben sich für
$$\begin{Bmatrix} 3 & \text{oder} & 18 \\ 4 & » & 17 \\ 5 & » & 16 \\ 6 & » & 15 \\ 7 & » & 14 \\ 8 & » & 13 \\ 9 & » & 12 \\ 10 & » & 11 \end{Bmatrix} \text{Augen} \begin{Bmatrix} 1 \\ 3 \\ 6 \\ 10 \\ 15 \\ 21 \\ 25 \\ 27 \end{Bmatrix} \text{Würfe.}$$

»Anmerkungen. Was hier der Verfasser (*Huygens*) für zwei und drei Würfel dargelegt hat, lässt sich auch weiter auf vier, fünf und mehr Würfel ausdehnen und die Anzahl der Würfe, welche möglich sind, um eine beliebige Anzahl von Augen zu werfen, ganz ähnlich berechnen. Weil es aber leicht möglich ist — zumal wenn viele Würfel vorhanden sind — dass man eine grössere Zahl von Würfen übersieht, wenn man bei ihrer Aufzählung nicht eine bestimmte Ordnung innehält, so will ich das Verfahren angeben, welches man anwenden muss, um sicher zu sein, alle Fälle gefunden und keinen Fall ausgelassen zu haben. Zunächst muss man untersuchen, auf wieviele verschiedene Arten die zu werfende Anzahl von Augen sich in so viele Summanden zerlegen lässt, als Würfel vorhanden sind. Keiner der Summanden darf grösser als 6 sein. Dann muss man ermitteln, wie viele Würfe jeder einzelnen Zerlegung entsprechen. Da sich dies Alles aber besser an einem Beispiele, als durch allgemeine Regeln erläutern lässt, so will ich bestimmen, wie viele Würfe möglich sind, wenn mit 4 Würfeln 12 Augen geworfen werden sollen.

Zu dem Zwecke fange ich mit den vier Einheiten an, indem ich 1, 1, 1, 1 hinschreibe; dann vermehre ich die erste Eins durch fortgesetzte Addition von 1, bis ich 6 und also nun 6, 1, 1, 1 erhalten habe. Da aber die Summe dieser vier Zahlen noch nicht gleich der vorgegebenen Zahl 12 ist, so erhöhe ich mit der ersten Eins gleichzeitig auch die zweite auf 2, auf 3 und schreibe 2, 2, 1, 1, dann 3, 3, 1, 1; erhöhe ich hier wieder die erste Zahl auf 6, so erhalte ich 6, 2, 1, 1 und 6, 3, 1, 1. Da aber die Summen beide Zahlenreihen noch nicht 12 ergeben, so schreibe ich weiter 4, 4, 1, 1 und erhalte hieraus durch Erhöhen der ersten Zahl 6, 4, 1, 1. Diese Zahlenreihe liefert die Summe 12, und deshalb merke ich mir dieselbe an. Dann schreibe ich weiter 5, 5, 1, 1, welche Zahlenreihe ich ebenfalls anmerke, da ihre Summe gleich 12 ist. 6, 5, 1, 1 und 6, 6, 1, 1 liefern Summen, welche grösser als 12 sind, [22] weshalb diese Reihen ausser Betracht bleiben. Jetzt erhöhe ich auch die dritte, bis jetzt unberührt gebliebene Einheit und schreibe 2, 2, 2, 1. Erhöhe ich nun wieder die erste Zwei auf 6, so ist die Summe der Zahlen 6, 2, 2, 1 immer noch kleiner als 12. Deshalb gehe ich über zu 3, 3, 2, 1 und erhöhe wieder die erste Zahl auf 6; die Reihe 6, 3, 2, 1 liefert die Summe 12 und ist deshalb anzumerken. Dann vergrössere ich in dieser Reihe die zweite Zahl um 1, während ich die erste um 1 vermindere, und erhalte so die brauchbare Reihe 5, 4, 2, 1. Nun erhöhe ich die zweite Zahl nicht weiter auf 5 oder 6, da die erste Zahl wieder auf 4 oder 3 erniedrigt werden müsste, um 12 als Summe zu erhalten, und dann einige der früheren Zerlegungsarten wieder zum Vorschein kommen würden. Deshalb muss man immer darauf achten, dass keine der vorangehenden Zahlen kleiner ist als eine der folgenden. Ich gehe jetzt über zu 3, 3, 3, 1 und erhöhe die erste Zahl auf 5; dann ist 5, 3, 3, 1 eine brauchbare Zahlenreihe, welche, wenn ich die erste Zahl um 1 vermindere und die zweite um ebensoviel erhöhe, eine weitere brauchbare Zahlenreihe, nämlich 4, 4, 3, 1 liefert. Da nun offenbar keine der drei ersten Zahlen weiter vergrössert werden kann, ohne dass entweder die Summe aller vier Zahlen grösser als 12 oder eine der vorangehenden Zahlen grösser als eine der folgenden ist und also frühere Zerlegungsarten wiederkehren, so erhöhe ich nun auch die letzte Einheit, welche bisher unverändert geblieben ist, auf 2 und schreibe 2, 2, 2, 2. Wenn ich hier die erste Zahl auf 6 erhöhe, so ist die Reihe 6, 2, 2, 2 eine brauchbare, da ihre Summe gleich 12 ist. Durch Verminderung der ersten und Vergrösserung der zweiten Zahl um 1, bez. 2 ergeben sich die brauchbaren Zahlenreihen 5, 3, 2, 2 und 4, 4, 2, 2; würde ich dieses Verfahren fortsetzen, so würde eine der früheren Zerlegungsarten wieder auftreten. Deshalb gehe ich zu 3, 3, 3, 2 über und erhöhe die erste Zahl um 1, wodurch ich die brauchbare Zahlenreihe 4, 3, 3, 2 erhalte. Da ich aus den gleichen Gründen wie vorhin jetzt keine der drei ersten Zahlen weiter erhöhen kann, so vermehre ich deshalb die letzte Zahl um 1 und schreibe 3, 3, 3, 3, welche Zahlenreihe wieder die Summe 12 liefert. Hiermit sind sämmtliche Zerlegungsarten gefunden, da die letzte Zahl nicht weiter erhöht werden kann, ohne dass eine der voraufgehenden Zahlen vermindert wird [23] und also eine der früheren Zerlegungsarten wiederkehrt. Es giebt also im Ganzen 11 Zerlegungsarten, welche in der Reihenfolge ihrer Auffindung in der folgenden Tafel verzeichnet sind.

| Zerlegungsarten | Anzahl der Würfe |
|---|---|
| 6, 4, 1, 1 | 12 |
| 5, 5, 1, 1 | 6 |
| 6, 3, 2, 1 | 24 |
| 5, 4, 2, 1 | 24 |
| 5, 3, 3, 1 | 12 |
| 4, 4, 3, 1 | 12 |
| 6, 2, 2, 2 | 4 |
| 5, 3, 2, 2 | 12 |
| 4, 4, 2, 2 | 6 |
| 4, 3, 3, 2 | 12 |
| 3, 3, 3, 3 | 1 |

Summe: 125

Auf gleiche Weise lassen sich alle möglichen Zerlegungsarten jeder beliebigen Anzahl von Augen, welche mit beliebig vielen Würfeln geworfen werden soll, finden. Man muss nur beachten, dass die Augenzahl des ersten Würfels auf 6 erhöht sein muss, ehe die des zweiten Würfels auch nur um eine Einheit vermehrt wird; ferner dass die Augenzahl des zweiten Würfels auf 6 erhöht sein muss, ehe die des dritten um eine Einheit erhöht wird; ferner dass die Augenzahl des dritten Würfels erhöht sein muss, bevor die des vierten Würfels vermehrt wird, dass die Augenzahl des vierten Würfels erhöht sein muss, ehe die des fünften erhöht wird, und so fort.

Nachdem die verschiedenen Zerlegungsarten gefunden sind, bleibt nur noch übrig, die Anzahl der Würfe, welche zu jeder einzelnen Zerlegung gehören, zu bestimmen; denn jeder solchen Zerlegung können mehrere Würfe entsprechen, da diese oder jene Zahl auf diesem oder jenem Würfel erscheinen kann. Bezeichne ich die vier Würfel mit $W_1$, $W_2$, $W_3$, $W_4$, so können bei der ersten Zerlegungsart 6, 4, 1, 1 offenbar 6 Augen auf $W_1$, 4 Augen auf $W_2$ oder $W_3$ oder $W_4$ oder auch 6 Augen auf $W_2$, 4 Augen auf $W_1$ oder $W_3$ oder $W_4$, u. s. w. zum Vorschein kommen. Daraus ergeben sich ebenso viele Würfe, als jene vier Zahlen in verschiedener Reihenfolge auf einander

Wahrscheinlichkeitsrechnung (Ars conjectandi). 25

folgen können. Bei den übrigen Zerlegungen ist dasselbe zu beachten. Nun können die Zahlen 6, 4, 1, 1, von denen zwei verschieden und zwei gleich sind, in zwölffach verschiedener Reihenfolge angeordnet werden. Die folgende Zerlegung 5, 5, 1, 1, bei welcher die beiden ersten Zahlen und die beiden letzten unter einander gleich sind, gestattet nur sechs verschiedene Anordnungen ihrer Zahlen. Die dritte Zerlegung 6, 3, 2, 1, bei welcher sämmtliche Zahlen von einander verschieden sind, lässt 24 verschiedene Anordnungen zu, wie sich aus der Lehre von den Combinationen und Permutationen, die ich im zweiten Theile behandeln werde, ergiebt. Addirt man schliesslich alle den einzelnen Zerlegungsarten entsprechenden Zahlen der Würfe, so erhält man 125, und diese Zahl giebt alle Würfe an, welche mit vier Würfeln zur Erlangung von 12 Augen möglich sind.

Da aber diese Methode, die Anzahl der Würfe mit mehreren Würfeln zu berechnen, überaus langweilig und zeitraubend ist, [24] so will ich weiter zeigen, durch welchen Kunstgriff dieses Ziel nicht nur für eine bestimmte Anzahl von Augen, sondern für eine ganz beliebige Anzahl mit Hülfe der folgenden Tafel erreicht werden kann. Diese Tafel lässt sich nicht nur leicht aufbauen, sondern sie führt auch die Gesetzmässigkeit der Reihe, welche die Zahlen der Würfe bilden, deutlich vor Augen. Ihre Construction ist die folgende: Man schreibe die Zahlen aller Augen, welche mit einer bestimmten Zahl von Würfeln überhaupt geworfen werden können, von der kleinsten bis zur grössten der Reihe nach auf, z. B. 4, 5, 6, 7, ..., 24 bei vier Würfeln oder 5, 6, 7, 8, ..., 30 bei fünf Würfeln, u. s. w. Unter die sechs ersten dieser Zahlen schreibe man sechs Einsen, unter diese wieder sechs Einsen, unter diese wieder sechs Einsen und so fort, bis man sechs Reihen Einsen erhalten hat, und zwar schreibe man die Reihen so, dass man jede Zeile, von der zweiten an, um eine Stelle nach rechts gegen die vorhergehende einrückt. Hierauf addire man die untereinanderstehenden Einsen jeder Columne, wodurch man die Zahlen 1, 2, 3, 4, ... erhält. Von diesen Zahlen bilde man sich wieder sechs Zeilen in der Weise, dass jede folgende um eine Stelle gegen die vorhergehende eingerückt ist. Addirt man dann die Zahlen jeder Columne, so ergeben sich die Zahlen 1, 3, 6, 10, .... Diese Zahlen schreibe man in ähnlicher Weise wieder sechsmal untereinander und addire wieder die Zahlen jeder Columne. Dieses Verfahren setze man so lange fort, bis man nach der letzten Addition so viele Zahlen erhalten hat, als mit einer bestimmten Anzahl Würfel verschiedene Augenzahlen geworfen werden können. Die einzelnen Zahlen liefern die sämmtlichen Würfe, welche die darüberstehenden Augenzahlen ergeben. So ist mit vier Würfeln nur ein Wurf möglich, welcher 4 oder 24 Augen ergiebt; es sind 4 Würfe möglich, welche 5 oder 23 Augen liefern, 10 Würfe für 6 oder 22 Augen, 20 Würfe für 7 oder 21 Augen, u. s. w. Das Constructionsverfahren der Tafel ist für jeden Leser, welcher aufmerksam den Auseinandersetzungen gefolgt ist, leicht verständlich. Da nämlich jeder einzelne hinzukommende Würfel die Zahl der mit den bereits vorhandenen Würfeln möglichen Würfe versechsfacht, so ist klar, dass man diese Zahlen sechsmal wiederholen und addiren muss. Da aber die Anzahl der Augen, welche jenen einzelnen Würfen entsprechen, um 1 oder 2 oder 3 oder ... vermehrt werden, je nachdem der hinzugekommene Würfel 1 oder 2 oder 3 oder ... Augen zeigt, so ist auch klar, dass jede Zahlenreihe um eine Stelle weiter nach rechts gerückt werden muss, damit jeder Zahl der Würfe eine Augenzahl entspricht, welche um eine Einheit grösser ist, als sie ihr in der voraufgehenden Reihe entsprach.

Ich bemerke noch, dass wegen Raummangels nicht alle Augenzahlen, welche mit 5 oder 6 Würfeln geworfen werden können, in die Tafel aufgenommen worden sind; die fehlenden lassen sich aber leicht ergänzen durch die parallelen Zahlen: denn je zwei Augenzahlen, welche von den beiden Enden gleichweit entfernt sind (und welche ich parallele Zahlen nenne), lassen die gleiche Anzahl von Würfen zu (vergl. die gegenüberstehende Tafel).

[**25**] Es ist nicht unpassend, hier anzugeben (da es doch einmal geschehen muss), wieviele Würfe bei drei Würfeln auf allen drei oder wenigstens auf zwei Würfeln dieselbe Anzahl von Augen zeigen (die Franzosen nennen solche Würfe *rafles* und *doublets*). Offenbar ist nur je ein Wurf möglich, bei welchem dreimal sechs Augen oder dreimal fünf Augen oder dreimal vier Augen oder ... fallen können; es giebt also nur sechs Würfe, bei welchen alle drei Würfel dieselbe Zahl zeigen. Dagegen giebt es fünfzehn Würfe, durch welche man zwei gleiche Zahlen, z. B. zwei Sechsen erhalten kann. Bezeichnet man wieder die Würfel mit $W_1$, $W_2$, $W_3$, so können die beiden Sechsen sich sowohl auf

## Tafel*).

| Anzahl der Würfel | 1 | 2 | 3 | 4 | 5 | 6 | 7 | 8 | 9 | 10 | 11 | 12 | 13 | 14 | 15 | 16 | 17 | 18 | 19 | 20 | 21 | 22 | 23 | 24 | 25 | 26 | |
|---|---|---|---|---|---|---|---|---|---|---|---|---|---|---|---|---|---|---|---|---|---|---|---|---|---|---|---|
| **Anzahl der Augen.** | | | | | | | | | | | | | | | | | | | | | | | | | | | |
| I. | 1 | 2 | 3 | 4 | 5 | 6 | | | | | | | | | | | | | | | | | | | | | |
| II. | | 2 | 3 | 4 | 5 | 6 | 7 | 8 | 9 | 10 | 11 | 12 | | | | | | | | | | | | | | | |
| III. | | | 3 | 4 | 5 | 6 | 7 | 8 | 9 | 10 | 11 | 12 | 13 | 14 | 15 | 16 | 17 | 18 | | | | | | | | | |
| IV. | | | | 4 | 5 | 6 | 7 | 8 | 9 | 10 | 11 | 12 | 13 | 14 | 15 | 16 | 17 | 18 | 19 | 20 | 21 | 22 | 23 | 24 | | | |
| V. | | | | | 5 | 6 | 7 | 8 | 9 | 10 | 11 | 12 | 13 | 14 | 15 | 16 | 17 | 18 | 19 | 20 | 21 | 22 | 23 | 24 | 25 | | u.s.w. |
| VI. | | | | | | 6 | 7 | 8 | 9 | 10 | 11 | 12 | 13 | 14 | 15 | 16 | 17 | 18 | 19 | 20 | 21 | 22 | 23 | 24 | 25 | 26 | u.s.w. |
| **Anzahl der Würfe.** | | | | | | | | | | | | | | | | | | | | | | | | | | | |
| I. | 1 | 1 | 1 | 1 | 1 | 1 | | | | | | | | | | | | | | | | | | | | | |
| II. | | 1 | 2 | 3 | 4 | 5 | 6 | 5 | 4 | 3 | 2 | 1 | | | | | | | | | | | | | | | |
| III. | | | 1 | 3 | 6 | 10 | 15 | 21 | 25 | 27 | 27 | 25 | 21 | 15 | 10 | 6 | 3 | 1 | | | | | | | | | |
| IV. | | | | 1 | 4 | 10 | 20 | 35 | 56 | 80 | 104 | 125 | 140 | 146 | 140 | 125 | 104 | 80 | 56 | 35 | 20 | 10 | 4 | 1 | | | |
| V. | | | | | 1 | 5 | 15 | 35 | 70 | 126 | 205 | 305 | 420 | 540 | 651 | 735 | 780 | 780 | 735 | 651 | 540 | 420 | 305 | 205 | 126 | | u.s.w. |
| VI. | | | | | | 1 | 6 | 21 | 56 | 126 | 252 | 456 | 756 | 1161 | 1666 | 2247 | 2856 | 3431 | 3906 | 4221 | 4332 | 4221 | 3906 | 3431 | 2856 | 2247 | u.s.w. |

\*) *Bernoulli's* Tafel zeigt auch die Entstehung der vier letzten Zahlenreihen in derselben ausführlichen Weise, wie die obige Tafel die Entstehung der für zwei Würfel gültigen Zahlen. Um Platz zu sparen, empfahl sich die Kürzung, zumal *Bernoulli's* Schilderung des Verfahrens mehr als genügend ausführlich ist. *H.*

$W_1$ und $W_2$, als auf $W_1$ und $W_3$, als auch auf $W_2$ und $W_3$ vorfinden, was drei Fälle giebt. Da in jedem dieser Fälle die Zahl auf dem dritten Würfel eine andere als auf den beiden ersten Würfeln sein muss, so giebt es fünf verschiedene Möglichkeiten. Daher gilt es 5 · 3 oder 15 Würfe mit zwei Sechsen. Dasselbe gilt für die Würfe mit zwei Fünfen, zwei Vieren, u. s. w., folglich giebt es im Ganzen 6 · 15 = 90 Würfe, bei welchen auf zwei Würfeln die gleiche Augenzahl sich vorfindet. Weil ferner mit drei Würfeln im Ganzen 216 Würfe gethan werden können, so folgt, dass die übrigen 120 Würfe einfache sind, deren Anzahl auch direct hätte gefunden werden können.«

## X.

**Aufgabe. Es ist die Anzahl der Würfe zu bestimmen, mit welcher $A$ es wagen kann, mit einem Würfel eine Sechs zu werfen.**

Will $A$ gleich mit dem ersten Wurfe sechs Augen werfen, so hat er offenbar nur einen Fall, in welchem er gewinnt und den Einsatz erhält, dagegen fünf Fälle, in welchen er verliert und nichts bekommt. Es sind also fünf Fälle gegen ihn und nur einer ist für ihn, und es giebt daher, wenn der Einsatz mit $a$ bezeichnet wird, für ihn einen einzigen Fall für $a$ und fünf für nichts. Nach Satz III[5]) folgt daraus für ihn die Hoffnung $\frac{1}{6}a$, und es bleibt für seinen Gegner $B$, welcher ihm diesen Fall anbietet, die Hoffnung $\frac{5}{6}a$. Daher kann der, welcher gleich mit dem ersten Wurfe gewinnen will, nur 1 gegen 5 einsetzen.

[26] Will $A$ mit zwei Würfen einmal sechs Augen werfen, so lässt sich seine Hoffnung auf gleiche Weise berechnen. Wirft er sofort beim ersten Wurfe sechs Augen, so erhält er $a$; gelingt ihm dies aber nicht, so bleibt ihm noch ein Wurf übrig, welcher nach dem Vorhergehenden den Werth $\frac{1}{6}a$ für ihn hat. Dafür, dass er beim ersten Wurfe 6 wirft, hat er nur einen Fall, während für das Gegentheil fünf Fälle vorhanden sind. Daher giebt es im Anfange einen Fall, welcher ihm $a$ verschafft, und fünf Fälle, welche ihm $\frac{1}{6}a$ liefern. Nach Satz III folgt daraus, dass seine Hoffnung den Werth $\frac{11}{36}a$ hat. Für seinen Mitspieler $B$ bleibt mithin $\frac{25}{36}a$ übrig. Es verhalten sich folglich die Hoffnungen beider Spieler auf den zu erwartenden Gewinn wie 11 zu 36, welches Verhältniss kleiner als 1 zu 2 ist.

Auf gleiche Weise kann man nun die Hoffnung von $A$ berechnen, wenn er mit drei Würfeln einmal sechs Augen werfen will; sie beträgt $\frac{91}{216} a$. Er kann also 91 gegen 125, d. h. weniger als 3 gegen 4 einsetzen.

Die Hoffnung des $A$, wenn er mit vier Würfeln dasselbe erreichen will[H], ist $\frac{671}{1296} a$, sodass er 671 gegen 625, d. h. mehr als 1 gegen 1 einsetzen kann.

Wenn $A$ mit fünf Würfeln dasselbe erreichen will, so hat er die Hoffnung $\frac{4651}{7776} a$ und kann 4651 gegen 3125, d. h. etwas weniger als 3 gegen 2 einsetzen.

Versucht $A$ mit sechs Würfeln eine Sechs zu werfen, so hat er die Hoffnung $\frac{31031}{46656} a$ und kann 31031 gegen 15625, d. h. etwas weniger als 2 gegen 1 einsetzen.

Auf diese Art kann man allmählich die Hoffnung bei beliebig vielen Würfeln finden. Wir wollen uns aber kürzer fassen, wie dies bei der folgenden Aufgabe XI gezeigt wird, da die Rechnung sonst viel zu weitschweifig werden würde.

»**Anmerkungen.** (H) [**Die Hoffnung des $A$, wenn er mit vier Würfeln u. s. w.**] Es kann leicht scheinen, als ob an der Richtigkeit einer solchen Rechnung des Verfassers (*Huygens*) durch eine Ueberlegung folgender Art Zweifel erzeugt würden: Wenn Jemand mit vier Würfeln eine Sechs werfen will, wobei er ungefähr die gleiche Aussicht auf Gewinn und Verlust hat, so wird es, wenn das Glück gleichmässig vertheilt ist, manchmal geschehen, dass er eben so oft gewinnt, als verliert und dass also eben so oft unter vier Würfeln eine Sechs ist, als unter anderen vier Würfeln keine Sechs. Es wird folglich unter je acht Würfeln eine Sechs sich vorfinden und also z. B. unter 600 Würfeln 75 Sechsen. Es mögen nun sechs Spieler unter der gleichen Bedingung spielen und zwar soll der erste gewinnen, wenn er ein Auge wirft, der zweite, wenn er zwei Augen wirft, der dritte, wenn er drei Augen wirft u. s. w. [27] Alle spielen dann mit gleicher Erwartung; sie mögen aber auch mit gleichem Glücke spielen. Dann werden unter 600 Würfeln 100 Sechsen fallen. Unter sonst gleichen Umständen finden sich also das eine Mal 100 Sechsen unter 600 Würfeln, das andere Mal aber weniger, nämlich 75, was absurd ist. Um den Fehler aufzudecken, nehme ich zwar an, dass bei 600 Würfeln 100 Sechsen fallen müssen, wenn mit gleichmässigem Glücke gespielt wird, aber ich behaupte nicht,

dass Jemand, welcher mit vier Würfen einmal sechs Augen
werfen will, deshalb auch vier Würfe zum Gewinnen nöthig
hat; es kann schon der erste oder zweite oder dritte Wurf
eine Sechs liefern, in welchen Fällen dann die übrigen Würfe
der nächsten Serie von vier Würfen zugezählt werden. Daher
können schon weniger als acht Würfe ausreichen, um einmal
zu gewinnen und einmal zu verlieren. Wie dies nun hierher
gehört, lässt sich folgendermaassen zeigen. Ich nehme an,
dass der erste Wurf jeder Serie von vier Würfen, welche mich
gewinnen lässt, schon eine Sechs bringt; dann sind, damit ich
hundertmal gewinne, nur 100 Würfe nöthig, und die übrigen
500 Würfe, dividirt durch 4, geben an, dass ich 125 Mal
verloren habe. Bringt aber erst der letzte Wurf jeder gewinnenden Serie eine Sechs, so sind 400 Würfe nöthig,
damit ich 100 Mal gewinne; die übrigen 200 Würfe zeigen
dann an, dass ich 50 Mal verliere. Da ich mithin in
einigen Fällen öfter verlieren als gewinnen, in anderen Fällen
dagegen öfter gewinnen als verlieren würde, so schliesse ich,
dass es unter dieser Bedingung richtig ist, mit gleicher
Hoffnung auf Gewinn zu spielen. Wenn Jemand dagegen mit
drei Würfen einmal sechs Augen werfen will, so würde er in
einigen Fällen eben so oft gewinnen als verlieren (wenn nämlich erst jeder dritte Wurf eine Sechs bringt) und in anderen
Fällen öfter verlieren als gewinnen (wenn nämlich einer der
beiden ersten Würfe eine Sechs liefert); in keinem Falle aber
würde er öfter gewinnen als verlieren. Daraus kann man mit
Sicherheit schliessen, dass unter dieser Bedingung Jemand nur
mit Verlust spielen kann. Ich habe diese Anmerkung nur zu
dem Zwecke beigefügt, damit es klar ersichtlich wird, wie
wenig man derartigen Berechnungen, welche nur die Schale
berühren und nicht in den Kern der Sache selbst eindringen,
trauen darf. Im gewöhnlichen Leben wird aber, selbst von
sehr gescheidten Leuten, nirgends häufiger als hierin gefehlt.«

## XI.

**Aufgabe.** Es ist zu bestimmen, mit wieviel Würfen
$A$ es wagen kann, mit zwei Würfeln zwölf Augen
auf einmal zu werfen.

[**28**] Will $A$ mit dem ersten Wurfe zweimal sechs Augen
werfen, so hat er nur einen Fall, in welchem er gewinnt und
den Einsatz $a$ erhält, und 35 Fälle, in welchen er verliert

Wahrscheinlichkeitsrechnung (Ars conjectandi). 31

und nichts bekommt, da es im ganzen 36 Würfe giebt. Nach
Satz III kommt ihm daher $\frac{1}{36}a$ zu.

Wenn er mit zwei Würfen sein Ziel erreichen will, so erhält er $a$, falls er mit dem ersten Wurfe gewinnt. Verliert
er bei diesem aber, so bleibt ihm noch ein Wurf, was nach
dem Vorigen $\frac{1}{36}a$ werth ist. Es giebt aber nur einen Fall
dafür, dass er beim ersten Wurfe zweimal sechs Augen wirft,
und 35 Fälle für das Gegentheil. Folglich hat er anfänglich
einen Fall für $a$ und 35 Fälle für $\frac{1}{36}a$. Nach Satz III kommt
ihm daher $\frac{71}{1296}a$ und seinem Gegner $\frac{1225}{1296}a$ zu.

Daraus lässt sich weiter die Hoffnung des $A$ berechnen,
wenn er mit vier Würfen zwei Sechsen werfen will, indem wir
den Fall, dass er mit drei Würfen dies erreichen will, übergehen.

Erreicht $A$, wenn er mit vier Würfen zweimal sechs Augen
werfen will, auf das erste oder zweite Mal sein Ziel, so erhält
er $a$; im andern Falle bleiben ihm noch zwei Fälle übrig,
welche nach dem Obigen für ihn den Werth $\frac{71}{1296}a$ haben.
Aus diesem Grunde folgt, dass er 71 Fälle dafür hat[J], bei
dem ersten oder zweiten Wurfe zweimal sechs Augen zu werfen,
und 1225 Fälle für das Gegentheil; d. h. er hat anfänglich
71 Fälle, welche ihn $a$ gewinnen lassen, und 1225 Fälle,
welche ihm $\frac{71}{1296}a$ einbringen. Nach Satz III gebührt ihm
daher $\frac{178991}{1679616}a$, seinem Gegner $B$ $\frac{1500625}{1679616}a$, und die
Hoffnungen beider Spieler verhalten sich demnach wie 178991
zu 1500625.

Hieraus kann weiter in gleicher Weise die Hoffnung des $A$
berechnet werden, wenn er mit acht Würfen einmal zwei
Sechsen werfen will, und dann weiter seine Hoffnung, wenn
er mit 16 Würfen dasselbe erreichen will. Mit Hülfe der
ersteren oder der letzteren Hoffnung kann man dann ferner
die Hoffnung von $A$ berechnen, wenn er es mit 24 Würfen
versuchen will. Da es sich bei dieser Berechnung vornehmlich darum handelt, die Anzahl der Würfe zu finden, bei welcher
die Hoffnungen beider Spieler annähernd gleich sind, so mag
es gestattet sein, die Zahlen für die Hoffnungen, welche sehr
gross sind, fortzulassen. Ich habe auf diese Weise, wie nur erwähnt sein mag, gefunden, dass $A$, wenn er mit 24 Würfen
zwei Sechsen zu werfen unternimmt[K], noch etwas im Nachtheil
ist, und dass er erst mit 25 Würfen dies zu thun wagen kann.

[29] »Anmerkungen. (J) [Aus diesem Grunde folgt,
dass er 71 Fälle u. s. w.] Wie ich zu meiner Freude hier

sehe, nimmt der Verfasser (*Huygens*) wahr, dass eine beliebige, durch einen Bruch dargestellte Hoffnung auch betrachtet werden kann als resultirend aus so vielen Fällen, den Einsatz $a$ zu erhalten, wie der Zähler angiebt, und aus so vielen Fällen, nichts zu erhalten, wie die Differenz zwischen dem Zähler und dem Nenner beträgt — wiewohl er aber zu dieser Hoffnung wahrscheinlich auf dem anderen Wege gelangt ist. Denn obschon derjenige, welcher mit zwei Würfen zwei Sechsen werfen will, dadurch zu seiner Hoffnung von $\frac{1}{1296}a$ gelangt, dass er einen Fall für $a$ und 35 Fälle für nichts hat, so kann man nichtsdestoweniger auch sagen, dass er 71 Fälle für $a$ und 1225 Fälle für nichts hat. Nur in diesem Falle ergiebt sich für ihn nach Satz III Zusatz 1 der Werth seiner Hoffnung gleich $\frac{71}{1296}a$; während man grössere oder kleinere Werthe erhält, wenn man mehr Fälle für $a$ und weniger für nichts oder umgekehrt annimmt.

(K) [Ich habe auf diese Weise, u. s. w.] Bei der vorhergehenden Aufgabe hat der Verfasser (*Huygens*) gezeigt, dass man es mit guter Aussicht auf Erfolg riskiren kann, mit einem Würfel auf vier Würfe eine Sechs zu werfen; jetzt fügt er hinzu, dass man es mit zwei Würfeln auf 24 Würfe noch nicht unternehmen könne, zwei Sechsen zu werfen. Das wird Vielen paradox scheinen, da 24 Würfe zu allen 36 Würfen zweier Würfel sich genau so verhalten, wie 4 zu allen 6 Würfen eines Würfels. An dieser Schwierigkeit ist auch ein ungenannter Gelehrter gescheitert (wie *Pascal* in einem Briefe an *Fermat* angiebt, welcher des Letzteren in Toulouse 1679 erschienenen Werken[6]) auf Seite 181 beigefügt ist); dieser Anonymus hat zwar im Allgemeinen ein gesundes Urtheil, versteht aber nichts von Mathematik. Denn wer in dieser bewandert ist, lässt sich durch einen derartigen scheinbaren Widerspruch nicht aufhalten, da er sehr wohl weiss, dass Unzähliges sich nach ausgeführter Rechnung ganz anders darstellt, als es vorher den Anschein hatte. Deshalb muss man sich sorgfältig hüten, unüberlegter Weise Analogieschlüsse zu machen, wie ich bereits öfter betont habe.

[30]  **Verallgemeinerte Aufgabe.**

Wenn der Verfasser (*Huygens*) Buchstaben statt der Zahlen eingesetzt hätte, so hätte er diese und die vorige Aufgabe in eine einzige zusammenfassen und ihre allgemeine Lösung ebenso leicht und zwar auf folgende Weise finden können. Man setze

Wahrscheinlichkeitsrechnung (Ars conjectandi). 33

$a = b + c$ für die Anzahl aller Fälle, welche möglich sind bei einer beliebigen Zahl von Würfeln oder bei einem beliebigen Glücksspiele (da diese Erörterungen sich nicht unbedingt auf Würfelspiele zu beziehen brauchen, sondern für jedes Glücksspiel gelten, welches einige Male wiederholt wird und bei welchem die Zahl der Fälle immer dieselbe bleibt). $b$ soll die Zahl der Fälle bezeichnen, in welchen die vorgeschriebene Anzahl von Augen erhalten oder das sonstige Ziel erreicht wird; $c$ ist dann die Anzahl der Fälle, in welchen das, nach dem man strebt, nicht erreicht wird.

Will $A$ sofort das erste Mal sein Ziel erreichen, so hat er offenbar $b = a - c$ Fälle, in welchen ihm dies gelingt und er den Einsatz, welcher gleich 1 gesetzt werden soll, gewinnt, und $c$ Fälle, in denen er nichts erhält. Nach Satz III Zusatz 1 beträgt also seine Hoffnung $\frac{a-c}{a}$. Wenn er zweimal sein Ziel zu erreichen versucht, so hat er $a - c$ Fälle für $1 = \frac{a}{a}$ und $c$ Fälle, durch welche er zu der früheren Hoffnung $\frac{a-c}{a}$ gelangt. Nach Satz III giebt dies für seine Hoffnung den Werth $\frac{a^2 - c^2}{a^2}$. Bedingt er sich einen dreimaligen Versuch aus, so hat er wieder $a - c$ Fälle für $1 = \frac{a^2}{a^2}$ und $c$ Fälle für die eben gefundene Hoffnung $\frac{a^2 - c^2}{a^2}$; folglich ist seine Hoffnung gleich $\frac{a^3 - c^3}{a^3}$. Auf dieselbe Weise findet man, dass die Hoffnungen des $A$, wenn er dasselbe Ziel bez. durch 4, 5, ..., allgemein durch $n$ Versuche zu erreichen unternimmt, bez. die Werthe haben $\frac{a^4 - c^4}{a^4}, \frac{a^5 - c^5}{a^5}, \ldots, \frac{a^n - c^n}{a^n}$. In dem allgemeinen Falle bleibt mithin dem Gegner $B$ für seine Hoffnung $\frac{c^n}{a^n}$ übrig.

Ausser dieser Methode, welche mit der des Verfassers (*Huygens*) übereinstimmt, giebt es noch zwei andere, recht elegante Verfahren, die Aufgabe zu lösen.

[31] **Erste Methode.** Es sollen der Reihe nach die Hoffnungen des Spielers $A$ für die einzelnen Würfe gesucht werden, d. h. es sollen seine Hoffnungen bestimmt werden, wenn er erst beim ersten, zweiten, dritten, vierten, ... Wurfe, nicht bei einem früheren gewinnen will; die Summe dieser sämmtlichen Hoffnungen ist dann die gesuchte Hoffnung. Die Hoffnung des $A$, wenn er mit dem ersten Wurfe sein Ziel erreichen will, ist, wie schon bemerkt, gleich $\dfrac{a-c}{a} = \dfrac{b}{a}$. Wenn er aber erst beim zweiten Wurfe gewinnen will, so darf er nicht schon beim ersten Wurfe das erreichen, wonach er strebt; sonst würde er des Gewinnes verlustig gehen. Erreicht er aber mit dem ersten Wurfe nichts, so hat er einen Wurf übrig, welcher ihm $\dfrac{b}{a}$ werth ist. Die Zahl der Fälle aber, durch welche er mit dem ersten Wurfe bereits das Ziel erreicht, ist nach der Festsetzung gleich $b$ und die Anzahl derer, durch welche er es nicht erreicht, ist gleich $c$. Nach Satz III Zusatz 1 hat mithin seine Hoffnung den Werth $\dfrac{bc}{a^2}$. Will $A$ erst beim dritten Wurfe das Ziel erreichen, so verliert er den Einsatz, wenn er es schon mit dem ersten Wurfe erlangt. Erzielt er dagegen mit dem ersten Wurfe nichts, so sind ihm noch zwei Würfe übrig, durch deren letzten er erst sein Ziel erreichen darf; nach dem eben Gesagten haben diese zwei Würfe für ihn den Werth $\dfrac{bc}{a^2}$. Durch $b$ Fälle erreicht er also nichts, durch $c$ Fälle aber $\dfrac{bc}{a^2}$, folglich ist der Werth seiner Hoffnung gleich $\dfrac{bc^2}{a^3}$. Will der Spieler $A$ erst beim vierten Wurfe sein Ziel erreichen, so erhält er nichts, wenn er es schon mit dem ersten erreicht; im andern Falle bleiben ihm noch drei Würfe mit der eben gefundenen Hoffnung $\dfrac{bc^2}{a^3}$. Dadurch ergiebt sich für seine Hoffnung $\dfrac{bc^3}{a^4}$. Auf gleiche Weise lässt sich zeigen, dass die Hoffnungen des $A$, wenn er bez. erst beim fünften, sechsten, ..., allgemein beim $n^{\text{ten}}$ Wurfe gewinnen will, bez. gleich sind $\dfrac{bc^4}{a^5}, \dfrac{bc^5}{a^6}, \ldots, \dfrac{bc^{n-1}}{a^n}$.

Addirt man nun die so gefundenen einzelnen Hoffnungen, so erhält man für die Hoffnung des $A$, wenn er mit den ersten $n$ Würfen das Ziel erreichen will, die geometrische Reihe: [32]

$$\frac{b}{a} + \frac{bc}{a^2} + \frac{bc^2}{a^3} + \frac{bc^3}{a^4} + \cdots + \frac{bc^{n-1}}{a^n} = \frac{b}{a^n} \cdot \frac{a^n - c^n}{a-c} = \frac{a^n - c^n}{a^n},$$

wie oben gefunden war.

Zweite Methode. Wenn $A$ mit $n$ Würfen eines Würfels eine bestimmte Anzahl von Augen werfen will, so unternimmt er, wie bei der folgenden Aufgabe gezeigt werden wird, genau dasselbe, als wenn er dieselbe Zahl durch einen einzigen Wurf mit $n$ Würfeln wenigstens einmal werfen will. Man nehme daher $n$ Würfel, jeden mit $a$ Seitenflächen, von denen $c$ Flächen nicht jene bestimmte Zahl von Augen tragen; dann ist (wie oben bei der Aufgabe IX von *Huygens* gezeigt wurde) die Anzahl aller Fälle, welche bei den $n$ Würfeln möglich sind, gleich $a^n$, und in gleicher Weise ergiebt sich die Anzahl aller Fälle, in welchen die gewünschte Anzahl von Augen auf keinem Würfel zu sehen ist, gleich $c^n$. In den übrigen $a^n - c^n$ Fällen muss mithin diese Anzahl wenigstens auf einem der Würfel sich vorfinden. Daher sind $a^n - c^n$ Fälle für Erlangung des Einsatzes und $c^n$ Fälle für nichts vorhanden, und daraus folgt die Hoffnung des Spielers $A$ gleich $\dfrac{a^n - c^n}{a^n}$, während $\dfrac{c^n}{a^n}$ für die seines Gegners $B$ übrig bleibt.

Nachdem wir die Lösung der allgemeinen Aufgabe gegeben haben, müssen wir, wenn wir mit *Huygens* jetzt weiter wissen wollen, bei welcher Anzahl von Würfen die Hoffnungen beider Spieler gleich werden, ihre oben gefundenen Hoffnungen einander gleich setzen, was $a^n - c^n = c^n$ oder $a^n = 2c^n$ giebt. Daraus folgt, dass man die Anzahl aller Fälle und die Anzahl der $A$ ungünstigen Fälle so lange fortgesetzt zu gleichen Potenzen zu erheben hat, bis die erstere Potenz gleich der doppelten letzteren ist; dann giebt der Potenzexponent die gesuchte Anzahl von Würfen. Dieses Verfahren hat gegenüber dem *Huygens*'schen noch den Vorzug, dass es die Hoffnung des vorhergehenden Falles nicht als bekannt voraussetzt. Die von *Huygens* benutzten Vereinfachungen, nämlich die Abtrennung des Ermittelten vom Uebrigen und die sprungweise Bestimmung der Erwartungen, behalten auch hier ihre Bedeutung bei; denn [33] wenn das Quadrat einer beliebigen

Zahl gegeben ist, so kann man die vierte Potenz derselben berechnen, ohne die dritte zu kennen, und die achte, ohne die dazwischen liegenden Potenzen erst gefunden zu haben. Es scheint mir vortheilhaft zu sein, an dem von *Huygens* behandelten Beispiele, in welchem $a = 36$ und $c = 35$ ist, das ganze Verfahren zu erläutern.

| $a = 36$ | $c = 35$ |
|---|---|
| $a^2 = 1296$ | $c^2 = 1225$ |
| $1679 \cdot 10^3 < a^4 < 1680 \cdot 10^3$ | $1500 \cdot 10^3 < c^4 < 1501 \cdot 10^3$ |
| $2819 \cdot 10^9 < a^8 < 2823 \cdot 10^9$ | $2250 \cdot 10^9 < c^8 < 2254 \cdot 10^9$ |
| $7946 \cdot 10^{21} < a^{16} < 7970 \cdot 10^{21}$ | $5062 \cdot 10^{21} < c^{16} < 5081 \cdot 10^{21}$ |
| $2239 \cdot 10^{34} < a^{24} < 2250 \cdot 10^{34}$ | $1138 \cdot 10^{34} < c^{24} < 1146 \cdot 10^{34}$ |
| $8060 \cdot 10^{35} < a^{25} < 8100 \cdot 10^{35}$ | $3983 \cdot 10^{35} < c^{25} < 4011 \cdot 10^{35}$ |
| | $2276 \cdot 10^{34} < 2c^{24} < 2292 \cdot 10^{34}$ |
| | $7966 \cdot 10^{35} < 2c^{25} < 8022 \cdot 10^{35}$ |

Aus der Tafel folgt ohne Weiteres, dass $36^{24} < 2 \cdot 35^{24}$ ist, dass aber $36^{25} > 2 \cdot 35^{25}$ ist.

Ich mache jedoch darauf aufmerksam, dass die ganze Frage sich ausserordentlich leicht mit Hülfe von Logarithmen lösen lässt. Da die Logarithmen gleicher Zahlen ebenfalls einander gleich sind, so folgt aus der Gleichung $a^n = 2c^n$ sofort:

$$n \log a = \log 2 + n \log c \quad \text{oder} \quad n \log a - n \log c = \log 2,$$

folglich

$$n = \frac{\log 2}{\log a - \log c}.$$

Man hat also nur $\log 2$ durch die Differenz der Logarithmen von $a$ und $c$ zu dividiren, um die gesuchte Zahl zu erhalten. Für den Fall des obigen Beispiels ist:

$$a = 36, \quad \log a = 1{,}5563025$$
$$c = 35, \quad \log c = 1{,}5440680$$
$$\overline{\log a - \log c = 0{,}0122345}.$$

Dividirt man mit dieser Zahl in $\log 2 = 0.3010300$, so ist der Quotient grösser als 24 und kleiner als 25, was mit *Huygens'* und meinem obigen Resultate übereinstimmt.

[34] Meine Lösung der vorliegenden Aufgabe hat mir aber zugleich einen Angriffspunkt für einige andere ähnliche Aufgaben gegeben, zu denen die folgende gehört:

Mehrere Spieler kommen überein, dass derjenige gewinnt, welcher zuerst eine bestimmte Anzahl Augen wirft. Sie spielen in bestimmter Reihenfolge und jedem sind einige Würfe, dem einen mehr, dem andern weniger, zu thun gestattet. Wie gross ist die Hoffnung jedes einzelnen Spielers? — Spielt der Spieler, dessen Hoffnung wir bestimmen wollen, an erster Stelle, so ist nach dem Vorhergehenden seine Hoffnung gleich $\dfrac{a^n - c^n}{a^n}$, wenn ihm $n$ Würfe gestattet sind. Spielen aber andere vor ihm, so ist seine Hoffnung geringer, da ihm diese ja den Gewinn entreissen können. Nun sind offenbar die Hoffnungen seiner sämmtlichen Vorgänger zusammengenommen gleich der Hoffnung eines einzigen Spielers, welcher an ihre Stelle treten würde und welchem so viele Würfe zu thun gestattet wären, als allen jenen zusammen; ist die Anzahl aller dieser Würfe $s$, so ist die Hoffnung des fingirten Spielers gleich $\dfrac{a^s - c^s}{a^s}$. Nach der Anmerkung (J) hat mithin der Spieler, dessen Hoffnung wir bestimmen wollen, bei Beginn des ganzen Spieles $a^s - c^s$ Fälle, in denen einer seiner Vorgänger gewinnt und ihm den Einsatz entreisst, und $c^s$ Fälle, in denen er Aussicht auf Gewinn hat und die Hoffnung $\dfrac{a^n - c^n}{a^n}$ erlangt. Folglich ist seine Hoffnung nach Satz III Zusatz 1 gleich $\dfrac{(a^n - c^n) c^s}{a^n a^s} = \dfrac{a^n c^s - c^{n+s}}{a^{n+s}}$.

Zu dem gleichen Resultate führt auch der folgende Weg: Da allen Mitspielern bis zu dem einschliesslich, dessen Hoffnung bestimmt werden soll, $s + n$ Würfe gestattet sind, so ist ihre gesammte Hoffnung gleich $\dfrac{a^{s+n} - c^{s+n}}{a^{s+n}}$. Subtrahirt man hiervon die Summe der Hoffnungen aller Vorgänger des Betreffenden, für welche $\dfrac{a^s - c^s}{a^s}$ gefunden worden war, so bleibt für seine eigene Hoffnung $\dfrac{a^{s+n} - c^{s+n}}{a^{s+n}} - \dfrac{a^s - c^s}{a^s} = \dfrac{a^n c^s - c^{n+s}}{a^{n+s}}$ übrig. Hier ist zu beachten, dass die Rechnung sich bedeutend vereinfacht, wenn die Zahlen $a$ und $c$ einen gemeinsamen Theiler haben und also nach Satz III Zusatz 2 die kleinsten Verhältnisszahlen [**35**] an ihre Stelle gesetzt werden können. Z. B. Vier Spieler wollen mit zwei Würfeln sieben Augen werfen; dem ersten ist ein Wurf, dem zweiten sind 2, dem dritten 3 und dem vierten 4 Würfe hintereinander zu thun gestattet. Wie gross ist die Hoffnung des vierten Spielers? Hier ist $n = 4$ und $s = 1 + 2 + 3 = 6$, folglich ist seine Hoffnung $\dfrac{a^4 c^6 - c^{10}}{a^{10}}$. Nun ist ferner $a = 36$, da mit zwei Würfeln im Ganzen 36 Würfe gethan werden können, und $c = 30$ ist die Anzahl aller Fälle, in welchen mit zwei Würfeln nicht sieben Augen geworfen werden; diese Zahlen können aber durch 6 und 5 ersetzt werden. Folglich ist die Hoffnung des vierten Spielers $\dfrac{6^4 \cdot 5^6 - 5^{10}}{6^{10}} = \dfrac{10\,484\,375}{60\,466\,176}$.

Offenbar muss bei dieser Aufgabe die Summe der Hoffnungen sämmtlicher Spieler, so viele es auch sein und so viele Würfe ihnen auch gestattet sein mögen, kleiner als 1 sein, da die Möglichkeit, wenn auch selten, doch denkbar ist, dass kein Spieler die vorgeschriebene Anzahl von Augen wirft. Ferner leuchtet ohne Weiteres ein, dass bei einer gleichen Anzahl von Würfen jeder folgende Spieler schlechtere Gewinnhoffnung hat, als jeder seiner Vorgänger, und zwar ist diese um so geringer, je grösser die dem einzelnen Spieler gestattete Anzahl von Würfen ist; ist diese Zahl so gross, dass die Hoffnung des ersten Spielers auf Gewinn fast zur Gewissheit wird, so verschwindet für die übrigen jede Hoffnung. Diese Erwägung führt uns nun auf eine andere Aufgabe:

**Wieviel Würfe müssen dem zweiten Spieler und den übrigen erlaubt werden, damit alle dieselbe Hoffnung wie der erste haben, wenn die diesem erlaubte Anzahl von Würfen gegeben ist?** Hierbei ist aber nöthig, dass die Zahl der Würfe des ersten Spielers ihm nicht eine Hoffnung giebt, welche grösser als $\frac{1}{2}$ ist bei zwei Spielern, grösser als $\frac{1}{3}$ bei drei, grösser als $\frac{1}{4}$ bei vier Spielern und so fort, da sonst die Aufgabe unmöglich wäre. Es sei nun $m$ die Zahl der Spieltheilnehmer, $x$ die Anzahl der Würfe, welche alle zusammen haben, $y$ die Anzahl der Würfe aller Spieler ausschliesslich des letzten, sodass also diesem allein $x - y$ Würfe zustehen, [**36**] und $n$ die Anzahl der Würfe des ersten Spielers, dessen Erwartung $\dfrac{a^n - c^n}{a^n}$ ist, während die Hoffnungen aller

Wahrscheinlichkeitsrechnung (Ars conjectandi).

$m$ Spieler zusammen die Summe $\dfrac{a^x - c^x}{a^x}$ ergeben. Da die einzelnen Hoffnungen aber einander gleich und gleich der des ersten sein sollen, so ist ihre Summe auch gleich $m \cdot \dfrac{a^n - c^n}{a^n}$, und folglich ist

$$m \frac{a^n - c^n}{a^n} = \frac{a^x - c^x}{a^x},$$

$$\frac{c^x}{a^x} = \frac{mc^n - (m-1)a^n}{a^n}.$$

Durch Uebergang zu Logarithmen erhält man schliesslich:

$$x = \frac{n \log a - \log[mc^n - (m-1)a^n]}{\log a - \log c}.$$

Aus der gleichen Ueberlegung folgt für die Summe der Hoffnungen, welche die $m-1$ ersten Spieler haben:

$$(m-1)\frac{a^n - c^n}{a^n} = \frac{a^y - c^y}{a^y},$$

und mithin

$$y = \frac{n \log a - \log[(m-1)c^n - (m-2)a^n]}{\log a - \log c}.$$

Folglich ist die Anzahl der Würfe, welche dem letzten Spieler zu gewähren sind:

$$x - y = \frac{\log[(m-1)c^n - (m-2)a^n] - \log[mc^n - (m-1)a^n]}{\log a - \log c}.$$

Zahlenbeispiel. Von drei Spielern sind dem ersten zwei Würfe gestattet, um mit zwei Würfeln sieben Augen zu werfen (oder auch um mit einem Würfel sechs Augen zu werfen, da in beiden Fällen der Quotient $\dfrac{a}{c}$ denselben Werth hat). Hier ist $n = 2$, $a : c = 6 : 5$. Die Hoffnung des ersten Spielers ist $\dfrac{6^2 - 5^2}{6^2} = \tfrac{11}{36}$, also kleiner als $\tfrac{1}{3}$. Setzt man nun in der obigen Formel zuerst $m = 2$ und dann $m = 3$, so findet man, dass dem zweiten Spieler drei und dem dritten acht Würfe zugestanden werden müssen, wenn die Hoffnungen aller drei Spieler möglichst nahe einander gleich sein sollen.«

[37] XII.

**Aufgabe. Mit wieviel Würfeln kann $A$ es unternehmen, auf den ersten Wurf zwei Sechsen zu werfen?**

Diese Frage kommt aber auf die andere hinaus[L], mit wievielen Würfen es $A$ unternehmen kann, mit einem Würfel zweimal eine Sechs zu werfen. Wenn $A$ es mit zwei Würfen unternimmt, so hat er nach dem Obigen[M] die Hoffnung $\frac{1}{36}a$, den Einsatz $a$ zu gewinnen. Unternimmt er es mit drei Würfen, so hat er, falls ihm der erste Wurf misslingt, noch zwei Würfe, von welchen jeder eine Sechs ergeben muss, und welche ihm daher $\frac{1}{36}a$ werth sind. Glückt es ihm aber auf den ersten Wurf, eine Sechs zu werfen, so braucht er bei den beiden folgenden nur noch eine Sechs zu erzielen; die beiden letzten Würfe sind ihm dann $\frac{11}{36}a$ werth (nach Aufgabe X). Nun hat $A$ einen Fall dafür, dass er beim ersten Wurfe eine Sechs wirft, und fünf Fälle für das Gegentheil; er hat also bei Beginn des Spieles einen Fall für $\frac{11}{36}a$ und fünf Fälle für $\frac{1}{36}a$. Nach Satz III folgt daher, dass $A$ die Hoffnung $\frac{16}{216}a = \frac{2}{27}a$ hat. Fährt man in dieser Weise fort, indem man $A$ immer einen weiteren Wurf hinzunehmen lässt, so findet man, dass $A$ bei 10 Würfen mit einem Würfel oder einem Wurfe mit 10 Würfeln es mit Aussicht auf Gewinn unternehmen kann, zwei Sechsen werfen zu wollen.

»**Anmerkungen.** (L) [Diese Frage kommt aber auf die andere hinaus, u. s. w.] Wenn dem $A$ ein Wurf mit 10 Würfeln gestattet ist, so liegt klar auf der Hand, dass es keinen Unterschied ausmacht, ob er diese zehn Würfel auf einmal oder einen nach dem andern auf das Spielbrett wirft. Thut er dies Letztere, so ist es offenbar gleichgültig, ob es zehn verschiedene Würfel sind, mit welchen er spielt, oder ob er einen einzigen Würfel benutzt, welchen er nach gethanem Wurfe vom Spielbrett wieder aufnimmt, um ihn von Neuem auszuspielen.

(M) [Wenn $A$ es mit zwei Würfen unternimmt, u. s. w.] In der vorhergehenden Aufgabe ist gezeigt worden, dass die Hoffnung dessen, welcher mit zwei Würfeln auf einen Wurf zwei Sechsen werfen will, gleich $\frac{1}{36}a$ ist. Da es aber nach

(L) gleich ist, ob er mit zwei Würfeln einen Wurf oder mit einem Würfel zwei Würfe thut, so kommt ihm die Hoffnung $\frac{1}{36}a$ auch zu, wenn er mit einem Würfel auf zwei Würfe zwei Sechsen werfen will.

### Verallgemeinerte Aufgabe.

[**38**] Ebenso wie die vorige Aufgabe lässt auch diese eine Verallgemeinerung in Buchstaben zu. Die Aufgabe kommt allgemein darauf hinaus, die Hoffnung des $A$ zu finden, wenn er mit einer gewissen Anzahl von Würfen etwas zwei-, drei-, viermal oder öfter erreichen will. Für den Fall, dass er es nur einmal erlangen will, ist seine Hoffnung schon durch die vorige Aufgabe bestimmt.

Wenn $A$ mit zwei Würfen etwas zweimal erlangen will, so verliert er, wenn er mit dem ersten Wurfe nichts erreicht. Glückt ihm aber der erste Wurf, so muss er, um zu gewinnen, sein Ziel immer noch einmal erreichen. Haben die Buchstaben $a$, $b$, $c$ dieselbe Bedeutung wie bei der vorigen Aufgabe, so gebührt dem $A$ in diesem Falle $\frac{a-c}{a}$ und seinem Gegner $\frac{c}{a}$.

$A$ hat also anfänglich $b$ Fälle, in denen er beim ersten Wurfe das Ziel erreichen kann, und $c$ Fälle, in denen das Gegentheil eintritt. Für seinen Gegner $B$ sind $c$ Fälle vorhanden, um den Einsatz $1 = \frac{c+b}{a}$ zu erhalten, und $b$ Fälle für $\frac{c}{a}$; folglich hat $B$ die Hoffnung $\frac{c^2 + 2bc}{a^2}$.

Unternimmt $A$ mit drei Würfen ein Ziel zweimal zu erreichen, so braucht er dasselbe, falls er es mit dem ersten Wurfe schon einmal erreicht, was in $b$ Fällen geschieht, bei den beiden letzten Würfen nur noch einmal zu erlangen; sein Gegner $B$ hat also dann die Hoffnung $\frac{c^2}{a^2}$, wie aus der Lösung des allgemeinen Falles der vorigen Aufgabe folgt. Erreicht aber $A$ mit dem ersten Wurfe nichts, was in $c$ Fällen eintritt, so müssen ihm, um zu gewinnen, die beiden letzten Würfe glücken; in diesem Falle aber hat $B$ die Hoffnung $\frac{c^2 + 2bc}{a^2}$, wie soeben gefunden wurde. Die $b$ Fälle für $\frac{c^2}{a^2}$ und die $c$ Fälle für $\frac{c^2 + 2bc}{a^2}$ geben der Hoffnung des $B$ den Werth $\frac{c^3 + 3bc^2}{a^3}$.

Will $A$ auf vier Würfe zweimal das Ziel erreichen, so erhält sein Gegner $B$ in den $b$ Fällen, in welchen $A$ der erste Wurf gelingt, die Hoffnung $\dfrac{c^3}{a^3}$ und in den $c$ Fällen, [39] in welchen das Gegentheil eintritt, die Hoffnung $\dfrac{c^3+3bc^2}{a^3}$; folglich hat $B$ die Hoffnung $\dfrac{c^4+4bc^3}{a^4}$.

Wenn $A$ jedoch mit drei Würfen dreimal ein gestecktes Ziel erreichen will, so erhält, wenn ihm der erste Wurf misslingt, sein Gegner $B$ den Einsatz $1 = \dfrac{c^2+2bc+b^2}{a^2}$. Im andern Falle hat $A$ noch zwei Würfe übrig, von denen ihm jedoch jeder glücken muss; in diesem Falle ist die Hoffnung des Gegners $B$ nach dem Vorstehenden gleich $\dfrac{c^2+2bc}{a^2}$. Da das Erstere in $c$ Fällen, das Letztere in $b$ Fällen eintritt, so ist die Hoffnung des $B$ gleich $\dfrac{c^3+3bc^2+3b^2c}{a^3}$.

Auf ganz ähnliche Weise kann man die Hoffnungen von $B$ berechnen, wenn sein Gegner $A$ mit 4, 5, 6, ... Würfen ein Ziel zwei-, drei-, viermal oder öfter erreichen will. So ist die folgende Tafel entstanden, welche man beliebig weit fortsetzen kann, wenn man beachtet, dass die Zeilen der Reihe nach alle Potenzen des Binoms $\dfrac{c+b}{a}$, also die zweite das Quadrat, die dritte den Cubus, u. s. w. in der Weise enthalten, dass in der ersten Columne nur das erste Glied der Entwickelung steht, in der zweiten die beiden ersten Glieder, in der dritten die drei ersten Glieder u. s. w. stehen. Daraus lässt sich leicht die Hoffnung von $B$ finden, wenn $A$ mit $n$ Würfen $m$-mal ein Ziel erreichen will[7]).

[40] *Tafel für die Hoffnungen des B.*

(Die Hoffnungen des $A$ erhält man durch Subtraction der Hoffnungen des $B$ von 1.) Die römischen Zahlen geben die Anzahl der Würfe an, mit denen $A$ ein-, zwei-, drei-, viermal u. s. w. ein Ziel erreichen will.

|      | Einmal | Zweimal | Dreimal | Viermal |      |
| ---- | ------ | ------- | ------- | ------- | ---- |
| I.   | $\dfrac{c}{a}$ |   |   |   |      |
| II.  | $\dfrac{c^2}{a^2}$ | $\dfrac{c^2+2bc}{a^2}$ |   |   |      |
| III. | $\dfrac{c^3}{a^3}$ | $\dfrac{c^3+3bc^2}{a^3}$ | $\dfrac{c^3+3bc^2+3b^2c}{a^3}$ |   | u.s.w. |
| IV.  | $\dfrac{c^4}{a^4}$ | $\dfrac{c^4+4bc^3}{a^4}$ | $\dfrac{c^4+4bc^3+6b^2c^2}{a^4}$ | $\dfrac{c^4+4bc^3+6b^2c^2+4b^3c}{a^4}$ |      |
| V.   | $\dfrac{c^5}{a^5}$ | $\dfrac{c^5+5bc^4}{a^5}$ | $\dfrac{c^5+5bc^4+10b^2c^3}{a^5}$ | $\dfrac{c^5+5bc^4+10b^2c^3+10b^3c^2}{a^5}$ |      |
| VI.  | $\dfrac{c^6}{a^6}$ | $\dfrac{c^6+6bc^5}{a^6}$ | $\dfrac{c^6+6bc^5+15b^2c^4}{a^6}$ | $\dfrac{c^6+6bc^5+15b^2c^4+20b^3c^3}{a^6}$ |      |

$$n \quad \left[c^n + \binom{n}{1} b c^{n-1} + \binom{n}{2} b^2 c^{n-2} + \cdots + \binom{n}{m-1} b^{m-1} c^{n-m+1}\right] : a^n.$$

(m-mal)

[41] Die allgemeine Formel dieser Tafel lässt sich in geschickter Weise auch mit Hülfe der Combinationslehre ableiten. Wie wir gesehen haben, läuft es auf dasselbe hinaus, ob $A$ mit $n$ Würfen eines Würfels oder mit einem Wurfe von $n$ Würfeln ein bestimmtes Resultat erreichen will. Von den $n$ Würfeln, welche mit $W_1, W_2, \ldots, W_n$ bezeichnet sein mögen, soll jeder $a$ Seitenflächen haben, von denen $b$ die Anzahl Augen aufweisen, welche $A$ werfen will, und die übrigen $c$ irgend welche andere. Wir fragen nun: in wievielen Fällen kann es sich ereignen, dass auf keinem Würfel, nur auf einem Würfel, nur auf zwei, drei, vier, $\ldots$, $m-1$ Würfeln die gewünschte Anzahl von Augen erscheint? Denn in allen diesen Fällen verliert $A$ und gewinnt $B$. In der Anmerkung zu der vorigen Aufgabe ist gezeigt worden, dass es $c^n$ Fälle giebt, in denen auf keinem der $n$ Würfel die gewünschte Augenanzahl erscheint. In gleicher Weise lässt sich zeigen, dass es $b$, $b^2$, $b^3$, $\ldots$ Fälle giebt, in denen ein Würfel, z. B. $W_1$, zwei Würfel $W_1$ und

$W_2$, drei Würfel $W_1$, $W_2$ und $W_3$, ... für $A$ günstig fallen, und $c^{n-1}$, $c^{n-2}$, $c^{n-3}$, ... Fälle, in denen die übrigen $n-1$, $n-2$, $n-3$, ... Würfel für $A$ ungünstig fallen. Da nun die einzelnen Fälle sich miteinander entsprechend verbinden können, so ergeben sich $bc^{n-1}$, $b^2c^{n-2}$, $b^3c^{n-3}$, ... Fälle. Fällt ein Würfel für $A$ günstig, so kann dies $W_1$ oder $W_2$ oder $W_3$ oder ... sein; fallen ihm zwei günstig, so können diese $W_1, W_2$ oder $W_1, W_3$ oder $W_2, W_3$ oder ... sein; es können $W_1, W_2, W_3$ oder $W_1, W_2, W_4$ oder ... sein, wenn drei Würfel für $A$ günstig fallen. Dies ergiebt für die einzelnen Fälle aber nach der Combinationslehre, welche ich im zweiten Theile behandeln werde, $\binom{n}{1}$, $\binom{n}{2}$, $\binom{n}{3}$, ... Möglichkeiten, und folglich ergeben sich $\binom{n}{1}bc^{n-1}$, $\binom{n}{2}b^2c^{n-2}$, $\binom{n}{3}b^3c^{n-3}$, ..., $\binom{n}{m-1}b^{m-1}c^{n-m+1}$ Fälle, in welchen nur auf einem, auf zwei, drei, ..., $m-1$ Würfeln — aber gleichgültig auf welchen — die gewünschte Zahl erscheint. In allen diesen Fällen gewinnt $B$, und da bei den $n$ Würfeln [42] im Ganzen $a^n$ Fälle möglich sind, so ist seine Hoffnung gleich

$$\frac{c^n + \binom{n}{1}c^{n-1}b + \binom{n}{2}c^{n-2}b + \cdots + \binom{n}{m-1}c^{n-m+1}b^{m-1}}{a^n}$$

nach Satz III Zusatz 1.

Bei dieser Aufgabe ist es aber, genau wie bei der vorigen, von grösstem Interesse, die Anzahl der Würfe zu ermitteln, bei welcher die Hoffnungen von $A$ und $B$ einander gleich (und gleich der Hälfte des Einsatzes) sind. Zu dem Zwecke muss man den Ausdruck, welcher für die Hoffnung des $B$ gefunden worden ist, gleich $\frac{1}{2}$ setzen und aus der so gewonnenen Gleichung $n$ so genau als möglich bestimmen. Will man, wie *Huygens*, wissen, mit wieviel Würfen $A$ es unternehmen kann, ein gegebenes Ziel zu erreichen, z. B. mit einem Würfel zwei Sechsen zu werfen, wenn für ihn und seinen Gegner gleiche Gewinnhoffnungen vorhanden sein sollen, so hat man

$$\frac{c^n + nbc^{n-1}}{a^n} = \tfrac{1}{2}$$

zu setzen und erhält daraus

$$a^n = (2c + 2nb)c^{n-1},$$

aus welcher Gleichung die Anzahl $n$ der Würfe sich bestimmen lässt. Ich füge hier die Rechnung für das von *Huygens* gewählte Beispiel, für welches die Anzahl der günstigen und ungünstigen Fälle schon früher bestimmt und $a = 6$, $b = 1$, $c = 5$ gefunden war:

| | | | |
|---|---:|---|---:|
| $a =$ | 6 | $c =$ | 5 |
| $a^3 =$ | 216 | $c^2 =$ | 25 |
| $a^9 =$ | 10 077 696 | $c^4 =$ | 625 |
| $a^{10} =$ | 60 466 176 | $c^8 =$ | 390 625 |
| | | $c^9 =$ | 1 953 125 |

$a^9 = 10\,077\,696 < 10\,937\,500 = 28 \cdot 390\,625 = (2c + 18b)c^8$,
$a^{10} = 60\,466\,176 > 58\,593\,750 = 30 \cdot 1\,953\,125 = (2c + 20b)c^9$.

Da nun die neunte Potenz von $a$ noch kleiner ist als der zugehörige Werth der rechten Seite, die zehnte Potenz von $a$ aber grösser ist als der ihr entsprechende Werth der rechten Seite, so kann man schliessen, dass neun Würfe noch nicht genügen und dass $A$ erst mit zehn Würfen eines Würfels es mit Aussicht auf Erfolg unternehmen kann, zwei Sechsen zu werfen.

[43]

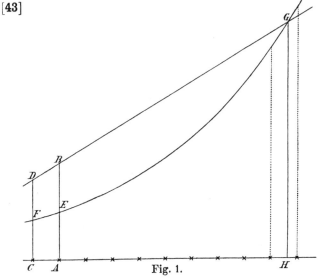

Fig. 1.

Das Resultat kann aber auch durch eine passende geometrische Construction, welche die logarithmische Linie zu

Hülfe nimmt, gefunden werden[8]). Ueber der Axe $CH$ zeichnet man sich eine logarithmische Linie $FEG$ und zieht dann zwei zur Axe senkrechte Linien $AE$ und $CF$ so, dass sie sich wie $a:c$ verhalten. Jede der beiden Senkrechten verlängert man um sich selbst bis $B$, bez. $D$ und zieht dann durch diese letzteren Punkte die Verbindungsgerade $BD$, welche die logarithmische Linie in dem Punkte $G$ schneidet. Wählt man noch $CA$ als Längeneinheit, so schneidet das von $G$ auf die Axe gefällte Loth $GH$ auf dieser den Theil $CH = n$ ab, und giebt so die Zahl der Würfe an, mit denen man es unternehmen kann, etwas zweimal zu erreichen. In ähnlicher Weise wie hier, wo man eine gerade Linie und die logarithmische Curve sich schneiden liess, kann man in dem Falle verfahren, dass ein Ziel dreimal erreicht werden muss; statt der geraden Linie bringt man dann eine Parabel zum Schnitt mit der logarithmischen Linie. Die Zahl der Würfe, mit denen man viermal oder öfter ein gegebenes Ziel zu erreichen mit Aussicht auf Gewinn unternehmen kann, lässt sich ebenso mittelst der logarithmischen Linie und einer algebraischen Curve vom vierten oder höheren Grade bestimmen.

Uebrigens würden wir auch hier, wie es bei der vorhergehenden Aufgabe geschehen ist, diesen Gegenstand noch weiter behandeln und die Hoffnungen von mehreren Spielern ermitteln können, von denen jeder einzelne mit einer gleichen oder ungleichen Anzahl nach einander geleisteter Würfe ein gegebenes Ziel beliebig oft erreichen will, und noch andere derartige Fragen würden sich aufwerfen lassen, wenn uns nicht Kürze geboten wäre und wenn wir nicht dem Fleisse des Lesers etwas überlassen zu müssen glaubten.

Damit aber das bisher Gesagte nicht falsch verstanden wird, glauben wir noch das Folgende hervorheben zu sollen. Diese letzte und die vorhergehende Aufgabe, in welchen nach der Hoffnung eines Spielers gefragt wird, welcher mit einigen Würfen etwas einmal oder mehreremal zu erreichen sucht, [44] sind so zu verstehen, dass derselbe auch dann gewinnt, wenn er öfter, als verlangt war, das Ziel erreicht. Wäre der Sinn der Fragestellung, dass er in einem solchen Falle verliert, so würde eine wesentlich andere Aufgabe vorliegen, und es würden andere Werthe für die Hoffnungen sich ergeben. Da wir auch diese Hoffnungen später noch brauchen, so wollen wir dieselben bestimmen, bevor wir weiter gehen. Damit aber die Lösung möglichst allgemein ist, wollen wir annehmen, dass

Wahrscheinlichkeitsrechnung (Ars conjectandi). 47

es bei den verschiedenen Würfen (oder Einzelspielen) nicht gleich viele Fälle giebt, sondern dass sich die Zahlen derselben von Spiel zu Spiel ändern. Es seien

beim 1. 2. 3. 4. 5.... Wurfe,
die Anzahl aller Fälle: $a$ $d$ $g$ $p$ $s$ ...
die Anzahl der günstigsten Fälle: $b$ $e$ $h$ $q$ $t$ ...
die Anzahl der ungünstigen Fälle: $c$ $f$ $i$ $r$ $u$ ...

Sind nun eine Anzahl von Würfen, z. B. fünf zu thun und sucht man die Hoffnung dessen, welcher mit einigen davon, z. B. mit den drei ersten das Ziel, mit den beiden übrigen aber nichts erreichen will, so muss man beachten, dass jeder von den $b$ Fällen des ersten Wurfes mit jedem von den $e$ Fällen des zweiten Wurfes und von den $be$ resultirenden Fällen wiederum jeder mit den $h$ Fällen des dritten Wurfes zusammentreffen kann, was $beh$ Fälle ergiebt. Ebenso kann jeder der $r$ Fälle des vierten mit jedem der $u$ Fälle des fünften Wurfes zusammentreffen, was $ru$ Fälle giebt. Da nun weiter jeder dieser letzteren Fälle mit jedem der früheren $beh$ Fälle zusammentreffen kann, so ist die Zahl aller für den Spieler günstigen Fälle gleich $behru$, und da in ähnlicher Weise die Anzahl aller Fälle gleich $adgps$ gefunden wird, so ist nach Satz III Zusatz 1 die gesuchte Hoffnung gleich $\dfrac{behru}{adgps}$. Hieraus folgt die

## Regel

zur Bestimmung der Hoffnung eines Spielers, welchem mehrere Würfe zu thun gestattet sind und welcher mit einigen genau vorgeschriebenen und nicht mit anderen Würfen etwas erzielen will:

**Man bilde das Product aus den Zahlen der Fälle, in denen das Ziel bei den vorgeschriebenen Würfen, wo es erreicht werden soll, erreicht wird, und der Fälle, in welchen das Ziel nicht erreicht wird, wo es nicht erreicht werden darf, und theile es durch das Product [45] aus den Zahlen aller Fälle bei sämmtlichen Würfen; der Quotient ist der Werth der gesuchten Hoffnung.**

Zusatz 1. Sind bei allen Würfen die Fälle in gleicher Anzahl vorhanden, also $d = g = p = s = a$, $e = h = q = t = b$, $f = i = r = u = c$, so geht der Werth der gefundenen

Hoffnung über $\dfrac{b^3 c^2}{a^5}$, und allgemein in $\dfrac{b^m c^{n-m}}{a^n}$, wo $n$ die Anzahl aller Würfe ist und $m$ die Anzahl derjenigen, in welchen das Ziel erreicht werden muss.

Zusatz 2. Wenn wieder bei allen Würfen die Fälle in gleicher Anzahl vorhanden sind und auch die Zahl der Würfe, mit denen das Ziel erreicht werden muss, bestimmt ist, nicht aber die Würfe selbst bezeichnet sind, sondern beliebige sein können (z. B. wenn 5 Würfe zu machen sind und drei beliebige davon glücken müssen), so muss der eben gefundene Werth der Hoffnung offenbar so oft genommen werden, als aus $n$ Dingen Gruppen von je $m$ (z. B. von 5 Würfen Gruppen von je 3) gebildet werden können. Das kann aber nach der Combinationslehre, welche im folgenden Theile behandelt werden wird, $\binom{n}{m}$ oder, was dasselbe ist, $\binom{n}{n-m}$ mal geschehen, und deshalb hat die Hoffnung dessen, welcher dieses Spiel unternimmt, den Werth $\binom{n}{m}\dfrac{b^m c^{n-m}}{a^n} = \binom{n}{n-m}\dfrac{b^m c^{n-m}}{a^n}$.«

## XIII.

**Aufgabe.** $A$ und $B$ spielen unter den folgenden Bedingungen miteinander: Einer von ihnen thut mit zwei Würfeln einen Wurf. Fallen sieben Augen, so gewinnt $A$; fallen aber zehn Augen, so gewinnt $B$. Bei jeder andern Augenzahl soll der Einsatz zu gleichen Theilen an beide Spieler vertheilt werden. Welche Hoffnung hat jeder der beiden Spieler?

[46] Da unter den 36 Würfen, welche mit zwei Würfeln möglich sind, 6 Würfe sich befinden, welche 7 Augen, und 3, welche 10 Augen ergeben, so bleiben 27 Würfe übrig, bei welchen das Spielresultat für $A$ und $B$ gleich ist, d. h. jedem der halbe Einsatz $a$ zufällt. Tritt dies nicht ein, so hat $A$ sechs Würfe [N], mit denen er gewinnt und $a$ erhält, und drei Würfe, mit denen er nichts erhält. Bei Beginn des Spieles hat $A$ also 27 Fälle für $\tfrac{1}{2}a$ und 9 Fälle für $\tfrac{2}{3}a$, woraus sich der Werth seiner Hoffnung nach Satz III gleich $\tfrac{13}{24}a$ ergiebt, es bleibt mithin für seinen Gegner $B$ die Hoffnung $\tfrac{11}{24}a$ übrig [O].

»**Anmerkungen.** (N) [Tritt dies nicht ein, so hat $A$ sechs Würfe, u. s. w.] *Huygens* sucht zuerst die Hoffnung dessen, welcher 6 Fälle für Gewinn und 3 Fälle für Verlust hat; diese beträgt $\frac{2}{3}a$ und erst mit ihrer Hülfe erhält er das schliessliche Resultat. Dieses kann man aber auch direct ableiten, ohne jene Hoffnung erst zu berechnen. Denn die 27 Fälle für $\frac{1}{2}a$, 6 Fälle für $a$ und 3 Fälle für Null ergeben nach Satz III Zusatz 3 für die Hoffnung des $A$ ebenfalls $\frac{13}{24}a$ und die 27 Fälle für $\frac{1}{2}a$, 3 Fälle für $a$ und 6 Fälle für Null, welche $B$ hat, bestimmen nach demselben Zusatz seine Hoffnung gleich $\frac{11}{24}a$.

(O) [es bleibt mithin für seinen Gegner $B$ die Hoffnung $\frac{11}{24}a$ übrig.] Nämlich der Rest des ganzen Einsatzes $a$. Denn da nach Beendigung des Spieles beide Spieler zusammen sicher den ganzen Einsatz erhalten haben, so muss nach unserem Grundsatze auch die Summe ihrer beider Hoffnungen gleich dem ganzen Einsatze sein, wie, wir auch bei Satz IV unter (C) bemerkt haben. Anders würde die Sache liegen, wenn in einigen Fällen andere Personen als $A$ und $B$ den Einsatz ganz oder theilweise erhalten könnten. Z. B. wenn in dem obigen Spiele der Einsatz an die Armen vertheilt werden soll, falls weder $A$ noch $B$ gewinnt. Dann erhält $A$, wegen der 6 Fälle für $a$ und der 30 Fälle für Null, nur $\frac{1}{6}a$ und $B$, wegen der 3 Fälle für $a$ und der 33 Fälle für Null, nur $\frac{1}{12}a$, während der Rest des Einsatzes, $\frac{3}{4}a$ den Armen gehört, welche bei der Berechnung des zu erwartenden Gewinnes berücksichtigt werden müssen.«

[47] **XIV.**

**Aufgabe.** $A$ und $B$ würfeln einer um den andern mit zwei Würfeln unter der Bedingung, dass $A$ gewinnt, wenn er sieben Augen wirft, $B$ aber, wenn er sechs Augen wirft. $B$ thut den ersten Wurf. Wie verhalten sich die Hoffnungen von $A$ und $B$ zu einander?

Der von $A$ zu erwartende Gewinn werde mit $x$ und der ganze Einsatz mit $a$ bezeichnet; dann hat $B$ den Gewinn $a - x$ zu erwarten. Nun muss offenbar, so oft $B$ am Würfeln ist, die Hoffnung des $A$ wieder gleich $x$ sein; so oft aber die Reihe zu würfeln an $A$ ist, muss seine Hoffnung einen höheren Werth haben, welcher mit $y$ bezeichnet werde. Da es unter den 36 Würfen, welche mit zwei Würfeln möglich sind, fünf Würfe giebt, welche dem $B$ sechs Augen und damit den Gewinn bringen, und 31 Würfe, welche den $A$ zum Spiel kommen lassen, so hat $A$, ehe $B$ wirft, 5 Fälle für nichts und 31 Fälle für $y$, was nach Satz III für seine Hoffnung den Werth $\frac{31}{36} y$ liefert, und da diese gleich $x$ gesetzt war, so folgt

$$\tfrac{31}{36} y = x, \quad \text{also} \quad y = \tfrac{36}{31} x.$$

Ist $A$ am Wurfe, so hat er 6 Fälle für $a$ (denn 6 von den 36 Würfen geben 7 Augen) und 30 Fälle dafür, dass die Reihe zu würfeln wieder an $B$ kommt, d. h. $A$ wieder die Hoffnung $x$ hat. Nach Satz III ist mithin die mit $y$ bezeichnete Hoffnung des $A$ gleich

$$\frac{6a + 30x}{36} = y$$

und folglich ist mit Hülfe des vorher für $y$ gefundenen Werthes:

$$\frac{6a + 30x}{36} = \tfrac{36}{31} x$$

oder

$$x = \tfrac{31}{61} a.$$

Folglich hat $B$ den Rest $\tfrac{30}{61} a$ zu erwarten, sodass sich die Hoffnung des $A$ zu der des $B$ wie 31 zu 30 verhält.

»**Anmerkungen.** Bei dieser Aufgabe ist *Huygens* zum ersten Male genöthigt, die Analysis anzuwenden, [**48**] während er bisher immer rein synthetisch die Lösung gefunden hatte. Bei allen früheren Aufgaben ergab sich die gesuchte Hoffnung aus anderen Hoffnungen, welche entweder bereits bekannt waren oder, wenn zwar unbekannt, aus schon gefundenen und einfacheren sich berechnen liessen, und welche nicht ihrerseits von der gesuchten Hoffnung abhängig waren; deshalb konnte man dort von den allereinfachsten Fällen ausgehen und mit ihrer Hülfe, schrittweise vorwärtsgehend, mehr und mehr verwickelte Fälle ohne analytische Hülfsmittel erledigen. Anders liegen dagegen die Verhältnisse bei der jetzigen Aufgabe. Denn man kann die Hoffnung, welche $A$ hat, wenn die Reihe des Spielens an $B$ kommt, nach dem früheren Verfahren *Huygens'* nicht bestimmen, wenn man nicht die Hoffnung des $A$, sobald er zum Würfeln kommt, kennt. Aber auch diese letztere kann man nicht berechnen, ohne nicht zuvor die erstere, gerade gesuchte Hoffnung schon zu kennen. Da also beide Hoffnungen unbekannt sind, so können sie nach *Huygens'* Verfahren nur gefunden werden, wenn man die Analysis zu Hülfe nimmt. Es ist von Werth, dies erkannt zu haben, damit der Unterschied beider Methoden und wann bei einem Beispiele die eine, wann die andere anzuwenden ist, klar zu Tage liegt. Ich habe betont, dass man das *Huygens*'sche Verfahren ohne Zuhülfenahme der Analysis hier nicht mehr gebrauchen kann; es giebt aber einen anderen Weg, auf welchem ich ohne jedes analytische Hülfsmittel zum Ziele kommen kann, und welcher im Folgenden mit Nutzen sich verwenden lässt. An Stelle von zwei Personen, welche abwechselnd spielen, lassen wir unendlich viele Spieler treten, welchen der Reihe nach je ein Wurf zusteht; jeder an ungerader Stelle stehende Spieler gewinnt, wenn er 6 Augen wirft, und jeder an gerader Stelle Spielende gewinnt, wenn bei seinem Wurfe 7 Augen fallen. Dann kann offenbar der zweite Spieler nicht gewinnen, wenn nicht von den beiden ersten Würfen nur der zweite erfolgreich ist; der dritte Spieler kann nicht gewinnen, wenn nicht von den drei ersten Würfen nur der dritte glückt; ebenso kann der vierte Spieler nur gewinnen, wenn allein sein Wurf erfolgreich ist, und so fort. Wenn wir nun an Stelle der Zahlen 5 und 31, d. h. der Fälle, in welchen mit zwei Würfeln sechs Augen geworfen werden können oder nicht, $b$ und $c$, an Stelle von 6 und 30, also für die Zahlen der Fälle, in welchen sieben Augen fallen können oder nicht, $e$ und $f$ und anstatt 36, der Anzahl aller Fälle, $b+c=e+f=a$ setzen, so finden wir nach der Regel, welche am Ende der Anmerkungen zur Aufgabe XII gegeben worden ist, folgende Hoffnungen der einzelnen Spieler: [**49**]

| Spieler: | 1. | 2. | 3. | 4. | 5. | 6. | 7. | 8. | ... |
|---|---|---|---|---|---|---|---|---|---|
| Hoffnung: | $\dfrac{b}{a}$, | $\dfrac{ce}{a^2}$, | $\dfrac{bcf}{a^3}$, | $\dfrac{c^2ef}{a^4}$, | $\dfrac{bc^2f^2}{a^5}$, | $\dfrac{c^3ef^2}{a^6}$, | $\dfrac{bc^3f^3}{a^7}$, | $\dfrac{c^4ef^3}{a^8}$ | ... |

Lassen wir nun an Stelle des ersten, dritten, fünften und der übrigen mit ungeraden Zahlen bezeichneten Spieler einen einzigen Spieler, $B$ und an Stelle des zweiten, vierten, sechsten und der anderen mit geraden Zahlen bezeichneten Spieler ebenfalls einen Spieler, $A$ treten, so kehren wir offenbar zur vorgelegten Aufgabe zurück, und es sind die Hoffnungen von $A$ und $B$ gleich der Summe der Hoffnungen aller jener Spieler, an deren Stelle sie getreten sind. Die Hoffnung von $A$ ist also:

$$\frac{ce}{a^2}+\frac{c^2ef}{a^4}+\frac{c^3ef^2}{a^6}+\frac{c^4ef^3}{a^8}+\cdots$$

und die von $B$:

$$\frac{b}{a}+\frac{bcf}{a^3}+\frac{bc^2f^2}{a^5}+\frac{bc^3f^3}{a^7}+\cdots$$

Dies sind aber unendliche geometrische Reihen mit dem gemeinsamen Quotienten $\frac{cf}{a^2}$; die Summe der ersten ist $\frac{ce}{a^2-cf}$ und die der zweiten $\frac{ab}{a^2-cf}$. Folglich verhält sich die Hoffnung von $A$ zu der von $B$ wie $ce$ zu $ab$, oder wenn man für die Buchstaben wieder die obigen Zahlenwerthe setzt, wie 31 zu 30, genau wie oben gefunden war.

## Anhang.

An Stelle der Schlussvignette hat *Huygens* die folgenden fünf Aufgaben seiner Abhandlung angefügt, aber weder eine Lösung noch einen Beweis gegeben, sondern diese dem Leser zu finden überlassen. Wir sind daher gezwungen, diese theils hier zu ergänzen, theils für den zweiten Theil aufzusparen.

### I.

**Aufgabe.** $A$ und $B$ spielen mit zwei Würfeln unter der Bedingung, dass $A$ gewinnt, wenn er sechs Augen wirft, und $B$ gewinnt, wenn er sieben Augen wirft. $A$ beginnt das Spiel mit einem Wurfe, dann thut $B$ zwei Würfe hintereinander, dann ebenso $A$ zwei Würfe und so fort, bis einer von Beiden gewinnt. Wie verhält sich die Hoffnung von $A$ zu der von $B$? Antwort: Wie 10 355 zu 12 276.

[50] **Lösung.** Die Hoffnung des $A$ sei gleich $t$ bei Beginn des Spieles, gleich $x$, wenn die Reihe zu spielen an $B$ kommt, gleich $y$, wenn $B$ einmal gespielt hat, und gleich $z$, wenn $B$ seine zwei Würfe gethan hat und an $A$ wiederum die Reihe zu spielen kommt. Alle diese Hoffnungen sind von einander verschieden und unbekannt und jede vorhergehende Hoffnung hängt von der folgenden ab und auch umgekehrt, wie sich

Wahrscheinlichkeitsrechnung (Ars conjectandi).

aus dem eingeschlagenen Verfahren ergeben wird; die Aufgabe kann also nach der *Huygens*'schen Methode nur gelöst werden, wie bei der letzten Aufgabe bemerkt ist, wenn man die Analysis zu Hülfe nimmt. Unter den mit zwei Würfeln möglichen 36 Würfen giebt es 5, welche sechs Augen ergeben und also $A$ gewinnen lassen, und 31, welche $B$ an das Spiel kommen lassen; bei Beginn des Spieles hat $A$ also 5 Fälle für den Einsatz $a$ und 31 Fälle für $x$. Folglich ist seine Hoffnung bei Beginn des Spieles gleich $\dfrac{5a + 31x}{36}$, und da diese mit $t$ bezeichnet war, so ist

$$t = \frac{5a + 31x}{36}.$$

Kommt die Reihe des Spielens an $B$, so hat $A$ jetzt 6 Fälle für nichts, da es 6 Würfe für 7 Augen giebt, welche seinem Gegner günstig sind, und 30 Fälle für $y$; folglich ist seine Hoffnung gleich $\tfrac{5}{6} y$, und da diese mit $x$ bezeichnet wurde, so folgt

$$x = \tfrac{5}{6} y.$$

Hat $B$ seinen ersten Wurf erfolglos gethan, so hat $A$ aus dem gleichen Grunde wieder 6 Fälle für nichts und 30 Fälle für die folgende Hoffnung $z$; mithin ist seine Hoffnung in dem Augenblicke:

$$y = \tfrac{5}{6} z.$$

Jetzt ist die Reihe zu spielen wieder an $A$ und zwar hat er die Hoffnung $z$; da er nun 5 Fälle für $a$ hat, nämlich wenn er 6 Augen wirft, und 31 Fälle für Erwerbung seiner früheren Hoffnung $t$, wenn er dies nicht thut (denn dann ist der Stand für beide Spieler wieder derselbe, wie bei Beginn des Spieles: $A$ hat noch einen Wurf, nach welchem $B$ mit zwei Würfen kommt, worauf wieder $A$ mit zwei Würfen folgt, und so fort), so hat andrerseits die Hoffnung des $A$ den Werth $\dfrac{5a + 31t}{36}$, woraus

$$z = \frac{5a + 31t}{36}$$

folgt. Nachdem auf diese Weise so viele Gleichungen sich ergeben haben, als unbekannte Hoffnungen vorhanden sind, kann man diese jetzt aus ihnen berechnen. [51] Man erhält so schliesslich

$$t = \tfrac{10355}{22631}\,a,$$

und es bleibt mithin für $B$ die Hoffnung $\tfrac{12276}{22631}\,a$ übrig, sodass sich beide Hoffnungen wie 10 355 zu 12 276 verhalten, wie *Huygens* behauptet hatte.

Kürzer wird die Lösung, wenn man nur die drei Unbekannten $t$, $x$, $z$ einführt und die Hoffnung $y$, welche $A$ hat, nachdem $B$ einen Wurf gethan hat, fortlässt. Aus dem Schlusse der Anmerkungen zu der Aufgabe XI entnimmt man, dass die Hoffnung dessen, welcher mit zwei Würfen einmal sieben Augen werfen will, gleich $\tfrac{11}{36}$ des Einsatzes ist. Man darf also nach dem dort unter dem Buchstaben $(J)$ Bemerkten schliessen, dass es 11 Fälle giebt, in welchen $B$, wenn die Reihe zu spielen wieder an ihn gekommen ist, mit einem seiner beiden Würfe sieben Augen wirft und gewinnt, also $A$ nichts erhält, und 25 Fälle, in welchen er mit keinem seiner Würfe diese Augenzahl erreicht, mithin die Reihe zu spielen wieder an $A$ kommt und diesem die Hoffnung $z$ giebt. Daraus ergiebt sich für die mit $x$ bezeichnete Hoffnung des $A$ der Werth $\tfrac{25}{36}z$, also $x = \tfrac{25}{36}z$. Verfährt man weiter, wie oben, so erhält man die dort gefundenen Werthe.

Jetzt übersieht man nun deutlich die *Huygens*'sche Methode; es empfiehlt sich ihre Anwendung in allen ähnlichen Glücks- und Würfelspielen, in welchen von mehreren aufeinander folgenden Hoffnungen jede von der nächsten abhängt, wenn nur nach einer bestimmten Anzahl von Würfen der Anfangszustand sich wieder einstellt und die gleichen unbekannten Hoffnungen zurückkehren, welche die Spieler bei Beginn hatten. Nicht so leicht aber ist zu sehen, wie man die Aufgaben behandeln muss, in welchen sich bei Fortsetzung des Spieles die Hoffnungen nicht zum Ringe schliessen, sondern endlos immer neue, von den früheren verschiedene und wie jene unbekannte sich ergeben. Derartige Aufgaben werden von *Huygens* in dieser Abhandlung nicht untersucht. Einige solche Aufgaben habe ich [52] in den »Ephemerides Eruditorum Gall., 1685, art. 25 gestellt in der Hoffnung, dass sich der Eine oder der Andere an ihre Lösung machen würde, nachdem aber während fünf Jahre Niemand ihre Lösung gegeben hatte, habe ich sie selbst in den »Acta Eruditorum Lips.« Mai 1690 mitgetheilt, und bald darauf im Juli desselben Jahres gab *Leibniz* in etwas schwer verständlicher Form ebendort die Grundlage der Lösung, welche ich jetzt deutlicher auseinander setzen will [9]). Vorher aber werde ich zeigen, in welcher Weise durch dieses grundlegende Verfahren das vorliegende *Huygens*'sche Problem sich lösen lässt. Denn dieses Verfahren unterscheidet sich nicht von dem, welches ich zur Lösung der vorigen Aufgabe in den Anmerkungen angewandt habe, und es lässt sich mit derselben Leichtigkeit auf Fragen anwenden, bei welchen die nämlichen Hoffnungen im Kreise immer wiederkehren, wie auch auf solche, bei welchen ein derartiger Kreislauf nicht besteht; der einzige Unterschied zwischen beiden Fällen ist der, dass das Verfahren bei den ersteren auf eine oder mehrere unendliche Reihen führt, deren Summe in geschlossener Form dargestellt werden kann, bei den letzteren dagegen auf andere unendliche Reihen, welche nicht summirbar sind.

Wir denken uns, dass unendlich viele Spieler am Spiele theilnehmen, welche nacheinander je einen Wurf thun sollen, und von welchen der erste, vierte und fünfte, achte und neunte Spieler und so fort, wenn man je zwei aufeinanderfolgende Spieler auslässt, die beiden nächsten benachbarten mit dem Wurfe von 6 Augen gewinnen, die übrigen Spieler, nämlich der zweite und dritte, sechste und siebente, u. s. w., aber mit einem Wurfe von 7 Augen gewinnen. Nach der Regel, welche der Aufgabe XII angefügt ist, ergeben sich, wenn die Buchstaben $a, b, c, e, f$ dieselbe Bedeutung haben, wie in den Anmerkungen zu dieser Aufgabe, für die Hoffnungen der einzelnen Spieler die folgenden Werthe:

| Spieler: | 1. | 2. | 3. | 4. | 5. | 6. | 7. |
|---|---|---|---|---|---|---|---|
| | $A$. | $B$. | $B$. | $A$. | $A$. | $B$. | $B$. |
| Hoffnungen: | $\dfrac{b}{a}$, | $\dfrac{ce}{a^2}$, | $\dfrac{cef}{a^3}$, | $\dfrac{bcf^2}{a^4}$, | $\dfrac{bc^2f^2}{a^5}$, | $\dfrac{c^3ef^2}{a^6}$, | $\dfrac{c^3ef^3}{a^7}$, |

| Spieler: | 8. | 9. | 10. | 11. | 12. | ... |
|---|---|---|---|---|---|---|
| | $A$. | $A$. | $B$. | $B$. | $A$. | ... |
| Hoffnungen: | $\dfrac{bc^3f^4}{a^8}$, | $\dfrac{bc^4f^4}{a^9}$, | $\dfrac{c^5ef^4}{a^{10}}$, | $\dfrac{c^5ef^5}{a^{11}}$, | $\dfrac{bc^5f^6}{a^{12}}$, | ... |

Ersetzen wir nun wieder alle Spieler, welche mit 6 Augen gewinnen, durch einen Spieler $A$, und alle, welche mit 7 Augen gewinnen, durch einen anderen Spieler $B$, wie es in der vorstehenden Tafel angedeutet ist, so entsteht der Fall unserer gegenwärtigen Aufgabe, und wir erhalten für die Hoffnungen von $A$ und $B$ die Werthe:

$$\frac{b}{a} + \frac{bcf^2}{a^4} + \frac{bc^2f^2}{a^5} + \frac{bc^3f^4}{a^8} + \frac{bc^4f^4}{a^9} + \frac{bc^5f^6}{a^{12}} + \cdots,$$

$$\frac{ce}{a^2} + \frac{cef}{a^3} + \frac{c^3ef^2}{a^6} + \frac{c^3ef^3}{a^7} + \frac{c^5ef^4}{a^{10}} + \frac{c^5ef^5}{a^{11}} + \cdots.$$

Die an gerader Stelle stehenden Glieder [53] und die an ungerader Stelle stehenden Glieder in beiden Reihen für sich genommen bilden unendliche fallende geometrische Reihen mit dem Quotienten $\dfrac{c^2f^2}{a^4}$. Mithin ergiebt sich für die Summe der ersten Reihe $\dfrac{a^3b + bcf^2}{a^4 - c^2f^2}$ und für die der zweiten $\dfrac{a^2ce + acef}{a^4 - c^2f^2}$, sodass sich die Hoffnung von $A$ zu der von $B$ verhält wie $a^3b + bcf^2$ zu $a^2ce + acef$, was für die vorliegende Aufgabe (für welche $a = 36$, $b = 5$, $c = 31$, $e = 6$, $f = 30$ zu setzen ist) das Verhältniss 10 355 zu 12 276 ergiebt.

Ich lasse noch Beispiele solcher Fragestellungen folgen, in welchen die Hoffnungen nicht im Kreise wiederkehren: Zwei Spieler $A$ und $B$ würfeln mit zwei Würfeln unter der Bedingung, dass derjenige gewinnt, welcher zuerst sieben Augen wirft. Die Anzahl und Reihenfolge der jedem Spieler zustehenden Würfe ist eine der in der folgenden Tafel angegebenen:

| Nummer der Würfe | I. | | II. | | III. | | IV. | |
|---|---|---|---|---|---|---|---|---|
| | $A$. | $B$. | $A$. | $B$. | $A$. | $B$. | $A$. | $B$. |
| 1. | 1 | 1 | 1 | 1 | 1 | 1 | 1 | 2 |
| 2. | 2 | 1 | 1 | 2 | 2 | 2 | 3 | 4 |
| 3. | 3 | 1 | 1 | 3 | 3 | 3 | 5 | 6 |
| 4. | 4 | 1 | 1 | 4 | 4 | 4 | 7 | 8 |
| . | . | . | . | . | . | . | . | . |

Wie gross sind die Hoffnungen beider Spieler?

Hier ist die analytische Methode *Huygens*' nicht brauchbar, wohl aber liefert die meinige mit derselben Leichtigkeit, wie vorhin, das Resultat. An Stelle der beiden Spieler $A$ und $B$ nehme ich wieder unendlich viele Spieler an, deren

Wahrscheinlichkeitsrechnung (Ars conjectandi).

jeder nur einen Wurf thun darf, und frage nach den Hoffnungen der einzelnen Spieler. Nach dem Zusatze 1 der der Aufgabe XII angefügten Regel findet sich, da die Anzahl der Fälle $a$, $b$, $c$ bei allen Würfen dieselbe ist, die Hoffnung eines Spielers allgemein gleich $\dfrac{b^m c^{n-m}}{a^n}$, wo hier $m$, die Anzahl der Würfe, mit denen 7 Augen (einer der $b$ Fälle) geworfen werden können, beständig gleich 1 ist, und $n$, die Anzahl aller Würfe von Anfang an, nacheinander die Werthe 1, 2, 3, 4, ... annimmt. Setze ich diese Zahlen ein, so ergiebt sich die folgende Tafel für die Spielordnung IV:

| Spieler: | 1. | 2. | 3. | 4. | 5. | 6. | 7. | 8. | 9. |
|---|---|---|---|---|---|---|---|---|---|
| IV. | $A$. | $B$. | $B$. | $A$. | $A$. | $A$. | $B$. | $B$. | $B$. |
| Hoffnungen: | $\dfrac{b}{a}$, | $\dfrac{bc}{a^2}$, | $\dfrac{bc^2}{a^3}$, | $\dfrac{bc^3}{a^4}$, | $\dfrac{bc^4}{a^5}$, | $\dfrac{bc^5}{a^6}$, | $\dfrac{bc^6}{a^7}$, | $\dfrac{bc^7}{a^8}$, | $\dfrac{bc^8}{a^9}$, |

| Spieler: | 10. | 11. | 12. | 13. | 14. | 15. | .... |
|---|---|---|---|---|---|---|---|
| IV. | $B$. | $A$. | $A$. | $A$. | $A$. | $A$. | .... |
| Hoffnungen: | $\dfrac{bc^9}{a^{10}}$, | $\dfrac{bc^{10}}{a^{11}}$, | $\dfrac{bc^{11}}{a^{12}}$, | $\dfrac{bc^{12}}{a^{13}}$, | $\dfrac{bc^{13}}{a^{14}}$, | $\dfrac{bc^{14}}{a^{15}}$, | .... |

Dann lasse ich an Stelle der einzelnen Spieler wieder $A$ und $B$ treten, indem ich jedem von ihnen die Plätze zuweise, die ihnen nach den Bedingungen des betreffenden Spieles zukommen, und [54] summire alle diesen Stellen entsprechenden Hoffnungen, um die Gesammthoffnungen von $A$ und $B$ zu erhalten. Da z. B. nach den Bedingungen IV dem $A$ der 1te, 4te bis 6te, 11te bis 15te, ... Wurf zukommt, so giebt mir die Summe der Hoffnungen des 1ten, 4ten bis 6ten, 11ten bis 15ten ... Spielers die Hoffnung des $A$ und die Summe der übrigen Hoffnungen die des $B$. Folglich sind die Hoffnungen von $A$ und $B$:

$$\dfrac{b}{a} + \dfrac{bc^3}{a^4} + \dfrac{bc^4}{a^5} + \dfrac{bc^5}{a^6} + \dfrac{bc^{10}}{a^{11}} + \dfrac{bc^{11}}{a^{12}} + \dfrac{bc^{12}}{a^{13}} + \dfrac{bc^{13}}{a^{14}} + \dfrac{bc^{14}}{a^{15}} + \cdots$$

und

$$\dfrac{bc}{a^2} + \dfrac{bc^2}{a^3} + \dfrac{bc^6}{a^7} + \dfrac{bc^7}{a^8} + \dfrac{bc^8}{a^9} + \dfrac{bc^9}{a^{10}} + \dfrac{bc^{15}}{a^{16}} + \dfrac{bc^{16}}{a^{17}} + \dfrac{bc^{17}}{a^{18}} + \cdots$$

oder $b = a - c$ eingesetzt:

$$1 - \frac{c}{a} + \frac{c^3}{a^3} - \frac{c^6}{a^6} + \frac{c^{10}}{a^{10}} - \frac{c^{15}}{a^{15}} + \cdots$$

und
$$\frac{c}{a} - \frac{c^3}{a^3} + \frac{c^6}{a^6} - \frac{c^{10}}{a^{10}} + \frac{c^{15}}{a^{15}} - \cdots,$$

welche beiden Hoffnungen sich zu 1 ergänzen.

Dieses Resultat lässt sich auch noch anders ermitteln. Ich setze an Stelle von $A$ und $B$ wieder unendlich viele Spieler, theile aber jedem einzelnen so viele Würfe hintereinander zu, als nach dem Wortlaute der Aufgabe $A$ und $B$ zufallen, wenn die Reihe zu spielen an einen von ihnen kommt. Bei den Spielbedingungen IV z. B. nehme ich an, dass $A$ einmal, $B$ zweimal, ein Dritter, $C$ dreimal, ein Vierter, $D$ viermal, ... spielt, und bestimme die Hoffnungen jedes einzelnen Spielers, wobei ich die Zahl der Würfe, welche von ihm selbst zu thun sind, und die Zahl aller vor ihm geschehenen Würfe beachte. Diese Hoffnung hat aber, wie in den Anmerkungen zur Aufgabe XI (wo die erstere Zahl mit $n$, die letztere mit $s$ bezeichnet wurde) allgemein den Werth $\dfrac{a^n c^s - c^{n+s}}{a^{n+s}} = \dfrac{c^s}{a^s} - \dfrac{c^{n+s}}{a^{n+s}}$. Ich erhalte mithin hier für die einzelnen Spieler die folgenden Hoffnungen:

Spieler: $A.$ $B.$ $C.$ $D.$ $E.$

Hoffnungen: $1 - \dfrac{c}{a},\ \dfrac{c}{a} - \dfrac{c^3}{a^3},\ \dfrac{c^3}{a^3} - \dfrac{c^6}{a^6},\ \dfrac{c^6}{a^6} - \dfrac{c^{10}}{a^{10}},\ \dfrac{c^{10}}{a^{10}} - \dfrac{c^{15}}{a^{15}},$

Spieler: $F.$ $G.$ ...

Hoffnungen: $\dfrac{c^{15}}{a^{15}} - \dfrac{c^{21}}{a^{21}},\ \dfrac{c^{21}}{a^{21}} - \dfrac{c^{28}}{a^{28}},\ \ldots.$

[55] Um die gesuchten Hoffnungen zu erhalten, brauche ich nun nur noch die Hoffnungen der an ungerader Stelle stehenden Spieler $A, C, E, G, \ldots$ und ebenso die Hoffnungen der an gerader Stelle stehenden Spieler $B, D, F, \ldots$ zu einander zu addiren, was die früher gefundenen Summen wieder ergiebt. Es würde auch das Verfahren das gleiche sein, wenn drei, vier oder mehr Spieler in der gestellten Aufgabe angenommen würden.

Auf jede dieser beiden Arten lassen sich die andern Beispiele lösen, und man erhält für die Hoffnungen der Spieler

Wahrscheinlichkeitsrechnung (Ars conjectandi). 59

die folgenden Reihen, welche den vier verschiedenen Spielplänen I bis IV entsprechen (wobei zur Abkürzung $\frac{a}{c} = m$ gesetzt ist):

I. $\begin{cases} A: 1-m+m^2-m^4+m^5 \phantom{+m^6}-m^8+m^9 \phantom{+m^{10}}-m^{13}+m^{14}-m^{19}+\cdots, \\ B: \phantom{1-}m-m^2+m^4-m^5\phantom{+m^6}+m^8-m^9\phantom{+m^{10}}+m^{13}-m^{14}+m^{19}-\cdots; \end{cases}$

II. $\begin{cases} A: 1-m+m^2-m^3+m^5-m^6+m^9-m^{10}+m^{14}-m^{15}+\cdots, \\ B: \phantom{1-}m-m^2+m^3-m^5+m^6-m^9+m^{10}-m^{14}+m^{15}-\cdots; \end{cases}$

III. $\begin{cases} A: 1-m+m^2-m^4+m^6-m^9+m^{12}-m^{16}+m^{20}-m^{25}+\cdots, \\ B: \phantom{1-}m-m^2+m^4-m^6+m^9-m^{12}+m^{16}-m^{20}+m^{25}-\cdots; \end{cases}$

IV. $\begin{cases} A: 1-m+m^3-m^6+m^{10}-m^{15}+m^{21}-m^{28}+m^{36}-m^{45}+\cdots, \\ B: \phantom{1-}m-m^3+m^6-m^{10}+m^{15}-m^{21}+m^{28}-m^{36}+m^{45}-\cdots. \end{cases}$

Diese einzelnen Hoffnungen sind also dargestellt durch unendliche Reihen mit alternirenden Zeichen, deren Glieder aus der vollständigen Reihe 1, $m$, $m^2$, $m^3$, $m^4$, $m^5$, ... in ungleichen Intervallen herausgenommen sind, und gerade dieser Umstand verhindert ihre Summirung. Leicht aber lassen sich Näherungswerthe in beliebig weit getriebener Genauigkeit berechnen. Setzt man den Zahlenwerthen der Fragestellung gemäss $a = 36$ und $c = 30$, also $m = \frac{c}{a} = \frac{30}{36} = \frac{5}{6} = 0 \cdot 8333\ldots$, so erhält man für die den vier Spielbedingungen entsprechenden Hoffnungen des $A$ die Werthe[10]):

I: 0,71|931, II: 0,40058, III: 0,59679, IV: 0,52392,

wobei die Zahlen bis auf eine Einheit der letzten Ziffer genau sind. Folglich verhält sich in den vier Fällen die Hoffnung des $A$ zu der des $B$ wie

I: 71931:28069, II: 40058:59942, III: 59679:40321,

IV: 52392:47608.

Wer sich die Exponenten der Potenzen von $m$, [56] welche die Glieder dieser Reihen bilden, genauer ansieht, erkennt, dass ihre Differenzen stets mit den Zahlen der Würfe übereinstimmen, welche den beiden Spielern $A$ und $B$ nach den Bestimmungen des Spielplanes abwechselnd zustehen. Z. B. sind die Exponenten in der ersten Reihe $1 - m + m^2 - m^4 + m^5 - m^8 + m^9 - \ldots$

gleich 0, 1, 2, 4, 5, 8, 9, ... und deren Differenzen 1, 1, 2, 1, 3, 1, ... stimmen genau mit den Anzahlen der Würfe überein, welche *A* und *B* nach Spielplan I der Reihe nach zugetheilt sind. Dieses Gesetz gilt, was hervorgehoben zu werden verdient, ganz allgemein, selbst auch bei solchen Spielen, bei welchen den beiden Spielern eine ganz beliebige Zahl von Würfen jedesmal zugewiesen ist und zwischen den einzelnen Zahlen gar keine gesetzmässige Beziehung besteht. Diese Betrachtung führt mithin zur folgenden

## Regel,

welche die Hoffnungen zweier Spieler augenblicklich finden lehrt, wenn ihnen beliebig viele Würfe, nach willkürlich gegebenen und in das Unendliche fortlaufenden Zahlen zu thun gestattet sind, und vorausgesetzt ist, dass $\dfrac{a}{c} = m$ für alle Würfe denselben Werth hat:

**Man schreibe der Reihe nach zuerst die jedem der beiden Spieler zustehende Anzahl von Würfen hin, darunter die Summe dieser von Anfang an; diese letzteren liefern ebensoviele Exponenten der Potenzen von $m$, welche, abwechselnd durch $+$ und $-$ miteinander verbunden, die Hoffnung des ersten Spielers ergeben. Lässt man in dieser Reihe die 1 fort, welche immer das Anfangsglied bildet, und kehrt man die Zeichen der übrigen Glieder um, so erhält man die Hoffnung des zweiten Spielers.**

[57] Beispiel:   *A.  B.  A.  B.  A.  B.  A.  B.  A.* ...

Zahl der Würfe:  3   1   4   1   5   9   2   6   5*)...

Summen:       0   3   4   8   9   14  23  25  31  36 ...

Hoffnung des $A$: $1-m^3+m^4-m^8+m^9-m^{14}+m^{23}-m^{25}+m^{31}-m^{36}+\cdots$

Hoffnung des $B$: $m^3-m^4+m^8-m^9+m^{14}-m^{23}+m^{25}-m^{31}+m^{36}-\cdots$

Zu beachten ist, dass diese Regel noch volle Gültigkeit behält, wenn die Anzahl aller Würfe eine begrenzte ist, über

---

*) Die Zahlen sollen die Ziffern der *Ludolph'*schen Zahl $\pi = 3{,}14159265359\ \ldots\ $ sein; zwischen diesen herrscht kein bestimmtes Gesetz.

welche hinaus das Spiel selbst dann nicht fortgesetzt wird, wenn noch keiner der Spieler gewonnen hat. Nur muss die letzte Potenz von $m$, deren Exponent gleich der Summe aller Würfe ist, in der Reihe, in welcher sie mit dem positiven Zeichen erscheint, fortgelassen werden, und um dieses Glied bleibt die Summe der Hoffnungen beider Spieler kleiner als 1. Hört in dem vorigen Beispiele das Spiel nach dem 36. Wurfe auf, so sind die Hoffnungen von $A$ und $B$:

$A$: $1 - m^3 + m^4 - m^8 + m^9 - m^{14} + m^{23} - m^{25} + m^{31} - m^{36}$,
$B$: $\quad m^3 - m^4 + m^8 - m^9 + m^{14} - m^{23} + m^{25} - m^{31}$.

also die Summe beider: $1 - m^{36}$.

## II.

**Aufgabe.** Drei Spieler $A$, $B$ und $C$, welche 12 Steine haben, von denen 4 weisse und 8 schwarze sind, spielen unter der folgenden Bedingung miteinander: Wer von ihnen zuerst blindlings einen weissen Stein ergreift, hat gewonnen; zuerst zieht $A$, dann $B$, darauf $C$, dann wieder $A$, und so fort. Wie verhalten sich die Hoffnungen der drei Spieler zu einander?

**Lösungen.** Der Sinn dieser Aufgabe ist vieldeutig und daher sind auch verschiedene Lösungen möglich. Man kann nämlich entweder annehmen, dass der gezogene Stein wieder in die Urne zurückgelegt wird, bevor der folgende Spieler zieht, sodass die Zahl der in der Urne liegenden Steine immer dieselbe ist, oder dass dies nicht geschieht und mithin die Zahl der Steine immer kleiner wird. [58] Ferner kann man annehmen, dass jeder einzelne Spieler 12 Steine hat oder dass sie alle drei zusammen 12 Steine haben.

1. Wenn die Steine nach den einzelnen Zügen wieder in die Urne zurückgethan werden müssen (in welchem Falle es gleichgültig ist, ob alle drei Spieler zusammen 12 Steine haben oder ob jeder so viele besitzt), so kann man die Hoffnungen der Spieler auf eine der beiden folgenden Arten finden.

a) **Nach der *Huygens'*schen Methode.** Die Hoffnung des $A$ werde mit $x$, die des $B$ mit $y$ und die des $C$ mit $z$ bezeichnet. Beginnt $A$ zu spielen, so hat er (wegen der 4 weissen Steine) 4 Fälle, den Einsatz 1 zu erhalten und (wegen der 8 schwarzen Steine) 8 Fälle, in welchen er seinen Vorrang verliert und auf den dritten Platz kommt, also die

Hoffnung $z$ erhält; dies giebt für seine Hoffnung $x$ den Werth
$\frac{4+8z}{12} = \frac{1+2z}{3}$, also

$$x = \frac{1+2z}{3}.$$

Aus dem gleichen Grunde hat $B$, wenn $A$ das Spiel beginnt, 4 Fälle für nichts und 8 Fälle, an die erste Stelle zu kommen und damit die Hoffnung $x$ zu erhalten. Folglich ist seine Hoffnung $\frac{8}{12}x = \frac{2}{3}x$, und mithin

$$y = \tfrac{2}{3}x.$$

Der dritte Spieler $C$ hat 4 Fälle für nichts und 8 Fälle, in welchen er an die zweite Stelle kommt und die Hoffnung $y$ erhält; es ergiebt sich daher für seine Hoffnung $z$ der Werth:

$$z = \tfrac{2}{3}y.$$

Hieraus findet man leicht[11]):

$$x = \tfrac{9}{19},\ y = \tfrac{6}{19},\ z = \tfrac{4}{19},$$

und daher verhalten sich die Hoffnungen

$$x:y:z = 9:6:4.$$

b) **Nach meiner Methode.** Bezeichnet man allgemein mit $a$ die Anzahl aller Steine, mit $b$ die der weissen und mit $c$ die der schwarzen, und nimmt man wieder unendlich viele Spieler an, welche unter der gegebenen Bedingung mit einander spielen, und von welchen einer nach dem andern einen Stein zieht und ihn dann in die Urne zurücklegt, so ergeben sich nach Zusatz 1 zu der am Ende von Aufgabe XII gegebenen Regel (da bei allen Zügen die Zahl der weissen und schwarzen Steine dieselbe ist) die folgenden Hoffnungen: [**59**]

| Spieler: | 1. | 2. | 3. | 4. | 5. | 6. | 7. | 8. | 9. |
|---|---|---|---|---|---|---|---|---|---|
|  | $A.$ | $B.$ | $C.$ | $A.$ | $B.$ | $C.$ | $A.$ | $B.$ | $C.$ |
| Hoffnungen: | $\dfrac{b}{a},$ | $\dfrac{bc}{a^2},$ | $\dfrac{bc^2}{a^3},$ | $\dfrac{bc^3}{a^4},$ | $\dfrac{bc^4}{a^5},$ | $\dfrac{bc^5}{a^6},$ | $\dfrac{bc^6}{a^7},$ | $\dfrac{bc^7}{a^8},$ | $\dfrac{bc^8}{a^9},$ |

| Spieler: | 10. | 11. | 12. | 13. | 14. | 15. ... |
|---|---|---|---|---|---|---|
|  | $A.$ | $B.$ | $C.$ | $A.$ | $B.$ | $C.$ ... |
| Hoffnungen: | $\dfrac{bc^9}{a^{10}},$ | $\dfrac{bc^{10}}{a^{11}},$ | $\dfrac{bc^{11}}{a^{12}},$ | $\dfrac{bc^{12}}{a^{13}},$ | $\dfrac{bc^{13}}{a^{14}},$ | $\dfrac{bc^{14}}{a^{15}}$ ... |

Nun kommt der 1te, 4te, 7te ... Zug dem $A$, der 2te, 5te, 8te ... dem $B$, der 3te, 6te, 9te dem $C$ zu; summirt man also die Hoffnungen der an diesen Stellen befindlichen Spieler, so erhält man für die Hoffnungen von $A$, $B$ und $C$ die folgenden geometrischen Reihen:

$$A: \frac{b}{a} + \frac{bc^3}{a^4} + \frac{bc^6}{a^7} + \frac{bc^9}{a^{10}} + \frac{bc^{12}}{a^{13}} + \cdots = \frac{a^2 b}{a^3 - c^3},$$

$$B: \frac{bc}{a^2} + \frac{bc^4}{a^5} + \frac{bc^7}{a^8} + \frac{bc^{10}}{a^{11}} + \frac{bc^{13}}{a^{14}} + \cdots = \frac{abc}{a^3 - c^3},$$

$$C: \frac{bc^2}{a^3} + \frac{bc^5}{a^6} + \frac{bc^8}{a^9} + \frac{bc^{11}}{a^{12}} + \frac{bc^{14}}{a^{15}} + \cdots = \frac{bc^2}{a^3 - c^3};$$

folglich verhalten sich die Hoffnungen zu einander wie

$$a^2 : ac : c^2,$$

also in unserem Falle (wo $a : c = 12 : 8 = 3 : 2$ ist) wie 9 : 6 : 4, wie oben gefunden wurde. In gleicher Weise lässt sich die Aufgabe lösen, wenn sich vier oder mehr Spieler betheiligen; bei 4 Spielern verhalten sich die Hoffnungen wie

$$a^3 : a^2 c : ac^2 : c^3,$$

bei $n$ Spielern wie

$$a^{n-1} : a^{n-2} c : a^{n-3} c^2 : \cdots : ac^{n-2} : c^{n-1}.$$

2. Der Sinn der Aufgabe soll der sein, dass die drei Spieler zusammen 12 Steine haben und dass kein gezogener Stein in die Urne zurückgelegt wird.

a) Nach der *Huygens*'schen Methode. Dann ist zu beachten, dass durch fortwährendes Ziehen von schwarzen Steinen zwar der erste Spieler an die Stelle des dritten, der dritte an Stelle des zweiten, der zweite an Stelle des ersten kommt, dass aber doch nicht die Hoffnungen, welche sie am Anfange des Spieles hatten, auf gleiche Weise sich vertauschen, wie es bei der vorigen Annahme geschah, sondern dass die Spieler immer neue, von den früheren verschiedene Hoffnungen erhalten, da sich die Anzahl der Steine fortwährend ändert. Diese Hoffnungen sind um so einfacher zu bestimmen, je mehr schwarze Steine gezogen sind, und kommen schliesslich auf bereits bekannte hinaus. Deshalb gelangen wir, wenn wir

nach der *Huygens*'schen Methode mit den allereinfachsten
Hoffnungen beginnen und allmählich zu allen dazwischen liegenden vorwärtsschreiten, rein synthetisch schliesslich zu der bei
dieser Fragestellung gesuchten Hoffnung.

Zu diesem Zwecke nehmen wir an, dass schon 7 schwarze
Steine gezogen sind. Der nächste Zug ist von $B$ zu thun und
[60] $A$ hat dann nichts mehr zu erwarten, da wegen des einen
übrig gebliebenen schwarzen Steines entweder $B$ oder $C$ nothwendig gewinnen muss. Wegen der 4 weissen Steine und des
einen schwarzen Steines hat $B$ mithin 4 Fälle für Gewinn
und einen Fall für Verlust, in welchem Falle $C$ unbedingt
gewinnen muss. Aus dem gleichen Grunde aber hat $C$ einen
Fall für Gewinn und 4 Fälle für Verlust. Folglich sind die
Hoffnungen von $A$, $B$ und $C$ gleich 0, $\frac{4}{5}$ und $\frac{1}{5}$.

Zweitens nehmen wir an, dass sechs schwarze Steine herausgenommen sind. Dann hat $A$, an welchem die Reihe zu
ziehen ist, 4 Fälle für Gewinn, und die beiden andern Spieler
haben ebenso viele Fälle für Verlust. Alle drei Spieler aber
haben wegen der noch übrigen zwei schwarzen Steine 2 Fälle,
in welchen sie die vorher gefundenen Hoffnungen zurückerlangen, da ja, wenn $A$ einen schwarzen Stein zieht, nur noch
ein schwarzer Stein übrig und die Reihe zu spielen an $B$ gekommen ist, wie in dem bereits erledigten Falle angenommen
war. Also sind hier die Hoffnungen von $A$, $B$ und $C$ gleich
$\frac{2}{3}$, $\frac{4}{15}$ und $\frac{1}{15}$.

Nehmen wir jetzt an, dass fünf schwarze Steine gezogen
sind, so hat $C$, welcher jetzt am Zuge ist, 4 Fälle für Gewinn, $A$ und $B$ haben 4 Fälle für Verlust. Wegen der
noch übrigen drei schwarzen Steine hat jeder der drei Spieler
3 Fälle für die soeben gefundene Hoffnung. Daraus ergeben
sich für $A$, $B$ und $C$ die Hoffnungen $\frac{2}{7}$, $\frac{4}{35}$ und $\frac{3}{5}$.

Wenn vier schwarze Steine herausgenommen, also noch
gleich viele weisse wie schwarze Steine vorhanden sind, so
sind ebenso viele Fälle dem $B$, welcher jetzt an den Zug
kommt, günstig als dem $A$ und $C$; alle drei haben auch gleich
viele Fälle, die zuletzt gefundenen Hoffnungen zu erhalten.
Daraus resultiren für $A$, $B$ und $C$ die Hoffnungen $\frac{1}{7}$, $\frac{39}{70}$
und $\frac{3}{10}$.

Auf gleiche Weise ergeben sich für die Hoffnungen, wenn
drei schwarze Steine gezogen sind und also $A$ am Zuge ist,
$\frac{11}{21}$, $\frac{13}{42}$, $\frac{1}{6}$.

Wahrscheinlichkeitsrechnung (Ars conjectandi).

Sind zwei schwarze Steine herausgenommen, so ist die Reihe zu ziehen an $C$, und es sind die Hoffnungen gleich $\frac{11}{35}$, $\frac{13}{70}$, $\frac{1}{2}$.

Ist ein schwarzer Stein gezogen, so ist die Reihe zu ziehen an $B$ und es ergeben sich die Hoffnungen $\frac{1}{5}$, $\frac{53}{110}$, $\frac{7}{22}$.

Wenn schliesslich noch kein Stein herausgenommen und $A$ am Zuge ist, auf welchen Fall allein wir hinzielten und wegen dessen wir alle vorhergehenden Fälle erst erledigen mussten, so erhalten wir für die Hoffnungen von $A$, $B$, $C$: $\frac{7}{15}$, $\frac{53}{165}$, $\frac{7}{33}$ oder auch $\frac{77}{165}$, $\frac{53}{165}$, $\frac{35}{165}$, und folglich verhalten sie sich zu einander wie

$$77 : 53 : 35.$$

b) **Nach meiner Methode.** Auch in diesem Falle lässt sich meine Methode anwenden, [61] da sie nicht nur bei den Aufgaben anwendbar ist, zu deren Lösung man die Analysis sonst noch hinzunehmen muss, sondern auch bei solchen, welche sich rein synthetisch lösen lassen. Da die acht schwarzen Steine nicht zurückgelegt werden sollen, wenn sie gezogen worden sind, so nehme ich an, dass neun Spieler theilnehmen, von denen jeder einen Zug thut; dann muss einer von ihnen schliesslich einen weissen Stein ziehen und gewinnen. Damit aber ein Spieler Hoffnung hat, den Gewinn zu erhalten, müssen alle seine Vorgänger schwarze Steine gezogen haben. Ich nehme also an, dass die Zahl derselben (und mit ihr die Zahl aller Fälle) schrittweise kleiner wird und nach dem ersten Zuge nur noch 7, nach dem zweiten nur noch 6, nach dem dritten noch 5 Steine, ... übrig sind. Dann finde ich nach der Regel am Schlusse der Aufgabe XII die Hoffnungen der einzelnen Spieler, wie sie in der folgenden Tafel angegeben sind.

| Spieler: | 1. | 2. | 3. | 4. | 5. |
|---|---|---|---|---|---|
| | $A$. | $B$. | $C$. | $A$. | $B$. |
| Anzahl aller Steine: | 12 | 11 | 10 | 9 | 8 |
| Anzahl der weissen Steine: | 4 | 4 | 4 | 4 | 4 |
| Anzahl der schwarzen Steine: | 8 | 7 | 6 | 5 | 4 |
| Hoffnungen: | $\frac{4}{12}$, | $\frac{4\cdot 8}{11\cdot 12}$, | $\frac{4\cdot 7\cdot 8}{10\cdot 11\cdot 12}$, | $\frac{4\cdot 6\cdot 7\cdot 8}{9\cdot 10\cdot 11\cdot 12}$, | $\frac{4\cdot 5\cdot 6\cdot 7\cdot 8}{8\cdot 9\cdot 10\cdot 11\cdot 12}$, |

Jakob Bernoulli.

| Spieler: | 6. | 7. | 8. | 9. |
|---|---|---|---|---|
| | $C$. | $A$. | $B$. | $C$. |
| Anzahl aller Steine: | 7 | 6 | 5 | 4 |
| Anzahl der weissen Steine: | 4 | 4 | 4 | 4 |
| Anzahl der schwarzen Steine: | 3 | 2 | 1 | 0 |
| Hoffnungen: | $\dfrac{4\cdot4\cdot5\cdot6\cdot7\cdot8}{7\cdot8\cdot9\cdot10\cdot11\cdot12}$, | $\dfrac{4\cdot3\cdot4\cdots8}{6\cdot7\cdot8\cdots12}$, | $\dfrac{4\cdot2\cdot3\cdots8}{5\cdot6\cdot7\cdots12}$, | $\dfrac{4\cdot1\cdot2\cdots8}{4\cdot5\cdot6\cdots12}$. |

Nun addire ich die Hoffnungen des 1$^{ten}$, 4$^{ten}$ und 7$^{ten}$ Spielers, da die gleichnamigen Züge dem $A$ zukommen, ebenso die Hoffnungen des 2$^{ten}$, 5$^{ten}$ und 8$^{ten}$ Spielers, bezw. des 3$^{ten}$, 6$^{ten}$ und 9$^{ten}$ Spielers, deren Züge $B$, bezw. $C$ gebühren, [62] und erhalte dann so die Hoffnungen von $A$, $B$ und $C$. Wie zuvor ergeben sich für das Verhältniss der drei Hoffnungen schliesslich die Zahlen

$$77 : 53 : 35.$$

3. Fasst man die Aufgabe im dritten Sinne auf, nach welchem jeder Spieler 12 Steine hat und einer nach dem andern einen Stein von den seinigen wegnimmt, denselben aber nicht wieder zu den übrigen zurücklegt, so unterscheidet sich die Aufgabe nur wenig von der eben behandelten, erfordert aber in Folge der grösseren Anzahl von Steinen viel grössere Mühe.

a) **Nach der *Huygens*'schen Methode.** Nehmen wir zunächst an, dass $A$ und $B$ keinen schwarzen Stein mehr haben, $C$ aber, an welchem die Reihe zu ziehen ist, noch einen. Dann hat $C$ wegen der 4 weissen Steine und des einen schwarzen 4 Fälle für Gewinn und einen Fall für Verlust. Denn wenn $C$ seinen schwarzen Stein zieht, so gewinnt $A$, welcher nur noch weisse Steine besitzt, unbedingt. Aus dem gleichen Grunde aber hat $A$ vier Fälle für Verlust und einen Fall für Gewinn. Für $B$ bleibt keine Hoffnung übrig, da einem der beiden andern Spieler unbedingt der Gewinn zufallen muss. Folglich sind die Hoffnungen von $A$, $B$, $C$ gleich $\frac{1}{5}$, $0$, $\frac{4}{5}$.

Zweitens nehmen wir an: $A$ hat keinen schwarzen Stein mehr übrig, $B$ und $C$ je noch einen. Dann hat $B$, an welchem die Reihe zu ziehen ist, 4 Fälle für Gewinn und jeder der beiden andern Spieler ebenso viele Fälle für Verlust. [63] In einem Falle aber, nämlich wenn $B$ den schwarzen Stein zieht, erhalten $A$ und $C$ die Hoffnungen der vorigen Annahme. Dies giebt für $A$, $B$, $C$ die Hoffnungen $\frac{1}{25}$, $\frac{4}{5}$, $\frac{4}{25}$.

Wahrscheinlichkeitsrechnung (Ars conjectandi).

Drittens nehmen wir an, dass jeder der drei Spieler noch einen schwarzen Stein hat. Dann hat $A$, welcher das Spiel wieder aufzunehmen hat, vier Fälle für Gewinn und jeder der beiden andern Spieler ebenso viele für Verlust; einen Fall aber giebt es, in welchem alle drei Spieler zu den eben gefundenen Hoffnungen gelangen. Daraus ergeben sich für ihre Hoffnungen die Werthe $\frac{101}{125}$, $\frac{4}{25}$, $\frac{4}{125}$, oder sie verhalten sich zu einander wie 101 : 20 : 4.

In gleicher Weise würde weiter zu untersuchen sein, was den Spielern $A$, $B$ und $C$ zukommt, wenn ihnen noch 1, 1, 2; 1, 2, 2; 2, 2, 2; 2, 2, 3; 2, 3, 3; 3, 3, 3; . . . schwarze Steine übrig geblieben sind, bis wir schliesslich zu dem vorliegenden Falle kämen, in welchem jeder Spieler 8 schwarze Steine besitzt. Da es aber über alle Maassen langweilig sein würde, alle diese einzelnen Schritte zu thuen, so will ich zeigen, auf welche Weise das Endresultat unmittelbarer dadurch gefunden werden kann, dass man nur die Hoffnungen jener Fälle bestimmt, in welchen die einzelnen Spieler noch gleich viele schwarze Steine haben. Diese Zahl der schwarzen Steine nenne ich $c$, die der weissen $b$ und die aller $a = b + c$.

Zunächst sind alle Möglichkeiten zu betrachten, welche eintreten können, wenn jeder Spieler einen Stein von den seinigen fortnimmt. Offenbar ist es möglich, dass jeder der drei Spieler, dass nur zwei derselben, nur einer oder gar keiner einen weissen Stein zieht. Dann ist noch zu beachten, wieviele Fälle diesen verschiedenen Möglichkeiten entsprechen; diese Zahlen ergeben sich auf folgende Weise. Wenn Jemand wettet, dass $A$, $B$ und $C$ je einen weissen Stein ziehen, so hat er die Hoffnung $\frac{b^3}{a^3}$ Recht zu bekommen; wettet er, dass zwei der Spieler, $A$ und $B$, oder $A$ und $C$, oder $B$ und $C$ je einen weissen Stein ergreifen und der dritte einen schwarzen, so ist seine Hoffnung $\frac{b^2 c}{a^3}$; wettet er aber, das nur ein Spieler, $A$ oder $B$ oder $C$ einen weissen Stein zieht, die übrigen Spieler aber schwarze, so hat er die Hoffnung $\frac{b c^2}{a^3}$; soll aber endlich keinem Spieler ein weisser Stein zufallen, so erhält er die Hoffnung $\frac{c^3}{a^3}$. (Alle diese Hoffnungen folgen aus dem Zusatze 1 zu der Regel am Ende der Aufgabe XII, da sie offenbar dieselben sind, als wenn Jemand bei einer gleichen Anzahl von Fällen mit drei Würfen etwas dreimal, zweimal, einmal [64] oder gar keinmal erreichen will.) Die Zähler dieser Brüche bedeuten nach dem, was unter dem Buchstaben (J) zur Aufgabe XI bemerkt ist, die Zahlen der Fälle, in welchen jedes einzelne dieser Resultate erreicht werden kann.

Drittens muss man endlich noch beachten, dass nach dem Wortlaute der Aufgabe $A$ gewinnen muss, sobald er allein oder mit einem der beiden andern oder mit jedem der beiden andern Spieler einen weissen Stein zieht. $B$ aber gewinnt, wenn er allein oder mit $C$ einen weissen Stein ergreift; $C$ dagegen gewinnt nur, wenn er allein einen weissen Stein zieht. So oft es sich aber ereignet, dass keiner der drei Spieler einen weissen Stein ergreift, kommen sie zu den Hoffnungen, welche sie besitzen, wenn jeder einen schwarzen Stein weniger hat. Addirt man nun die jedem Spieler günstigen Fälle und die ihm ungünstigen, so findet man, dass $A$ im Ganzen $b^3 + 2b^2c + bc^2$ Fälle für Gewinn und $b^2c + 2bc^2$ Fälle für Verlust hat, dass $B$ aber $b^2c + bc^2$ Fälle für Gewinn und $b^3 + 2b^2c + 2bc^2$ Fälle für Verlust und $C$ schliesslich $bc^2$ Fälle für Gewinn und $b^3 + 3b^2c + 2bc^2$ Fälle für Verlust hat. Alle drei Spieler aber haben je $c^3$ Fälle dafür, dass sie die Hoffnungen erlangen, welche einer um 1 niedrigeren Anzahl von schwarzen Steinen entsprechen; setzt man diese Hoffnungen gleich $\dfrac{p}{p+s+t}$, $\dfrac{s}{p+s+t}$, $\dfrac{t}{p+s+t}$, so wird nach Satz III die Hoffnung von

$$A: \dfrac{(b^3 + 2b^2c + bc^2) \cdot 1 + (b^2c + 2bc^2) \cdot 0 + c^3 \cdot \dfrac{p}{p+s+t}}{a^3},$$

$$B: \dfrac{(b^2c + bc^2) \cdot 1 + (b^3 + 2b^2c + 2bc^2) \cdot 0 + c^3 \cdot \dfrac{s}{p+s+t}}{a^3},$$

$$C: \dfrac{bc^2 \cdot 1 + (b^3 + 3b^2c + 2bc^2) \cdot 0 + c^3 \cdot \dfrac{t}{p+s+t}}{a^3}.$$

[65] Lässt man den gemeinsamen Nenner fort und multiplicirt

Wahrscheinlichkeitsrechnung (Ars conjectandi).

man mit $\dfrac{p+s+t}{c^3}$, so findet man für die Hoffnungen der drei Spieler die Verhältnisszahlen:

$$\left[(b^3+2b^2c+bc^2)\dfrac{p+s+t}{c^3}+p\right],\ \left[(b^2c+bc^2)\dfrac{p+s+t}{c^3}+s\right],$$

$$\left[bc^2\dfrac{p+s+t}{c^3}+t\right].$$

Nachdem diese Frage erledigt ist, kehren wir zur Lösung unserer Aufgabe zurück und nehmen zunächst an, dass jeder Spieler noch zwei schwarze Steine hat. Dann ist $b=4$, $c=2$ (für welche Zahlen die kleinsten theilerfremden Zahlen 2, 1 gesetzt werden können), und da die Hoffnungen in dem vorhergehenden Falle, in welchem jeder Spieler nur noch einen schwarzen Stein hat, sich verhalten wie $p:s:t=101:20:4$, also $p+s+t=125$, so ergeben sich nach den obigen Formeln für die Hoffnungen der drei Spieler die Verhältnisszahlen 2351, 770, 254.

Hat jeder Spieler noch drei schwarze Steine, so ist in den obigen Formeln $b=4$, $c=3$; $p=2351$, $s=770$, $t=254$ zu setzen; es werden dann die Verhältnisse der Hoffnungen durch die Zahlen 26851, 11270, 4754 ausgedrückt.

In gleicher Weise ergeben sich für die Hoffnungen in den Fällen, in welchen jeder der drei Spieler noch vier, fünf, sechs, sieben, acht schwarze Steine hat die Verhältnisszahlen[12]:

$\left(b=4,\ c=4,\ \dfrac{b}{c}=1\right)$  198351,   97020,   47629;

$\left(b=4,\ c=5,\ \dfrac{b}{c}=\tfrac{4}{5}\right)$ 1087407,  590940,  322029,

oder durch 9 getheilt  120823,   65660,   35781;

$\left(b=4,\ c=6,\ \dfrac{b}{c}=\tfrac{2}{3}\right)$  532423,  312620,  183957;

$\left(b=4,\ c=7,\ \dfrac{b}{c}=\tfrac{4}{7}\right)$ 1984423, 1236620,  771957;

$\left(b=4,\ c=8,\ \dfrac{b}{c}=\tfrac{1}{2}\right)$ 6476548, 4231370, 2768457.

Diese letzten Zahlen aber bestimmen die in unserer Aufgabe gesuchten Verhältnisse der Hoffnungen von $A$, $B$ und $C$.

b) Nach meiner Methode die Lösung abzuleiten, mag dem Leser überlassen bleiben; der Kürze wegen unterlasse ich, dies hier zu thun.

[66]  III.

**Aufgabe.** $A$ wettet mit $B$, dass er aus 40 Spielkarten, von denen je 10 von derselben Farbe sind, vier Karten verschiedener Farbe herausziehen wird. Die Hoffnung des $A$ verhält sich zu der des $B$ wie 1000 zu 8139.

**Lösung.** Man nehme zuerst an, dass schon 3 Karten von verschiedener Farbe gezogen sind. Es bleiben also von jeder dieser drei Farben 9 Karten übrig, also von allen drei Farben 27 Karten und 10 Karten von der vierten Farbe. $A$ hat also beim Ziehen des vierten Kartenblattes 27 Fälle für Verlust und 10 für Gewinn; mithin ist seine Hoffnung gleich $\frac{10}{37}$ des Einsatzes.

Zweitens werde angenommen, dass zwei Karten verschiedener Farbe gezogen sind, mithin von diesen Farben noch 18 Karten übrig sind und 20 von den beiden andern Farben. Wenn nun $A$ das dritte Blatt ziehen will, so hat er 18 Fälle für Verlust und 20 dafür, dass er drei Karten verschiedener Farbe und dadurch die vorige Hoffnung von $\frac{10}{37}$ erhält, was für ihn eine Hoffnung von $\frac{100}{703}$ bedeutet.

Ist erst eine Karte gezogen, so sind von dieser Farbe noch 9 Karten übrig und 30 von den andern Farben. Beim zweiten Zuge hat also $A$ jetzt 9 Fälle für Verlust und 30 Fälle, in welchen er ein Blatt von andrer Farbe und damit die eben gefundene Hoffnung von $\frac{100}{703}$ erhalten kann. Folglich hat er die Hoffnung $\frac{1000}{9139}$.

Wenn noch gar keine Karte gezogen ist, so hat $A$ die gleiche Hoffnung, da alle 40 Fälle ihn unbedingt in die vorher angenommene Lage versetzen. Da nun die Hoffnung des Gegners $B$ gleich $\frac{8139}{9139}$ ist, so verhalten sich beider Hoffnungen wie 1000 zu 8139, wie *Huygens* angegeben hat.

Die Lösung dieser Aufgabe lässt sich auch auf anderem Wege, mit Hülfe der Combinationslehre finden, wie im dritten Theile, nachdem zuvor diese Lehre auseinandergesetzt worden ist, gezeigt werden wird.

Wahrscheinlichkeitsrechnung (Ars conjectandi). 71

[67]   IV.

**Aufgabe.** Nachdem die Spieler $A$ und $B$, wie zuvor, 12 Steine, 4 weisse und 8 schwarze genommen haben, wettet $A$ mit $B$, dass er blindlings 7 Steine, unter denen sich drei weisse befinden sollen, ergreifen werde. Wie verhalten sich die Hoffnungen von $A$ und $B$ zu einander?

Diese Aufgabe müssen wir auch für den dritten Theil des Buches aufsparen, da zu ihrer Lösung die Kenntniss der Combinationslehre erforderlich ist.

V.

**Aufgabe.** $A$ und $B$ haben je 12 Münzen und spielen miteinander unter den folgenden Bedingungen: Wenn 11 Augen geworfen werden, so giebt $A$ dem $B$ eine Münze; werden aber 14 Augen geworfen, so erhält $A$ von $B$ eine Münze. Derjenige, welcher zuerst alle Münzen besitzt, hat das Spiel gewonnen. Für das Verhältniss der Hoffnungen von $A$ und $B$ findet man 244 140 625 : 282 429 536 481.

**Lösung.** Unter den mit drei Würfeln möglichen 216 verschiedenen Würfen befinden sich, wie erstens zu beachten ist, 15 Würfe mit 14 Augen und 27 Würfe mit 11 Augen. Folglich giebt es 15 Fälle, in denen $A$ von $B$ eine Münze erhält, und 27 Fälle, in denen $B$ von $A$ eine Münze bekommt; mithin bleiben noch 174 Fälle übrig, in denen jeder seine Anzahl Münzen und damit die bisherige Hoffnung behält.

Zweitens ist daran zu denken, dass diese 174 erfolglosen Fälle, in denen die Hoffnungen der Spieler unverändert bleiben, nach Satz III Zusatz 4 nicht berücksichtigt zu werden brauchen; man hat daher hier mit den drei Würfeln nur 42 Fälle, von denen 15 dem $A$ und 27 dem $B$ eine Münze bringen.

Drittens ist daran zu erinnern, dass für die Zahlen der Fälle 42, 15 und 27, da sie einen Factor gemeinsam haben, [68] nach Satz III Zusatz 2 die kleinsten theilerfremden Zahlen 14, 5 und 9 gesetzt werden können. Um die Lösung aber für den allgemeinen Fall zu geben, setze ich an deren Stelle wiederum die Buchstaben $a$, $b$ und $c$.

Nach diesen Bemerkungen gehe ich nun, um die vorliegende Aufgabe zu lösen, in der Weise vor, dass ich der

Reihe nach frage, welche Hoffnungen die Spieler haben, wenn jeder von ihnen eine Münze, zwei, drei, vier, ... Münzen besitzt, und zwar gehe ich so weit, bis ich durch Induction auf die Hoffnungen der Spieler, wenn jeder 12 Münzen besitzt, schliessen kann.

Hat jeder Spieler nur eine Münze, so verhält sich offenbar die Hoffnung von $A$ zu der von $B$ wie $b$ zu $c$.

Wenn jeder Spieler zwei Münzen besitzt, so bewirkt der erste Wurf, dass $A$ entweder in den Besitz von 3 Münzen kommt oder dass ihm nur noch eine verbleibt. Bekommt er 3 Münzen in seinen Besitz, so hat er $b$ Fälle, alle vier Münzen zu erhalten und damit den Einsatz 1 zu gewinnen, und $c$ Fälle, in welchen ihm zwei Münzen übrig bleiben, er also zu seiner anfänglichen Hoffnung, welche mit $z$ bezeichnet worden sei, zurückkehrt; dies giebt also $\dfrac{b + cz}{a}$. Hat $A$ aber nur eine Münze behalten, so hat er $b$ Fälle, um wieder zwei Münzen und damit die Hoffnung $z$ zurück zu erlangen, und $c$ Fälle für Verlust des ganzen Spieles; dies macht zusammen $\dfrac{bz}{a}$. Dafür aber, dass $A$ nach dem ersten Wurfe drei Münzen hat, giebt es $b$ Fälle, und dass er nur noch eine Münze hat, $c$ Fälle; $A$ hat also anfänglich $b$ Fälle für $\dfrac{b + cz}{a}$ und $c$ Fälle für $\dfrac{bz}{a}$. Folglich ergiebt sich für seine Hoffnung $z$ die Gleichung:

$$z = \frac{b^2 + 2bcz}{a^2},$$

woraus

$$z = \frac{b^2}{a^2 - 2bc} = \frac{b^2}{b^2 + c^2}$$

folgt; für $B$ bleibt mithin die Hoffnung $\dfrac{c^2}{b^2 + c^2}$ übrig. Es verhalten sich daher beider Hoffnungen wie $b^2$ zu $c^2$.

Hat jeder Spieler ursprünglich drei Münzen in seinem Besitze, so erhält $A$ durch den ersten Wurf entweder noch eine vierte Münze zu den seinigen hinzu oder er verliert eine derselben und behält nur zwei Münzen übrig; die diesen beiden Fällen entsprechenden Hoffnungen seien mit $x$ und $y$

bezeichnet. Wenn $A$ in den Besitz von 4 Münzen gekommen ist, so bekommt er selbst entweder [**69**] von $B$ zuerst dessen zwei letzten Münzen und gewinnt den Einsatz 1, wofür es $b^2$ Fälle giebt, oder $B$ erhält von ihm zwei Münzen, sodass $A$ nur noch zwei Münzen übrig behält, wofür es $c^2$ Fälle giebt (dies folgt aus dem im vorigen Abschnitte Gezeigten in Verbindung mit der Anmerkung (J) zu der Aufgabe XI). $A$ hat also $b^2$ Fälle für 1 und $c^2$ Fälle für $y$, woraus sich für ihn die Hoffnung $\dfrac{b^2 + c^2 y}{b^2 + c^2}$ ergiebt; da diese Hoffnung mit $x$ bezeichnet ist, so folgt

$$x = \frac{b^2 + c^2 y}{b^2 + c^2} \text{ oder } y = \frac{(b^2 + c^2)x - b^2}{c^2}.$$

Sind $A$ aber nur zwei Münzen übrig geblieben, so hat er $b^2$ Fälle, um zwei andere Münzen dazu zu erhalten, also die Hoffnung $x$ wieder zu bekommen, und $c^2$ Fälle, um seine zwei Münzen ebenfalls noch zu verlieren und mit ihnen zugleich den ganzen Einsatz. Daraus ergiebt sich für diese Hoffnung, welche mit $y$ bezeichnet war, die Gleichung:

$$y = \frac{b^2 x}{b^2 + c^2}.$$

Verbindet man diesen Werth mit dem zuerst für $y$ gefundenen, so ist $\dfrac{b^2 x + c^2 x - b^2}{c^2} = \dfrac{b^2 x}{b^2 + c^2}$, aus welcher Gleichung:

$$x = \frac{b^4 + b^2 c^2}{b^4 + b^2 c^2 + c^4}$$

folgt; für $y$ ergiebt sich der Werth:

$$y = \frac{b^4}{b^4 + b^2 c^2 + c^4}.$$

Jetzt erst kann man an die Bestimmung der Hoffnungen, welche $A$ und $B$ in dem vorliegenden Falle haben, herangehen. Anfänglich hat jeder der Spieler drei Münzen, und es kann in $b$ Fällen geschehen, dass $A$ nach dem ersten Wurfe von $B$ eine Münze und damit also die eben berechnete Hoffnung $x$ erhält, und in $c$ Fällen, dass $A$ dem $B$ eine Münze geben muss und dadurch die Hoffnung $y$ bekommt. Die Hoffnung von

$A$ hat daher den Werth $\dfrac{bx+cy}{b+c}$ oder, für $x$ und $y$ die gefundenen Werthe eingesetzt, $\dfrac{b^3}{b^3+c^3}$, und es bleibt $\dfrac{c^3}{b^3+c^3}$ für die Hoffnung von $B$ übrig. Die Hoffnungen beider Spieler verhalten sich mithin wie $b^3$ zu $c^3$.

Da nun gefunden wurde, dass die Hoffnungen von $A$ und $B$ sich wie die Zahlen $b$ zu $c$ verhalten, wenn jeder Spieler eine Münze hat, dass sie sich wie die Quadrate dieser Zahlen verhalten, wenn jeder Spieler zwei Münzen besitzt, und wie die Cuben, wenn jeder Spieler drei Münzen hat, so schliessen wir durch Induction weiter, dass bei beliebig vielen Münzen die Hoffnungen immer im Verhältniss der Potenzen von $b$ und $c$ stehen, deren Exponenten gleich der Anzahl der Münzen ist, welche jeder Spieler anfänglich besitzt. [**70**] Folglich verhalten sich in der vorliegenden *Huygens*'schen Aufgabe, wo jeder Spieler 12 Münzen in seinem Besitze hat, die Hoffnungen von $A$ und $B$ zu einander, wie

$$b^{12} : c^{12} = 5^{12} : 9^{12} = 244\,140\,625 : 282\,429\,536\,481,$$

wie *Huygens* angegeben hatte.

Dieses Resultat kann man auch ohne Rechnung folgendermaassen finden. Wenn $A$ alle Münzen bis auf eine gewonnen hat, so hat er $b$ Fälle für Gewinn, und $B$ hat, wenn er alle Münzen bis auf eine gewonnen hat, $c$ Fälle für Gewinn. Hat $A$ alle Münzen bis auf zwei gewonnen, so hat er $b$ Fälle, um alle Münzen bis auf eine, d. h. die $b$ vorigen Fälle zu erhalten; er hat also $b \cdot b = b^2$ Fälle für Gewinn; $B$ hat, wenn er sich in der gleichen Lage befindet, $c^2$ Fälle für Gewinn. Es giebt also für jede Münze, welche den Spielern, um zu gewinnen, fehlt, $b$ Fälle für $A$ und $c$ Fälle für $B$, in welchen sie zu den Hoffnungen des vorhergehenden Falles gelangen können. Wenn nun bei Beginn des Spieles jeder Spieler 12 Münzen hat und ihm mithin noch ebenso viele Münzen, um zu gewinnen, fehlen, so geben die zwölften Potenzen von $b$ und $c$ das Verhältniss ihrer Hoffnungen an, genau wie oben gefunden wurde.

Derjenige aber, welchem diese Berechnung noch nicht evident genug ist, und welcher auch den Inductionsschluss nicht als genügenden Beweis ansieht, kann durch ein ähnlich abkürzendes Verfahren, wie es *Huygens* bei der Aufgabe XI benutzte, zum Ziele gelangen, indem er nämlich sofort zu dem

Wahrscheinlichkeitsrechnung (Ars conjectandi). 75

Falle von sechs und von diesem zu dem von zwölf Münzen übergeht, mit Nichtberücksichtigung aller dazwischen liegenden Fälle. Aber auch hierzu bedarf es keiner weiteren Rechnung; denn die Rechnung, welche für die Annahme, dass jeder Spieler zwei Münzen besitzt, durchgeführt worden ist, gilt auch, wenn an Stelle einer Münze eine beliebige Anzahl, z. B. $n$ Münzen und an Stelle von zwei Münzen $2n$ Münzen gesetzt werden, wenn nur statt der Zahlen $b$ und $c$ der Fälle, in welchen einer von beiden Spielern eine Münze gewinnt oder verliert, die Zahlen der Fälle eingesetzt werden, in welchen jener $n$ Münzen gewinnen oder verlieren kann. Von hier leitet man dann völlig streng ab, dass das Verhältniss der Hoffnungen, welche die Spieler haben, wenn sie $2n$ Münzen besitzen, gleich dem Quadrate des Verhältnisses ist, welches sich ergiebt, wenn jeder Spieler $n$ Münzen hat. Da nun oben im Falle von drei Münzen das Verhältniss der Hoffnungen gleich $b^3 : c^3$ gefunden worden ist, so ist es im Falle von 6 Münzen gleich $b^6 : c^6$ und folglich weiter im Falle von 12 Münzen gleich $b^{12} : c^{12}$, wie auch durch Induction geschlossen worden war.

[71] Ich habe so zwar die Hoffnungen der Spieler für den Fall ermittelt, dass beide gleich viele Münzen besitzen, nicht aber die eines beliebigen Falles, zu welchem sie im Verlaufe des Spieles kommen können und in welchem der eine mehr, der andere weniger Münzen besitzt. Auch für das Verhältniss dieser Hoffnungen lässt sich eine allgemeine Formel angeben. Ist $m$ die Anzahl der Münzen, welche $A$ besitzt, und $n$ die Anzahl der Münzen, welche $B$ hat, so finde ich, dass sich die Hoffnung von $A$ zu der von $B$ verhält wie $m : n$, wenn $b = c$ ist, und wie

$$(b^n c^m - b^{m+n}) : (c^{m+n} - b^n c^m).$$

Da aber der Beweis[13]) dieser Formeln eine mühsamere Rechnung erfordert, so überlasse ich dem Leser, ihn zu führen, und wende mich unverzüglich dem zweiten Theile meines Buches zu.

# Wahrscheinlichkeitsrechnung
(Ars conjectandi)

von

**Jakob Bernoulli.**

Basel 1713.

---

## Zweiter Theil.
## Permutations- und Combinationslehre.

---

[**72**] Die unendliche Mannigfaltigkeit, welche sich sowohl in den Werken der Natur als auch in den Handlungen der Menschen zeigt, und welche die hervorragende Schönheit des Weltalls begründet, kann augenscheinlich in nichts Anderem ihren Grund haben, als in der verschiedenartigen Zusammensetzung, Vermischung und Gruppirung der einzelnen Theile. Da aber die Menge der Dinge, welche zur Hervorbringung einer Erscheinung oder eines Ereignisses zusammenwirken, oft eine so grosse und so verschiedenartige ist, dass die Erforschung aller Wege, auf welchen ihre Zusammensetzung oder Vermischung geschehen, bez. nicht geschehen kann, den grössten Schwierigkeiten begegnet, so ist es nicht zu verwundern, dass selbst die klügsten und umsichtigsten Menschen in keinen Fehler öfter verfallen, als in denjenigen, welcher in der Logik die ungenügende Aufzählung der Theile genannt wird. Daher nehme ich keinen Anstand zu behaupten, [**73**] dass dieser Fehler fast die einzige Quelle von unendlich vielen der schwerwiegendsten Irrthümer ist, welche wir in unseren Ueberlegungen, um die Dinge zu erkennen oder zu verwerthen, täglich begehen.

Deshalb ist die Combinatorik genannte Kunst mit vollem Recht als äusserst nützlich anzusehen, da sie geeignet ist,

Wahrscheinlichkeitsrechnung (Ars conjectandi). 77

diesem Mangel unserer sinnlichen Wahrnehmung abzuhelfen; sie lehrt alle möglichen Arten, nach welchen mehrere Dinge vermischt, gruppirt und miteinander zusammengesetzt werden können, so aufzuzählen, dass wir sicher sind, keine von ihnen ausgelassen zu haben, welche unserem Vorhaben nützlich ist. Obgleich dieses Verfahren zwar in so weit der mathematischen Speculation angehört, als in ihm die Rechnung verwendet wird, so ist es doch hinsichtlich seines Nutzens und seiner Unentbehrlichkeit ganz universell und so beschaffen, dass ohne dasselbe weder die Weisheit des Philosophen, noch die Genauigkeit des Historikers, noch die Diagnose des Arztes, noch die Klugheit des Politikers bestehen kann. Als Argument hierfür sei nur gesagt, dass ihrer aller Thätigkeit auf Vermuthungen sich stützt, und dass jede Vermuthung auf Combinationen der wirkenden Ursachen beruht.

Daher haben auch einige bedeutende Männer: *Schooten*, *Leibniz*, *Wallis*, *Prestet*[14]) sich mit diesem Gegenstande beschäftigt, was wir erwähnen, um der irrthümlichen Annahme vorzubeugen, dass alles neu sei, was wir vorzutragen beabsichtigen. Jedoch haben wir auch verschiedene eigene Resultate von nicht zu unterschätzender Bedeutung hinzugefügt, so besonders den allgemeinen und leichtverständlichen Beweis für die Eigenschaften der figurirten Zahlen; auf diesen, welcher unseres Wissen noch von Niemand vor uns gegeben oder gefunden ist, stützen sich viele weitere Resultate.

Da also einerseits noch kein fertiges System der Combinatorik vorhanden ist, und um nicht andererseits das, was wir nöthig haben, von anderen Orten entlehnen zu müssen, scheint es sich zu empfehlen, *ab ovo* zu beginnen und die Lehre von den ersten Grundlagen an zu entwickeln, damit nichts unbewiesen bleibt. Dies werden wir kurz und bündig thun und zwar soweit als es für unser Vorhaben erforderlich erscheint.

[74] Das erste Kapitel umfasst die Lehre von den Permutationen; die Kapitel II bis VI enthalten die Lehre von den Combinationen und die drei letzten Kapitel VII bis IX behandeln Combinationen in Verbindung mit ihren Permutationen [15]).

## Kapitel I.

### Permutationen.

Permutationen von Dingen nenne ich die Aenderungen, durch welche unter Beibehaltung derselben Anzahl von Dingen ihre Ordnung und Stellung verschiedentlich vertauscht wird.

Wenn also darnach gefragt ist, wie oft einige Dinge unter einander umgestellt und vertauscht werden können, so sagt man, dass alle Permutationen jener Dinge gesucht werden.

Permutirt werden aber können alle Dinge, mögen sie unter sich sämmtlich verschieden oder mögen einige von ihnen einander gleich sein. Dies werden wir mit ebenso vielen, verschiedenen oder gleichen Buchstaben des Alphabets bequem zeigen.

1. **Alle Dinge, welche permutirt werden sollen, sind von einander verschieden.**

Da die Anzahl der Permutationen von mehreren Dingen nicht gefunden werden kann, wenn nicht zuvor diese Zahlen für jede kleinere Anzahl von Dingen bestimmt worden sind, so muss man bei dieser Untersuchung offenbar synthetisch vorgehen und mit den allereinfachsten Fällen beginnen.

Bei einem Dinge oder einem Buchstaben $a$ ist nur eine Stellung möglich.

Von zwei Dingen oder Buchstaben $a$ und $b$ geht entweder $a$ voraus und $b$ folgt, oder geht $b$ voraus und $a$ folgt; es giebt daher zwei Anordnungen $ab$ und $ba$.

Drei Buchstaben $a$, $b$, $c$ lassen sich so anordnen, dass an der ersten Stelle entweder $a$ oder $b$ oder $c$ steht. Steht $a$ am Anfange, [**75**] so können die beiden anderen Buchstaben, wie wir gesehen haben, auf zweierlei Weise angeordnet werden; ebenso ist, wenn $b$ am Anfange steht, für die beiden andern Buchstaben eine doppelte Anordnung möglich, und dasselbe gilt, wenn der dritte Buchstabe $c$ an die erste Stelle gesetzt ist. Folglich giebt es für drei Buchstaben insgesammt $3 \cdot 2 = 6$ Permutationen, nämlich $abc$, $acb$; $bac$, $bca$; $cab$, $cba$.

Sind vier Buchstaben $a$, $b$, $c$, $d$ gegeben, so kann in gleicher Weise jeder derselben die erste Stelle einnehmen, während die drei übrigen, wie eben gezeigt worden ist, $3 \cdot 2 = 6$ mal ihre Reihenfolge wechseln können. Da nun

Wahrscheinlichkeitsrechnung (Ars conjectandi). 79

vier Buchstaben an erster Stelle stehen können, so folgt, dass alle vier Buchstaben 4 · 3 · 2 = 4 · 6 = 24 mal unter einander vertauscht werden können.

Aus dem gleichen Grunde sind, wenn noch ein fünfter Buchstabe *e* hinzukommt, fünfmal so viele Aenderungen als im vorigen Falle möglich, also 5 · 24 = 120. Allgemein ist daher für beliebig viele Buchstaben die Permutationszahl um so vielmal grösser als die Anzahl der Permutationen, welche aus einer um 1 kleineren Zahl von Buchstaben gebildet werden können, als die gegebene Anzahl von Buchstaben Einheiten enthält. Daraus ergiebt sich ganz von selbst die folgende

### Regel
zur Auffindung der Anzahl aller Permutationen für eine beliebige Zahl von Dingen:

**Man multiplicire alle ganzen Zahlen von 1 bis zur gegebenen Zahl in ihrer natürlichen Reihenfolge in einander; das Product liefert die gesuchte Anzahl.**

Wenn z. B. die Anzahl der gegebenen Dinge gleich $n$ ist, so ist die Anzahl aller Permutationen gleich $1 \cdot 2 \cdot 3 \cdot 4 \cdot 5 \ldots n$ oder auch (weil die Einheit nicht multiplicirt) $2 \cdot 3 \cdot 4 \cdot 5 \ldots n$, wobei die Punkte zwischen 5 und $n$ hier und in allen ähnlichen Fällen die dazwischen liegenden Zahlen andeuten. Für $n = 7$ ist also die Permutationszahl $2 \cdot 3 \cdot 4 \cdot 5 \cdot 6 \cdot 7 = 5040$. Die folgende Tafel giebt die Permutationszahlen bis $n = 12$: [76]

| Anzahl der Dinge: | 1 | 2 | 3 | 4 | 5 | 6 | 7 | 8 |
|---|---|---|---|---|---|---|---|---|
| Permutationszahl: | 1 | 2 | 6 | 24 | 120 | 720 | 5040 | 40320 |

| Anzahl der Dinge: | 9 | 10 | 11 | 12 |
|---|---|---|---|---|
| Permutationszahl: | 362880 | 3628800 | 39916800 | 479001600 |

**2. Einige der Dinge, welche permutirt werden sollen, sind einander gleich.**

Wenn ein oder mehrere Buchstaben öfter wiederkehren, d. h. wenn in der gegebenen Anzahl von Dingen einige einander gleich sind, z. B. wenn *aabcd*, wo *a* dreimal auftritt, gegeben ist, so ist die Anzahl der Permutationen kleiner. Um diese zu finden, muss man bedenken, dass, wenn in unserem Beispiele alle Buchstaben untereinander verschieden wären, z. B. *aaα* an Stelle von *aaa* geschrieben wäre, die drei Buchstaben, ohne dass man einen andern Buchstaben umstellte,

sechsmal unter sich vertauscht werden könnten (nach der
vorigen Regel), wodurch sich eben so viele verschiedene Permutationen ergeben würden. Hier aber, wo die drei Buchstaben gleich sind, führen die sechs Permutationen von $aaa$
keine Veränderung in der Reihenfolge aller Buchstaben herbei
und sind daher für eine einzige zu zählen. Da man nun bei
jeder Anordnung der Buchstaben den gleichen Schluss machen
muss, so folgt, dass die Permutationszahl sechsmal — d. i.
sovielmal als die gleichen Dinge unter sich permutirt werden
können — kleiner ist als die Zahl der Permutationen, welche
die gegebenen Dinge mit einander bilden würden, wenn sie
sämmtlich von einander verschieden wären. Bei sechs verschiedenen Buchstaben sind 720 Permutationen möglich, folglich sind hier, wo drei von ihnen einander gleich sind, 120
Permutationen vorhanden.

Sind ferner die sechs Buchstaben $aaabbc$ gegeben, wo
ausser dem ersten dreimal wiederkehrenden Buchstaben $a$ noch
der zweite Buchstabe $b$ zweimal vorkommt, so muss, wie sofort einleuchtet, die Permutationszahl noch um die Hälfte
kleiner, als im vorhergehenden Falle, und mithin gleich 60
sein. Denn je zwei Permutationen, [77] welche durch Vertauschung der zwei Buchstaben $bb$, wenn sie verschieden
wären, aus einander entstehen würden, fallen jetzt in eine
zusammen. In gleicher Weise kann man schliessen, dass,
wenn noch mehrere Buchstaben öfter sich wiederholen, die
Permutationszahl durch die Zahlen getheilt werden muss, welche
angeben, wie oft diese gleichen Buchstaben einzeln unter sich
permutirt werden können. Daraus ergiebt sich die

## Regel

zur Auffindung der Permutationszahl, wenn einige Dinge
gleich sind:

**Die Anzahl der Permutationen, welche die gegebenen Dinge, wenn sie sämmtlich von einander
verschieden wären, zulassen würden, theile man
durch alle Permutationszahlen, welche zu den
einzelnen Gruppen der mehrfach vorkommenden
Dinge gehören.**

Die Lehre von den Permutationen ist wichtig, um die Anzahl
der möglichen Umstellungen der Buchstaben (der sog. Anagramme[16]) irgend eines Wortes zu bestimmen. So lassen z. B. die

Buchstaben des Wortes Roma nach der ersten Regel $1 \cdot 2 \cdot 3 \cdot 4 = 24$ Umstellungen zu, da die vier Buchstaben verschieden von einander sind; dagegen sind in dem Worte Leopoldus $\frac{362\,880}{2 \cdot 2} = 90\,720$ und in dem Worte Studiosus $\frac{362\,880}{2 \cdot 6} = 30\,240$ Umstellungen der Buchstaben möglich nach der zweiten Regel, da in dem ersten Worte die Buchstaben $l$ und $o$ doppelt, in dem zweiten Worte $u$ zweimal und $s$ dreimal vorkommen.

Hierher gehören auch einige Verse, welche wegen der vielfachen Abänderungen, welche sie zulassen, Proteus-Verse genannt werden, und unter denen die von *Lansius, Scaliger, Bauhusius*[17] berühmt geworden sind. *Thomas Lansius* verdanken wir das folgende Distichon:

Lex, Rex, Grex, Res, Spes, Jus, Thus, Sal, Sol, (bona) Lux, Laus:
Mars, Mors, Sors, Lis, Vis, Styx, Pus, Nox, Faex, (mala) Crux, Fraus;

[78] in jedem der beiden Verse können die elf einsilbigen Wörter (die zweisilbigen Wörter bona und mala müssen immer im fünften Versfusse stehen) 39 916 800 mal umgestellt werden, ohne die Gesetze der Metrik zu verletzen. Bei anderen Versen geschieht es zwar, dass sehr viele der Umstellungen gegen die Gesetze der Metrik verstossen oder keinen Sinn ergeben, aber meistens lassen sich dann mit geringer Mühe die brauchbaren Umstellungen von den unbrauchbaren trennen und lässt sich die Anzahl der ersteren für sich bestimmen, wenn man bei ihrer Aufsuchung nur eine bestimmte Reihenfolge inne hält. Dies kann man an dem folgenden Hexameter sehen:

Tot Tibi sunt dotes, Virgo, quot sidera coelo,

welchen der Jesuit *Bernhard Bauhusius* aus Löwen zum Lobe der Mutter Gottes erdacht hat und welchen mehrere ausgezeichnete Männer einer eigenen Untersuchung werth erachtet haben. *Erycius Puteanus* zählt in seinem Schriftchen »Thaumata Pietatis« (Wunder der Frömmigkeit) die brauchbaren Abänderungen auf vollen 48 Seiten auf und bringt ihre Zahl mit der Zahl der Sterne, welche man gewöhnlich gleich 1022 annimmt, in Uebereinstimmung, indem er sorgfältig die Umstellungen weglässt, welche aussagen, dass es so viele Sterne am Himmel giebt, als Maria Gaben besitzt, da ihrer weit mehr seien als Sterne. Diese Zahl 1022 hat dann *Gerhard*

*Vossius* von *Puteanus* in sein Werk »De scientiis mathematicis (Kap. 7) übernommen. Der französische Mathematiker *Prestet* giebt in der ersten Ausgabe seiner »Elemens des Mathematiques« (S. 348) die Zahl der brauchbaren Umstellungen dieses Proteus-Verses auf 2196 an, welche Zahl er nach einer Revision in der zweiten Ausgabe seines Werkes (Band I, S. 133) fast um die Hälfte grösser, nämlich gleich 3276 angiebt. Fleissige Leser der »Acta Erud. Lipsiae.« (Juni 1686) bestimmen bei der Besprechung von *Wallis'* »treatise of algebra« die fragliche Zahl (welche *Wallis* zu bestimmen nicht unternommen hatte) auf 2580. *Wallis* selbst hat später in der lateinischen Bearbeitung seines Buches (Opera, Band II, S. 494. Oxford 1693) für diese Zahl den Werth 3096 angegeben. Aber alle diese Angaben sind falsch, und man muss sich mit Recht wundern, dass so viele scharfdenkende Männer, auch trotz wiederholter Prüfung, sich in einer so leichten Frage getäuscht haben. Aus meiner Untersuchung finde ich, dass dieser Vers von *Bauhusius*, nach Ausschluss der spondeischen Verse, aber mit Zulassung der Verse, welche keine Cäsur haben, im ganzen 3312 Umstellungen zulässt, ohne dass die Gesetze der Metrik verletzt werden. Es würde aber zu weitläufig sein, dies hier näher zu begründen, und sich auch mit dem Zwecke dieses Buches nicht vertragen\*).

[82] ## Kapitel II.

### Von den Combinationen im Allgemeinen; Combinationen ohne Wiederholung zu allen Classen zusammen.

Combinationen von Dingen sind Verbindungen solcher Art, dass aus einer gegebenen Anzahl von Dingen einige herausgenommen und mit einander verbunden werden, ohne dass ihre Ordnung und Stellung irgendwie berücksichtigt wird.

Wenn also darnach gefragt ist, wie oft aus einer gegebenen Anzahl von Dingen je zwei oder je drei oder je vier oder ... abgesondert werden können, ohne dass in einer Verbindung ein Ding öfter als einmal genommen wird, so

---

\*) Wegen des Fehlens der Seitenzahlen 79, 80, 81 verweise ich auf die Anmerkung 17. *H.*

sagt man, dass alle möglichen Combinationen jener Dinge gesucht werden.

Die Zahl, welche angiebt, wieviele der gegebenen Dinge mit einander verbunden werden sollen, heisst die Classe der Combination[18]). Wenn also zwei Dinge genommen werden, so ist die Classe 2; bei drei Dingen ist die Classe 3, bei vier Dingen 4, und so fort. Die zu diesen Classen gebildeten Verbindungen der Dinge nennt man Binarien, Ternarien, Quarternarien, u. s. w. oder Binionen, Ternionen, Quaternionen, u. s. w.; entsprechend redet man von Unionen oder Unitates, wenn die Dinge einzeln genommen werden, und von Nullionen, wenn man gar kein Ding nimmt.

Die Verbindungen selbst nennen einige Schriftsteller auch Combinationen, Conternationen, Conquaternationen, u. s. w., welche man allgemein unter dem einen Worte Combinationen zusammenzufassen pflegt, wenn schon dieses Wort in strengem Sinne nur jene Verbindungen bezeichnet, in welchen nur zwei Dinge mit einander verbunden sind. Deshalb wollen andere Schriftsteller lieber das allgemeinere Wort Complication oder Complexion angewendet wissen; noch andere sagen passender Electionen, worunter sie auch die Fälle einbegreifen, dass ein oder gar kein Ding herausgenommen wird.

Die Dinge aber, welche mit einander combinirt werden sollen, können entweder sämmtlich von einander verschieden oder theilweise einander gleich sein; sie sollen entweder so combinirt werden, dass in keiner Combination ein und dasselbe Ding öfter enthalten ist, als es in der gesammten Zahl der gegebenen Dinge vorkommt, oder so, dass in derselben Combination ein Ding auch öfter wiederkehrt, d. h. dass es auch mit sich selbst combinirt werden kann. Ferner kann nach der Zahl der Combinationen [83] entweder zu allen Classen zusammen oder zu jeder einzelnen allein gefragt werden. Weiter können für jede einzelne dieser Combinationsarten mehrere Fragen aufgeworfen und Aufgaben gestellt werden; wir werden von ihnen aber nur jene berühren, welche im Folgenden für uns von Bedeutung sind.

**Wenn alle zu combinirenden Dinge von einander verschieden sind und in keiner Combination ein und dasselbe Ding zweimal vorkommen darf, so sind alle Combinationen zu allen Classen zusammen zu finden.**

Es sollen die Buchstaben $a$, $b$, $c$, $d$, $e$, ... auf alle Arten (ohne Wiederholung) combinirt werden. Hierzu bildet man sich ebenso viele Zeilen, als Buchstaben vorhanden sind, in folgender Weise:

In die erste Zeile schreibt man den Buchstaben $a$ allein.

In die zweite Zeile schreibt man zuerst $b$ allein, dann mit $a$ verbunden, sodass man $ab$ oder $ba$ hat. Da die Reihenfolge der Buchstaben unberücksichtigt bleibt, so zählen die beiden Verbindungen $ab$ und $ba$ für eine einzige.

In die dritte Zeile schreibt man erst $c$ allein, dann in Verbindung mit $a$ und $b$, sodass die Binionen $ac$ und $bc$ entstehen, und schliesslich in Verbindung mit der Binion $ab$, sodass die Ternion $abc$ sich ergiebt.

In der vierten Zeile setzt man $d$ allein an die erste Stelle, dann $d$ in Verbindung mit jedem einzelnen vorhergehenden Buchstaben $a$, $b$, $c$, dann $d$ in Verbindung mit jeder der Binionen $ab$, $ac$, $bc$ und schliesslich in Verbindung mit der Ternion $abc$; es entstehen so die neuen Binionen $ad$, $bd$, $cd$, die Ternionen $abd$, $acd$, $bcd$ und die Quaternion $abcd$.

$a$;
$b$, $ab$;
$c$, $ac$, $bc$, $abc$;
$d$, $ad$, $bd$, $cd$, $abd$, $acd$, $bcd$, $abcd$;
$\begin{cases} e,\ ae,\ be,\ ce,\ de,\ abe,\ ace,\ bce,\ ade,\ bde,\ cde, \\ abce,\ abde,\ acde,\ bcde,\ abcde. \end{cases}$

In gleicher Weise bildet man die fünfte Zeile, welche mit dem Buchstaben $e$ allein beginnt und dann $e$ in Verbindung mit sämmtlichen Combinationen der früheren Zeilen enthält. Auf dieselbe Weise fährt man fort, wenn noch mehr Buchstaben gegeben sind. [84] Dieses Verfahren zeigt völlig deutlich, dass die gegebenen Buchstaben in jenen Zeilen auf alle möglichen Arten unter einander verknüpft sind und dass es keine Combination giebt, welche sich nicht in einer der Zeilen vorfindet, dass aber auch keine doppelt vorkommt. Alle Zeilen zusammen bieten mithin sämmtliche möglichen Combinationen dar, welche von den gegebenen Buchstaben gebildet werden können.

Die Anzahl aller dieser Combinationen aber findet man leicht, wenn man beachtet, dass in jeder beliebigen Zeile eine Combination mehr auftritt als in sämmtlichen vorhergehenden Zeilen zusammengenommen; denn der Buchstabe, mit welchem die Zeile beginnt, tritt zuerst allein auf und dann in Verbindung mit allen Combinationen der vorhergehenden Zeilen. Daraus folgt, dass, weil in der ersten Zeile eine Combination steht, in der zweiten Zeile zwei Combinationen stehen, in der dritten 4, in der vierten 8, und so fortschreitend in geometrischer Progression mit dem Quotienten 2. Es ist ja bekannt, dass die geometrische Reihe mit dem Quotienten 2 und dem Anfangsgliede 1 die Eigenschaft hat, dass die Summe beliebig vieler ihrer Glieder vermehrt um 1 gleich dem folgenden Gliede ist. Nun ist die Summe der Combinationen aller Zeilen gleich der Summe ebenso vieler Glieder der genannten geometrischen Reihe, d. h. nach der eben erwähnten Eigenschaft gleich dem folgenden Gliede dieser Reihe vermindert um 1; dieses folgende Glied ist aber gleich dem Producte so vieler Zweien, als ihm Glieder in der Reihe vorangehen, d. h. als die gesuchten Combinationen Zeilen bilden. Daraus entspringt die folgende

### Regel

für die Bestimmung der Anzahl aller Combinationen, welche gegebene Dinge zu allen Classen bilden:

Man multiplicire die Zahl 2 so oft in sich selbst, als die Anzahl der gegebenen Dinge angiebt, und subtrahire davon 1; die Differenz ist die gesuchte Zahl.

Sind also $n$ Dinge gegeben, so ist die Anzahl aller Combinationen zusammen, d. h. aller Unionen, Binionen, Ternionen u. s. w. gleich $2^n - 1$. Nimmt man noch die Nullion hinzu, das ist die Combination, in welche keines der gegebenen Dinge aufgenommen wird und welche bei jeder beliebigen Anzahl von Dingen nur einmal vorhanden ist und sein kann, so wird jene Zahl gleich $2^n$. Wenn man aber die Nullion und alle Unionen, deren Anzahl gleich der Zahl der jeweils gegebenen Dinge ist, fortlässt, so ergiebt sich die Anzahl der Binionen, Ternionen und der übrigen Complexionen gleich $2^n - n - 1$. Z. B. ist die Anzahl aller verschiedenen Conjunctionen oder Complicationen der sieben Planeten gleich $2^7 - 1 = 127$. Nimmt man davon die sieben Electionen weg, welche nur je einen Planeten enthalten und eigentlich keine Conjunctionen, sondern Disjunctionen der Planeten sind, so ist die Anzahl aller übrigen eigentlichen Conjunctionen, welche

je zwei, je drei, u. s. w., schliesslich alle sieben Planeten
mit einander verbinden, gleich $2^7 - 7 - 1 = 120$. So können
die zwölf sogenannten Register oder ordines fistularum an der
Orgel, durch welche der Ton bald pfeifend, bald tremolirend
oder anderswie modificirt wird, auf $2^{12} - 1 = 4095$ verschiedene Weisen mit einander combinirt gezogen werden.

Bemerkung. Wenn man die Zeilen der Combinationen
in der obigen Tafel genau betrachtet, so bemerkt man, dass
in jeder Zeile (mit Ausnahme der ersten, welche nur die eine
Union $a$ enthält) die Zahl der Combinationen zu geraden
Classen gleich der zu ungeraden ist. Nachdem man diese
Wahrnehmung für einige der ersten Zeilen als richtig erkannt hat, schliesst man, dass sie auch für die nächstfolgende
Zeile noch richtig ist. Denn verbindet man den Buchstaben,
mit welchem diese Zeile beginnt, einerseits mit den Combinationen zu ungeraden Classen und andererseits mit den Combinationen zu geraden Classen aller vorangehenden Zeilen
(einschl. der ersten), so erhält man die Combinationen zu ungeraden, bez. zu geraden Classen der folgenden Zeile; zu
den ersteren hat man nun noch die Union $a$ selbst hinzuzunehmen. Dann ist offenbar auch in dieser Zeile die Zahl
der Combinationen zu ungeraden Classen gleich der zu geraden.
In allen Zeilen zusammen übertrifft aber die erstere Zahl die
letztere um 1; beide Zahlen sind einander gleich, wenn noch
die Nullion hinzugenommen wird. Da nun die Anzahl aller
Combinationen (einschl. der Nullion) gleich $2^n$ ist, so giebt
die Hälfte derselben, d. i. $2^{n-1}$ die Anzahl aller Combinationen zu ungeraden Classen und, wenn man die Nullion
wieder fortlässt, $2^{n-1} - 1$ die Anzahl aller Combinationen zu
geraden Classen. Dies wird auch weiter unten in dem Zusatz 6 zu Kapitel IV gezeigt werden.

# Kapitel III.

## Combinationen (ohne Wiederholung) zu bestimmten Classen;
### figurirte Zahlen und ihre Eigenschaften.

Aus der Combinationstafel im vorigen Kapitel ist deutlich
zu erkennen, dass der Buchstabe, mit welchem eine Zeile beginnt, die sämmtlichen Binionen derselben liefert, wenn man

ihn mit den Unionen aller vorangehenden Zeilen verbindet; dass er in Verbindung mit den Binionen, Ternionen, u. s. w. der vorangehenden Zeilen die Ternionen, Quaternionen, u. s. w. seiner Zeile ergiebt. Folglich ist in einer beliebigen Zeile die Anzahl der Binionen gleich der Summe der Unionen, die Anzahl der Ternionen gleich der Summe der Binionen, die Anzahl der Quaternionen gleich der Summe der Ternionen in allen früheren Zeilen, u. s. w.; allgemein ist die Anzahl der Combinationen zu einer bestimmten Classe in irgend einer Zeile gleich der Summe der Combinationen zu der um 1 niedrigeren Classe in allen früheren Zeilen. Daraus folgt:

Die Unionen, von welchen in jeder Zeile nur eine vorkommt, bilden die Reihe 1, 1, 1, 1, 1, ... oder die Reihe der Einheiten.

Binionen giebt es in der ersten Zeile keine, in der zweiten eine, in der dritten $1 + 1 = 2$, in der vierten $1 + 1 + 1 = 3$, in der fünften $1 + 1 + 1 + 1 = 4$, u. s. w. Alle Binionen zusammen bilden daher die Reihe 0, 1, 2, 3, 4, ..., d. i. die Reihe der natürlichen Zahlen.

Ternionen giebt es in der ersten und zweiten Zeile keine, in der dritten Zeile eine, in der vierten $1 + 2 = 3$, in der fünften $1 + 2 + 3 = 6$, in der sechsten $1 + 2 + 3 + 4 = 10$, u. s. w. Alle Ternionen zusammen bilden die Zahlenreihe 0, 0, 1, 3, 6, 10, 15, ..., d. i. die Reihe der sogenannten Dreieckszahlen.

Quaternionen giebt es in den ersten drei Reihen keine, in der vierten eine, in der fünften $1 + 3 = 4$, in der sechsten $1 + 3 + 6 = 10$, in der siebenten $1 + 3 + 6 + 10 = 20$, u. s. w. Alle diese Zahlen bilden zusammen die Reihe 0, 0, 0, 1, 4, 10, 20, ..., d. i. die Reihe der Viereckszahlen.

[87] In gleicher Weise bestimmen die Quinionen die Reihe der Fünfeckszahlen 0, 0, 0, 0, 1, 5, 15, 35, ..., die Senionen die Reihe der Sechseckszahlen 0, 0, 0, 0, 0, 1, 6, 21, ...; und andere Combinationen zu höheren Classen liefern weitere Reihen figurirter Zahlen immer höheren Grades, bis in's Unendliche.

So sind wir bei Gelegenheit der Combinationslehre unvermuthet zur Betrachtung der figurirten Zahlen geführt worden; mit diesem Namen werden allgemein alle Zahlen bezeichnet, welche durch fortgesetzte Addition der natürlichen Zahlen und der auf diese Weise entstandenen erzeugt werden.

Damit aber diese Reihen der figurirten Zahlen auf einen Blick übersehen werden können und das, was über sie noch zu sagen ist, um so leichter verstanden werden kann, habe ich die folgende Tafel eingefügt, welche man ohne Mühe beliebig weit nach unten und nach rechts fortsetzen kann. Die arabischen Zahlen am linken Rande der Tafel bezeichnen die Horizontalreihen (Zeilen) und zugleich die Anzahl der zu combinirenden Dinge, während die römischen Zahlen am oberen Rande die Vertikalreihen (Columnen) und zugleich die Classen der Combinationen angeben. Die erste Columne enthält die Reihe der Einheiten, die zweite die Reihe der natürlichen Zahlen beginnend mit einer Null, die dritte die Reihe der Dreieckszahlen beginnend mit zwei Nullen, und so fort.

## Tafel der figurirten Zahlen.

| Classe: | I. | II. | III. | IV. | V. | VI. | VII. | VIII. | IX. | X. | XI. | XII. |
|---|---|---|---|---|---|---|---|---|---|---|---|---|
| 1.  | 1 | 0  | 0  | 0   | 0   | 0   | 0   | 0   | 0   | 0  | 0  | 0 |
| 2.  | 1 | 1  | 0  | 0   | 0   | 0   | 0   | 0   | 0   | 0  | 0  | 0 |
| 3.  | 1 | 2  | 1  | 0   | 0   | 0   | 0   | 0   | 0   | 0  | 0  | 0 |
| 4.  | 1 | 3  | 3  | 1   | 0   | 0   | 0   | 0   | 0   | 0  | 0  | 0 |
| 5.  | 1 | 4  | 6  | 4   | 1   | 0   | 0   | 0   | 0   | 0  | 0  | 0 |
| 6.  | 1 | 5  | 10 | 10  | 5   | 1   | 0   | 0   | 0   | 0  | 0  | 0 |
| 7.  | 1 | 6  | 15 | 20  | 15  | 6   | 1   | 0   | 0   | 0  | 0  | 0 |
| 8.  | 1 | 7  | 21 | 35  | 35  | 21  | 7   | 1   | 0   | 0  | 0  | 0 |
| 9.  | 1 | 8  | 28 | 56  | 70  | 56  | 28  | 8   | 1   | 0  | 0  | 0 |
| 10. | 1 | 9  | 36 | 84  | 126 | 126 | 84  | 36  | 9   | 1  | 0  | 0 |
| 11. | 1 | 10 | 45 | 120 | 210 | 252 | 210 | 120 | 45  | 10 | 1  | 0 |
| 12. | 1 | 11 | 55 | 165 | 330 | 462 | 462 | 330 | 165 | 55 | 11 | 1 |

Anzahl der zu combinirenden Dinge.

[88] Diese Tafel besitzt ganz ausgezeichnete und wunderbare Eigenschaften. Denn abgesehen von dem Geheimniss der Combinationen, welches wir schon an der Hand der früheren Tafel enthüllt haben, liegen, wie den mit der Mathematik eingehender Vertrauten bekannt ist, auch vorzügliche Geheimnisse der ganzen übrigen Mathematik in ihr verborgen. Wir werden einige dieser Eigenschaften hier besprechen und zwar vornehmlich jene, welche unserem Zwecke, strenge Beweise führen zu können, dienlich sind; die übrigen Eigenschaften können entweder aus diesen abgeleitet werden oder sind aus der

Construction der Tafel und aus der Entstehungsweise der
figurirten Zahlen deutlich erkennbar.

## *Wunderbare Eigenschaften der Tafel der figurirten Zahlen.*

1. Die zweite Columne beginnt mit einer Null, die dritte
mit 2, die vierte mit 3, und allgemein die $c^{te}$ Columne mit
$c-1$ Nullen.

2. Die ersten, zweiten, dritten, ... von Null verschiedenen
Glieder der Columnen, von links oben schräg nach rechts
unten absteigend genommen, ergeben bez. die Zahlen der
ersten, zweiten, dritten, ... Columne, d. h. die Reihe der
Einheiten, der natürlichen Zahlen, der Dreieckszahlen, ...

3. Das auf die Eins folgende Glied jeder Columne ist
gleich der Nummer derselben.

4. Jedes Glied der Tafel ist gleich der Summe aller früheren
Glieder der vorhergehenden Columne.

5. Jedes beliebige Glied ist gleich der Summe des darüberstehenden und des diesem links benachbarten Gliedes der
unmittelbar vorangehenden Zeile.

6. Die Glieder jeder Horizontalreihe wachsen von 1 an
bis zu einem gewissen grössten Werthe, von welchem aus sie
in derselben Weise wieder abnehmen. Dieselbe Eigenschaft
besitzen die Summen gleich weit genommener Vertikalreihen,
da diese nach (4) gleich den Gliedern der folgenden Horizontalreihe sind.

7. Die Glieder irgend einer Zeile sind unter sich in der
Weise gleich, dass das erste und das letzte von Null verschiedene Glied, das zweite und das vorletzte Glied, das dritte
und das drittletzte Glied, und so fort (wenn die Zeile aus
noch mehr von Null verschiedenen Gliedern besteht) mit einander übereinstimmen.

8. Nimmt man eine beliebige Anzahl aufeinanderfolgender
Columnen (von der ersten an) und in gleicher Weise ebenso
viele Zeilen, und summirt man dann die Glieder jeder Columne,
so ist die erste Summe gleich der vorletzten, die zweite gleich
der drittletzten, die dritte gleich der viertletzten, u. s. w.
Denn es geben diese Summen die Glieder der folgenden Zeile mit
Ausschluss des ersten Gliedes [vergl. Eigenschaft (4) und (7)]. Z. B.

```
            1    0    0    0    0
            1    1    0    0    0
            1    2    1    0    0
            1    3    3    1    0
            1    4    6    4    1
           ─────────────────────────
            5   10   10    5    1,
```

also die Glieder der sechsten Zeile, ausschliesslich des ersten.

9. Die Zeilen geben der Reihe nach die Coefficienten aller Potenzen der binomischen Entwickelung in der Weise an, dass die zweite Zeile die Coefficienten der ersten Potenz eines Binoms, die dritte Zeile die Coefficienten 1, 2, 1 des Quadrates, die vierte Zeile die Coefficienten 1, 3, 3, 1 des Cubus, u. s. w. angeben.

10. Die Summen der Glieder einer Zeile sind gleich den aufeinanderfolgenden Potenzen von 2; diese Summen von Anfang an wieder summirt geben die um 1 verminderten Potenzen von 2. Z. B. [**90**]

$$1 = 1, \qquad 1+1 = 2, \qquad 1+2+1 = 4 = 2^2,$$
$$1 = 2-1, \; 1+2 = 2^2-1, \; 1+2+4 = 2^3-1,$$
$$1+3+3+1 = 8 = 2^3, \ldots$$
$$1+2+4+8 = 2^4-1, \ldots$$

Daraus folgt wieder das im vorigen Kapitel über die Combinationen zu allen Classen Gesagte.

11. Dividirt man die Glieder einer beliebigen Columne (mit dem Gliede 1 oder der ihm vorhergehenden Null begonnen) bez. durch die Glieder der vorhergehenden Columne (mit 1 angefangen), so erhält man die Glieder einer arithmetischen Reihe, deren Differenz ein Bruch mit dem Zähler 1 und mit der Nummer (oder dem zweiten Gliede) der dividirenden Columne als Nenner ist. Z. B.

| Divisor | Dividend | Quotient | Divisor | Dividend | Quotient |
|---------|----------|----------|---------|----------|----------|
| 1       | 1        | $\frac{3}{3}$ | 1  | 0        | 0        |
| 3       | 4        | $\frac{4}{3}$ | 3  | 1        | $\frac{1}{3}$ |
| 6       | 10       | $\frac{5}{3}$ | 6  | 4        | $\frac{2}{3}$ |
| 10      | 20       | $\frac{6}{3}$ | 10 | 10       | $\frac{3}{3}$ |
| 15      | 35       | $\frac{7}{3}$ | 15 | 20       | $\frac{4}{3}$ |

Diese Eigenschaft lässt sich, wenn nöthig, leicht aus der folgenden ableiten.

12. In einer beliebigen Columne verhält sich die Summe einer beliebigen Anzahl von Gliedern, angefangen mit den zugehörigen Nullen, zur Summe ebensovieler, dem letzten gleichen Glieder wie 1 zur Ordnungszahl der Columne; d. h. die Summe beliebig vieler natürlichen Zahlen, deren Columne mit einer Null beginnt, verhält sich zur Summe ebensovieler, der grössten gleichen Zahlen wie 1 zu 2; die Summe beliebig vieler Dreieckszahlen, welche mit zwei Nullen beginnen, verhält sich zur Summe ebensovieler, der letzten gleichen Zahlen wie 1 zu 3, u. s. w. Dasselbe gilt in irgend einer Columne für das Verhältniss zwischen der Summe einer beliebigen Anzahl von Gliedern, angefangen mit dem Gliede 1, und der Summe ebensovieler, dem auf das höchste folgenden gleichen Glieder. [91]

| | | | | |
|---|---|---|---|---|
| | | 0  10 | | |
| | | 0  10 | | 1  56 |
| 0  3 | 1  5 | 0  10 | | 4  56 |
| 1  3 | 2  5 | 1  10 | | 10  56 |
| 2  3 | 3  5 | 4  10 | | 20  56 |
| 3  3 | 4  5 | 10  10 | | 35  56 |
| 6 : 12 = 1 : 2 | 10 : 20 = 1 : 2 | 15 : 60 = 1 : 4 | | 70 : 280 = 1 : 4 |

Da diese Eigenschaft der figurirten Zahlen von allen die wichtigste und zugleich die für unsere Zwecke nützlichste ist, so halte ich es für angebracht, hier das Verfahren zu entwickeln, durch welches ich eine wissenschaftliche und zugleich weittragende Begründung dieser Eigenschaft erhalte. Zu dem Zwecke schicke ich die folgenden Hülfssätze voraus.

Hülfssatz 1. Die Summe beliebig vieler Glieder der ersten Columne ist gleich der Summe ebenso vieler, dem letzten gleichen Glieder, oder beide Summen verhalten sich zu einander wie 1 zu 1.

Beweis. Da die Columne aus lauter Einheiten besteht, so ist die Summe beliebig vieler Glieder gleich der Summe ebensovieler Einheiten, d. h. sovieler Glieder, welche dem letzten Gliede gleich sind, als Glieder genommen worden sind.

Hülfssatz 2. Addirt man in irgend einer Columne soviele Glieder, angefangen mit den zugehörigen Nullen, zu einander als die Ordnungszahl der Columne angiebt, so verhält sich diese Summe zur Summe ebensovieler, dem letzten gleichen Glieder wie 1 zur Ordnungszahl der Columne.

**Beweis.** Nach der Eigenschaft (1) ist die Anzahl der Nullen in irgend einer Columne gleich ihrer um 1 verkleinerten Ordnungszahl; das auf die Nullen unmittelbar folgende Glied ist 1, nach Eigenschaft (2). [**92**] Die Summe aller hier zu nehmenden Glieder ist daher gleich 1, und die Summe ebenso vieler, dem letzten gleichen Glieder gleich der Ordnungszahl der Columne, woraus unmittelbar die Behauptung folgt.

**Hülfssatz 3.** Wenn in einer beliebigen Columne die Summe beliebig vieler Glieder, mit dem ersten angefangen, zur Summe ebensovieler Glieder, welche sämmtlich dem letzten gleich sind, stets dasselbe Verhältniss z. B. 1 zu $r$ hat — wieviele Glieder auch genommen werden mögen[19] —, so verhält sich das vorletzte zum letzten der genommenen Glieder wie die Zahl dieser Glieder vermindert um $r$ zur gleichen Zahl vermindert um 1.

**Beweis.** Es seien, mit dem ersten angefangen, beliebig viele Glieder $a$, $b$, $c$, $d$ genommen, deren Anzahl gleich $n$ sei, und es bezeichne $c$ das vorletzte, $d$ das letzte Glied. Nun ist stets

$$a + b + c = a + b + c + d - d,$$

d. h. nach der Voraussetzung:

$$\frac{c(n-1)}{r} = \frac{dn}{r} - d$$

und nach Fortschaffung des Nenners:

$$c(n-1) = d(n-r).$$

Hieraus folgt:

$$c : d = (n-r) : (n-1). \quad \text{W. z. b. w.}$$

**Hülfssatz 4.** Wenn in einer beliebigen Columne die Summe beliebig vieler Glieder, mit dem ersten angefangen, zur Summe ebenso vieler, dem letzten gleichen Glieder ein constantes Verhältniss 1 zu $r$ hat, und wenn in der nächstfolgenden Columne die Summe einer bestimmten Anzahl von Gliedern, ebenfalls mit dem ersten angefangen, zur Summe ebenso vieler, dem letzten gleichen Glieder das constante Verhältniss 1 zu $r+1$ hat, so hat, wenn man noch das nächstfolgende Glied hinzunimmt, die Summe aller Glieder, vom ersten bis zu diesem neu hinzugenommenen einschliesslich, zur

Summe ebensovieler, dem hinzugefügten gleichen Glieder ebenfalls das Verhältniss 1 zu $r + 1$.

Beweis. Aus der letzteren Columne seien, mit dem ersten Gliede derselben angefangen, die Glieder $e$, $f$, $g$, $h$, auf welche $i$ als nächstes Glied folgt, gegeben; aus der vorhergehenden Columne werde die gleiche Anzahl von Gliedern $a$, $b$, $c$, $d$ genommen; in beiden Fällen sei die Anzahl der Glieder gleich $n$. Dann ist:

$$r h = r (a + b + c) \text{ [nach Eigenschaft (4)]}$$
$$= (n - 1) c \text{ [nach Vor.]}$$
$$= (n - r) d \text{ [nach Hülfssatz 3]},$$

folglich

$$(n - r) : h = r : d = n : (a + b + c + d) \text{ [nach Vor.]}$$
$$= n : i \text{ [nach Eigenschaft (4)]}.$$

Daraus folgt weiter:

$$(n - r) i = n h = (r + 1)(e + f + g + h) \text{ [nach Vor.]}$$

und mithin verhält sich

$$(n - r) : (r + 1) = (e + f + g + h) : i.$$

Weiter ergiebt sich dann leicht:

$$(n + 1) : (r + 1) = (e + f + g + h + i) : i$$

oder

$$(e + f + g + h + i) : (n + 1) i = 1 : (r + 1). \quad \text{W. z. b. w.}$$

Als ich einst meinem Bruder diese Sätze mitgetheilt hatte, bemerkte er, dass der Beweis [**93**] in eleganter Weise abgekürzt werden könne, wenn man die letzten drei Hülfssätze in den folgenden einen Hülfssatz zusammenfasst:

Hülfssatz 5. Wenn in irgend einer Columne der Tafel der figurirten Zahlen die Summe beliebig vieler Glieder, mit dem ersten Gliede angefangen, zur Summe ebenso vieler, dem letzten gleichen Glieder sich wie 1 zu $r$ verhält, so besteht in der nächstfolgenden Columne zwischen der Summe einer beliebigen Anzahl von Gliedern, ebenfalls mit dem ersten begonnen, und der Summe ebenso vieler, dem letzten gleichen Glieder das Verhältniss 1 zu $r + 1$.

$n\begin{Bmatrix} a & 0 \\ b & g \\ c & h \\ d & i \\ e & l \\ f & p \\ & q \end{Bmatrix} n+1$

**Beweis.** Die benachbarten Columnen seien $a, b, c, d, \ldots$, und $0, g, h, i, \ldots$; die Anzahl der aus der ersten Columne genommenen Glieder sei gleich $n$ und der aus der zweiten genommenen gleich $n+1$. Dann ist zunächst:

$$q + p + l + i + h + g + 0$$

$$= \frac{nf}{r} + \frac{(n-1)e}{r} + \frac{(n-2)d}{r} + \frac{(n-3)c}{r} + \frac{(n-4)b}{r} + \frac{(n-5)a}{r}$$

[nach Vor. u. Eigenschaft (4)]

$$= \frac{n}{r}(f+e+d+c+b+a) - \frac{1}{r}(e+2d+3c+4b+5a)$$

$$= \frac{n}{r}q - \frac{1}{r}(p+l+i+h+g)$$

[nach Eigenschaft (4)].

Folglich ist:

$$rq + r(p+l+i+h+g) = nq - (p+l+i+h+g)$$

oder

$$(r+1)(p+l+i+h+g) = (n-r)q,$$

$$p+l+i+h+g = \frac{n-r}{r+1}q.$$

Auf beiden Seiten $q$ hinzugefügt:

$$q + p + l + i + h + g = \frac{n+1}{r+1}q,$$

oder es verhält sich:

$$g+h+i+l+p+q : (n+1)q = 1 : (r+1).$$

W. z. b. w.

Hieraus folgt jetzt der

**Hauptsatz.** In der Tafel der figurirten Zahlen verhält sich die Summe beliebig vieler, mit den zugehörigen Nullen beginnenden Glieder zur Summe ebensovieler, dem letzten gleichen Gliede und ebenso die Summe beliebig vieler, mit dem Gliede 1 beginnenden Glieder zur Summe ebensovieler, dem nächstfolgenden gleichen Gliede wie 1 zu 1 für die Glieder der ersten, wie 1 zu 2 für die der zweiten, wie 1 zu 3 für die der dritten Columne u. s. w., allgemein für

Wahrscheinlichkeitsrechnung (Ars conjectandi).

die Glieder einer beliebigen Columne wie 1 zu ihrer Ordnungszahl.

Beweis. Für die erste Columne folgt die Richtigkeit der Behauptung aus dem ersten Hülfssatze, für die zweite, dritte, vierte, ... Columne aus den übrigen Hülfssätzen. Denn da die Summe beliebig vieler Glieder zur Summe ebensovieler, dem letzten gleichen Glieder in der ersten Columne sich verhält wie 1 zu 1, so ist auf Grund dieser Hülfssätze dieses Verhältniss für die zweite Columne gleich 1 zu $1 + 1 = 2$, [**94**] und mithin weiter für die dritte Columne gleich 1 zu $2 + 1 = 3$, für die vierte Columne gleich 1 zu $3 + 1 = 4$, allgemein für die $c^{te}$ Columne gleich 1 zu $c$.

Da wir hier das Verhältniss $\dfrac{1}{r+1}$ des letzten Hülfssatzes durch das Verhältniss $\dfrac{1}{c}$ ersetzen, so ist $r = c - 1$, d. h. gleich der Anzahl der Nullen, mit welchen die $c^{te}$ Columne beginnt [nach Eigenschaft (1)]. Da nun in dem letzten Hülfssatze gefunden wurde:

$$g + h + i + l + p = \frac{n-r}{r+1}q$$
$$= \frac{n-r}{c}q,$$

so folgt daraus, dass $0 + g + h + i + l + p$ (die Summe der ersten $n$ Glieder) sich verhält zu $q(n-r)$, wo $n-r$ die Anzahl der Glieder ohne die Nullen ist, wie 1 zu $c$; d. h. die Summe beliebig vieler, mit 1 beginnenden Glieder der $c^{ten}$ Columne, verhält sich zur Summe ebenso vieler, dem nächstfolgenden gleichen Gliede wie 1 zu $c$.

Folgerung. Mit Hülfe dieser eben bewiesenen Eigenschaft lässt sich nun leicht sowohl ein beliebiges Glied als auch die Summe einer beliebigen Reihe finden. Es mögen aus mehreren aufeinanderfolgenden Columnen die ersten $n$ Glieder genommen werden, sodass also aus der zweiten Columne $n-1$, aus der dritten $n-2$, aus der vierten $n-3$ von Null verschiedene Glieder sich darunter befinden [nach Eigenschaft (1)]. Dann ist die Summe der ersten $n$ Glieder aus der ersten Columne gleich $n \cdot 1 = \dfrac{n}{1}$; denselben Werth hat aber [nach Eigenschaft (4)] das $(n+1)^{te}$ Glied der zweiten Columne.

Folglich ist [nach Eigenschaft (12)] die Summe der von 1 (einschl.) an genommenen $n-1$ Glieder der zweiten Columne gleich $\dfrac{n(n-1)}{1 \cdot 2} = \binom{n}{2}$; denselben Werth hat aber auch das $(n+1)^{\text{te}}$ Glied der dritten Columne. Der dritte Theil dieses Werthes multiplicirt in $(n-2)$ — der Anzahl der Glieder in der dritten Columne von 1 an —, also $\dfrac{n(n-1)(n-2)}{1 \cdot 2 \cdot 3} = \binom{n}{3}$ ist [wieder nach Eigenschaft (12)] gleich der Summe der aus der dritten Columne genommenen Glieder und auch gleich dem $(n+1)^{\text{ten}}$ Gliede der vierten Columne. In gleicher Weise ergiebt sich für die aus der vierten Columne genommenen Glieder und für das $(n+1)^{\text{te}}$ Glied der fünften Columne $\dfrac{n(n-1)(n-2)(n-3)}{1 \cdot 2 \cdot 3 \cdot 4} = \binom{n}{4}$, und so fort. [95] Daraus aber folgt, dass die Summe der ersten $n$ Glieder in der

| 1. | 2. | 3. | 4. | 5. | ... | $c$. Columne |
|---|---|---|---|---|---|---|
| $\binom{n}{1}$ | $\binom{n}{2}$ | $\binom{n}{3}$ | $\binom{n}{4}$ | $\binom{n}{5}$ | ... | $\binom{n}{c}$ ist. |

(gleich)

Da jeder dieser Ausdrücke zugleich dem $(n+1)^{\text{ten}}$ Gliede der folgenden Columne gleich ist, so ergeben sich aus ihnen die Werthe der $n^{\text{ten}}$ Glieder, wenn überall $n$ durch $n-1$ ersetzt wird, und es ist daher der Werth des $n^{\text{ten}}$ Gliedes in der

| 1. | 2. | 3. | 4. | 5. | ... | $c$. Columne |
|---|---|---|---|---|---|---|
| $\binom{n-1}{0}$ | $\binom{n-1}{1}$ | $\binom{n-1}{2}$ | $\binom{n-1}{3}$ | $\binom{n-1}{4}$ | ... | $\binom{n-1}{c-1}$. |

(gleich)

**Bemerkung.** Viele haben sich schon, wie ich an dieser Stelle bemerken möchte, mit Betrachtungen über figurirte Zahlen beschäftigt (unter ihnen *Faulhaber* und *Remmelin* aus Ulm, *Wallis*, *Mercator* in seiner »Logarithmotechnia«, *Prestet* und andere[20]), aber ich weiss keinen, welcher einen allgemeinen und wissenschaftlichen Nachweis dieser Eigenschaft gegeben hat. *Wallis* hat in seiner »Arithmetica Infinitorum« als Grundlage seiner Methode die Verhältnisse, welche die Reihen, gebildet aus den Quadraten, den Cuben und den höheren Potenzen der natürlichen Zahlen, zur Reihe ebensovieler, dem grössten Gliede gleichen Zahlen haben, auf inductivem Wege erforscht und ist von da nach Aufstellung von 176 Eigenschaften zur Betrachtung der Dreiecks-, Viereckszahlen und der weiteren figurirten Zahlen übergegangen; besser aber und auch der Natur des Gegenstandes angemessener wäre es gewesen, wenn er umgekehrt eine allgemeine und mit strengen Beweisen versehene Betrachtung der figurirten Zahlen vorausgeschickt hätte und dann erst zur Untersuchung der Potenzsummen der natürlichen Zahlen vorgeschritten wäre. Denn abgesehen davon, dass der Inductionsbeweis zu wenig wissenschaftlich ist und für jede einzelne Zahlenreihe besondere Mühe erforderlich macht, muss doch nach allgemein herrschender Ansicht immer das vorausgenommen werden, was seinem Wesen nach einfacher ist als das Uebrige und ihm vorangeht [21]). Dies gilt von den figurirten Zahlen gegenüber den Potenzen, [96] da jene durch Addition, diese durch Multiplication entstehen, und vornehmlich da die Reihen der figurirten Zahlen (mit den zugehörigen Nullen beginnend) genaue Theile von Reihen aus ebensovielen der letzten gleichen Zahlen sind (Vergl. S. 91, Nr. 12.); diese Eigenschaft kann für die Reihen von Potenzen (wenigstens bei einer endlichen Anzahl von Gliedern) nicht bestehen, wieviele Nullen auch vorangestellt werden mögen. Aus den bekannten Summen der figurirten Zahlen können leicht die Potenzsummen gefunden werden, wie ich dies im Folgenden kurz zeigen will.

Man nimmt die Reihe der natürlichen Zahlen von 1 bis $n$ und bestimmt zunächst die Summe aller dieser Zahlen, dann die Summe aller ihrer Quadrate, ihrer Cuben, u. s. w. Da nun in der zweiten Columne das $n^{te}$ Glied gleich $n-1$ ist, so ist nach der eben vorausgeschickten Folgerung die Summe aller Glieder der zweiten Columne vom ersten bis zum $n^{ten}$, welche mit $S(n-1)$ bezeichnet sei, gleich $\dfrac{n(n-1)}{1 \cdot 2}$, also

$$S(n-1) = S(n) - S(1) = \frac{n^2 - n}{2}.$$

Da $S(1)$ gleich der Summe von $n$ Einheiten, also $S(1) = n$ ist, so folgt

$$S(n) = \tfrac{1}{2}n^2 + \tfrac{1}{2}n.$$

Das $n^{te}$ Glied der dritten Columne ist nach der erwähnten

Folgerung gleich $\dfrac{(n-1)(n-2)}{2} = \dfrac{n^2-3n+2}{2}$, und die Summe aller Glieder von 1 bis $n$ gleich $\dfrac{n(n-1)(n-2)}{1\cdot 2\cdot 3}$; folglich ist

$$S\left(\frac{n^2-3n+2}{2}\right) = \frac{n(n-1)(n-2)}{1\cdot 2\cdot 3},$$

und da

$$S\left(\frac{n^2-3n+2}{2}\right) = S\left(\frac{n^2}{2}\right) - S(\tfrac{3}{2}n) + S(1)$$
$$= \tfrac{1}{2} S(n^2) - \tfrac{3}{2} S(n) + S(1)$$

ist, so ergiebt sich schliesslich, wenn für $S(n)$ und $S(1)$ die Werthe eingesetzt werden:

$$\tfrac{1}{2} S(n^2) = \frac{n(n-1)(n-2)}{1\cdot 2\cdot 3} + \tfrac{3}{2}\left(\frac{n^2}{2} + \frac{n}{2}\right) - n,$$

$$S(n^2) = \tfrac{1}{3} n^3 + \tfrac{1}{2} n^2 + \tfrac{1}{6} n.$$

Das $n^{\text{te}}$ Glied der vierten Columne ist gleich $\binom{n-1}{3} = \tfrac{1}{6} n^3 - n^2 + \tfrac{11}{6} n - 1$ und [**97**] die Summe der ersten $n$ Glieder gleich $\binom{n}{4} = \tfrac{1}{6} n^4 - n^3 + \tfrac{11}{6} n^2 - n$; daher ist

$$S(\tfrac{1}{6} n^3 - n^2 + \tfrac{11}{6} n - 1) = \tfrac{1}{6} n^4 - n^3 + \tfrac{11}{6} n^2 - n$$

und

$$\tfrac{1}{6} S(n^3) = \tfrac{1}{6} n^4 - n^3 + \tfrac{11}{6} n^2 - n + S(n^2) - \tfrac{11}{6} S(n) + S(1).$$

Für $S(n^2)$, $S(n)$, $S(1)$ die gefundenen Werthe eingesetzt, erhält man für die Summe der ersten $n$ Cuben:

$$S(n^3) = \tfrac{1}{4} n^4 + \tfrac{1}{2} n^3 + \tfrac{1}{4} n^2.$$

So kann man schrittweise zu immer höheren Potenzen gelangen und mit leichter Mühe die folgende Tafel aufstellen:

*Die Summe der Potenzen der natürlichen Zahlen.*

$S(\,n\,) = \frac{1}{2}n^2 + \frac{1}{2}n,$

$S(\,n^2) = \frac{1}{3}n^3 + \frac{1}{2}n^2 + \frac{1}{6}n,$

$S(\,n^3) = \frac{1}{4}n^4 + \frac{1}{2}n^3 + \frac{1}{4}n^2,$

$S(\,n^4) = \frac{1}{5}n^5 + \frac{1}{2}n^4 + \frac{1}{3}n^3 - \frac{1}{30}n,$

$S(\,n^5) = \frac{1}{6}n^6 + \frac{1}{2}n^5 + \frac{5}{12}n^4 - \frac{1}{12}n^2,$

$S(\,n^6) = \frac{1}{7}n^7 + \frac{1}{2}n^6 + \frac{1}{2}n^5 - \frac{1}{6}n^3 + \frac{1}{42}n,$

$S(\,n^7) = \frac{1}{8}n^8 + \frac{1}{2}n^7 + \frac{7}{12}n^6 - \frac{7}{24}n^4 + \frac{1}{12}n^2,$

$S(\,n^8) = \frac{1}{9}n^9 + \frac{1}{2}n^8 + \frac{2}{3}n^7 - \frac{7}{15}n^5 + \frac{2}{9}n^3 - \frac{1}{30}n,$

$S(\,n^9) = \frac{1}{10}n^{10} + \frac{1}{2}n^9 + \frac{3}{4}n^8 - \frac{7}{10}n^6 + \frac{1}{2}n^4 - \frac{1}{12}n^2,$

$S(n^{10}) = \frac{1}{11}n^{11} + \frac{1}{2}n^{10} + \frac{5}{6}n^9 - 1\,n^7 + 1\,n^5 - \frac{1}{2}n^3 + \frac{5}{66}n.$

Wer aber diese Reihen in Bezug auf ihre Gesetzmässigkeit genauer betrachtet, kann auch ohne umständliche Rechnung die Tafel fortsetzen. Bezeichnet $c$ den ganzzahligen Exponenten irgend einer Potenz, so ist

$$S(n^c) = \frac{1}{c+1}n^{c+1} + \frac{1}{2}n^c + \frac{1}{2}\binom{c}{1}An^{c-1}$$
$$+ \frac{1}{4}\binom{c}{3}Bn^{c-3} + \frac{1}{6}\binom{c}{5}Cn^{c-5} + \frac{1}{8}\binom{c}{7}Dn^{c-7} + \cdots,$$

wobei die Exponenten der Potenzen von $n$ regelmässig fort um 2 abnehmen bis herab zu $n$ oder $n^2$. Die Buchstaben $A$, $B$, $C$, $D$, ... bezeichnen der Reihe nach die Coefficienten von $n$ in den Ausdrücken für $S(n^2)$, $S(n^4)$, $S(n^6)$ $S(n^8)$, ..., nämlich [98]

$$A = \tfrac{1}{6},\ B = -\tfrac{1}{30},\ C = \tfrac{1}{42},\ D = -\tfrac{1}{30},\ \cdots.$$

Diese Coefficienten aber haben die Eigenschaft, dass sie die übrigen Coefficienten, welche in dem Ausdrucke der betreffenden Potenzsumme auftreten, zur Einheit ergänzen; so haben wir z. B. den Werth von $D$ gleich $-\tfrac{1}{30}$ angegeben, weil $\tfrac{1}{9} + \tfrac{1}{2} + \tfrac{2}{3} - \tfrac{7}{15} + \tfrac{2}{9} + D = 1$ oder $\tfrac{31}{30} + D = 1$ sein muss. Mit Hülfe der obigen Tafel habe ich innerhalb einer halben Viertelstunde gefunden, dass die 10ten Potenzen der ersten tausend Zahlen die Summe liefern:

91 409 924 241 424 243 424 241 924 242 500.

Hieraus sieht man, wie unnütz die Mühe gewesen ist, welche *Ismaël Bullialdus* [22]) auf die Abfassung seiner sehr umfangreichen »Arithmetica Infinitorum« verwendet hat; denn er hat darin nichts weiter geleistet, als dass er nur die Potenzsummen für $c = 1$ bis $c = 6$ — einen Theil dessen, was wir auf einer einzigen Seite erreicht haben — mit ungeheurer Mühe berechnet hat.

Bevor ich dieses Kapitel schliesse, mag es mir vergönnt sein, noch in Kürze zu zeigen, wie mit Hülfe der Eigenschaften der figurirten Zahlenreihen noch gewisse andere ähnliche Reihen auf diese zurückgeführt und dann summirt werden können; derartige Reihen haben gleiche erste, zweite, dritte, ... Differenzen und können also durch fortgesetzte Addition einer Reihe, deren Glieder sämmtlich einander gleich sind, erzeugt werden. Z. B. sei $D$ irgend eine Reihe mit lauter gleichen Gliedern, durch deren Summation entstehe die Reihe $C$; aus der Summation dieser letzteren entstehe die Reihe $B$, welche ihrerseits wieder durch Summation ihrer Glieder die Reihe $A$ erzeuge, wobei die ersten Glieder $d$, $c$, $b$, $a$ der vier Reihen willkürlich angenommen werden können.

| $D$ | $C$ | $B$ | $A$ |
|---|---|---|---|
| $d$ | $c$ | $b$ | $a$ |
| $d$ | $c + d$ | $b + c$ | $a + b$ |
| $d$ | $c + 2d$ | $b + 2c + d$ | $a + 2b + c$ |
| $d$ | $c + 3d$ | $b + 3c + 3d$ | $a + 3b + 3c + d$ |
| $d$ | $c + 4d$ | $b + 4c + 6d$ | $a + 4b + 6c + 4d$ |
| $d$ | $c + 5d$ | $b + 5c + 10d$ | $a + 5b + 10c + 10d$ |

Die Reihe $A$, deren erste Differenzen die Reihe $B$, deren zweite die Reihe $C$, deren dritte die Reihe $D$ bilden, nenne ich der figurirten Zahlenreihe ähnlich. Nun ist offenbar die Reihe $A$ zusammengesetzt aus den Reihen der Einheiten, der natürlichen Zahlen, der Dreieckszahlen, der Viereckszahlen multiplicirt bez. mit den ersten Gliedern der Differenzreihen $a$, $b$, $c$, $d$. Von diesen figurirten Zahlenreihen sind aber die allgemeinen Glieder und Summen bekannt nach dem Obigen [**99**], und folglich kann auch das allgemeine Glied und die Summe der Reihe $A$ leicht hingeschrieben werden. Ist die Anzahl der Glieder $n$, so ist das $n^{\text{te}}$ Glied der Reihe $A$ gleich

$$a + \binom{n-1}{1} b + \binom{n-1}{2} c + \binom{n-1}{3} d$$ und die Summe der ersten $n$ Glieder gleich $\binom{n}{1} a + \binom{n}{2} b + \binom{n}{3} c + \binom{n}{4} d$.

## Kapitel IV.

### Anzahl der Combinationen (ohne Wiederholung) zu einer bestimmten Classe; Anzahl derselben, welche gewisse Dinge einzeln oder mit einander verbunden enthalten.

Aus dem vorigen Kapitel ergiebt sich, dass die Anzahl der Combinationen zu irgend einer Classe gleich der entsprechenden figurirten Zahlenreihe ist, von welcher so viele Glieder zu nehmen sind, als Dinge mit einander combinirt werden sollen. Da nun dort gezeigt worden ist, dass die Summe der ersten $n$ Glieder der $c^{ten}$ Columne gleich $\dfrac{n(n-1)(n-2)\cdots(n-c+1)}{1\cdot 2\cdot 3\cdots\cdots c}$ ist, so folgt, dass diese Zahl auch die Anzahl der Combinationen von $n$ Dingen zu der Classe $c$ angiebt.

Im Zähler und Nenner dieser Grösse bilden, wie man sieht, die Factoren arithmetische Reihen, und daher erhält man die folgende

[100] **Regel**

für die Bestimmung der Anzahl aller Combinationen ohne Wiederholung zu einer bestimmten Classe:

**Man bilde sich zwei arithmetische Reihen, deren eine von der Anzahl der zu combinirenden Dinge an fällt, deren andere von 1 an steigt und welche beide die Differenz 1 und so viele Glieder haben, als die gegebene Classenzahl Einheiten hat. Der Quotient gebildet aus dem Producte der Glieder der ersten Reihe dividirt durch das Product der Glieder der zweiten Reihe liefert die gesuchte Anzahl von Combinationen.**

Z. B. lassen sich 10 Dinge zu je vieren

$$\frac{10\cdot 9\cdot 8\cdot 7}{1\cdot 2\cdot 3\cdot 4} = \frac{5040}{24} = 210$$

mal combiniren[23]).

[101] Aus der obigen Regel lassen sich folgende Zusätze ableiten:

**Zusatz 1.** Wenn bei einer gegebenen Anzahl von Dingen

die Combinationsclasse allmählich bis zur halben Anzahl der Dinge anwächst, so nimmt auch die Anzahl der Combinationen zu; wächst aber die Classenzahl dann noch weiter, so nimmt sie wieder ab. So giebt es bei 8 Dingen mehr Binionen als Unionen, mehr Ternionen als Binionen und mehr Quaternionen als Ternionen, aber mehr Quaternionen als Quinionen, mehr Quinionen als Senionen u. s. w. [Vergl. Eigenschaft (6) der Tafel der figurirten Zahlen]. Denn die Anzahl der Unionen bei acht Dingen ist $\frac{8}{1}$, und diese liefert durch fortgesetzte Multiplication mit $\frac{7}{2}$, $\frac{6}{3}$, $\frac{5}{4}$, $\frac{4}{5}$, $\frac{3}{6}$, ... allmählich [**102**] die Anzahl der Binionen, Ternionen, u. s. w., nämlich $\frac{8\cdot 7}{1\cdot 2}$, $\frac{8\cdot 7\cdot 6}{1\cdot 2\cdot 3}$, ....
Da nun die ersten Brüche $\frac{7}{2}$, $\frac{6}{3}$, $\frac{5}{4}$ grösser als 1, die übrigen $\frac{4}{5}$, $\frac{3}{6}$, ... aber kleiner als 1 sind, so folgt, dass die Combinationszahlen bis zu einem gewissen Werthe der Classenzahl allmählich wachsen und dann wieder abnehmen. Dass sie aber wachsen, bis die Classenzahl gleich der halben Anzahl der Dinge ist, geht daraus hervor, dass in der Reihe der Brüche $\frac{8}{1}$, $\frac{7}{2}$, $\frac{6}{3}$, $\frac{5}{4}$, ... (deren erster die Anzahl der Dinge als Zähler und 1 als Nenner hat) Zähler und Nenner um 2 Einheiten einander von Bruch zu Bruch näher kommen und also nach so vielen Brüchen einander gleich werden, als die Hälfte von der Anzahl der gegebenen Dinge beträgt. Geht man noch weiter, so werden die Nenner grösser als die Zähler, und das Intervall zwischen beiden nimmt beständig zu.

Zusatz 2. Zu zwei Classen, deren Summe gleich der Anzahl der gegebenen Dinge ist — und welche wir **parallele Classen** nennen — giebt es gleich viele Combinationen. Da $8 = 7 + 1 = 6 + 2 = 5 + 3$ ist, so giebt es ebenso viele Unionen wie Septenionen, ebensoviele Binionen wie Senionen, ebensoviele Ternionen wie Quinionen. [Vergl. die Eigenschaften (6) und (7) der Tafel der fig. Z.] So oft nämlich z. B. von acht Dingen je zwei genommen werden können, ebenso oft bleiben immer je sechs übrig; es können also umgekehrt ebenso oft je sechs Dinge genommen werden, indem man die vorher übriggebliebenen jetzt nimmt und die vorher genommenen jetzt übrig lässt. Nach der Regel ist die Anzahl der Binionen bei 8 Dingen gleich $\frac{8\cdot 7}{1\cdot 2}$ und der Senionen gleich $\frac{8\cdot 7\cdot 6\cdot 5\cdot 4\cdot 3}{1\cdot 2\cdot 3\cdot 4\cdot 5\cdot 6}$; es unterscheiden sich beide Zahlen aber nicht von einander, da der Bruch $\frac{6\cdot 5\cdot 4\cdot 3}{3\cdot 4\cdot 5\cdot 6} = 1$ ist.

Wahrscheinlichkeitsrechnung (Ars conjectandi). 103

[**103**] Zusatz 3. Die Anzahl der Combinationen ist bei einer geraden Anzahl von Dingen am grössten zu der Classe, welche gleich der Hälfte dieser letzteren Zahl ist, und bei einer ungeraden Anzahl von Dingen am grössten zu den beiden benachbarten Classen, deren Summe gleich der Anzahl der Dinge ist; es folgt dies aus den beiden ersten Zusätzen. [Dies wird von *Bernoulli* ausführlich für 8 und 9 Dinge gezeigt].

Zusatz 4. Die Anzahl der Combinationen von beliebig vielen Dingen zu irgend einer Classe oder zu deren paralleler Classe ist gleich der Anzahl der Permutationen von ebenso vielen Dingen, welche zu nur zwei Arten in der Weise gehören, dass die Dinge beider Arten an Zahl mit den parallelen Classenzahlen übereinstimmen. Es giebt also bei 7 Dingen ebenso viele Ternionen und Quaternionen, als es Permutationen von 7 Dingen giebt, von denen 3 und 4 unter einander gleich sind; denn die Zahl der Ternionen ist $\frac{7\cdot 6\cdot 5}{1\cdot 2\cdot 3} = \frac{7\cdot 6\cdot 5\cdot 4\cdot 3\cdot 2\cdot 1}{1\cdot 2\cdot 3\cdot 1\cdot 2\cdot 3\cdot 4}$ gleich der Anzahl der genannten Permutationen.

Zusatz 5. Für eine beliebige Anzahl von Dingen ist die Anzahl der Combinationen zu einer gegebenen Classe gleich der Summe der Combinationen [**104**] einer um 1 kleineren Anzahl von Dingen zu derselben und der um 1 niedrigeren Classe. Z. B. giebt es bei 10 Dingen ebenso viele Quaternionen als Quaternionen und Ternionen von 9 Dingen gebildet werden können: $\frac{10\cdot 9\cdot 8\cdot 7}{1\cdot 2\cdot 3\cdot 4} = \frac{(6+4)\cdot 9\cdot 8\cdot 7}{1\cdot 2\cdot 3\cdot 4} = \binom{9}{4} + \binom{9}{3}$.

Dies lässt sich auch so begründen: $A$ sei eines der gegebenen 10 Dinge; dann giebt es offenbar soviele Quaternionen, in denen $A$ nicht vorkommt, als es Quaternionen von den übrigen 9 Dingen giebt, und soviele Quaternionen, welche $A$ enthalten, als es Ternionen von den übrigen 9 Dingen giebt (denn diesen letzteren braucht man nur $A$ hinzuzufügen, um die ersteren zu erhalten); beide Sorten von Quaternionen erschöpfen aber sämmtliche Quaternionen, welche man aus 10 Dingen bilden kann. [Vergl. die Eigenschaften (4) und (5) der Tafel der fig. Z.]

Zusatz 6. Die Anzahl der Combinationen zu allen geraden Classen (einschliesslich der $0^{ten}$) ist gleich der Anzahl der Combinationen zu allen ungeraden Classen, und folglich ist jede dieser beiden Zahlen gleich der Hälfte der Anzahl aller Combinationen (ebenfalls einschliesslich der

Nullion). Da nach der Regel im Kapitel II die letztere gleich
$2^n$ ist, so folgt für jede der ersteren Zahlen $2^{n-1}$. Dies ist
schon am Schlusse des genannten Kapitels gezeigt, es lässt
sich aber auch mit Hülfe des vorigen Zusatzes in folgender
Weise ableiten. Z. B. giebt es bei 9 Dingen nur eine Combination zur $9^{\text{ten}}$ Classe, gleichwie es bei 10 Dingen nur
eine zur $10^{\text{ten}}$ Classe giebt; in beiden Fällen giebt es nur
eine Nullion. Ferner sind die Summen gebildet aus je zwei
Combinationszahlen, welche den Classen 1 und 2, 3 und 4,
5 und 6, 7 und 8 bei 9 Dingen entsprechen, bez. gleich den
den Combinationszahlen für die Classen 2, 4, 6, 8 bei
10 Dingen [nach Zusatz (5)]. Die Anzahl aller Combinationen
von 9 Dingen ist also gleich der Anzahl der Combinationen
zu geraden Classen von 10 Dingen. [105] Auf ähnliche Weise
ergiebt sich, dass die Anzahl aller Combinationen von 9 Dingen
auch gleich der Anzahl der Combinationen zu ungeraden Classen
von 10 Dingen ist, wie das folgende Schema veranschaulicht:

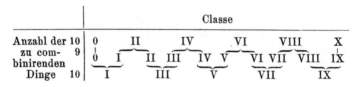

Es bleiben uns hier noch einige nützliche Fragen zu lösen
übrig, welche in Bezug auf die Combinationen gestellt werden
können. Z. B.: In wievielen Combinationen finden sich ein
oder mehrere Dinge entweder in Verbindung mit einander oder
einzeln vor. Da sich unendlich viele derartige Fragen aufwerfen lassen, so unternehmen wir es, alle auf ein einziges
Problem zurückzuführen, welches wir allgemein so aussprechen:
»Für eine gegebene Anzahl von zu combinirenden Dingen und
zu einer gegebenen Combinationsclasse soll gefunden werden,
in wievielen Combinationen aus einer beliebigen Anzahl von
bezeichneten Dingen einige, welche auch ihrerseits vorgeschrieben und bestimmt sind, vorkommen und die übrigen
bezeichneten Dinge nicht vorkommen«. Also von $n$ gegebenen
Dingen, welche zur $c^{\text{ten}}$ Classe combinirt werden sollen,
werden einige mit $A, B, C, \ldots, D, E, \ldots$, deren Anzahl
gleich $m$ ist, bezeichnet, wo $m$ grösser oder kleiner als $c$
sein kann; es wird gefragt, in wievielen Combinationen einige
der bezeichneten Dinge $A, B, C, \ldots$, deren Anzahl gleich

Wahrscheinlichkeitsrechnung (Ars conjectandi). 105

$b$ ist, zusammen vorkommen und die übrigen $D$, $E$, ... nicht. Die Lösung des so allgemein gefassten Problems ist, wie ich behaupte, nicht weniger leicht zu geben als die irgend eines speciellen Falles, und die Anzahl der Combinationen von $n-m$ Dingen zu der Classe $c-b$, also $\binom{n-m}{c-b}$ liefert die gesuchte Zahl. Denn da die Anzahl aller Dinge gleich $n$ und der bezeichneten von ihnen gleich $m$ ist, so ist die Anzahl der übrigen, nicht bezeichneten gleich $n-m$; combinirt man diese $n-m$ Dinge [106] zu der Classe $c-b$, so enthalten die Combinationen keines der bezeichneten Dinge. Fügt man nun jeder dieser Combinationen die $b$ Dinge $A$, $B$, $C$, ... an, so wird die Classe aller dieser Combinationen gleich $c$, und jede einzelne derselben enthält von den bezeichneten Dingen nur $A$, $B$, $C$, ..., mit Ausschluss der übrigen $D$, $E$, ..., wie die Aufgabe verlangte — Wenn aber nur verlangt ist, dass von den $m$ bezeichneten Dingen $b$ Dinge in den Combinationen vorkommen, ohne dass diese $b$ Dinge bestimmt sind, so vervielfacht sich offenbar die obige Zahl so oft, als aus den bezeichneten $m$ Dingen Combinationen zur $b^{\text{ten}}$ Classe gebildet werden können, d. h. $\binom{m}{b}$ mal. Die gesuchte Anzahl von Combinationen ist dann $\binom{m}{b}\binom{n-m}{c-b}$.

Ist $n-m < c-b$, so giebt es keine Combination, welche die vorgeschriebene Bedingung erfüllt. Wir fügen hier noch folgende besondere Fälle an:

1. In wievielen Combinationen kommt ein bestimmtes Ding vor? Da hier ein einziges Ding bezeichnet ist, so ist $m=b=1$; die gesuchte Anzahl von Combinationen ist also $\binom{n-m}{c-b} = \binom{n-1}{c-1}$, welche sich zur Zahl aller Combinationen von $n$ Dingen zur $c^{\text{ten}}$ Classe verhält wie $c$ zu $n$, d. h. wie die Classenzahl zu der Anzahl der Dinge.

2. Es werden zwei Dinge $A$ und $B$ bezeichnet, und man soll die Anzahl der Combinationen bestimmen, in welchen sich $A$, aber nicht $B$ findet. Weil hier $m=2$, $b=1$ ist, so hat die gesuchte Anzahl den Werth $\binom{n-2}{c-1}$; das Doppelte dieser

Zahl aber giebt an, in wievielen Combinationen entweder $A$ oder $B$ (nicht beide gleichzeitig) vorkommen.

3. Fragt man weiter, [**107**] in wievielen Combinationen $A$ und $B$ zusammen vorkommen, so ist, weil $m = b = 2$ ist, die gesuchte Zahl gleich $\binom{n-2}{c-2}$.

4. Wird aber gefragt, in wievielen Combinationen keines der beiden bezeichneten Dinge sich findet, so ergiebt sich, da $m = 2$, $b = 0$ ist, für die gesuchte Zahl $\binom{n-2}{c}$.

5. Wenn drei Dinge $A$, $B$, $C$ bezeichnet sind und gefragt wird, in wievielen Combinationen $A$ und $B$ ohne $C$ vorkommen, so ist $m = 3$, $b = 2$ und die gesuchte Anzahl gleich $\binom{n-3}{c-2}$. Da von den drei Dingen dreimal je zwei genommen werden können, so giebt $3\binom{n-3}{c-2}$ die Anzahl der Combinationen an, in welchen zwei beliebige von den drei bezeichneten Dingen (ohne das dritte) vorkommen. Und so fort in anderen Fällen.

Anhang. Nachdem wir nun das Wesen der figurirten Zahlen und ihren Nutzen für die Combinationslehre auseinandergesetzt haben, unterbrechen wir hier unsere Betrachtungen, — eingedenk des Versprechens, welches wir am Ende der Aufgabe VII im ersten Theile gegeben haben —, bis wir hier noch gezeigt haben, auf welche Weise die Hoffnungen zweier Spieler, welchen noch eine unbestimmte Zahl von Spielen fehlt, allgemein gefunden werden können. Diese Frage, mit welcher sich auch *Pascal* einst beschäftigt hat, lässt sich auf zwei Arten beantworten. Die eine verstecktere Art ist aus der Construction der am genannten Orte gegebenen Tafel und aus der Betrachtung der Reihe, welche die Zahlen der Tafel bilden, gefunden worden. *Pascal* schreibt in einem Briefe an *Fermat*, wie man in *Fermat*'s zu Toulouse 1679 gedruckten Werken (Varia opera mathematica) Seite 180 lesen kann, dass er die Antwort auf die Frage nie habe finden können. Die andere Art ist näherliegend und leichter zu finden, da sie sich aus der Combinationslehre unmittelbar ergiebt, und es scheint, dass *Huygens* diese bei seiner Lösung der Aufgabe benutzt hat.

Erste Art der Lösung. Dem Spieler $A$ fehlen noch $n$ Spiele und seinem Gegner $B$ noch $m$ Spiele, um zu

Wahrscheinlichkeitsrechnung (Ars conjectandi).

gewinnen; wie gross ist die Hoffnung jedes Spielers? Es wird also nach der Zahl gefragt, welche in dem $n^{\text{ten}}$ Felde der $m^{\text{ten}}$ Columne jener oben genannten Tafel steht. Ueber jede Columne schreiben wir noch so viele Glieder der geometrischen Reihe mit dem Anfangsgliede 1 und dem Quotienten 2, als die Ordnungszahl der Columne Einheiten hat, also ein Glied über die erste, zwei Glieder über die zweite Columne, und so fort, in folgender Weise:

[108]

| $m =$ | 1 | 2 | 3 | 4 | 5 | |
|---|---|---|---|---|---|---|
|  |  |  |  |  | 1 |  |
|  |  |  |  | 1 | 2 |  |
|  |  |  | 1 | 2 | 4 | $m$ |
|  |  | 1 | 2 | 4 | 8 |  |
|  | 1 | 2 | 4 | 8 | 16 |  |
| $n = 1$ | 1 : 2 | 3 : 4 | 7 : 8 | 15 : 16 | 31 : 32 |  |
| 2 | 1 : 4 | 4 : 8 | 11 : 16 | 26 : 32 | 57 : 64 |  |
| 3 | 1 : 8 | 5 : 16 | 16 : 32 | 42 : 64 | 99 : 128 | $n$ |
| 4 | 1 : 16 | 6 : 32 | 22 : 64 | 64 : 128 | 163 : 256 |  |

Die an die Spitze jeder Columne geschriebenen Glieder der geometrischen Reihe mit dem Exponenten 2 finden ihre unmittelbare Fortsetzung in den Nennern der in dieser Columne stehenden Brüche, sodass der Nenner in dem $n^{\text{ten}}$ Felde der $m^{\text{ten}}$ Columne gleich dem $(m+n)^{\text{ten}}$ Gliede der genannten geometrischen Reihe, also gleich $2^{m+n-1}$ ist. Jeder Zähler aber ist, wie früher (S. 18) angegeben worden ist, gleich der Summe zweier anderen Zähler, deren einer unmittelbar über ihm, deren anderer links neben ihm steht. Daraus folgt, dass der Zähler in dem $n^{\text{ten}}$ Felde einer beliebigen Columne gleich ist der Summe aller $n$ Zähler der vorhergehenden Columne, der an der Spitze der letzteren stehenden Potenzen von 2 und der Einheit. Weiter folgt aber hieraus, dass die Reihe der Zähler in der zweiten Columne (einschliesslich der Potenzen von 2 an ihrer Spitze) in zwei andere Reihen zerlegt werden kann, die der dritten Columne in drei, und allgemein die der $m^{\text{ten}}$ Columne in $m$ andere Reihen, deren erste stets die Reihe der Einheiten, deren zweite die Reihe der natürlichen Zahlen (mit einer Null), deren dritte die Reihe der Dreieckszahlen (mit zwei Nullen), u. s. w. ist:

| $m=$ | 1 | 2 | 3 | 4 | 5 | |
|------|---|---|---|---|---|---|
|      |   |           |                  |                          | $1+0+\ 0+\ 0+\ 0$ | |
|      |   |           |                  | $1+0+\ 0+\ 0$            | $1+1+\ 0+\ 0+\ 0$ | |
|      |   |           | $1+0+\ 0$        | $1+1+\ 0+\ 0$            | $1+2+\ 1+\ 0+\ 0$ | $\}m$ |
|      |   | $1+0$     | $1+1+\ 0$        | $1+2+\ 1+\ 0$            | $1+3+\ 3+\ 1+\ 0$ | |
|      | 1 | $1+1$     | $1+2+\ 1$        | $1+3+\ 3+\ 1$            | $1+4+\ 6+\ 4+\ 1$ | |
| $n=1$ | 1 | $1+2$ | $1+3+\ 3$ | $1+4+\ 6+\ 4$ | $1+5+10+10+\ 5$ | |
| 2 | 1 | $1+3$ | $1+4+\ 6$ | $1+5+10+10$ | $1+6+15+20+15$ | |
| 3 | 1 | $1+4$ | $1+5+10$ | $1+6+15+20$ | $1+7+21+35+35$ | $\}n$ |
| 4 | 1 | $1+5$ | $1+6+15$ | $1+7+21+35$ | $1+8+28+56+70$ | |

Da nun nach der im Kapitel III gezogenen Folgerung das $(m+n)^{\text{te}}$ Glied in der Reihe der Einheiten 1, der natürlichen Zahlen $\binom{m+n-1}{1}$, der Dreieckszahlen $\binom{m+n-1}{2}$, ..., der $m$-Eckszahlen $\binom{m+n-1}{m-1}$ ist, so folgt, dass der Zähler des in dem $n^{\text{ten}}$ Felde der $m^{\text{ten}}$ Columne stehenden Bruches den Werth hat:

$$1+\binom{m+n-1}{1}+\binom{m+n-1}{2}+\cdots+\binom{m+n-1}{m-1}.$$

Die einzelnen Glieder dieser Summe geben aber die Anzahl aller Nullionen, Unionen, Binionen, Ternionen, u. s. w. an, welche aus $m+n-1$ Dingen gebildet werden können, und daher ist der genannte Zähler gleich der Summe der Combinationszahlen von $m+n-1$ Dingen zu allen Classen von Null bis $m-1$ einschl. Dividiren wir diese Summe noch durch $2^{m+n-1}$, so haben wir die gesuchte Hoffnung des Spielers $A$ oder, was dasselbe ist, den ihm gebührenden Theil des Einsatzes 1 gefunden, wenn ihm noch $n$ und seinem Gegner $B$ noch $m$ Spiele fehlen.

Bemerkung. Ist $m=n+1$, fehlt also dem $B$ nur ein Spiel mehr als dem $A$, so ist der $A$ gebührende Theil des Einsatzes 1 gleich [**110**] der Summe der Combinationszahlen von $2n$ Dingen zu allen Exponenten von Null bis $n$ (einschl.), dividirt durch $2^{2n}$ (der Anzahl aller Combinationen von $2n$ Dingen). Da nun die Summe der Combinationszahlen von $2n$ Dingen zu allen Classen von Null bis $n-1$

Wahrscheinlichkeitsrechnung (Ars conjectandi).

(einschl.), vermehrt um die halbe Anzahl der Combinationen zur $n^{\text{ten}}$ Classe gleich der halben Anzahl aller Combinationen ist (vergl. Zusatz 2 und 3 dieses Cap.), so folgt, dass der $A$ gebührende Theil des Einsatzes 1 gleich $\frac{1}{2} + \frac{1}{2^{2n+1}}\binom{2n}{n}$ ist. $A$ hat den Beitrag $\frac{1}{2}$ zu dem Einsatze geleistet, folglich ist sein wirklicher Gewinn gleich $\frac{1}{2^{2n+1}}\binom{2n}{n}$ oder gleich dem $\left[\frac{1}{2^{2n}}\binom{2n}{n}\right]^{\text{ten}}$ Theile des Einsatzes $\frac{1}{2}$ von $B$. Ist z. B. $m = 8$, $n = 9$, so gehört dem $A$ von dem Einsatze des $B$ der $\left[\frac{1}{2^{16}}\binom{16}{8}\right]^{\text{te}}$ Theil, welcher Bruchtheil auch so geschrieben werden kann: $\frac{1\cdot 3\cdot 5\cdot 7\cdot 9\cdot 11\cdot 13\cdot 15}{2\cdot 4\cdot 6\cdot 8\cdot 10\cdot 12\cdot 14\cdot 16}$. Der Bruch entsteht also durch Division des Productes der ersten acht ungeraden Zahlen durch das Product der ersten acht geraden Zahlen. In dieser Form gab *Pascal* die Lösung dieses speciellen Falles, auf welche er sehr stolz war[24]).

Zweite Art der Lösung. Die andere Lösungsart der gestellten Frage ergiebt sich unmittelbar aus der Betrachtung der Combinationen. Wir bedenken, dass im ungünstigsten Falle $m + n - 1$ Spiele noch erforderlich sind, damit einer von beiden Spielern (und nur einer) die ihm noch fehlenden Spiele und damit den Einsatz gewinnt; denn wenn $m + n - 2$ Spiele bereits gemacht sind, von denen der eine Spieler $m - 1$, der andere $n - 1$ gewonnen hat, so fehlt jedem nur noch ein Spiel, und das nächste muss einem von beiden Spielern den Sieg bringen. Es kann natürlich schon bei einer geringeren Anzahl von Spielen einer der beiden Spieler gewinnen; die Spiele, welche in diesem Falle [111] an der Zahl $m + n - 1$ noch fehlen, reichen aber, auch wenn sie gemacht werden, nicht zum Siege des Gegners hin und können daher keineswegs von vornherein das Spiel zu seinen Gunsten entscheiden. Wir können daher annehmen, dass noch $m + n - 1$ Spiele gemacht werden, und bedenken, dass $A$ den Einsatz erhält, sobald $B$ entweder kein Spiel oder ein Spiel oder 2, 3, ..., $m - 1$ Spiele von diesen gewinnt und nicht mehr. Dies kann aber so oft eintreten, als es Combinationen von $m + n - 1$ Dingen zu den Classen 0, 1, 2, ..., $m - 1$ zusammen giebt. Ebensoviele Fälle hat $A$ für Gewinn, die übrigen für

Verlust. Ueberhaupt möglich sind aber $2^{m+n-1}$ Fälle (nämlich soviele, als es Combinationen von $m+n-1$ Dingen zu allen Classen zusammen giebt), und folglich hat nach Satz III Zusatz 1 des ersten Theiles $A$ die Hoffnung:

$$\frac{1 + \binom{m+n-1}{1} + \binom{m+n-1}{2} + \cdots + \binom{m+n-1}{m-1}}{2^{m+n-1}},$$

wie oben gefunden worden ist.

Bemerkung. Wenn die Zahlen $m$ und $n$ wenig von einander verschieden sind, so ist es vortheilhafter (nach Theil I, Satz III, Zusatz 5), die Hoffnung des $A$ in Bezug auf den Einsatz des andern Spielers, als in Bezug auf den ganzen Einsatz zu berechnen. Ist z. B. $m = n + 1$, also $m + n - 1 = 2n$, so hat $A$ so viele Fälle für Gewinn, als Combinationen zu den Classen 0 bis $n$ (einschl.) vorhanden sind, und so viele Fälle für Verlust, als es Combinationen zu höheren Classen giebt; die Anzahl der ersteren Fälle ist um $\binom{2n}{n}$ grösser als die der letzteren [vergl. Zusatz 2 dieses Kap.], und folglich ist die Hoffnung des $A$ in Bezug auf den Einsatz seines Gegners $B$ gleich $\frac{1}{2^{2n}}\binom{2n}{n}$, wie schon vorhin gefunden worden ist. Wenn $B$ noch $n$ Spiele fehlen, so verhält sich der wirkliche Gewinn des $A$ im Falle $m = n + 1$ zu seinem Gewinn [112] im Falle $m = n + 2$ wie $n + 1$ zu $2n + 1$, und sein Gewinn im Falle $m = n + 2$ zu dem im Falle $m = n + 3$ wie $2n + 4$ zu $3n + 4$.

Denen zu Liebe, welche Freude an Zahlenspeculationen haben, füge ich hier noch zwei Eigenschaften der bei der Aufgabe VII im ersten Theile gegebenen Tafel hinzu[25]). Die erste besteht darin, dass die Zähler der dritten Columne die Dreieckszahlen 3, 6, 10, 15, 21, ... vermehrt um die Zähler der zweiten Columne 4, 5, 6, 7, 8, ... sind; dass die Zähler der vierten Columne die Viereckszahlen, 4, 10, 20, 35, 56, ... vermehrt um die Zähler der dritten Columne 11, 16, 22, 29, 37, ... sind; dass die Zähler der fünften Columne die Fünfeckszahlen 5, 15, 35, 70, 126, ... vermehrt um die Zähler der vierten Columne 26, 42, 64, 93, 130, ... sind; und so fort, wobei man stets mit den zweiten Gliedern beginnen muss. Die andere Eigenschaft besteht darin, dass die Zähler der dritten Columne die

Wahrscheinlichkeitsrechnung (Ars conjectandi). 111

Dreieckszahlen 6, 10, 15, 21, ... vermehrt um die Zähler der ersten Columne 1, 1, 1, 1, ... sind; dass die Zähler der vierten Columne die Viereckszahlen 10, 20, 35, 56, ... vermehrt um die Zähler der zweiten Columne 5, 6, 7, 8, ... sind; dass die Zähler der fünften Columne die Fünfeckszahlen 15, 35, 70, 126, ... vermehrt um die Zähler der dritten Columne 16, 22, 29, 37, ... sind; und so fort, wobei man stets mit den dritten Gliedern beginnen muss.

# Kapitel V.
## Anzahl der Combinationen mit Wiederholung.

Bei den Combinationen der vorhergehenden Kapitel setzten wir voraus, dass kein Ding mit sich selbst verbunden werden durfte, also nicht mehr als einmal in derselben Combination vorkommen konnte. Jetzt fügen wir aber die Bedingung hinzu, dass
> jedes Ding auch mit sich selbst verbunden werden soll, also in derselben Combination mehrmals wiederkehren kann.

Es sollen in dieser Weise die Buchstaben $a, b, c, d, \ldots$ mit einander combinirt werden. [113] Es mögen ebenso viele Zeilen, als Buchstaben gegeben sind, gebildet und die Zeilen mit den einzelnen Buchstaben oder Unionen begonnen werden, wie es in dem Kapitel II geschah.

Um die Binionen jeder Zeile zu finden, muss der sie beginnende Buchstabe nicht nur, wie früher, mit allen vorhergehenden Buchstaben, sondern auch mit sich selbst combinirt werden; man erhält also schon in der ersten Zeile eine Binion $aa$, in der zweiten zwei Binionen $ab$, $bb$, in der dritten drei $ac$, $bc$, $cc$, in der vierten vier $ad$, $bd$, $cd$, $dd$, u. s. w.

Ebenso muss man bei der Bildung der Ternionen jeden einzelnen Buchstaben nicht nur mit den Binionen aller vorhergehenden Zeilen, sondern auch mit denen der eigenen Zeile verbinden; auf diese Weise entstehen in der ersten Zeile die Ternion $aaa$, in der zweiten die drei Ternionen $aab$, $abb$, $bbb$, in der dritten die sechs Ternionen $aac$, $abc$, $bbc$, $acc$, $bcc$, $ccc$, u. s. w.

Auf gleiche Weise muss man bei der Bildung der Combinationen zu höheren Classen verfahren. Man ist dann

sicher, keine Combination ausgelassen zu haben, und erhält
so das Schema:

a, aa, aaa;
b, ab, bb, aab, abb, bbb;
c, ac, bc, cc, aac, abc, bbc, acc, bcc, ccc;
d, ad, bd, cd, dd, aad, abd, bbd, acd, bcd, ccd, add, bdd, cdd, ddd;
. . . . . . . . . . . . . . . . . . .

Hieraus aber kann man nun leicht schliessen, dass die
Zahlen der Unionen jeder Zeile die Reihe der Einheiten,
die Zahlen der Binionen die Reihe der natürlichen Zahlen,
die Zahlen der Ternionen die Reihe der Dreieckszahlen und
die Zahlen der Combinationen zu höheren Classen Reihen
von figurirten Zahlen höherer Art bilden, wie bei den Combinationen ohne Wiederholung in den vorhergehenden Kapiteln;
es ist nur der Unterschied, dass hier die Reihen der figurirten
Zahlen sofort mit dem Gliede 1, dort mit Nullen beginnen.
Bringt man diese Zahlen in eine Tafel, so erhält man die
folgende Anordnung:

[114] *Combinationstafel.*

| | Classe der Combinationen |||||||||||
|---|---|---|---|---|---|---|---|---|---|---|---|
| | I. | II. | III. | IV. | V. | VI. | VII. | VIII. | IX. | X. | XI. | XII. |
| 1 | 1 | 1 | 1 | 1 | 1 | 1 | 1 | 1 | 1 | 1 | 1 | 2 |
| 2 | 1 | 2 | 3 | 4 | 5 | 6 | 7 | 8 | 9 | 10 | 11 | 12 |
| 3 | 1 | 3 | 6 | 10 | 15 | 21 | 28 | 36 | 45 | 55 | 66 | 78 |
| 4 | 1 | 4 | 10 | 20 | 35 | 56 | 84 | 120 | 165 | 220 | 286 | 364 |
| 5 | 1 | 5 | 15 | 35 | 70 | 126 | 210 | 330 | 495 | 715 | 1001 | 1365 |
| 6 | 1 | 6 | 21 | 56 | 126 | 252 | 462 | 792 | 1287 | 2002 | 3003 | 4368 |
| 7 | 1 | 7 | 28 | 84 | 210 | 462 | 924 | 1716 | 3003 | 5005 | 8008 | 12376 |
| 8 | 1 | 8 | 36 | 120 | 330 | 792 | 1716 | 3432 | 6435 | 11440 | 19448 | 31824 |
| 9 | 1 | 9 | 45 | 165 | 495 | 1287 | 3003 | 6435 | 12870 | 24310 | 43758 | 75582 |
| 10 | 1 | 10 | 55 | 220 | 715 | 2002 | 5005 | 11440 | 24310 | 48620 | 92378 | 167960 |
| 11 | 1 | 11 | 66 | 286 | 1001 | 3003 | 8008 | 19448 | 43758 | 92378 | 184756 | 352716 |
| 12 | 1 | 12 | 78 | 364 | 1365 | 4368 | 12376 | 31824 | 75582 | 167960 | 352716 | 705432 |

(Anzahl der zu combinirenden Dinge.)

Bei dieser Anordnung der Tafel sind hauptsächlich zwei
Eigenschaften zu bemerken: 1. Die Zeilen stimmen mit den
entsprechenden Columnen überein, also die 1$^{te}$ Zeile mit der
1$^{ten}$ Columne, die 2$^{te}$ mit der 2$^{ten}$, u. s. w. 2. Nimmt man

Wahrscheinlichkeitsrechnung (Ars conjectandi).   113

zwei benachbarte Reihen — Zeilen oder Columnen — [115] mit einer gleichen Anzahl von Gliedern, so ist die Summe der Glieder der früheren Reihe gleich dem letzten Gliede der folgenden Reihe.

Hieraus kann man leicht die Summe der Glieder einer beliebigen Reihe und mithin auch die Anzahl der Combinationen mit Wiederholung zu einer beliebigen Classe finden. Ist die Anzahl der zu combinirenden Dinge gleich $n$, so ist die Anzahl aller Unionen gleich der Summe der ersten $n$ Glieder in der ersten Reihe, also gleich dem $n^{\text{ten}}$ Gliede der zweiten Reihe, d. h. gleich $n$.

Der zweiten Reihe denke man sich eine Null vorgeschrieben, damit die Zahl ihrer Glieder gleich $n+1$ werde. Multiplicirt man die Hälfte dieser Zahl mit dem letzten Gliede $n$, so ist das Product $\dfrac{n(n+1)}{1 \cdot 2}$ gleich der Summe der Binionen oder der Glieder der zweiten Reihe [nach der Eigenschaft (12) des Kap. III] und auch gleich dem $n^{\text{ten}}$ Gliede der dritten Reihe [nach Eigenschaft (2) dieses Kap.].

Denkt man sich der dritten Reihe zwei Nullen vorgeschrieben, so ist die Anzahl ihrer Glieder gleich $n+2$. Multiplicirt man den dritten Theil dieser Zahl mit dem eben gefundenen letzten Gliede $\dfrac{n(n+1)}{1 \cdot 2}$ der zweiten Reihe, so giebt das Product $\dfrac{n(n+1)(n+2)}{1 \cdot 2 \cdot 3}$ die Anzahl aller Ternionen oder die Summe der Glieder der dritten Reihe und zugleich auch das letzte Glied der vierten Reihe.

Auf gleiche Weise findet man die Summe der ersten $n$ Glieder der vierten Reihe oder die Anzahl der Quaternionen gleich $\dfrac{n(n+1)(n+2)(n+3)}{1 \cdot 2 \cdot 3 \cdot 4}$, die Anzahl der Quinionen gleich $\dfrac{n(n+1)(n+2)(n+3)(n+4)}{1 \cdot 2 \cdot 3 \cdot 4 \cdot 5}$ und allgemein die Summe der ersten $n$ Glieder der $c^{\text{ten}}$ Reihe oder die Anzahl der Combinationen mit Wiederholung zur $c^{\text{ten}}$ Classe gleich $\dfrac{n(n+1)(n+2)\cdots(n+c-1)}{1 \cdot 2 \cdot 3 \cdots c} = \binom{n+c-1}{c}$.

Ist $c > n$, so kann man Zähler und Nenner des vorstehenden Bruches durch $n(n+1)(n+2)\cdots c$ kürzen und erhält dann

$$\frac{(c+1)(c+2)\cdots(c+n-1)}{1\cdot 2\cdots(n-1)} = \binom{c+n-1}{n-1}.$$ Da dieser
Bruch zugleich die Summe der ersten $c+1$ Glieder in der
$(n-1)^{\text{ten}}$ Reihe angiebt, so folgt, dass die Summe der ersten
$n$ Glieder in der $c^{\text{ten}}$ Reihe gleich der Summe der ersten $c+1$
Glieder in der $(n-1)^{\text{ten}}$ Reihe ist, wodurch eine weitere
schöne Eigenschaft der obigen Tafel gefunden worden ist.
Es ergiebt sich mithin folgende

[116]                        **Regel**

für die Bestimmung der Anzahl aller Combinationen mit
Wiederholung zu einer bestimmten Classe:

Man bilde zwei steigende arithmetische Reihen,
deren eine mit der Anzahl der zu combinirenden Dinge
und deren andere mit 1 beginnt, welche beide die Differenz 1 und soviele Glieder haben, als die Classenzahl Einheiten hat. Das Product aus den Gliedern
der ersten Reihe dividirt durch das Product aus
den Gliedern der letzten Reihe giebt die gesuchte Anzahl.

Z. B. die Anzahl der Quaternionen mit Wiederholung für
10 Dinge ist gleich $\dfrac{10\cdot 11\cdot 12\cdot 13}{1\cdot 2\cdot 3\cdot 4} = 715$.

Bemerkung. Ist der Exponent grösser als die Anzahl der
gegebenen Dinge, was hier sehr wohl möglich ist, so ist es
vortheilhafter die erste Reihe mit der Zahl zu beginnen, welche
um 1 grösser als der Exponent ist, und soviele Glieder in jeder
Progression zu nehmen als die um 1 verminderte Anzahl von
Dingen angiebt. Z. B. die Anzahl der Combinationen m. W.
von 4 Dingen zur $10^{\text{ten}}$ Classe ist gleich $\dfrac{11\cdot 12\cdot 13}{1\cdot 2\cdot 3} = 286$.

Aber auch die Anzahl der Combinationen m. W. zu allen
Classen, von 1 an wachsend bis zu einer beliebigen
Zahl, d. h. die Summe ebensovieler Columnen, kann man
mit gleicher Leichtigkeit finden. Da z. B. die ersten 10 Glieder der ersten 4 Columnen identisch sind mit den ersten
4 Gliedern der 10 ersten Zeilen, und da ferner die Summen
dieser Glieder bez. gleich sind dem zweiten bis elften Gliede
der vierten Columne [nach Eigenschaft (2)], so ist klar, dass

Wahrscheinlichkeitsrechnung (Ars conjectandi).

auch die ersten 10 Glieder der ersten 4 Columnen, d. h. die Anzahl aller Unionen, Binionen, Ternionen und Quaternionen, welche man aus 10 Dingen bilden kann, um 1 kleiner ist als die Summe der ersten 11 Glieder [**117**] der vierten Columne, d. h. als die Anzahl der Combinationen zur höchsten der gegebenen Classen, welche man aus einer um 1 grösseren Anzahl von Dingen bilden kann. Dies kann man auch so einsehen: Die einzelnen Quaternionen aus 11 Dingen enthalten das elfte Ding entweder keinmal oder 1-, 2-, 3-, 4-mal. Die Quaternionen, in welchen das elfte Ding nicht vorkommt, sind offenbar identisch mit den Quaternionen der übrigen 10 Dinge; die Anzahl der Quaternionen, in welchen das elfte Ding einmal vorkommt, ist gleich der Anzahl der Ternionen von den übrigen 10 Dingen, und ebenso ist die Anzahl der Quaternionen, welche das elfte Ding zweimal, bez. dreimal enthalten, gleich der Anzahl der Binionen, bez. Unionen der übrigen 10 Dinge (denn es braucht das elfte Ding nur ein-, zwei- oder dreimal hinzugefügt zu werden, um Quaternionen zu erhalten). Ferner giebt es eine Quaternion, welche das elfte Ding viermal enthält. Daraus folgt, dass die Anzahl der Quaternionen von 11 Dingen um 1 grösser ist als die Anzahl aller Combinationen von 10 Dingen zu den Classen 1, 2, 3, 4 oder gleich der Anzahl aller Combinationen zu den Classen 0, 1, 2, 3, 4.

Ist also $n$ die Anzahl der gegebenen Dinge und $c$ die höchste Classenzahl, so findet man die Anzahl der Combinationen m. W. von $n+1$ Dingen zu der $c^{\text{ten}}$ Classe nach der Regel dieses Kapitels gleich $\binom{n+c}{c}$, und es ist daher die Anzahl der Combinationen m. W. zu allen Classen von 1 bis $c$ (einschliesslich) gleich $\binom{n+c}{c} - 1$. Ist aber $c > n$, so kann man Zähler und Nenner von $\binom{n+c}{c}$ durch $(n+1)(n+2)\ldots c$ kürzen und folglich die gesuchte Zahl kürzer durch $\binom{n+c}{n} - 1$ ausdrücken. Daraus ergiebt sich die folgende

[118] **Regel**

für die Bestimmung der Anzahl von Combinationen mit Wiederholung zu mehreren von 0 an aufeinanderfolgenden Classen:

Man bilde zwei steigende arithmetische Reihen, deren eine mit der um 1 vermehrten Zahl der Dinge und deren andere mit 1 beginnt, welche beide die Differenz 1 und so viele Glieder haben, als die grösste Classenzahl Einheiten hat. (Ist aber diese grösser als die Anzahl der Dinge, so ist es vortheilhafter, die erste Reihe mit der um 1 vermehrten grössten Classenzahl zu beginnen und von jeder Reihe so viele Glieder zu nehmen, als Dinge gegeben sind.) Dividirt man dann das Product aus den Gliedern der ersten Reihe durch das Product aus den Gliedern der letzten Reihe, so giebt der Quotient die gesuchte Anzahl aller Combinationen (einschliesslich der Nullion).

Z. B. Die Anzahl aller Combinationen von 10 Dingen zu den Classen 0, 1, 2, 3, 4 ist $\dfrac{11 \cdot 12 \cdot 13 \cdot 14}{1 \cdot 2 \cdot 3 \cdot 4} = 1001$

und von 3 Dingen zu denselben Classen $\dfrac{5 \cdot 6 \cdot 7}{1 \cdot 2 \cdot 3} = 35$.

## Kapitel VI.

### Anzahl der Combinationen mit beschränkter Wiederholung.

[119] In dem vorigen Kapitel war es gestattet, dass irgend eines der gegebenen Dinge so oft mit sich selbst combinirt werden konnte, als die Combinationsclasse Einheiten hatte. Auf diese Weise konnte zu jeder beliebigen Classe eine Combination gebildet werden, welche nur ein einziges Ding öfter wiederholt enthielt. Anders liegt die Sache, wenn ein jedes der gegebenen Dinge mit sich selbst nur in beschränkter Zahl, welche vorgegeben ist, verbunden werden kann. Wenn z. B. die Buchstaben $a$, $b$, $c$, $d$ so miteinander combinirt werden sollen, dass in keiner Combination der Buchstabe $a$ öfter als 5mal, $b$ öfter als 4mal, $c$ öfter als 3mal und $d$

Wahrscheinlichkeitsrechnung (Ars conjectandi).

öfter als 2mal wiederholt werden soll, so kann offenbar keine Combination, deren Classe höher als 5 ist, aus nur einem Buchstaben bestehen.

Die vier Buchstaben nach dem gegebenen Gesetze zu combiniren, ist aber ganz dasselbe, als wie 14 Buchstaben, unter denen $5a$, $4b$, $3c$, $2d$ sind, auf alle Arten so mit einander zu combiniren, dass keiner öfter in einer Combination vorkommt, als er selbst unter allen Buchstaben sich findet. Dies kommt aber wieder darauf hinaus, sämmtliche Theiler der Grösse $a^5 b^4 c^3 d^2$ zu finden. Da nun die Theiler irgend einer Grösse nur als ebensoviele Combinationen ihrer Factoren sich darstellen, so können die Lehren dieses Kapitels vornehmlich dazu dienen, die Anzahl aller Theiler irgend einer Grösse aufzufinden.

Zunächst ist es augenscheinlich, dass es von einem Buchstaben $a$ nur so viele Combinationen oder Theiler geben kann, als $a$ selbst in der Anzahl der Dinge vorkommt, d. h. als der Exponent von $a$ in der gegebenen Grösse angiebt. Zählt man auch die Nullion oder 1 als Theiler mit, so hat man hier die 6 Combinationen oder Theiler: 1, $a$, $a^2$, $a^3$, $a^4$, $a^5$.

Nimmt man dann noch den Buchstaben $b$ hinzu, so kann dieser mit den vorstehenden sechs Combinationen zusammen vorkommen, woraus ebensoviele neue Combinationen $b$, $ab$, $a^2 b$, $a^3 b$, $a^4 b$, $a^5 b$ folgen. Fügt man nochmals $b$ hinzu, so erhält man wieder sechs neue Combinationen $b^2$, $ab^2$, $a^2 b^2$, $a^3 b^2$, $a^4 b^2$, $a^5 b^2$. Nimmt man noch ein drittes und viertes $b$ hinzu, so erhält man noch 2mal sechs oder zwölf weitere Combinationen. Der Buchstabe $b$ liefert mithin sovielmal sechs neue Combinationen, als er selbst unter der gegebenen Anzahl von Dingen vorkommt oder als sein Exponent in der gegebenen Grösse Einheiten hat. [120] Hier hat man daher $4 \cdot 6$ Combinationen, welche $b$ enthalten. Da vorher 6 Combinationen ohne $b$ gefunden waren, so hat man jetzt $5 \cdot 6 = 30$ Combinationen gefunden.

Wenn nun jede einzelne dieser 30 Combinationen mit dem dritten Buchstaben $c$ verbunden wird, so entstehen 30 neue Combinationen; fügt man diesen wieder $c$ zu, so ergeben sich nochmals 30 neue Combinationen und aus diesen wiederum 30 neue, wenn man noch ein drittes $c$ hinzunimmt. So sind $3 \cdot 30$ neue Combinationen gefunden, welche sämmtlich $c$ enthalten; mit den früheren 30 Combinationen ohne $c$ hat man daher jetzt $4 \cdot 30 = 120$ Combinationen.

Multiplicirt man schliesslich jede dieser 120 Combinationen
mit $d$, bez. $d^2$ (da $d$ mit dem Exponenten 2 in der gegebenen
Grösse vorkommt), so erhält man $2 \cdot 120$ neue Combinationen, welche sämmtlich den Buchstaben $d$ enthalten. Mit
den 120 Combinationen ohne $d$ hat man daher im ganzen
$3 \cdot 120 = 360$ Combinationen gefunden. Ebenso gross ist
auch die Anzahl aller Theiler der gegebenen Grösse $a^5 b^4 c^3 d^2$,
wenn — was immer im Auge zu behalten ist — die Buchstaben $a$, $b$, $c$, $d$ vier von 1 und von einander verschiedene
Primfactoren vorstellen. Durch das Hinzutreten eines Buchstabens wird, wie klar zu erkennen ist, die Anzahl aller vorhergehenden Combinationen oder Theiler so oft vervielfacht,
als der um 1 vermehrte Exponent des hinzutretenden Buchstaben angiebt. Durch diese Wahrnehmung gelangt man zu
der folgenden

### Regel,
um die Anzahl aller Theiler einer beliebigen Grösse oder
aller Combinationen mehrerer Dinge, von denen einige
einander gleich sind, zu bestimmen:

**Man vermehre die Exponenten, mit welchen die
eine gegebene Grösse bildenden Buchstaben in derselben vorkommen, um 1 und multiplicire die so
vergrösserten Zahlen ineinander. Das Product derselben ist gleich der Anzahl aller Theiler [121] der
gegebenen Grösse oder aller Combinationen, welche
die jene Grösse zusammensetzenden Buchstaben
bilden können. Von dieser Zahl ist 1 zu subtrahiren,
wenn man die Eins von den Theilern oder die Nullion von den Combinationen ausschliessen will.**

Z. B.: In $a^5 b^4 c^3 d^2$ haben die einzelnen Buchstaben die
Exponenten 5, 4, 3, 2; vermehrt man jede dieser Zahlen
um 1, so giebt das Product dieser so vermehrten Zahlen
$6 \cdot 5 \cdot 4 \cdot 3 = 360$ als Anzahl aller Theiler der gegebenen
Grösse (einschl. der Einheit).

Bemerkung. Ist die Anzahl der Buchstaben $a$, $b$, $c$, $d$, ...,
welche eine gegebene Grösse bilden, gleich $n$ und haben alle
Buchstaben denselben Exponenten $p$, so ist die Anzahl aller
Combinationen oder Theiler gleich $(p+1)^n$. Wenn speciell
$p = 1$ ist, d. h. wenn die sämmtlichen Buchstaben der gegebenen Grösse nur in der ersten Potenz vorkommen oder
wenn die zu combinirenden Dinge sämmtlich von einander

Wahrscheinlichkeitsrechnung (Ars conjectandi). 119

verschieden sind, wird die Anzahl der Theiler oder der Combinationen gleich $2^n$. Dieser Fall ist identisch mit dem im zweiten Kapitel behandelten, und daher muss die hier gefundene Lösung mit jener übereinstimmen, wie es der Fall ist.

Wer aber den Erörterungen dieses Kapitels mit ein wenig Aufmerksamkeit gefolgt ist, kann — wenn es verlangt wird — leicht auch bestimmen, in wievielen Combinationen oder Theilern irgend ein Buchstabe oder Ding sich findet. Wird z. B. gefragt, in wievielen Theilern der gegebenen Grösse $a^5 b^4 c^3 d^2$ der Buchstabe $a$ vorkommt, so braucht man nur zu bestimmen, wieviele Theiler (einschl. des Theilers 1) die übrige Grösse $b^4 c^3 d^2$ besitzt; denn fügt man allen diesen Theilern $a, aa, aaa,\ldots$ hinzu, so erhält man alle Theiler der ursprünglichen Grösse, in denen $a$ in der ersten, zweiten, dritten, ... Potenz vorkommt. Daraus folgt, dass es so viele Theiler giebt, welche einen beliebigen Buchstaben in der gleichen Potenz enthalten, als die übrigen Buchstaben zusammen Theiler zulassen. Da $b^4 c^3 d^2$ nach der obigen Regel $5 \cdot 4 \cdot 3 = 60$ Theiler (einschl. 1) besitzt, so hat die Grösse $a^5 b^4 c^3 d^2$ ebensoviele Theiler, welche $a$ enthalten, ebensoviele, welche $a^2$ enthalten, u. s. w. Wegen der fünften Potenz, in welcher $a$ in der gegebenen Grösse vorkommt, findet man also, dass sie $5 \cdot 60 = 300$ Theiler besitzt, [122] in denen $a$ überhaupt vorkommt. Ebenso leicht lässt sich die Anzahl der Combinationen oder Theiler bestimmen, welche z. B. $a$ in der zweiten, $b$ in der dritten Potenz enthalten. Denn wenn man den Theilern der übrigen Grösse $c^3 d^2$, deren Anzahl $4 \cdot 3 = 12$ ist, noch $a^2 b^3$ anfügt, so hat man offenbar sämmtliche Theiler, welche die gestellte Bedingung erfüllen.

Mehr Schwierigkeiten scheint vielleicht die Frage nach der Anzahl aller Theiler, welche dieselbe Dimension besitzen, zu bieten, d. h. nach der Anzahl der Combinationen zu jeder einzelnen Classe. Um diese Zahl zu bestimmen, wende ich ein Verfahren an, ähnlich dem, welches ich im ersten Theile nach Aufgabe IX zur Bestimmung der Anzahl der Würfe in Würfelspielen gebraucht habe. Ich schreibe der Reihe nach alle Combinationsclassen oder alle Dimensionen hin, welche in der gegebenen Grösse enthalten sind; also alle Zahlen von 0 bis 14 für die Grösse $a^5 b^4 c^3 d^2$. Unter die ersten sechs Zahlen schreibe ich sechs Einheiten, d. i. um eine mehr als der Exponent des ersten Buchstabens angiebt. Darunter schreibe ich nochmals sechs Einheiten, unter

diese wieder sechs Einheiten, und so fort, bis ich um eine
Zeile mehr Einheiten habe als der Exponent des zweiten
Buchstabens angiebt. Jede folgende Reihe aber wird stets um
eine Stelle nach rechts gegen die vorhergehende eingerückt.
Dann addire ich die senkrecht unter einander stehenden
Einheiten, welche die Zahlen 1, 2, 3, 4, ... liefern. Von
diesen Zahlen bilde ich wieder um eine mehr Zeilen, als der
Exponent des dritten Buchstabens angiebt, und zwar ist
wiederum jede Zeile um eine Stelle nach rechts gegen die
vorhergehende einzurücken. Die Summation der senkrecht
unter einander stehenden Zahlen liefert die Zahlen 1, 3, 6,
10, 14, .... Von diesen Zahlen schreibe ich in gleicher Anordnung um eine mehr Zeilen hin, als der Exponent des
vierten Buchstabens angiebt, und addire die in jeder Columne
stehenden Zahlen. In dieser Weise fahre ich so lange fort, als
Buchstaben vorhanden sind. [**123**] Ich erhalte so die folgende
Tafel*) [welche die Anzahl der Combinationen (oder Theiler) von
$a^5$, $a^5 b^1$, $a^5 b^4 c^3$, $a^5 b^4 c^3 d^2$ zu den einzelnen Classen angiebt]:

| Zu com-<br>binirende<br>Dinge | Classe der Combinationen | | | | | | | | | | | | | | |
|---|---|---|---|---|---|---|---|---|---|---|---|---|---|---|---|
| | 0 | 1 | 2 | 3 | 4 | 5 | 6 | 7 | 8 | 9 | 10 | 11 | 12 | 13 | 14 |
| $a^5$ | 1 | 1 | 1 | 1 | 1 | 1 | | | | | | | | | |
| | | 1 | 1 | 1 | 1 | 1 | 1 | | | | | | | | |
| | | | 1 | 1 | 1 | 1 | 1 | 1 | | | | | | | |
| | | | | 1 | 1 | 1 | 1 | 1 | 1 | | | | | | |
| | | | | | 1 | 1 | 1 | 1 | 1 | 1 | | | | | |
| | | | | | | | | | | | 1 | | | | |
| $a^5 b^4$ | 1 | 2 | 3 | 4 | 5 | 5 | 4 | 3 | 2 | 1 | | | | | |
| | | 1 | 2 | 3 | 4 | 5 | 5 | 4 | 3 | 2 | 1 | | | | |
| | | | 1 | 2 | 3 | 4 | 5 | 5 | 4 | 3 | 2 | 1 | | | |
| | | | | 1 | 2 | 3 | 4 | 5 | 5 | 4 | 3 | 2 | 1 | | |
| $a^5 b^4 c^3$ | 1 | 3 | 6 | 10 | 14 | 17 | 18 | 17 | 14 | 10 | 6 | 3 | 1 | | |
| | | 1 | 3 | 6 | 10 | 14 | 17 | 18 | 17 | 14 | 10 | 6 | 3 | 1 | |
| | | | 1 | 3 | 6 | 10 | 14 | 17 | 18 | 17 | 14 | 10 | 6 | 3 | 1 |
| $a^5 b^4 c^3 d^2$ | 1 | 4 | 10 | 19 | 30 | 41 | 49 | 52 | 49 | 41 | 30 | 19 | 10 | 4 | 1 |

Es giebt also von $a^5 b^4 c^3 d^2$ je einen Theiler der 0$^{\text{ten}}$ und
14$^{\text{ten}}$ Dimension, je vier Theiler der 1$^{\text{ten}}$ und 13$^{\text{ten}}$ Dimension,

---

*) Vgl. auch die Tafel auf S. 27. *H.*

u. s. w. Alle diese Theiler- oder Combinationszahlen zusammenaddirt geben 360, wie es auch sein muss. Wer früher bei den Würfelspielen das ähnliche Verfahren begriffen hat, wird auch dieses leicht verstehen.

Weiteres hierüber, besonders über die Theiler einer Grösse (was von unserem Ziele zu weit abseits führt), kann man nachlesen in den ersten fünf Abschnitten der »Exercitationes mathematicae« von *Franciscus van Schooten* und in den Kapiteln 3 und 4 der Abhandlung über die Combinationslehre, welche *John Wallis* seinem »Tractatus de Algebra« angehängt hat. Wir beeilen uns zu anderen Dingen zu kommen.

[124] ## Kapitel VII.
### Variationen ohne Wiederholung.

In den Combinationen, von welchen bis jetzt die Rede war, wurde keine Rücksicht auf die Ordnung und Stellung der Dinge genommen, und es konnte die aus den drei Buchstaben $a$, $b$, $c$ mögliche Ternion entweder $abc$ oder $acb$ oder $bac$ oder ... geschrieben werden. Zuweilen muss man aber ausser der Verschiedenheit der Combinationen auch die Verschiedenheit in Ordnung und Stellung der combinirten Dinge beachten, wie es besonders bei Worten und Zahlen geschieht. Denn $ab$ ist ein anderes Wort oder eine andere Silbe als $ba$ und 12 eine andere Zahl als 21; wenn auch beide Male die Combinationen aus denselben Buchstaben und Ziffern gebildet sind, so unterscheiden sie sich doch durch die verschiedene Anordnung derselben.

Es bleibt uns also noch übrig, in diesem und in den folgenden Kapiteln die Lehre von den Combinationen in Verbindung mit ihren Permutationen (d. i. von den Variationen[26])) zu entwickeln, indem wir zeigen, auf wieviele verschiedene Arten mehrere verschiedene oder theilweise einander gleiche Dinge zu einer oder zu mehreren Classen mit einander combinirt und dann in jeder Combination permutirt werden können, und zwar sowohl wenn keines der gegebenen Dinge mit sich selbst combinirt werden darf, als auch wenn dies gestattet ist.

1. **Es ist die Anzahl der Variationen mehrerer von einander verschiedener Dinge, von denen kein Ding mit sich selbst combinirt werden darf, zu einer bestimmten Classe zu finden.**

Die Lösung dieser Aufgabe ist nach dem Vorhergehenden leicht anzugeben. Wenn $n$ verschiedene Dinge zu der $c^{\text{ten}}$ Classe mit einander zu combiniren sind, so ist die Anzahl der Combinationen, wenn auf die Reihenfolge der Dinge keine Rücksicht genommen wird, gleich $\binom{n}{c}$ [nach Kapitel IV]. Jede dieser Combinationen enthält $c$ verschiedene Elemente, [**125**] welche [nach Kapitel I] $1 \cdot 2 \cdot 3 \ldots c$ mal die Reihenfolge ändern können. Folglich ist die Anzahl der Combinationen, wenn die Reihenfolge der Dinge berücksichtigt wird, d. i. der Variationen, um ebenso viele Male grösser als die obige Combinationszahl, also gleich

$$\binom{n}{c} \cdot 1 \cdot 2 \cdot 3 \ldots c = n(n-1)(n-2) \ldots (n-c+1).$$

Dieses Resultat liefert die folgende

## Regel

für die Bestimmung der Anzahl aller Variationen ohne Wiederholung zu einer bestimmten Classe:

**Man bilde eine fallende arithmetische Reihe mit der Differenz 1, deren Anfangsglied gleich der Anzahl der Dinge ist und welche so viele Glieder hat, als die Classenzahl Einheiten; das Product dieser Glieder liefert die gesuchte Anzahl.**

Z. B. ist bei 10 Dingen die Anzahl der Quaternionen mit Berücksichtigung der Reihenfolge der Dinge gleich $10 \cdot 9 \cdot 8 \cdot 7 = 5040$.

**Folgerung 1.** Wenn die Classe $c$ gleich der Anzahl $n$ der Dinge ist, so sind die Variationen identisch mit den einfachen Permutationen der $n$ Dinge, da man immer alle $n$ Dinge zu nehmen hat, was gerade im ersten Kapitel verlangt wurde. Dann ist

$$n(n-1)(n-2)\cdots(n-c+1)=n(n-1)(n-2)\cdots 1=1 \cdot 2 \cdot 3 \cdots n,$$

was mit der Regel des ersten Kapitels in Uebereinstimmung steht.

Wahrscheinlichkeitsrechnung (Ars conjectandi). 123

Folgerung 2. Die Combinationen aller $n$ Dinge zu der ihrer Zahl gleichen Classe $n$ lässt ebenso viele Permutationen zu, als alle Combinationen derselben Dinge zu der um 1 niedrigeren Classe $n-1$ Permutationen zulassen. So lassen z. B. fünf Dinge fünfmal so viele Permutationen zu als vier Dinge; da aber von fünf Dingen fünf Quaternionen gebildet werden können, [**126**] so lassen diese fünf Quaternionen ebensoviele Permutationen zu als die eine Quinion, denn $5 \cdot 4 \cdot 3 \cdot 2 \cdot 1 = \binom{5}{1} \cdot 4 \cdot 3 \cdot 2 \cdot 1$.

Folgerung 3. Bei beliebig vielen Dingen ist die Summe der Anzahl der Unionen und Binionen (mit Berücksichtigung der Reihenfolge) gleich dem Quadrate der Anzahl der Dinge. Nach der Regel ist bei $n$ Dingen die Anzahl der Unionen gleich $n$ und der Binionen gleich $n(n-1) = n^2 - n$; die Summe beider aber gleich $n^2$. Die neun Ziffern von 1 bis 9 liefern einfach oder zu zweien genommen $9 \cdot 9 = 81$ verschiedene Zahlen und ebensoviele sind unter den Zahlen von 1 bis 100, welche weder eine Null noch zwei gleiche Ziffern enthalten.

Folgerung 4. Die Anzahl der Variationen o. W. zu einer beliebigen Classe ist gleich der Anzahl der Permutationen von ebensovielen Dingen, von welchen so viele einander gleich sind, als die zu der gegebenen parallele Classenzahl Einheiten hat, und alle andern untereinander verschieden sind. Es giebt also ebensoviele Variationen zur $3^{\text{ten}}$ Classe von 8 Dingen, als es Permutationen von 8 Dingen giebt, unter denen sich fünf gleiche befinden; denn es ist $8 \cdot 7 \cdot 6 = \dfrac{1 \cdot 2 \cdot 3 \cdot 4 \cdot 5 \cdot 6 \cdot 7 \cdot 8}{1 \cdot 2 \cdot 3 \cdot 4 \cdot 5}$ [vergl. die $2^{\text{te}}$ Regel in Kap. I].

2. **Es ist die Anzahl der Variationen von mehreren verschiedenen Dingen zu allen Classen zusammen zu bestimmen, wenn kein Ding mit sich selbst combinirt werden darf.**

Man erhält diese Zahl, wenn man die nach der vorigen Regel für die einzelnen Classen gefundenen Zahlen zu einander addirt. Doch kann man diese Zahl etwas leichter finden, wenn man eine nicht unwichtige Beziehung beachtet, in welcher zwei der gesuchten Zahlen zu einander stehen.

Hat man 4 Dinge zu variiren, so ist nach der obigen Regel die Anzahl aller Unionen gleich 4, aller Binionen gleich $4 \cdot 3$, aller Ternionen gleich $4 \cdot 3 \cdot 2$, aller Quaternionen gleich $4 \cdot 3 \cdot 2 \cdot 1$ und mithin aller Variationen o. W. zusammen gleich $4 + 4 \cdot 3 + 4 \cdot 3 \cdot 2 + 4 \cdot 3 \cdot 2 \cdot 1$.

Bei fünf Dingen erhält man auf gleiche Weise für die Summen der Variationszahlen für die Classen 1, 2, 3, 4, 5 den Werth $5 + 5 \cdot 4 + 5 \cdot 4 \cdot 3 + 5 \cdot 4 \cdot 3 \cdot 2 + 5 \cdot 4 \cdot 3 \cdot 2 \cdot 1$
$= 5 (1 + 4 + 4 \cdot 3 + 4 \cdot 3 \cdot 2 + 4 \cdot 3 \cdot 2 \cdot 1)$; [**127**] d. h. die Anzahl aller Variationen o. W. von 5 Dingen ist fünfmal so gross als die um 1 vermehrte Anzahl aller Variationen von 4 Dingen. Daraus kann man folgern, dass die Anzahl aller Variationen von $n$-Dingen $n$-mal grösser ist als die um 1 vermehrte Anzahl aller Variationen von $n - 1$ Dingen (wobei aber in beiden Fällen die Nullion ausgeschlossen ist).

Da es nun von einem Dinge nur eine Variation giebt, so ist die Anzahl aller Variationen von 2 Dingen gleich $2(1 + 1) = 4$;

folglich ist die Anzahl
 aller Variationen von 3 Dingen gleich $3(4 + 1) = 15$,

und ferner die Anzahl
 aller Variationen von 4 Dingen gleich $4(15 + 1) = 64$,

u. s. w., wie die folgende kleine Tafel angiebt:

| Anzahl der Dinge: | 1 | 2 | 3 | 4 | 5 | 6 | 7 |
|---|---|---|---|---|---|---|---|
| Anzahl der Variationen: | 1 | 4 | 15 | 64 | 325 | 1956 | 13699 |

| Anzahl der Dinge: | 8 | 9 | 10 | ... |
|---|---|---|---|---|
| Anzahl der Variationen: | 109600 | 986409 | 9864100 | ... |

Mit den 9 Ziffern 1 bis 9 lassen sich daher 986409 Zahlen bilden, welche weder eine Null noch zwei gleiche Ziffern enthalten.

# Kapitel VIII.

## Variationen mit Wiederholung.

[**128**] 3. **Es ist die Anzahl der Variationen von mehreren verschiedenen Dingen zu einer bestimmten Classe zu bestimmen, wenn jedes Ding auch mit sich selbst combinirt werden darf.**

Während im vorigen Kapitel kein Ding mit sich selbst combinirt werden durfte, ist dies hier gestattet; es kann ein Ding in einer Combination beliebig oft sich wiederholen. Wie vorhin ist aber wieder nach der Anzahl der Combinationen gefragt, welche man bei Berücksichtigung der Ordnung und Stellung der Elemente erhält.

Es seien beliebig viele Dinge oder Buchstaben $a, b, c, d, \ldots$ gegeben, deren Anzahl gleich $m$ sei. Dann giebt es offenbar $m$ Unionen.

Diesen Unionen setzt man den Buchstaben $a$ vor und erhält dadurch alle Binionen $aa, ab, ac, ad, \ldots$, welche mit $a$ beginnen und deren Anzahl ebenfalls gleich $m$ ist.

Dann setzt man den einzelnen Unionen den Buchstaben $b$ vor und erhält alle Binionen $ba, bb, bc, bd, \ldots$, welche mit $b$ beginnen und deren Anzahl wieder gleich $m$ ist.

In gleicher Weise setzt man den dritten Buchstaben $c$, den vierten Buchstaben $d$ und die übrigen Buchstaben, wenn noch mehr gegeben sind, den einzelnen Unionen vor und erhält dadurch immer neue Binionen, die theils mit $c$, theils mit $d$, theils mit einem der übrigen Buchstaben beginnen, und zwar beginnen jedesmal die $m$ Binionen mit dem gleichen Buchstaben. Auf diese Weise hat man offenbar sämmtliche Binionen erhalten und zwar auf alle Arten permutirt. Ihre Anzahl ist daher um sovielmal grösser als die Anzahl der Dinge, als Dinge gegeben sind; mithin ist sie für $m$ Dinge gleich $mm$ oder $m^2$.

Wenn man nun diesen Binionen von neuem die einzelnen Dinge hinzufügt, indem man der Reihe nach jedes einzelne gegebene Ding allen Binionen voransetzt, so erhält man alle Ternionen $aaa, aab, aac, aad, \ldots, aba, abb, \ldots$. Von diesen beginnen immer so viele mit demselben Buchstaben, als Binionen gefunden worden waren, und mithin ist die Anzahl aller Ternionen um ebensovielmal grösser als die Anzahl der Binionen, wie die Anzahl der gegebenen Dinge angiebt; sie ist also gleich $m^3$.

Auf gleiche Weise erhält man alle Quaternionen, wenn man den Ternionen die einzelnen Dinge der Reihe nach voransetzt, und es ergiebt sich deren Anzahl gleich $m^4$.

[129] Offenbar ist die Anzahl der Variationen zu einer beliebigen Classe immer der $m^{\text{te}}$ Theil von der Anzahl der Variationen zu nächstfolgenden Classe. Da also die Anzahl der Quaternionen gleich $m^4$ ist, so ist die

Anzahl der Quinionen gleich $m^5$, . der Senionen gleich $m^6$ und allgemein der Variationen zu der $n^{\text{ten}}$ Classe gleich $m^n$. Daraus folgt die

### Regel

für die Bestimmung der Anzahl aller Variationen mit Wiederholung zu einer bestimmten Classe:

Die gegebene Anzahl von Dingen erhebe man zu der Potenz, deren Exponent gleich der Classenzahl ist, wodurch man die gesuchte Zahl findet.

Z. B. ist bei neun Ziffern die Anzahl aller Quaternionen mit Wiederholung und der aus ihnen abgeleiteten Permutationen gleich $9^4 = 6561$. Ebensoviele vierstellige Zahlen, in denen keine Null vorkommt, giebt es zwischen 1000 und 10000. So lassen sich aus den vier Vokalen *A, E, I, O*, durch welche in der Logik der vierfache Unterschied der Urtheile hinsichtlich ihrer Quantität und Qualität[27]) ausgedrückt wird, $4^3 = 64$ Ternionen bilden; deshalb giebt es auch ebensoviele gute und schlechte Modi des kategorischen Syllogismus, nicht nur 36, wie *Aristoteles* und seine Interpreten lehren. Wenn man noch die unbestimmten und singulären Urtheile von den allgemeinen und particularen unterscheidet, so entsteht ein achtfacher Unterschied der Urtheile, und die Zahl aller Modi steigt auf $8^3 = 512$.

4. Es ist die Anzahl aller Variationen mit Wiederholung zu mehreren Classen zusammen zu bestimmen.

Aus dem Vorhergehenden folgt, [**130**] dass die Summe aller Variationen zu den Classen 1, 2, 3, . . ., $n$ gleich der geometrischen Reihe

$$m + m^2 + m^3 + \cdots + m^n$$

ist, deren Summe gleich

$$\frac{(m^n - 1)\, m}{m - 1}$$

ist. Es verhält sich also $m - 1$ zu $m$, wie sich $m^n - 1$ zu der gesuchten Zahl verhält; hieraus ergiebt sich die folgende

### Regel

für die Bestimmung der Anzahl aller Variationen mit Wiederholung zu allen Classen von 1 bis $n$ (einschl.):

Die gesuchte Zahl verhält sich zu der um 1 verminderten $n^{\text{ten}}$ Potenz der Anzahl aller Dinge, wie die Zahl aller Dinge zu der um 1 verkleinerten Zahl.

Z. B. verhält sich die Anzahl aller Variationen mit Wiederholung zu den Classen 1 bis 6 (einschl.) von 10 Ziffern zu $10^6 - 1$, wie sich 10 zu 9 verhält; daher ist die gesuchte Zahl gleich $\dfrac{10^6 - 1}{9} \cdot 10 = 1\,111\,110$.

Nicht alle diese Variationen stellen aber verschiedene Zahlen dar, denn wenn Zahlen mit einer oder mehreren Nullen beginnen, so unterscheiden sie sich nicht von den Zahlen, welche die übrigen Ziffern ohne die Nullen am Anfange bilden. Um alle überflüssigen Variationen auszuscheiden, muss man bedenken, dass von den zehn einziffrigen Zahlen nur eine, die Null nämlich, überflüssig ist. Von den zweiziffrigen Zahlen sind 10 überflüssig, da die Null einmal allen Ziffern vorgesetzt werden kann. Von den Zahlen, welche aus drei Ziffern bestehen, sind 100 überflüssig, da die Null entweder [**131**] dreimal allein (000) steht oder zweimal den übrigen neun Ziffern oder einmal den zwischen 9 und 100 liegenden zweiziffrigen Zahlen vorgesetzt ist. Unter den mit vier Ziffern geschriebenen Zahlen befinden sich 1000 überflüssige, denn den einzelnen Zahlen von 0 bis 999 einschl. kann man eine oder mehrere Nullen vorsetzen, damit Variationen zur $4^{\text{ten}}$ Classe entstehen. Aus der gleichen Ueberlegung heraus findet man unter den fünfziffrigen Zahlen 10000 und unter den sechsziffrigen Zahlen 100000 überflüssige. Subtrahirt man die Anzahl aller dieser überflüssigen Zahlen, d. i. 111111 von der zuerst gefundenen Zahl 1111110, so bleibt 999999, und dies ist die Anzahl aller der Variationen aus 10 Ziffern zu den Classen 1 bis 6 (einschl.), welche ebenso viele verschiedene Zahlen darstellen. Dieses Resultat ist aber ohne weiteres einleuchtend, da man durch das Zählen von 1 bis 1000000, der ersten und kleinsten siebenziffrigen Zahl, genau 999999 verschiedene Zahlen findet; die Zahl 999999 ist die letzte und grösste sechsziffrige Zahl, auf welche unmittelbar die nur um 1 grössere Zahl 1000000 folgt.

Ebenso lässt sich die Anzahl aller Variationen der 24 Buchstaben des Alphabets zu den ersten 24 Classen finden; es verhält sich $23 : 24$ wie die $24^{te}$ Potenz von 24 (die Subtraction von 1 unterlässt man, da gegenüber $24^{24}$ die Eins nicht ins Gewicht fällt) zur gesuchten Zahl. Mit Hülfe von Logarithmen findet man leicht, dass diese Zahl aus 34 Ziffern besteht und grösser als 1391 Quintillionen ist. Ebenso gross ist die Zahl aller brauchbaren und unbrauchbaren Wörter, welche man aus den 24 Buchstaben des Alphabets auf jede Weise unter der Voraussetzung bilden kann, dass dieselben zu nicht mehr als 24 mit einander variirt werden.

Es ist hier der geeignete Ort, um auf den eigenthümlichen innigen Zusammenhang zwischen den Variationen und den Potenzen von Polynomen aufmerksam zu machen. Zur Auffindung aller Variationsbinionen der Buchstaben $a, b, c, d, \ldots$ muss man, wie im Anfange dieses Kapitels gezeigt ist, jeden einzelnen Buchstaben jedem andern vorsetzen, [**132**] und zur Auffindung aller Variationsternionen muss man nochmals jeden einzelnen Buchstaben allen jenen Binionen vorsetzen, u. s. w. Dasselbe aber geschieht auch, wenn der Ausdruck $a+b+c+d+\ldots$ auf die zweite, dritte, Potenz u. s. w. erhoben werden soll. Daraus folgt also, dass die Binionen der Buchstaben $a, b, c, d, \ldots$, wenn man sie als Theile eines Polynoms betrachtet, alle Glieder seines Quadrates, dass die Ternionen alle Glieder seines Cubus angeben, u. s. w. Die Glieder einer beliebigen Potenz eines Polynoms sind also die additiv verbundenen Variationen seiner Theile, gebildet zu der Classe, welche gleich dem Potenzexponenten des Polynoms ist. Da aber alle Glieder, welche dieselben Buchstaben, nur in verschiedener Anordnung enthalten, dasselbe Product darstellen, so fasst man sie, der Kürze wegen, in ein Glied zusammen, indem man diesem die Zahl der gleichen Glieder, welche der Coefficient des Gliedes genannt wird, vorschreibt. Dieser Coefficient eines jeden Gliedes ist aber offenbar identisch mit der Zahl der Permutationen, welche aus den Buchstaben dieses Gliedes gebildet werden können. Die Entwickelung einer beliebigen Potenz eines Polynoms hat so viele Glieder, als die Anzahl der Combinationen mit Wiederholung beträgt, welche aus den einzelnen Buchstaben des Polynoms zu der, jenem Potenzexponenten gleichen Classe gebildet werden können [vergl. Kap. V.].

Diese Bemerkung ist oft von grossem Nutzen, da man mit ihrer Hülfe für eine beliebige Potenz eines Polynoms sowohl die Anzahl der Glieder als auch den Coefficienten irgend eines Gliedes leicht bestimmen kann. So besteht z. B. die $10^{te}$ Potenz des Trinoms $a+b+c$ [nach der Regel des Kap. V] aus $\binom{12}{10}=\binom{12}{2}=66$ Gliedern, und es ist der Coefficient des Gliedes $a^5 b^3 c^2$ [nach der zweiten Regel des Kap. I] gleich $\frac{1\cdot 2\cdot 3\cdot 4\cdot 5\cdot 6\cdot 7\cdot 8\cdot 9\cdot 10}{1\cdot 2\cdot 3\cdot 4\cdot 5\cdot 1\cdot 2\cdot 3\cdot 1\cdot 2}=2520$. Die dritte Potenz von $a+b+c+d$ hat $\binom{6}{3}=20$ Glieder, und die Coefficienten von $aab$ und $abc$ sind 3 und 6.

# Kapitel IX.
## Anzahl der Variationen mit beschränkter Wiederholung.

Ich mache hier dieselbe Annahme wie im sechsten Kapitel; während aber dort alle verschiedenen Anordnungen einer Combination für eine einzige gezählt wurden, werden sie hier als ebenso viele verschiedene Variationen gerechnet. Ueber das in diesem Sinne gestellte Problem finde ich nichts Bestimmtes bei den verschiedenen Autoren. Ich ermittle die gesuchte Zahl in folgender Weise.

Es seien z. B. die Buchstaben $a$, $b$, $c$ auf alle Arten zu variiren unter der Bedingung, dass in keiner Variation $a$ öfter als 4-mal, $b$ öfter als 3-mal und $c$ öfter als 2-mal wiederholt wird, oder mit anderen Worten, es sollen die Buchstaben $a^4 b^3 c^2$, unter denen 4, 3 und schliesslich 2 einander gleiche sich befinden, auf alle Weisen (ohne Wiederholung) variirt werden, und es soll die Anzahl der Variationen sowohl für jede einzelne Classe, als auch für alle Classen zusammen bestimmt werden.

Wird die Nullion durch 1 bezeichnet, so sind augenscheinlich die Variationen, welche aus $a^4$ gebildet werden können: 1, $a$, $a^2$, $a^3$, $a^4$. Diesen hängt man zunächst $b$, dann $b^2$ und schliesslich $b^3$ an und erhält so: $b$, $ab$, $a^2 b$, $a^3 b$, $a^4 b$; $b^2$, $ab^2$, $a^2 b^2$, $a^3 b^2$, $a^4 b^2$ und $b^3$, $ab^3$, $a^2 b^3$, $a^3 b^3$, $a^4 b^3$, ganz so, wie es im Kap. VI geschehen ist. Die ersten fünf dieser Com-

plexionen, welche $b$ einmal enthalten, lassen bez. 1, 2, 3, 4, 5
Permutationen zu, und liefern dadurch $b$; $ab$ und $ba$; $aab$,
$aba$ und $baa$, u. s. w. Die zweiten fünf Complexionen,
welche $b$ zweimal enthalten, lassen 1, 3, 6, 10, 15 Permutationen (gemäss den Dreieckszahlen) zu und geben $bb$; $abb$,
$bab$, $bba$; u. s. w. Die dritten fünf Complexionen, welche $b$
dreimal enthalten, lassen 1, 4, 10, 20, 35 Permutationen (gemäss den Viereckszahlen) zu und liefern $bbb$; $abbb, babb, bbab$
und $bbba$; u. s. w. Würde $b$ noch öfter in Complexionen auftreten, so würden die zugehörigen Permutationszahlen wie
die höheren figurirten Zahlen fortschreiten. Nun fügt man den
sämmtlichen bisher erhaltenen Variationen 1; $a, b$; $aa, ab,
ba, bb$; $aaa, aab, aba, baa, abb, bab, bba, bbb$; ...
den dritten Buchstaben $c$ erst einmal und dann zweimal hinzu und erhält die neuen Complexionen $c$; $ac, bc$; $aac, abc,
bac, bbc$; ... [134] und $cc$; $acc, bcc$; $aacc, abcc, bacc,
bbcc$; .... Von diesen lassen die ersteren, in welchen $c$
nur einmal vorkommt 1, 2, 3, 4, ... Permutationen (nach
den natürlichen Zahlen) zu hinsichtlich dieses Buchstabens $c$,
ohne Aenderung der Reihenfolge der übrigen Buchstaben;
denn die Union $c$ lässt eine Permutation zu, jede der Binionen
$ac$ und $bc$ zwei Permutationen, jede der Ternionen $aac$,
$abc, bac, bbc$ drei, u. s. w. Die Complexionen aber,
welche $c^2$ enthalten, gestatten (nur in Bezug auf $c$) 1, 3, 6,
10, ... Permutationen (nach den Dreieckszahlen); nämlich die
Binion $cc$ gestattet eine Permutation, jede der Ternionen $acc$
und $bcc$ deren zwei, jede der Quaternionen $aacc, abcc,
bacc, bbcc$ deren sechs, u. s. w. Diese Zahlen gelten —
wie nochmals ausdrücklich hervorgehoben werden soll — nur
bei unveränderter Reihenfolge der von $c$ verschiedenen Buchstaben, denn sonst würde z. B. $abcc$ nicht 6, sondern 12 Permutationen zulassen, deren Hälfte aber der andern Quaternion
$bacc$ zuzutheilen sind. Wäre noch ein vierter Buchstabe vorhanden, so würde dieser nun in ähnlicher Weise mit allen
bisher gefundenen Complexionen seiner Dimension entsprechend
ein- oder mehrmals verknüpft; die so neu entstehenden Complexionen gestatten hinsichtlich des vierten Buchstabens Permutationen, deren Zahlen wie die natürlichen Zahlen, die Dreieckszahlen, ... fortschreiten, je nachdem der vierte Buchstabe
einmal, zweimal, ... hinzugetreten ist. Auf diese Weise
kann keine der gesuchten Variationen übersehen und auch
keine doppelt gezählt werden.

Wahrscheinlichkeitsrechnung (Ars conjectandi).

Aus diesen Erörterungen wird aber die Construction der folgenden Tafel leicht verständlich, durch welche die Anzahl der gesuchten Variationen sowohl zu den einzelnen Classen als auch zu allen zusammen sich bestimmen lässt. Man schreibt der Reihe nach alle Classen hin, zu welchen die gegebenen Dinge, also hier $a^4 b^3 c^2$, Variationen eingehen können; dies sind hier die Zahlen 0 bis 9. Unter die ersten derselben schreibt man um einmal mehr die Zahl 1, als der Exponent des ersten Buchstabens Einheiten hat, d. h. hier fünfmal. In die nächste Zeile schreibt man ebensoviele Zahlen der natürlichen Zahlenreihe, in die dritte ebensoviele Dreieckszahlen, in die vierte ebensoviele Viereckszahlen und so fort, bis man um eine mehr Zeilen hat, als der Exponent des zweiten Buchstabens angiebt; hierbei ist, wie es auch im Kap. VI der Fall war, jede folgende Zeile um eine Stelle nach rechts gegen die vorhergehende einzurücken. Dann addirt man die senkrecht unter einander stehenden Zahlen. Diese Summenzahlen werden mit ebensovielen Zahlen der natürlichen Zahlenreihe, dann mit ebensovielen Dreieckszahlen, und so fort, multiplicirt, bis man (einschl. der Zeile mit den Summenzahlen) um eine mehr Zeilen hat, als der Exponent des dritten Buchstabens angiebt; jede folgende Zeile ist dabei wieder um eine Stelle gegen die vorhergehende nach rechts einzurücken. Dann addirt man sämmtliche Columnen dieser letzten Zeile. Nach dieser Vorschrift hat man fortzufahren, wenn noch mehr Buchstaben gegeben sind. [135] Durch die letzte Addition erhält man die Anzahl der geforderten Variationen zu den einzelnen Classen, deren Quersumme die Anzahl dieser Variationen zu allen Classen zusammen bestimmt. Hier folgt die Tafel für $a^4 b^3 c^2$:

| Zu variirende Dinge | Classe der Variationen | | | | | | | | | |
|---|---|---|---|---|---|---|---|---|---|---|
| | 0 | 1 | 2 | 3 | 4 | 5 | 6 | 7 | 8 | 9 |
| $a^4$ | 1 | 1<br>1 | 1<br>2<br>1 | 1<br>3<br>3<br>1 | 1<br>4<br>6<br>4 | 5<br>10<br>10 | 15<br>20 | 35 | | |
| $a^4 b^3$ | 1 | 2<br>1 | 4<br>4<br>1 | 8<br>12<br>6 | 15<br>32<br>24 | 25<br>75<br>80 | 35<br>150<br>225 | 35<br>245<br>525 | 280<br>980 | 1260 |
| $a^4 b^3 c^2$ | 1 | 3 | 9 | 26 | 71 | 180 | 410 | 805 | 1260 | 1260 |

Die letzte Zeile der Tafel liefert die Anzahl der Variationen (o. W.) aus $a^4 b^3 c^2$ zu den einzelnen Classen 0 bis 9; die Quersumme aller dieser Zahlen ist 4025 und soviele Variationen zu den Classen 0 bis 9 zusammen giebt es. Die Richtigkeit dieses Verfahrens kann man noch dadurch bestätigen, dass man sich [nach Kap. VI] die $5 \cdot 4 \cdot 3 = 60$ Combinationen von $a^4 b^3 c^2$ bildet, hinter jede dieser 60 Combinationen die zugehörige Permutationszahl schreibt und dann alle Permutationszahlen addirt*).

[136] Sieht man von der Nullion ab, welche keine Zahl liefert, so folgt aus dem Vorstehenden, dass aus drei verschiedenen Ziffern (die Null ausgeschlossen) 4024 verschiedene Zahlen gebildet werden können, in welchen die eine Ziffer nicht öfter als viermal, eine zweite nicht öfter als dreimal und die dritte nicht öfter als zweimal vorkommt. Wieviele Ziffern aber auch gegeben sein mögen, immer ist die Anzahl ihrer Variationen zur höchsten Classe, welche gleich der Anzahl der gegebenen Dinge ist, gleich der Anzahl ihrer Variationen zur nächstniedrigeren Classe [28].

Damit bin ich an das Ende dessen gekommen, was ich über die Combinatorik hier zu sagen mir vorgenommen hatte. In diesen letzten Kapiteln**), in welchen [137] bei den Combinationen auch die Ordnung und Stellung der Dinge berücksichtigt wurde und ein und dasselbe Ding in der nämlichen Complexion öfter vorkommen konnte, hätte ich allerdings wieder noch eine Reihe von Fragen mir zur Lösung vorlegen können. So hätte ich fragen können, in wievielen Combinationen bez. Variationen ein oder mehrere bestimmte Dinge zusammen oder einzeln vorkommen, ähnlich wie es in Kap. IV geschehen ist; oder irgend ein Ding ein-, zwei-, drei-, vier-…mal vorkommt; oder keines der gegebenen Dinge mehr als ein-, zwei-, drei-…mal vorkommt; oder ein bestimmtes der gegebenen Dinge den ersten, zweiten, dritten…Platz einnimmt; und dergleichen Fragen mehr. Da aber Fragen dieser Art in unbegrenzter Zahl gestellt werden können, so ziehe ich es vor, auf keine einzugehen und für den Fall, dass einige solcher Fragen für spätere Untersuchungen wichtig werden,

---

*) In dem Original ist auch hierfür eine ausführliche Tafel gegeben, welche aber, um sie hier abzudrucken, von zu geringem Interesse ist. *H.*
**) Kapitel V—IX.

die Lösung derselben erst dann zu geben, statt jetzt durch solche specielle Untersuchungen ein Unternehmen anzufangen, bei welchem ein Ende nicht abzusehen ist. Deshalb schliesse ich hiermit den zweiten Theil dieses Buches und wende mich sofort zu dem dritten Theile, in welchem ich den grossen Nutzen der Combinationslehre für die Wahrscheinlichkeitsrechnung an sehr vielen Aufgaben der verschiedensten Art deutlich zeigen werde.

# Anmerkungen.

Um die volle Bedeutung von *Jakob Bernoulli*'s Ars conjectandi, von deren Erscheinen an eine neue Epoche in der Entwickelung der Wahrscheinlichkeitsrechnung datirt werden muss, in das rechte Licht treten zu lassen, sei zunächst in Kürze der Stand dieser mathematischen Disciplin skizzirt, ehe sich *Bernoulli* derselben zuwandte. Denjenigen Leser, welcher noch ausführlichere Mittheilungen über die geschichtliche Entwickelung der Wahrscheinlichkeitsrechnung wünscht, verweise ich auf die beiden Werke: *Todhunter*, A history of the mathematical theory of probability from the time of Pascal to that of Laplace (Cambridge and London, 1865) und *M. Cantor*, Vorlesungen über Geschichte der Mathematik, 2. und 3. Band (Leipzig, 1892 und 1898), welchen auch die folgenden historischen Angaben zumeist entnommen sind.

Die Glücksspiele, welche sich zu allen Zeiten und überall einer grossen Beliebtheit erfreut haben, mussten frühzeitig gewisse Fragen der Wahrscheinlichkeitsrechnung nahe legen, und in der That tritt der Begriff der mathematischen Wahrscheinlichkeit uns zum ersten Male beim Würfelspiele entgegen. Wie *Libri* in seiner Histoire des sciences mathématiques en Italie angiebt, finden sich in einem, 1477 in Venedig gedruckten Commentare zu *Dante*'s Divina Commedia Untersuchungen über die Häufigkeit der mit drei Würfeln möglichen Würfe angestellt. Bald darauf finden wir in einem mathematischen Werke, der Summa de Arithmetica Geometria Proportioni et Proportionalita von *Luca Paciuolo* (ca. 1445—ca. 1514), welche 1494 in Venedig gedruckt wurde, zwei sogenannte Theilungsaufgaben, deren eine zwei, deren andere drei Spieltheilnehmer voraussetzt, gestellt. Die Lösungen derselben sind falsch, wie dies bei der geringen Entwickelung der mathematischen Hülfsmittel zu jener Zeit nicht Wunder nehmen kann. Setzt man an Stelle der Zahlen in der einen Aufgabe Buchstaben, so will *Paciuolo* bei einem Glücksspiele, welches auf $s$ von einem Spieler zu gewinnende Einzelspiele gerichtet ist, den Einsatz zwischen den beiden Spielern, von welchen der eine $p$, der andere $q$ Spiele bereits gewonnen hat, im Verhältnisse $p : q$ theilen. *Hieronimo Cardano* (1501—1576) erkennt zwar in seiner Practica Arithmeticae generalis (von 1539), dass diese Lösung falsch ist, und dass ihr Fehler vornehmlich in der Nichtberücksichtigung der Zahl $s$, der Anzahl aller zu gewinnenden Spiele, liegt, giebt aber selbst ebenfalls einen unrichtigen Werth für das obige Verhältniss, nämlich $[1 + 2 + 3 + \cdots + (s-q)] : [1 + 2 + 3 + \cdots + (s-p)]$. *Nicolo Tartaglia* (1500—1557) ist in seinem General Trattato di numeri et misure (von 1556) sogar der Ansicht, dass es »keine streng beweisbare Auflösung der Aufgabe gäbe, weil die Aufgabe mehr nach Recht als nach Vernunftgründen zu behandeln sei«, und bezeichnet $(s+p-q):(s+q-p)$ als das gerechteste Theilungsverhältniss. Bei *Cardano* findet sich noch, wenn auch in etwas anderer Fassung die Aufgabe, welche später von *Niclaus I. Bernoulli* (1713) gestellt und von *Daniel Bernoulli* in seiner neuen Theorie eines Maasses für den Zufall (Abhandlungen der Petersburger Akademie 1730 und 1731, deutsche Uebersetzung mit Anmerkungen von *A. Pringsheim* in der »Sammlung älterer und neuerer staatswissenschaftlicher Schriften des In- und Auslandes, Leipzig 1896) behandelt wurde und welche seitdem als Petersburger Problem berühmt geworden ist. Eine andere Arbeit *Cardano's* wird später noch Erwähnung finden.

Auf diese Vorläufer folgen als eigentliche Begründer der Wahrscheinlichkeitsrechnung (géométrie du hazard oder aleae geometria), welche gleichzeitig und unabhängig von einander auf verschiedenen Wegen zu ihren Grundlagen geführt wurden, die beiden französischen Mathematiker *Blaise Pascal* (1623—1662) und *Pierre de Fermat* (1601—1665). Dem Ersteren wurden von einem Spieler *de Méré* zwei Fragen gestellt, von welchen die eine zu wissen wünscht, mit wievielen Würfen man es wagen kann, mit zwei Würfeln den Sechserpasch werfen zu wollen (vgl. S. 32 dieses Bändchens), und die andere nach dem Theilungsverhältnisse des Spieleinsatzes bei zwei Spielern fragt, wenn sie das Spiel vor seiner Beendigung abbrechen. Letztere war es besonders, welche *Pascal*'s Interesse erregte, und er erkannte sehr richtig, dass es nur auf die Anzahl der Gewinnspiele ankommt, welche jedem Spieler, um zu gewinnen, noch fehlen. *Pascal* gab die Lösung mit Hülfe seiner »méthode des partis«. Wird das Spiel durch dreimaliges Gewinnen des einen Spielers entschieden und hat $A$ einmal, $B$ noch keinmal gewonnen, so schliesst *Pascal* folgendermaassen. Hätte $A$ 2- und $B$ 1-mal gewonnen, so würde das nächste Spiel $A$ entweder den Einsatz gewinnen lassen oder beide Spieler gleichstellen. Mithin gebührt $A$ unbedingt die Hälfte des Einsatzes von vorn herein, und er spielt nur um die andere Hälfte, von welcher, wenn das folgende Spiel unterbleibt, jedem der Spieler die Hälfte, d. i. $\frac{1}{4}$ des Einsatzes zukommt. Folglich muss $A$ $\frac{3}{4}$ und $B$ $\frac{1}{4}$ des Einsatzes erhalten. Wenn aber $A$ 2- und $B$ keinmal gewonnen hätte, so würde $A$ durch das nächste Spiel entweder den ganzen Einsatz gewinnen oder auf den Stand der vorigen Annahme kommen, nach welchem er $\frac{3}{4}$ des Einsatzes zu fordern hat. Er spielt also nur um $\frac{1}{4}$, und folglich gebührt ihm, wenn das nächste Spiel unterbleibt, $\frac{3}{4} + \frac{1}{2} \cdot \frac{1}{4} = \frac{7}{8}$ und $B$ $\frac{1}{8}$ des Einsatzes. Steht das Spiel, wie ursprünglich vorausgesetzt wurde, auf 1 zu 0 Gewinnspiele, so bringt das nächste Spiel $A$ und $B$ entweder auf 2 zu 0 oder auf 1 zu 1. Im ersteren Falle gebührt ihm $\frac{7}{8}$ des Einsatzes, im letzteren $\frac{1}{2}$, und mithin spielt er nur um $\frac{7}{8} - \frac{1}{2} = \frac{3}{8}$, wovon ihm $\frac{3}{16}$ zukommt, wenn das Spiel unterbleibt. Folglich hat er $\frac{11}{16}$ des Einsatzes und $B$ $\frac{5}{16}$ desselben zu fordern. Bei der Verbesserung dieser Methode bediente sich *Pascal* des von ihm erfundenen arithmetischen Dreiecks (Traité du triangle arithmétique) und seine äusserst elegante Methode (vgl. *M. Cantor*, a. a. O., Bd. 2, S. 689—691) steht, wie *Cantor* mit Recht hervorhebt, der sogleich zu erwähnenden combinatorischen Methode *Fermat*'s sicher nur deshalb nach, weil sie sich nicht, wie die letztere, auf mehr als zwei Spieler ausdehnen lässt.

*Fermat* wandte die Combinationslehre auf die obige Aufgabe an, indem er sich sagte, dass mit spätestens vier weiteren Spielen das Spiel beendigt sein müsse. Ueber den Ausfall dieser vier Spiele zu Gunsten des $A$ oder des $B$ sind 16 verschiedene Möglichkeiten vorhanden, welche sich mit Hülfe der Combinationslehre leicht angeben lassen und von denen 11 dem $A$ und 5 dem $B$ günstig sind.

*Pascal* und *Fermat* theilten sich ihre Versuche und Methoden gegenseitig brieflich mit, und es ist ihre Einmüthigkeit um so erfreulicher, wenn man auf die erbitterten Streitigkeiten hinblickt, welche wenige Jahrzehnte später zwischen *Leibniz* und *Newton*, zwischen *Jakob* und *Johann Bernoulli* geführt wurden. Besonders schön äussert sich diese Freude an den beiderseitigen Entdeckungen in einem Briefe *Pascal's* an *Fermat* vom 29. Juli 1654: »Je ne doute plus maintenant que je ne sois dans la vérité, après la rencontre admirable où je me trouve avec vous. Je vois bien que la vérité est la même à Toulouse et à Paris«\*) (vgl. *M. Cantor*, Historische Notizen über die Wahrscheinlichkeitsrechnung, Halle 1874). In die Oeffentlichkeit drang von diesen Untersuchungen und Resultaten nur mündlich Kunde, da *Pascal's* Traité du triangle arithmétique erst 1665, drei Jahre nach seines Verfassers Tode, und sein Briefwechsel mit *Fermat* noch später veröffentlicht wurde.

Gesprächsweise hatte auch *Christian Huygens* (1629—1695) während seiner Anwesenheit in Paris im Sommer 1655 Kenntniss von diesen ganz neuen Untersuchungen erhalten, ohne aber die von *Pascal* und *Fermat* geheim gehaltenen Methoden kennen zu lernen. Daher konnte er mit Recht in der vom 27. April 1657 datirten Vorrede zu seiner Abhandlung: »De ratiociniis in ludo aleae« behaupten, dass er den ganzen Gegenstand von den ersten Anfängen zu entwickeln genöthigt gewesen sei, wenn er auch *Pascal's* und *Fermat's* Priorität voll anerkenne. Die ursprünglich holländisch geschriebene Abhandlung *Huygens'* erschien in lateinischer Uebersetzung als Anhang zu den Exercitationum mathematicarum libri quinque (vom Jahre 1657) des jüngeren *Franciscus van Schooten* (1615—1660), welcher Professor an der Universität Leyden und der Lehrer von *Huygens* war. Die Methode, welche *Huygens* benutzt, ist die des arithmetischen Mittels und findet ihren prägnanten Ausdruck in dem Satze III auf Seite 7 dieses Bändchens; mit ihrer Hülfe löst dann *Huygens* eine Reihe von Aufgaben über Glücks- und Würfelspiele, welche aber sämmtlich nur in Zahlenwerthen gestellt sind.

---

\*) Ich zweifele jetzt nicht mehr an der Richtigkeit meiner Resultate, da ich mich in so bewundernswürdiger Uebereinstimmung mit Ihnen befinde. Ich sehe, dass die Wahrheit dieselbe in Toulouse wie in Paris ist.

Hiermit ist der Stand der Wahrscheinlichkeitsrechnung skizzirt, wie er sich darbot, als *Jakob Bernoulli* sich mit derselben zu beschäftigen anfing. Denn wenn auch seine Ars conjectandi ihrem Erscheinen nach einer späteren Zeit angehört, so ist zu beachten, dass sie thatsächlich, wenigstens ihrem Inhalte nach, in einer früheren Zeit (ca. 1680—1685) entstanden ist, da *Bernoulli* selbst angiebt, dass er sein berühmtes Theorem vor ungefähr 20 Jahren gefunden hätte. Es sind sogar Werke über Wahrscheinlichkeitsrechnung, welche zwar vor *Bernoulli*'s Ars conjectandi erschienen sind, schon von dieser beeinflusst gewesen, da ihre Verfasser Nachrichten über die *Bernoulli*'schen Forschungen bekommen hatten, wie dies z. B. *de Montmort* von seinem Werke ausdrücklich bemerkt. Ehe ich mich aber der Besprechung des Ars conjectandi zuwende, seien hier — dem in *Ostwald*'s Klassikern üblichen Gebrauche folgend — einige kurze Angaben über *Jakob Bernoulli*'s Lebensschicksale eingeschaltet.

Ein Vorfahre von *Jakob Bernoulli* hatte in der zweiten Hälfte des 16. Jahrhunderts Antwerpen verlassen, um sich den dortigen religiösen Verfolgungen zu entziehen, und sich in Frankfurt am Main niedergelassen. Von hier siedelte einer seiner Enkel im Jahre 1622 nach Basel über, wo dessen ältester Sohn *Niclaus* (1623—1708) als Kaufmann und Mitglied des grossen Rathes von Basel zu hohem Ansehen gelangte. Von seinen elf Kindern sind das fünfte und zehnte die beiden berühmten Mathematiker *Jakob* und *Johann*. Der ältere der beiden Brüder *Jakob*, welcher uns hier vornehmlich interessirt, wurde am 27. December 1654 in Basel geboren. Nach dem Willen seines Vaters studirte er Theologie, daneben aber seinen eigenen Neigungen folgend Mathematik und Astronomie. Nach der Beendigung seines Studiums (1676) unternahm er längere Reisen, von denen er im Jahre 1682 nach Basel zurückkehrte. Dort widmete er sich, nachdem er eine ihm angebotene Predigerstelle in Strassburg im Elsass ausgeschlagen hatte, ganz der Lehrthätigkeit in Mathematik und Physik und erhielt im Jahre 1687 die Professur für Mathematik an der Baseler Universität, wo sein jüngerer Bruder *Johann* (1667—1748) sein hervorragendster Schüler war und nach *Jakob*'s Tode auch seine Professur erhielt. Im Jahre 1699 wurde *Jakob* in Folge seiner ausgezeichneten wissenschaftlichen Erfolge Mitglied der Pariser Akademie. Schon im Alter von 51 Jahren entriss ihn am 16. August 1705 ein allzu früher Tod der Wissenschaft; seinem Wunsche gemäss wurde auf seinem Grabstein eine logarithmische Spirale, welcher er zwei berühmte Abhandlungen gewidmet hatte, mit der Unterschrift: »Eadem mutata resurgo« *) eingemeisselt und dadurch gleichzeitig seinen wissenschaftlichen Erfolgen und seinem Glauben an die Unsterblichkeit ein Denkmal gesetzt.

Es sei an dieser Stelle noch der drei anderen Mitglieder der Familie *Bernoulli*, welche derselben zu ihrer einzigartigen Bedeutung für die Geschichte der Mathematik verholfen haben, gedacht, da ich dieselben bereits zu nennen hatte und auch noch von ihnen zu sprechen haben werde. Es sind dies *Niclaus I. Bernoulli* (1687—1759), welcher ein Sohn eines im Alter zwischen *Jakob* und *Johann* stehenden Bruders war, und zwei Söhne von *Johann*, nämlich *Niclaus II.* (1695—1726) und *Daniel* (1700—1782). Wegen ausführlicherer Mittheilungen verweise ich auf *P. Merian*, Die Mathematiker Bernoulli, Basel 1860.

Eine Würdigung der unsterblichen Verdienste, welche sich *Jakob Bernoulli* um die verschiedenen Zweige der Mathematik erworben hat, hier zu geben, ist weder meine Aufgabe, noch steht mir der nöthige Raum zu einer solchen zur Verfügung. Es ist eine solche kurz nach seinem Tode von einem seiner Schüler *Jakob Hermann* (1678—1733) in den Leipziger Acta Eruditorum vom Januar 1706 erschienen, und kein Geringerer als *Leibniz* selbst erkannte *Jakob Bernoulli*'s grosse Verdienste um die Entwickelung seiner Differentialrechnung mit den Worten an, welche er in den Nekrolog *Hermann*'s hineincorrigirte, dass »der neue Calcül mit gleichem Rechte verdiene der Calcül der beiden *Bernoulli* als der seinige genannt zu werden«. Auch die höchst unerquicklichen Streitigkeiten zwischen den beiden Brüdern *Jakob* und *Johann* darf ich hier unerwähnt lassen.

Ich wende mich vielmehr sofort zu *Jakob Bernoulli*'s berühmter Ars conjectandi. Wie aus zwei Stellen in derselben, einem Citate auf Seite 32 in dem ersten Theile (dieser Ausgabe) und dem vorletzten Abschnitte auf Seite 92 in dem vierten Theile hervorgeht, hatte *Jakob Bernoulli* in den Jahren 1679—1685 sich mit der Wahrscheinlichkeitsrechnung zu

---

*) Als dieselbe stehe ich verwandelt wieder auf.

beschäftigen angefangen. Trotzdem hinterliess er bei seinem Tode
die Ars conjectandi noch unvollendet. Wie aus dem von
*Niclaus I. Bernoulli* verfassten Vorworte des Werkes hervorgeht, wurde das Manuscript in der Histoire de l'Académie
des sciences de Paris für das Jahr 1705 (in *Fontenelle*'s
Éloge) und in dem Journal des Sçavans vom Jahre 1706
angekündigt und besprochen. Die Verleger, die Gebrüder
*Thurn* in Basel, wandten sich wegen Vollendung des Werkes
zunächst an *Jakob*'s Bruder *Johann*, welcher am meisten dazu
geeignet erschien, und dann an seinen Neffen *Niclaus I.*,
welcher in seiner Erstlingsarbeit: »Specimina Artis conjectandi ad quaestiones Juris applicatae« eine Anwendung der Wahrscheinlichkeitsrechnung auf Rechtsfragen
gemacht hatte. Beide lehnten aber die Aufforderung ab, der
Letztere mit dem ausdrücklichen Hinweise auf seine noch zu
geringe Erfahrung, welche zur Behandlung eines so schwierigen
Stoffes durchaus unzureichend sei. Schliesslich entschloss sich
*Niclaus I.* das Manuscript, soweit es von *Jakob* druckfertig
hinterlassen war, unvollendet herauszugeben, und liess im Anfange des September 1713 das Werk gedruckt erscheinen. In
der Vorrede forderte er *Pierre Rémond de Montmort* (1678—
1719), den Verfasser des 1708 erschienenen Essai d'analyse sur les jeux de Hazard, und *Abraham de Moivre*
(1667—1754), dessen Abhandlung De mensura sortis 1711
erschienen war. Der ebenso wie die Vorrede in lateinischer
Sprache verfassten Ars conjectandi hat der Herausgeber
noch zwei weitere Abhandlungen *Jakob Bernoulli*'s, den Tractatus de seriebus infinitis earumque summa finita,
et usu in quadraturis spatiorum et rectificationibus
curvarum und einen in französischer Sprache verfassten Brief
über das Ballspiel: Lettre à un Amy sur les Parties du
jeu de Paume — welcher letztere besonders paginirt ist —
beigefügt. In die zweibändige Ausgabe von *Jakob Bernoulli*'s
Werken, welche 1744 von *G. Cramer* herausgegeben wurden,
ist die Ars conjectandi nicht aufgenommen, wie hier ausdrücklich bemerkt sein mag; auch in *Johann Bernoulli*'s Werken,
welche *Cramer* 1742 herausgegeben hatte, ist dieselbe nicht
wieder abgedruckt, — *F. Hoefer* behauptet in seiner Histoire
des Mathématiques (Paris, Hachette, 1895) irrthümlich das
Gegentheil — wenn auch sonst Abhandlungen des einen Bruders,
falls es zum Verständnisse wünschenswerth war, von *Cramer*
in die Werke des andern Bruders aufgenommen sind.

Eine französische Uebersetzung des ersten Theiles der Ars conjectandi ist im Jahre 1801 von *L. G. F. Vastel* in Caen veröffentlicht unter dem Titel: L'Art de conjecturer, traduit du Latin de *Jacques Bernoulli*; avec des observations, éclaircissements et additions. Der zweite Theil wurde von *Maseres* in das Englische übersetzt und in einem Sammelbande von Abhandlungen verschiedener Autoren, welcher 1795 unter dem Titel: The doctrine of permutations and combinations, being an essential and fundamental part of the doctrine of chances von *Maseres* herausgegeben wurde, veröffentlicht. Eine Neuausgabe der ganzen Ars conjectandi ist bisher nirgends erschienen.

In der vorliegenden Ausgabe erscheint die Ars conjectandi zum ersten Male in deutscher Sprache, wobei der Uebersetzung die Seitenzahlen der Originalausgabe in eckigen Klammern eingefügt sind. Weggelassen ist die Vorrede von *Niclaus I. Bernoulli* und die Vorrede von *Christian Huygens* zu seiner Abhandlung De ratiociniis in ludo aleae; in beiden sind nur die historischen Angaben von Interesse, welche aber schon in der vorstehenden Skizze Erwähnung finden mussten. Ferner sind die Seiten 79, 80, 81 der Originalausgabe, welche in den speciellen Textanmerkungen noch Erwähnung finden werden, die Vorrede zum dritten Theile, welche mir nicht von *Jakob Bernoulli* herzustammen scheint und ganz unwesentlichen Inhalts ist, und der Tractatus de seriebus infinitis, welcher in keinem Zusammenhange mit der Ars conjectandi steht, nicht in diese Neuausgabe aufgenommen. Die Uebersetzung schliesst sich thunlichst getreu dem ursprünglichen Texte an; nur wo ermüdend weitschweifige Stellen zu vermeiden waren, sind kleine Aenderungen vorgenommen, welche natürlich aber den Sinn in keiner Weise verändern. Dass statt der wörtlichen Uebersetzung des Titels »Muthmaassungskunst« die jetzt gebräuchliche Bezeichnung »Wahrscheinlichkeitsrechnung« gewählt ist, wird wohl allgemeine Billigung finden.

Bei der hohen wissenschaftlichen Bedeutung, welche der Ars conjectandi zukommt, bedarf diese deutsche Ausgabe keiner weiteren Rechtfertigung; ich möchte eher behaupten, dass sie eine ihrem genialen Verfasser gegenüber abzutragende Schuld war, zumal bereits vor einigen Jahren *Daniel Bernoulli's* Theorie eines Maasses für den Zufall, welche ganz auf der Ars conjectandi fusst, in deutscher Uebersetzung, wie oben erwähnt, wenn auch leider nicht in einer Sammlung mathematischer Schriften erschienen ist.

Die **Ars conjectandi** zerfällt in vier Theile, deren erster die schon öfter genannte *Huygens*'sche Abhandlung **De ratiociniis in ludo aleae** neu abgedruckt und mit Anmerkungen von *Jakob Bernoulli* versehen enthält. In diesen Anmerkungen aber liegt gerade der Schwerpunkt des ersten Theiles, da sie an Bedeutung die *Huygens*'sche Abhandlung weit überragen. Um dieselben besonders heraustreten zu lassen, sind sie zwischen Anführungsstriche » . . . « eingeschlossen worden. *Jakob Bernoulli* giebt in diesen Anmerkungen wichtige Verallgemeinerungen, indem er an Stelle der Zahlenwerthe in der ursprünglichen Aufgabe Buchstaben setzt und für diese die Lösung giebt, wodurch die Natur und Bauart derselben erst in volles Licht tritt; ferner beweist er *Huygens*'sche Sätze auf anderem Wege, bez. zum ersten Male, giebt neue Methoden für die Auflösung von Aufgaben und behandelt die von *Huygens* im Anhange gestellten Aufgaben.

Der zweite Theil enthält eine ausführliche und sehr vollständige Darstellung der Combinationslehre, deren Wichtigkeit für die Wahrscheinlichkeitsrechnung *Jakob Bernoulli* klar erkannt hatte; berühmt ist dieser Theil vornehmlich dadurch, dass in ihm zum ersten Male die von *Euler* nach ihrem Entdecker benannten *Bernoulli*'schen Zahlen vorkommen. In dem dritten Theile wird die Combinationslehre auf Fragen der Wahrscheinlichkeitsrechnung angewendet und eine Reihe von zum Theile sehr schwierigen Problemen gelöst.

Der nur aus fünf Kapiteln bestehende vierte Theil überragt, trotzdem er unvollendet ist, an Bedeutung thurmhoch die drei andern Theile. Gehen in den ersten drei Theilen die mathematischen Leistungen *Jakob Bernoulli*'s auch weit über die seiner Vorgänger hinaus, so erheben sich die Anwendungen, welche von der Wahrscheinlichkeitsrechnung gemacht werden, nicht über das gewohnte Niveau: nur Spielprobleme werden behandelt. Anders aber verhält es sich mit dem letzten Theile. Trotz seiner Nichtvollendung hat in ihm *Jakob Bernoulli* der Wahrscheinlichkeitsrechnung ganz neue Bahnen gewiesen und ihr die heutige weittragende Bedeutung für alle Gebiete des Lebens geschaffen und wissenschaftlich begründet. Trotz einiger Vorläufer in dieser Richtung, welche ich in den speciellen Textanmerkungen noch zu erwähnen haben werde, und trotz der hohen Meinung, welche *Huygens* in der Vorrede zu seiner Abhandlung von der Wahrscheinlichkeitsrechnung äussert, waren es thatsächlich noch kühne Fragen, deren Beantwortung *Jakob Bernoulli* von ihr verlangte und erhielt: Können wir bei scheinbar noch so zufälligen Erscheinungen und Ereignissen durch häufige Beobachtungen die Gesetze, denen sie unterworfen sind, mit genügender Sicherheit erkennen und wie hängt die Genauigkeit des Resultates von der Anzahl der angestellten Beobachtungen ab? Die Antwort auf diese Fragen liefert sein berühmter Satz (IV. Theil, Seite 104), mit welchem wir uns in den Anmerkungen noch zu beschäftigen haben werden. Kann man die Wahrscheinlichkeit eines Ereignisses nicht *a priori* durch Abzählen der seinem Eintreten günstigen und ungünstigen Fälle ermitteln, so kann man sie stets *a posteriori* bestimmen, d. h. »aus dem Erfolge, welcher bei ähnlichen Beispielen in zahlreichen Fällen beobachtet wurde«. Damit war neben die Wahrscheinlichkeit *a priori* die für alle Anwendungen auf die verschiedenen Gebiete des Lebens ungleich wichtigere Wahrscheinlichkeit *a posteriori* gestellt.*)

In dem Briefe über das Ballspiel hat *Jakob Bernoulli* es mit solchen Wahrscheinlichkeiten a posteriori zu thun, wenn er annimmt, dass die Geschicklichkeiten der Spieltheilnehmer durch zahlreich von ihnen abgelegte Proben bekannt seien.

Die weitere Entwickelung der Wahrscheinlichkeitsrechnung, soweit sie von der Ars conjectandi beeinflusst ist, knüpft gerade an den letzten Theil derselben und das *Bernoulli*'sche Theorem an. Die ersten drei Theile der Ars conjectandi konnten bei ihrem Erscheinen deshalb nicht mehr den ihnen zukommenden Einfluss ausüben, weil ihnen derselbe durch die oben genannten Werke von *de Montmort* und *de Moivre*, welche früher erschienen, wenn auch später entstanden waren, bereits vorweggenommen worden war und sie auch von dem Werke des letzteren Autors durch gewandtere Analyse übertroffen wurden. Dagegen knüpfen in einem anderen Werke von *de Moivre*, der 1716 in erster, 1738 in zweiter und

---

*) Man vergleiche auch die schönen Worte, mit welchen *Laplace* in seiner Théorie analytique des probabilités, introduction p. XLVII, *Bernoulli*'s grosse Entdeckung würdigt.

1756 in dritter Auflage erschienenen Doctrine of chances gewisse Entwickelungen an *Bernoulli*'s Satz an; er giebt für den *Bernoulli*'schen Summenausdruck einen Integralausdruck, welcher als ein Vorläufer des bekannten *Laplace*'schen Integrals angesehen werden muss.

Mächtig hat sich seit der Mitte des vorigen Jahrhunderts die Wahrscheinlichkeitsrechnung auf Grund der genialen Gedanken *Jakob Bernoulli*'s entwickelt — deren Tragweite er wohl zu ermessen wusste, wie die Schlussworte des vierten Theiles seiner Ars conjectandi zeigen — bis sie heute durch die glänzenden Forschungen von *Laplace* und vornehmlich *Gauss* zum unentbehrlichen Hülfsmittel für jede exakte Forschung geworden ist. Eine eingehende Schilderung dieser Entwickelung hier zu geben ist unmöglich, so mancher glänzende Name in Folge dessen auch ungenannt bleiben muss. In dieser Richtung verweise ich auf *Todhunter*'s schon genanntes Werk und auf den Notice historique sur le calcul de probabilité überschriebenen Abschnitt in der Introduction zu der klassischen Théorie analytique des probabilités von *Laplace*, welche zum ersten Male 1812 in Paris erschien.

## Specielle Textanmerkungen.

1) *Zu S. 4.* Dieser etwas orakelhaft klingende Satz konnte, ohne dass dieser ganze Abschnitt hätte umgestaltet werden müssen, nicht deutlicher formulirt werden. Was *Huygens* mit demselben sagen will, ergiebt sich völlig klar aus seinen Ausführungen zu den Sätzen I bis III. —

An dieser Stelle seien zugleich einige Eigenthümlichkeiten, welche sich in der Schreibweise der Formeln bei *Bernoulli* finden, erwähnt. Statt des jetzt üblichen Gleichheitszeichens $=$ benutzt er das von *Descartes* eingeführte Zeichen $\infty$, welches eine umgekehrte Verschlingung der Buchstaben ae (aequale) vorstellt. Die Proportion $a : b = c : d$ schreibt er $a \cdot b :: c \cdot d$, welche Schreibweise (nach *Cantor*) von *William Oughtred* (1574—1660) in seiner Clavis mathematica eingeführt ist; statt $\dfrac{p \cdot \dfrac{a}{2} + q \cdot \left(-\dfrac{a}{2}\right)}{p+q} = \dfrac{(p-q)\dfrac{a}{2}}{p+q}$ findet man $\dfrac{p^{a:2}+q^{-a:2}}{p+q} \infty \dfrac{\overline{p-q}^{a:2}}{p+q}$ geschrieben, und ähnliche Eigenthümlichkeiten.

2) *Zu S. 12.* In dieser und den folgenden Aufgaben habe ich die Spieltheilnehmer mit grossen Buchstaben bezeichnet, um die schwerfälligen *Huygens*'schen Redewendungen »ich und ein Andrer«, »ich und zwei Andere«, und ähnliche zu vermeiden. In einigen Auflösungen und in den Aufgaben des Anhanges findet sich diese Buchstabenbezeichnung schon im Original vor.

Trotzdem *Bernoulli* unter IX das allgemeine Theilungsproblem formulirt, hat er dessen Lösung für mehr als zwei Spieler nirgends versucht; für 2 Spieler giebt er die allgemeine Lösung auf S. 106—111. Ich verweise in dieser Hinsicht z. B. auf *A. Meyer*, Vorlesungen über Wahrscheinlichkeitsrechnung, deutsch bearbeitet von *A. Czuber*. (Leipzig, 1879), S. 84, wo die Lösung mittelst bestimmter Integrale gegeben ist. Ich gebe hier nur die allgemeine Summenformel für zwei und drei Spieltheilnehmer, denen, um das ganze Spiel zu gewinnen, noch bez. $m$, $n$ und $m$, $n$, $r$ Einzelspiele fehlen und welche für das Gewinnen eines solchen bez. die Wahrscheinlichkeiten $\alpha$, $\beta$ und $\alpha$, $\beta$, $\gamma$ haben, wo $\alpha + \beta = 1$, bez. $\alpha + \beta + \gamma = 1$ ist. Bezeichnen $A_{m,n}$ und $A_{m,n,r}$ die Wahrscheinlichkeiten des $A$ bei zwei, bez. drei Spieltheilnehmern, wenn ihm noch $m$ Spiele fehlen, so ist

$$A_{m,n} = \alpha^m \sum_{\varrho=0}^{n-1} \binom{m+\varrho-1}{\varrho} \beta^\varrho$$

und

$$A_{m,n,r} = \alpha^m \sum_{\varrho=0}^{n-1} \sum_{\sigma=0}^{r-1} \binom{m+\varrho-1}{\varrho} \binom{m+\varrho+\sigma-1}{\sigma} \beta^\varrho \gamma^\sigma.$$

Aus diesen Formeln erhält man durch cyklische Vertauschung von $m$, $n$ und $\alpha$, $\beta$, bez. $m$, $n$, $r$ und $\alpha$, $\beta$, $\gamma$ die Hoffnungen der übrigen Spieler. Setzt man $\alpha = \beta = \frac{1}{2}$, bez. $\alpha = \beta = \gamma = \frac{1}{3}$, so kann man mit diesen Formeln leicht die beiden Tafeln controliren. Im ersten Falle lässt sich der Werth

$$A_{m,n} = \dfrac{1}{2^{m+n-1}} \sum_{\varrho=0}^{n-1} \binom{m+\varrho-1}{\varrho} 2^{n-1-\varrho}$$

leicht in den von *Bernoulli* (auf S. 110) gegebenen Werth überführen:

$$A_{m,n} = \frac{1}{2^{m+n-1}} \sum_{\varrho=0}^{n-1} \binom{m+n-1}{\varrho}.$$

Bei *Bernoulli* sind nur $m$ und $n$ miteinander vertauscht.

3) *Zu S. 16.* Hier habe ich den Buchstaben $n$ eingeführt, während *Bernoulli* diese Formel mühsam und doch undeutlich mit Worten beschreibt.

4) *Zu S. 21.* Diese Ueberschrift findet sich nicht bei *Huygens*, sondern ist erst von *Bernoulli* hinzugefügt. »Wurf« bedeutet später öfter auch soviel als ein Spiel unter mehreren zu gewinnenden Spielen.

5) *Zu S. 28.* Die Citate sind im Originale öfter ungenau und daher dann hier abweichend.

Die Erwiderung, welche *Bernoulli* in den Anmerkungen zu der Aufgabe X auf den möglicherweise gegen die Richtigkeit der Lösung zu erhebenden Einwand giebt, ist von *Prevost* in den Nouveaux Mémoires de l'Académie de Berlin, 1781 einer Kritik unterzogen worden. Aus *Bernoulli*'s Schlussworten geht aber deutlich hervor, dass er mit dieser Erwiderung nur in populärer Weise veranschaulichen will, wie unberechtigt solche Einwände sind.

6) *Zu S. 32.* Dieser Brief ist vom 29. Juli 1654 datirt und findet sich wieder abgedruckt in den Oeuvres de *Fermat*, publiées par les soins de *Paul Tannery* et *Charles Henry*, T. II, p. 289—298, 70$^{\text{ter}}$ Brief. (Paris 1894.)

Der Anonymus, von welchem *Bernoulli* spricht, ist offenbar der schon erwähnte Spieler *de Méré*.

7) *Zu S. 42.* Hier ist eine der erwähnten Textkürzungen vorgenommen, indem die Hoffnungen eines Spielers, welcher mit $n$ Würfen ein Ziel ein-, zwei-, ..., $m$-mal erreichen will, im Texte fortgelassen sind, da die allgemeine Formel der Tafel auf S. 43 völlig ausreichend ist.

Für die Binomialcoefficienten, welche im Originale ausführlich hingeschrieben sind, habe ich die moderne Schreibweise $\binom{n}{m}$ benutzt, ausser wenn der Text die ausführliche Schreibweise $\dfrac{n(n-1)\cdots(n-m+1)}{1\cdot 2\cdots m}$ nöthig machte.

Zu beachten ist, dass *Huygens* hier und in einigen folgenden Aufgaben mit $a$ den Spieleinsatz bezeichnet, *Bernoulli* aber in den dazu gehörigen Anmerkungen den Spieleinsatz gleich 1 setzt und mit $a$ die Anzahl aller Fälle bezeichnet.

8) *Zu S. 46.* Wählt man die Gerade $CH$ als $x$-Axe und $CD$ als $y$-Axe, so ist die Gleichung der Curve:

$$y = c\left(\frac{a}{c}\right)^x$$

und die Gleichung der geraden Linie:

$$y = 2bx + 2c,$$

folglich ist für die Abscisse des Schnittpunktes beider:

$$c\left(\frac{a}{c}\right)^x = 2bx + 2c,$$

d. h. es ist $x = CH = n$.

Die Figur entspricht dem darüberstehenden Zahlenbeispiele $a : c = 6 : 5$. Die Kreuzchen auf der Linie $CH$ markiren die Endpunkte der zehnmal aufgetragenen Längeneinheit, sodass man für $n$ sofort den Werth 9,7 ... ablesen kann.

9) *Zu S. 55.* Die beiden von *Bernoulli* in dem Journal des Sçavans (Ephem. Erud. Galliae) für 1685 gestellten Aufgaben sind specielle Fälle von den beiden Aufgaben III und IV der Tafel auf Seite 56; man erhält jene, wenn man in den Lösungen der letzteren $m = \frac{5}{6}$ setzt. In den Acta Erud. Lips. 1690, p. 223—224 und 358—360 geben *Bernoulli* und *Leibniz* nur die Lösungen, ohne sie wirklich abzuleiten. (Vgl. auch *Jacobi Bernoulli* Opera [Genf 1744] p. 207 und 430.) Bei *Leibniz* ist nur das Bildungsgesetz leichter zu erkennen als bei *Bernoulli*.

Die von *Bernoulli* auf den Seiten 51—52 und 55—59 entwickelte Methode darf man wohl als seine werthvollste Leistung im ersten Theile bezeichnen.

10) *Zu S. 59.* Im Originale findet sich noch nirgends die decimale Schreibweise der Brüche.

11) *Zu S. 62 und 65.* Durch Weglassung der im Originale mitgetheilten ausführlichen Rechnung ist hier wesentlich gekürzt worden.

12) *Zu S. 69.* Statt des weitschweifigen Textes im Originale sind hier nur die Resultate tabellarisch zusammengestellt.

13) *Zu S. 75.* Bezeichnet $A_m$ die Hoffnung des $A$, alle $n$ Münzen seines Gegners zu erhalten, wenn er selbst $m$ Münzen hat, so hat die Wahrscheinlichkeit $\dfrac{b}{a}$, bei dem nächsten Spiele eine Münze seines Gegners zu erhalten, und $\dfrac{c}{a}$, eine seiner eigenen Münzen an ihn zu verlieren, und daher ist

$$A_{m-1} = \frac{b}{a} A_m + \frac{c}{a} A_{m-2}.$$

Bezeichnet man noch $A_m - A_{m-1}$ mit $\varphi(m)$, und beachtet man, dass $a = b + c$ ist, so folgt

$$\varphi(m) = \frac{c}{b} \varphi(m-1),$$

mithin

$$\varphi(m) = \left(\frac{c}{b}\right)^{m-1} \varphi(1).$$

Nun ist aber $A_{m+n} = 1$, da $A$ gewonnen hat, wenn er alle $m + n$ Münzen besitzt, und $A_0 = 0$, da dann $B$ alle $m + n$ Münzen besitzt, und folglich ist $\varphi(1) = A_1 - A_0 = A_1$, also

$$\varphi(m) = \left(\frac{c}{b}\right)^{m-1} A_1$$

oder

$$A_m = A_{m-1} + \left(\frac{c}{b}\right)^{m-1} A_1.$$

Setzt man in dieser Gleichung für $m$ nacheinander die Werthe $2, 3, \ldots, m$ und addirt man dann sämmtliche Gleichungen zu einander, so ergiebt sich

$$A_m = A_1 \left[1 + \frac{c}{b} + \left(\frac{c}{b}\right)^2 + \cdots + \left(\frac{c}{b}\right)^{m-1}\right]$$

$$= \frac{b^m - c^m}{b^{m-1}(b-c)} A_1.$$

Da die linke Seite dieser Gleichung gleich 1 ist, wenn man $m + n$ an Stelle von $m$ setzt, so folgt

$$A_1 = \frac{b^{m+n-1}(b-c)}{b^{m+n} - c^{m+n}}$$

und mithin schliesslich

$$A_m = \frac{(b^m - c^m) b^n}{b^{m+n} - c^{m+n}}.$$

In ganz gleicher Weise findet für die Hoffnung des $B$, alle Münzen seines Gegners zu erhalten, wenn er selbst $n$ Münzen hat:

$$B_n = \frac{(b^n - c^n) c^m}{b^{m+n} - c^{m+n}}.$$

Aus dem Umstande, dass die Hoffnungen beider Spieler bei Beginn des Spieles sich zu 1 ergänzen, folgern zu wollen, wie es *Todhunter* (a. a. O., S. 63) thut, dass das Spiel ein Ende haben, d. h. ein Spieler in endlicher Zeit alle Münzen besitzen muss, ist offenbar nicht erlaubt, da kein Grund gegen die Möglichkeit, dass das Spiel nie zu Ende kommt, vorhanden ist.

Die von *Jakob Bernoulli* ohne Beweis gegebene Formel ist zuerst von *de Moivre* in seiner Abhandlung De mensura sortis bewiesen.

---

14) *Zu S. 77. Schooten*'s Exercitationes mathematicae sind schon in der historischen Einleitung genannt worden.

*Jean Prestet* (gestorben 1690) hatte ein zu seiner Zeit sehr geschätztes Lehrbuch Elemens des Mathematiques geschrieben, welches zuerst 1675 und dann in wiederholten Auflagen erschienen ist. Nach *Wallis*' Behauptung enthält das Werk ungefähr alles, was bis dahin auf algebraischem Gebiete geleistet worden war.

*John Wallis* (1616—1703) war, nachdem er erst mit theologischen Studien begonnen hatte, von 1649 an Professor der Geometrie in Oxford und eines der ersten Mitglieder der Royal Society. Am bekanntesten von ihm sind die beiden Werke: Arithmetica infinitorum, welche 1655 erschien, und Treatise of Algebra both historical and practical with some additional treatises, welcher zuerst 1685 erschien und dann 1693 in lateinischer Bearbeitung in den zweiten Band seiner Werke aufgenommen wurde. Dieses letztere Werk, welches hier in Betracht kommt, war für seine Zeit ein ausgezeichnetes Lehrbuch der Algebra, ist aber von einer einseitigen Voreingenommenheit für englische Leistungen auf diesem Gebiete und Ueberschätzung dieser nicht frei zu sprechen.

Von *Gottfried Wilhelm Leibniz* (1646—1716) ist hier die Dissertatio de arte combinatoria (Mathem. Schriften, herausgeg. von *Gerhardt*, Bd. 5, S. 7—79) zu nennen, welche 1666 im Drucke erschien und 1690 ohne Wissen ihres Verfassers in Frankfurt am Main nachgedruckt wurde. In derselben wird zum ersten Male der Name Ars combinatoria gebraucht, welcher dieser mathematischen Disciplin geblieben ist. Nach *Cantor*'s ausführlicher Inhaltsangabe (Geschichte der Mathematik, Bd. 3, S. 41 und 42) betrachtet *Leibniz* sowohl Permutationen als Combinationen (nach dem heutigen Sprachgebrauche), welche er variationes und complexiones nennt; das Wort Permutation ist von *Bernoulli* in die Wissenschaft eingeführt (vgl. S. 78). Die Classe, zu welcher combinirt werden soll, heisst exponens, welche Bezeichnung auch *Jakob Bernoulli* in der Ars conjectandi benutzt. Ferner finden sich noch einige Sätze über die Permutationszahlen (wie kurzweg die Anzahl der Permutationen von gegebenen Elementen bezeichnet werden soll). Der Vollständigkeit wegen nenne ich noch die beiden Abhandlungen: De primitivis et divisoribus ex tabula combinatoria (Math. Schriften, Bd. 7, S. 101—113) und die hochbedeutsame Nova Algebrae promotio (Math. Schriften, Bd. 7, S. 154—189), welche letztere sich erst in *Leibniz'* Nachlasse vorgefunden hat. —

Da *Pascal* unter den in der Vorrede zum zweiten Theile aufgeführten Autoren fehlt, so muss man wohl annehmen, dass *Bernoulli Pascal*'s combinatorische Untersuchungen in dem Traité du triangle arithmétique nicht gekannt hat, was um so merkwürdiger ist, als das genannte Werk bereits 1665 erschienen war, und was sich nur durch die Langsamkeit des damaligen Verkehrs erklären lässt. Wie *Cantor* (a. a. O., Bd. 3, S. 340) angiebt, ist zwar *Bernoulli* auf *Pascal*'s Werk im April 1705 von *Leibniz* brieflich aufmerksam gemacht worden, hat aber dasselbe schwerlich noch kennen gelernt, da er in diesen letzten Monaten seines Lebens meistens krank war.

Einen vorzüglichen Ueberblick über den jetzigen Stand der Combinatorik giebt der Aufsatz »Combinatorik« von *E. Netto* in der Encyklopädie der mathematischen Wissenschaften Bd. 1, S. 28—46 (Leipzig, 1898).

15) *Zu S. 77.* *Bernoulli* scheint zuerst eine Theilung des zweiten Theiles in nur drei Abschnitte (Permutationen, Combinationen, Variationen) beabsichtigt zu haben, wie der Schlussabschnitt der Einleitung im Originale andeutet; ich habe in demselben die der jetzigen Eintheilung entsprechenden geringfügigen Aenderungen angebracht.

16) *Zu S. 80.* Ursprünglich verstand man unter Anagramm das Rückwärtslesen eines oder mehrerer Worte, z. B. Roma und Amor. Später wurde es üblich, irgend eine Permutation der Buchstaben der ursprünglichen Worte darunter zu verstehen, z. B. Roma und Mora. Vornehmlich beliebt waren derartige Spielereien im Orient; in Europa wurden im 16. und 17. Jahrhundert Anagramme des eigenen Namens gern als Pseudonyme benutzt. Auch diente das Anagramm dazu, eine gefundene Methode zu verbergen, durch Veröffentlichung desselben aber sich die Priorität zu sichern. In dieser Absicht verbarg *Newton* den Kern seiner Fluxionsrechnung in dem Anagramme: $6a$, $2c$, $d$, $ae$, $13e$, $2f$, $7i$, $3l$, $9n$, $4o$, $4q$, $2r$, $4s$, $8t$, $12v$, $x$, welches den Satz versteckte: Data aequatione quotcunque fluentes quantitates involvente fluxiones invenire et vice versa (Aus einer Gleichung, welche beliebig viele Fluenten enthält, die Fluxionen zu finden und umgekehrt). Anagrammsammlungen: *Celspirius*, De anagrammatismo (Regensburg, 1713); *Wheatley*, On anagrams (London, 1862).

17) *Zu S. 81.* *Thomas Lansius* (1577—1657) war Professor der Jurisprudenz in Tübingen und zugleich fürstlicher Commissarius und Visitator der Universität. Er gab »Orationes« heraus. Die von *Bernoulli* angeführten Verse bilden übrigens kein Distichon, sondern sind zwei Hexameter.

*Joseph Scaliger* (1540—1609) erhielt, nachdem er ausgedehnte Reisen in Italien, England und Schottland unternommen hatte und auch kurze Zeit Professor in Genf gewesen war, die Professur der schönen Wissenschaften in Leyden, welche er von 1593 an bis zu seinem Tode inne hatte, ohne Vorlesungen zu halten. Sein Lehrbuch der Chronologie »Opus de emendatione temporum« war bahnbrechend, während seine übrigen mathematischen Werke voll falscher Behauptungen und Ansichten waren.

*Bernhard Bauhusius* (1575—1619) war Jesuit und Priester in Löwen. Er schrieb neun Bücher Epigramme und ein Buch geistlicher Lieder.

*Erycius Puteanus* oder *van der Putten* (1574—1646) wurde 1601 Professor eloquentiae, später spanischer Historiograph in Mailand. Er unterhielt eine ganz aussergewöhnlich grosse Correspondenz mit allen möglichen hochgestellten und berühmten Leuten, sodass sich bei seinem Tode mehr als 16 000 Briefe in seiner Bibliothek vorfanden.

*Gerhard Johann Voss*, latinisirt *Vossius* (1577—1649), war zuerst als Rector einer Schule in Dordrecht, dann an der Universität Leyden und zuletzt am Gymnasium in Amsterdam thätig. Sein eigentliches Arbeitsfeld war das klassische Alterthum und »mathematische Studien kamen dementsprechend für ihn nur so weit in Betracht, als sie sich mit seinen literarhistorischen Forschungen kreuzten« (*Cantor*, a. a. O., Bd. 2, S. 600). Der vollständige Titel seines posthum erschienenen mathematischen Werkes ist: De universae mathesios natura et constitutione liber. —

Die Bildung von Anagrammen wurde im 17. Jahrhundert auf religiösem Gebiete besonders fleissig geübt. So sind z. B. um 1680 aus dem Ave Maria:

Ave Maria gratia plena dominus tecum

hundert einen Sinn ergebende Anagramme gebildet, welche in drei Classen (Aussprüche der Maria von sich selbst, Aussprüche über sie und Anreden an sie) zerfallen.

*Bauhusius* theilt seine Anagramme nach den Anfangsworten ein: 54 beginnen mit Tot tibi, 25 mit Tot sunt, u. s. w. *Puteanus* scheint es für das grösste Verdienst von *Bauhusius* zu halten, dass er soviele Anagramme grade herausgebracht hat, als nach dem Almagest des *Ptolemäus* Sterne am Himmel stehen sollten.

In der Originalausgabe der Ars conjectandi findet sich auf den Seiten 79, 80, 81 die ausführliche Aufzählung der 3312 Anagramme, welche *Bernoulli* aus dem Verse des *Bauhusius* gebildet hat. Nach den Schlussworten des I. Kapitels hat *Bernoulli* aber diese Aufzählung gar nicht zur Veröffentlichung bestimmt gehabt, weshalb dieselbe hier unterblieben ist, zumal sie gar kein Interesse darbieten kann; daher folgt auf die Seitenzahl [78] des Originals unmittelbar [82].

18) *Zu S. 83*. *Bernoulli* gebraucht zwar immer die Bezeichnung Exponent (exponens) für Classe, wie schon erwähnt; da aber heute das Wort Exponent eine ganz andere Bedeutung hat, so habe ich vorgezogen, die jetzt übliche

Bezeichnung Classe an seine Stelle zu setzen. Die Worte combinatio, conternatio, u. s. w. finden sich schon bei *Leibniz*, dagegen scheinen die Worte nullio, unio, binio, u. s. w. von *Bernoulli* gebildet zu sein.

19) *Zu S. 92—95*. Die Beweise dieser Hülfssätze haben in formaler Beziehung manches Unbefriedigende, was besonders in dem Beweise des Hülfssatzes (5) hervortritt.

Der Beweis des Hauptsatzes auf S. 94 lässt sich sehr einfach führen, wenn man sich zunächst die Frage vorlegt, welche Gestalt die Glieder $a_{c,\nu}$ einer Zahlenreihe, wo $c$ eine bestimmte ganze Zahl ist und $\nu$ die Zahlen 1, 2, 3, ... durchläuft, haben müssen, damit für jeden ganzzahligen Werth von $n$

$$\sum_{\nu=1}^{\nu=n} a_{c,\nu} : n a_{c,n} = 1 : r$$

sich verhält oder

$$\sum_{\nu=1}^{\nu=n-1} a_{c,\nu} + \left(1 - \frac{n}{r}\right) a_{c,n} = 0$$

ist. Bildet man sich nun die letzte Gleichung für $n = 1, 2, 3, \ldots, r-1, r, r+1, \ldots n$, so folgt

$$a_{c,1} = a_{c,2} = \cdots = a_{c,r-1} = 0,$$

$$a_{c,r+1} = \binom{r}{r-1} a_{c,r}, \quad a_{c,r+2} = \binom{r+1}{r-1} a_{c,r}, \ldots,$$

$$a_{c,n} = \binom{n-1}{r-1} a_{c,r};$$

$a_{c,r}$ bleibt willkürlich.

Ist nun noch

$$a_{c+1, n+1} = \sum_{\nu=1}^{\nu=n} a_{c,\nu},$$

so folgt

$$a_{c+1, n+1} = \sum_{\nu=1}^{\nu=n} \binom{\nu-1}{r-1} a_{c,r} = \binom{n}{r} a_{c,r}$$

und mithin

$$\sum_{\nu=1}^{\nu=n} a_{c+1,\nu} = \sum_{\nu=1}^{\nu=n} \binom{\nu}{r} a_{c,r} = \binom{n+1}{r+1} a_{c,r}.$$

Daraus folgt sofort der Hülfssatz (5):

$$\sum_{v=1}^{v=n} a_{c+1,v} : (n+1)\, a_{c+1,n+1} = \binom{n+1}{r+1} a_{c,r} : (n+1) \binom{n}{r} a_{c,r}$$
$$= 1 : (r+1).$$

Die beiden Voraussetzungen dieses Satzes sind aber für die Glieder der ersten Columne der Tafel der figurirten Zahlen erfüllt und zwar ist für diese $c=1$, $r=1$, $a_{1,n}=1$. Daraus folgt dann allgemein für die $c^{\text{te}}$ Columne $r=c$ und $a_{c,n}=0$ für $n<c$, $a_{c,c}=1$, $a_{c,n}=\binom{n-1}{c-1}$ für $n>c$, womit zugleich die in der Folgerung (S. 96) enthaltenen Resultate abgeleitet sind. —

Die Erfindung des Beweisverfahrens durch vollständige Induction, d. h. mit Hülfe des Schrittes von $r$ auf $r+1$, welches in den Hülfssätzen (4) und (5) benutzt ist, wurde, wie *Cantor* (a. a. O., Bd. 3, S. 329) angiebt, lange Zeit *Bernoulli* zugeschrieben, sodass die Methode oft mit seinem Namen benannt worden ist. Wenn *Bernoulli* die Methode sicher auch von neuem aufgefunden hat, so gebührt die Priorität jedoch *Pascal*, welcher sie in seinem Traité du triangle arithmétique gegeben und benutzt hat.

20) *Zu S. 96*. *Johann Faulhaber* (1580—1635), Rechenmeister in Ulm; sein Freund und Gönner *Johann Remmelin* war gleichzeitig Arzt daselbst. Beide gaben von 1612—1619 Schriften mathematischen Inhalts, durch welche hauptsächlich die Lehre von den arithmetischen Reihen gefördert wurde, gemeinsam heraus. *Faulhaber* stellte auch Summenformeln auf für die Potenzen der aufeinanderfolgenden Zahlen der natürlichen Zahlenreihe bis zur Summe der 11. Potenzen einschliesslich, zu welchen er vermuthlich durch Bildung fortgesetzter Differenzenreihen gelangt war (*Cantor*, a. a. O., Bd. 2, S. 683—684).

*Nicolaus Mercator* (ca. 1620—1687), dessen eigentlicher Name *Kaufmann* war, lebte nach vollendeten Studien in England, wo er zu den Mitgliedern der Royal Society gehörte und 1668 seine Logarithmotechnia (seu methodus nova et accurata construendi logarithmos) schrieb. Später ging er nach Frankreich und legte die Wasserkünste in Versailles an.

Unter den von *Bernoulli* hier genannten Autoren, welche sich mit den figurirten Zahlen beschäftigt haben, fehlen *Michael Stifel* (1486 oder 1487—1567), *Nicolo Tartaglia* und *Pascal*. Der erstgenannte Autor hat in seiner Arithmetica integra von 1544 eine Anordnung der figurirten Zahlen gegeben, welche man aus *Bernoulli*'s Tafel auf Seite 88 erhält, wenn man in der zweiten Columne die ersten zwei, in der dritten die ersten vier, ..., in der $k^{\text{ten}}$ die ersten $2^{k-1}$ Glieder wegstreicht, alle übrigen Zahlen aber an ihren Stellen stehen lässt. *Tartaglia*'s Tafel in seinem General Trattato di numeri e misure ist mit *Bernoulli*'s Tafel auf Seite 112 identisch. *Pascal*'s arithmetisches Dreieck erhält man aus der Tafel auf Seite 112, wenn man in derselben alle unterhalb der von links unten nach rechts oben gezogenen Diagonale stehenden Glieder streicht. Ausführliche Mittheilungen über diese früheren Arbeiten siehe bei *Cantor* (a. a. O., Bd. 2, S. 397—398, 479—480, 684—688). Während die beiden erstgenannten Autoren die figurirten Zahlen nur additiv entstehen lassen, auf Grund der bekannten Formel:

$$\binom{n+1}{c} = \binom{n}{c} + \binom{n}{c-1},$$

findet sich bei *Pascal* auch die multiplicative Entstehung:

$$\binom{n}{c} = \frac{n(n-1)\cdots(n-c+1)}{1\cdot 2 \cdots c}.$$

21) *Zu S. 97—99.* Mit dieser Behauptung, dass der Inductionsbeweis zu wenig wissenschaftlich ist, will natürlich *Bernoulli* nur die unvollständige Induction treffen. Mit Ueberraschung nimmt freilich nach diesen Worten der Leser auf S. 99 wahr, dass *Bernoulli* die unvollständige Induction hier selbst, allerdings in genialster Weise benutzt, um aus den Formeln für $S(n)$, $S(n^2)$, ..., $S(n^{10})$ die Formel für $S(n^c)$, wo $c$ irgend eine ganze positive Zahl ist, hinzuschreiben. Wie er jedoch zu dieser Formel und vornehmlich zur Abtrennung der Factoren $\frac{1}{2}\binom{c}{1}$, $\frac{1}{4}\binom{c}{3}$, $\frac{1}{6}\binom{c}{5}$, ... in den Coefficienten von $n^{c-1}$, $n^{c-3}$, $n^{c-5}$, ..., wodurch die zweiten Factoren $A$, $B$, $C$, ... als constante Zahlen übrig bleiben, gekommen

ist, entzieht sich unserer Kenntniss. *Schwering* hat einen Wiederherstellungsversuch unternommen, welcher von *Cantor* (a. a. O., Bd. 3, Vorwort, Seite IX—X) mitgetheilt ist. Aus ihm folgt zwar, dass die Exponenten der Potenzen $n$ von der $(c-1)^{\text{ten}}$ an immer um 2 Einheiten abnehmen müssen; dieser Umstand aber dürfte von *Bernoulli* einfach aus der Bauart der Formeln für $c = 1, 2, \ldots, 10$ ohne weiteres entnommen sein, sodass *Schwering*'s Versuch schwerlich *Bernoulli*'s Gedankengange entspricht. Ganz unerklärt bleibt aber, wie *Bernoulli* erkannt hat, dass die Coefficienten $A, B, C, \ldots$ constante, abwechselnd positive und negative Zahlen sind, was zuerst *Euler* (Calculus differentialis, Bd. 2, Kap. 5) mit Hülfe der trigonometrischen Reihen bewiesen hat. Dass die Zahlen $A, B, C, \ldots$ abwechselnd positive und negative Werthe haben, ist auf Grund ihrer ursprünglichen Definition bis heute noch nicht bewiesen; die moderne Ableitung der Formel für $S(n^c)$ zeigt nur, dass sie constant sind. Den Namen *Bernoulli*'sche Zahlen haben die Zahlen $A, B, C, \ldots$ von *de Moivre* (Miscellanea analytica, London 1730) und *Euler* erhalten; heute versteht man darunter gewöhnlich die absoluten Werthe von $A, B, C, \ldots$.

Kleidet man die von *Bernoulli* auf Seite 99 gegebene Regel für die reccurrente Berechnung der Coefficienten $A, B, C, \ldots$, zu welcher er sicher dadurch gelangt ist, dass er $n = 1$ setzte, in eine Formel ein, so ist, wenn man noch an Stelle von $A, B, C, D, \ldots B_1, -B_2, B_3, -B_4, \ldots$ setzt:

$$\sum_{\sigma=1}^{\sigma=m} (-1)^\sigma \binom{2m+1}{2\sigma} B_\sigma + m - \frac{1}{2} = 0,$$

$m = 1, 2, 3, \ldots$. Diese Formel wird gewöhnlich als die *Moivre*'sche Formel bezeichnet, was aber deshalb unbillig ist, weil *Moivre* weiter nichts gethan hat, als die von *Bernoulli* klar ausgesprochene Regel in Gestalt einer Formel zu schreiben, ohne aber einen Beweis derselben zu geben. Ueber *Bernoulli*-sche Zahlen vgl. *Saalschütz*, Vorlesungen über die *Bernoulli*'schen Zahlen (Berlin, 1893) und *Haussner*, Zur Theorie der *Bernoulli*'schen und *Euler*'schen Zahlen (Göttinger Nachrichten, 1893, Nr. 21), wo die betreffende Literatur ziemlich vollständig angegeben ist.

22) *Zu S. 100.* Ismael *Bullialdus* oder *Boullaud*, auch *Boulliau* (1605—1694) gehörte zu dem Bekanntenkreise von *Girard Desargues*, Pater *Mersenne*, *Roberval*, dem älteren *Pascal*, u. a. Nach vielen weiten Reisen war er zuletzt Priester an der Abtei St. Victor zu Paris; auch war er Mitglied der Royal Society. Er hat eine grössere Reihe von Werken mathematischen, physikalischen und astronomischen Inhalts geschrieben. Sein **Opus novum ad arithmeticam infinitorum** ist 1682 in Paris erschienen und besteht aus 6 Büchern.

23) *Zu S. 101.* Hier ist stark gekürzt, indem eine Anmerkung fortgelassen ist, in welcher nur sehr ausführlich gezeigt wird, wie man einen Binomialcoefficienten $\binom{n}{c}$ genau oder mit Hülfe von siebenstelligen Logarithmen angenähert berechnet, wenn $n$ und $c$ grosse Zahlen sind. *Bernoulli* berechnet $\binom{100}{20}$, wobei er sogar zeigt, wie man im Zähler und Nenner gemeinsame Factoren streichen muss. Aehnliche sachlich unbedeutende Kürzungen sind in den folgenden Hülfssätzen 1, 2, 3 und 6 vorgenommen.

24) *Zu S. 109.* Vgl. **Oeuvres de** *Pascal* (Paris, 1872), Tome III, p. 226—231.

25) *Zu S. 110.* Die hier gegebenen Zahlenbeziehungen lassen sich leicht allgemein begründen. Der Zähler des in der $n^{\text{ten}}$ Columne und $n^{\text{ten}}$ Zeile stehenden Bruches ist

$$\sum_{\varrho=0}^{\varrho=n-1}\binom{m+n-1}{\varrho} = \sum_{\varrho=0}^{\varrho=n-2}\binom{(m-1)+(n+1)-1}{\varrho} + \binom{m+n-1}{m-1},$$

wo das erste Glied auf der rechten Seite offenbar der Zähler des in der $(m-1)^{\text{ten}}$ Columne und $(n+1)^{\text{ten}}$ Zeile stehenden Bruches und das zweite Glied die in dem $(n+1)^{\text{ten}}$ Felde der Tafel auf Seite 112 stehende $m$-Eckszahl ist. Ferner ist

$$\sum_{\varrho=0}^{\varrho=n-1}\binom{m+n-1}{\varrho} = \sum_{\varrho=0}^{\varrho=n-3}\binom{(m-2)+(n+2)-1}{\varrho} + \binom{m+n}{m-1};$$

hier ist das erste Glied rechts der Zähler des in der $(m-2)^{\text{ten}}$ Columne und $(n+2)^{\text{ten}}$ Zeile stehenden Bruches und das zweite Glied die in dem $(n+2)^{\text{ten}}$ Felde der Tafel auf Seite 112 stehende $m$-Eckszahl.

26) *Zu S. 121.* *Bernoulli* gebraucht hier und in den folgenden Kapiteln nicht das Wort »Variation«, sondern bezeichnet die jetzt so genannten Complexionen als »Combinationen in Verbindung mit ihren Permutationen«. Schon der Kürze wegen empfahl sich die Einführung der modernen Bezeichnung.

27) *Zu S. 126.* In der Logik bedeutet bekanntlich der Buchstabe $A$ ein allgemein bejahendes, $E$ ein allgemein verneinendes, $J$ ein particular bejahendes und $O$ ein particular verneinendes Urtheil [Beispiele: $(A)$ Alle $S$ sind $P$; $(E)$ Kein $S$ ist $P$; $(J)$ Einige $S$ sind $P$, $(O)$ Einige $S$ sind nicht $P$]. Unter einem kategorischen Syllogismus versteht man einen aus drei kategorischen Urtheilen (d. h. solchen Urtheilen, welche ihren sprachlichen Ausdruck in einem einfachen Aussagesatz finden) bestehenden Schluss vom Allgemeinen auf das Besondere.

Als Modi bezeichnet man die verschiedenen kategorischen Syllogismen, welche den Variationen der vier Schlussarten $A$, $E$, $J$, $O$ zur dritten Classe mit Wiederholung entsprechen. Aber nicht alle diese Variationen liefern brauchbare (»gute«) Modi; in der Logik werden gewöhnlich 19 derselben als brauchbare Modi aufgeführt und mit aus der Scholastik stammenden Worten bezeichnet, die jedesmal drei von den Vokalen $A$, $E$, $J$, $O$ enthalten und so zugleich die Arten der verwendeten Urtheile bezeichnen (z. B. barbara, celarent, darii, ferio, u. s. w.). Die Anwendung der Combinatorik auf die Lehre vom Syllogismus wird auf den Peripatetiker *Aristo* von Alexandrien zurückgeführt (vgl. *Prantl*, Geschichte der Logik im Abendlande, Bd. I, S. 557 und 570).

Singuläre Urtheile sind solche, deren Subject einen einzigen Gegenstand ausmacht; sie werden jetzt unter die particularen Urtheile subsummirt. Auch die unbestimmten Urtheile pflegt man nicht mehr von den allgemeinen und particularen zu trennen; es sind solche, bei denen der Umfang des Subjectbegriffes nicht genau bestimmt ist.

28) *Zu S. 131 und 132.* Dass in der Tafel die Anzahl der Variationen zur höchsten Classe stets gleich der Anzahl der Variationen zur nächstniederen Classe ist, wieviele Dinge auch variirt werden, lässt sich folgendermaassen beweisen.

Bildet man sich die entsprechende Tafel für das Product $p_1^{\nu_1} p_2^{\nu_2} \ldots p_\varrho^{\nu_\varrho} \ldots p_k^{\nu_k}$, so hat man zuerst $\nu_1$ Zeilen (entsprechend $p_1^{\nu_1}$) mit allen figurirten Zahlen bis zu den $\nu_1$-Eckszahlen (einschl.) zu bilden und erhält in $2\nu_1 - 1$ Columnen Zahlen; in der letzten Columne steht die Zahl $\binom{2\nu_1 - 1}{\nu_1 - 1}$ und in der vorletzten stehen die Zahlen $\binom{2\nu_1 - 2}{\nu_1 - 2}$ und $\binom{2\nu_1 - 2}{\nu_1 - 1}$, welche addirt ebenfalls $\binom{2\nu_1 - 1}{\nu_1 - 1}$ ergeben. Dann hat man die Summenzahlen in der $(\nu_1 + 1)^{\text{ten}}$ Zeile mit ebensovielen natürlichen Zahlen, Dreiecks-, ..., $\nu_2$-Eckszahlen zu multipliciren und sich so $\nu_2$ Zeilen zu bilden und zu summiren. Dann hat man jetzt in der letzten, d. i. der $(2\nu_1 + \nu_2 - 2)^{\text{ten}}$ Columne das Glied:

$$\binom{2\nu_1 - 1}{\nu_1 - 1}\binom{2\nu_1 + \nu_2 - 2}{\nu_2 - 1}$$

und in der vorletzten Columne:

$$\binom{2\nu_1 - 1}{\nu_1 - 1}\binom{2\nu_1 + \nu_2 - 3}{\nu_2 - 2} + \binom{2\nu_1 - 1}{\nu_1 - 1}\binom{2\nu_1 + \nu_2 - 3}{\nu_1 - 1}$$
$$= \binom{2\nu_1 - 1}{\nu_1 - 1}\binom{2\nu_1 + \nu_2 - 2}{\nu_2 - 1}.$$

In der Weise fährt man in der Bildung der Tafel fort. Nimmt man nun an, dass die beiden letzten Variationszahlen für $p_1^{\nu_1} p_2^{\nu_2} \ldots p_{\varrho-1}^{\nu_{\varrho-1}}$ einander gleich sind, und hat man die $\nu_\varrho$ Zeilen, welche $p_1^{\nu_1} p_2^{\nu_2} \ldots p_\varrho^{\nu_\varrho}$ entsprechen, gebildet, so findet man, dass in der letzten, d. i. der $(2\nu_1 + \nu_2 + \cdots + \nu_\varrho - \varrho)^{\text{ten}}$ Columne das Glied

$$\binom{2\nu_1 - 1}{\nu_1 - 1}\binom{2\nu_1 + \nu_2 - 2}{\nu_2 - 1} \ldots \binom{2\nu_1 + \nu_2 + \cdots + \nu_\varrho - \varrho}{\nu_\varrho - 1}$$

allein steht, und in der vorletzten die beiden Glieder

$$\binom{2\nu_1 - 1}{\nu_1 - 1}\binom{2\nu_1 + \nu_2 - 2}{\nu_2 - 1} \ldots \binom{2\nu_1 + \nu_2 + \cdots + \nu_{\varrho-1} - \varrho + 1}{\nu_{\varrho-1} - 1} \times$$
$$\times \left\{ \binom{2\nu_1 + \nu_2 + \cdots + \nu_\varrho - \varrho - 1}{\nu_\varrho - 2} + \binom{2\nu_1 + \nu_2 + \cdots + \nu_\varrho - \varrho - 1}{\nu_\varrho - 1} \right\},$$

stehen, deren Summe wieder gleich dem Gliede der letzten Columne ist. Mithin ist die Behauptung durch vollständige Induction streng bewiesen.

Giessen, 16. März 1899.

**R. Haussner.**

---

Berichtigungen.

S. 59, Z. 2 von oben ist $\frac{c}{a}$ statt $\frac{a}{c}$ zu setzen.

S. 71, Z. 12 von oben ist hinter »spielen« hinzuzufügen »mit drei Würfeln«.

S. 112, Combinationstafel, Z. 1, Columne XII muss es 1 statt 2 heissen.

[138]
# Wahrscheinlichkeitsrechnung
(Ars conjectandi)

von

## Jakob Bernoulli.
Basel 1713.

---

### Dritter Theil.

## Anwendungen der Combinationslehre auf verschiedene Glücks- und Würfelspiele.

---

[139]     I.

**Aufgabe.** Jemand setzt, nachdem er zwei Steine, einen schwarzen und einen weissen, in eine Urne gelegt hat, für drei Spieler $A$, $B$, $C$ einen Preis aus unter der Bedingung, dass ihn derjenige erhalten soll, welcher zuerst den weissen Stein zieht; wenn aber keiner der drei Spieler den weissen Stein zieht, so erhält auch keiner den Preis. Zuerst zieht $A$ und legt den gezogenen Stein wieder in die Urne, dann thut $B$ als Zweiter das Gleiche, und schliesslich folgt $C$ als Dritter. Welche Hoffnungen haben die drei Spieler?

**Lösung.** Offenbar ist diese Aufgabe nur ein besonderer Fall des bei Gelegenheit der verallgemeinerten Aufgabe XI in dem ersten Theile gelösten Problems, dessen Lösung auf Seite 37 gegeben worden ist. Es wurden dort die Hoffnungen mehrerer Spieler bestimmt, welche mit gleicher oder ungleicher Anzahl der von den einzelnen hintereinander zu thuenden Würfe ein Vorhaben zu erreichen suchen, und es wurde für die Hoffnung irgend eines Spielers die allgemeine Formel

$$\frac{a^n c^s - c^{n+s}}{a^{n+s}}$$

gefunden. In dem vorliegenden Falle hat nun der Buchstabe $a$ (die Anzahl aller Fälle) den Werth 2 wegen der zwei Steine, $c$ (die Anzahl der ungünstigen Fälle) den Werth 1 wegen des einen schwarzen Steines, $n$ (die Anzahl der jedem Einzelnen zustehenden Spiele) den Werth 1 für alle drei Spieler und $s$ (die Anzahl aller schon erledigten Spiele) für $A$ den Werth 0, für $B$ den Werth 1 und für $C$ den Werth 2. Die Formel liefert dann für die Hoffnungen von $A, B, C$ bez. die Werthe $\frac{1}{2}, \frac{1}{4}, \frac{1}{8}$. Folglich bleibt für den Veranstalter des Spieles die Hoffnung $\frac{1}{8}$ übrig, dass er seinen ausgesetzten Preis zurückerhält.

[140] ## II.

**Aufgabe.** Die Spielbedingungen bleiben dieselben wie bei der vorigen Aufgabe; nur verzichtet der Veranstalter des Spieles von vorn herein auf seine Gewinnaussicht zu Gunsten der drei Spieler, welche den Preis unter sich theilen sollen, wenn keiner von ihnen den weissen Stein zieht. Welche Hoffnungen haben jetzt die Spieler?

**Lösung.** Da jetzt der ganze Anspruch auf den Preis den drei Spielern zusteht, so wird offenbar die Hoffnung jedes Spielers um $\frac{1}{24}$ besser, d. h. um den dritten Theil der Hoffnung, welche in der vorigen Aufgabe dem Veranstalter des Spieles zukam. Addirt man also $\frac{1}{24}$ zu $\frac{1}{2}, \frac{1}{4}, \frac{1}{8}$, so erhält man für die jetzigen Hoffnungen von $A, B, C$ die Werthe $\frac{13}{24}, \frac{7}{24}, \frac{4}{24}$.

## III.

**Aufgabe.** Sechs Personen $A, B, C, D, E, F$, betheiligen sich an einem Glücksspiele, dessen Veranstalter den letzten Theilnehmern wohlwollender gesinnt ist, als den ersten: Zuerst sollen $A$ und $B$ allein mit einander spielen; derjenige von ihnen, welcher gewinnt, soll dann mit $C$ spielen. Wer von diesen beiden Spielern gewinnt, soll mit $D$ spielen, und so fort bis zum letzten Spieler *F*. Der Gewinner des letzten Spieles erhält den ausgesetzten Preis. Vorausgesetzt wird dabei, dass in jedem einzelnen Spiele die beiden Theilnehmer gleiche Aussicht auf Gewinn haben. Wie gross sind die Hoffnungen der sechs Spieler?

[141] Lösung. Der erste Spieler *A* kann den Preis nur dann bekommen, wenn er über die andern fünf Spieler siegt, d. h. wenn er fünfmal hintereinander gewinnt; dasselbe gilt für *B*. Der dritte Spieler *C* kann nur dann den Preis bekommen, wenn er einen seiner Vorgänger *A* und *B* und die drei letzten Spieler besiegt, d. h. wenn er viermal hintereinander gewinnt; *D* muss, um den Preis zu erhalten, einen seiner drei Vorgänger und seine beiden Nachfolger besiegen, d. h. dreimal hintereinander gewinnen, und ähnlich für die übrigen Spieler. Die Aufgabe ist also ein besonderer Fall der allgemeineren, welche nach den Hoffnungen der Spieler fragte, wenn sie in einer bestimmten Anzahl von einzelnen Spielen irgend etwas bestimmt oft erreichen wollen. Die Lösung dieser allgemeineren Aufgabe habe ich bei der Aufgabe XII im ersten Theile (S. 47) gegeben; nach dieser sind die Hoffnungen von *A* und *B* gleich $\frac{b^5}{a^5}$ und die Hoffnungen von *C*, *D*, *E*, *F* bez. gleich $\frac{b^4}{a^4}$, $\frac{b^3}{c^3}$, $\frac{b^2}{a^2}$, $\frac{b}{a}$ sind, wo *a* die Anzahl aller Fälle und *b* die Anzahl aller günstigen Fälle in jedem Spiele sind. Da nun ebensoviele Fälle für Gewinn wie für Verlust in jedem Spiele vorhanden sein sollen, so ist $a = 2b$, und folglich haben die sechs Spieler *A* bis *F* der Reihe nach die Hoffnungen $\frac{1}{32}$, $\frac{1}{32}$, $\frac{1}{16}$, $\frac{1}{8}$, $\frac{1}{4}$, $\frac{1}{2}$. Mit Ausnahme der beiden ersten Spieler, welche gleiche Hoffnungen haben, besitzt jeder folgende Spieler eine doppelt so grosse Hoffnung als der ihm vorangehende. Die Summe aller Hoffnungen aber ist, wie es sein muss, gleich 1, dem ausgesetzten Preise.

## IV.

**Aufgabe.** Die sechs Personen spielen in der gleichen Weise, wie bei der vorigen Aufgabe, mit einander; in jedem einzelnen Spiele, mit Ausnahme des ersten, aber haben die beiden Theilnehmer nicht gleiche Gewinnaussichten, sondern jeder Spieler hat, wenn er gegen seinen zweiten Gegner spielt, zweimal, wenn er gegen seinen dritten, bez. vierten Gegner spielt, viermal, bez. achtmal soviele Fälle für Gewinn als für Verlust. Nur $A$ und $B$ spielen also anfangs mit gleichen Gewinnaussichten gegen einander. Erhalten auf diese Weise alle sechs Spieler gleiche Hoffnungen?

[142] Lösung. Wegen der verschiedenen Gewinnaussichten bei den einzelnen Spielen gestaltet sich hier die Berechnung etwas verwickelter. Man benutzt am besten die am Schlusse der Aufgabe XII im ersten Theile (S. 47) gegebene Regel und die dort abgeleitete Formel $\dfrac{b\,e\,h\,\cdots}{a\,d\,g\,\cdots}$, wo die Buchstaben $b, e, h, \ldots$ die Zahlen der günstigen Fälle und $a, d, g, \ldots$ die aller möglichen Fälle bezeichnen; diese Formel giebt die Hoffnung eines Spielers, welcher eine bestimmte Anzahl aufeinanderfolgender Spiele gewinnen muss, wenn bei jedem Spiele die Zahl der ihm günstigen Fälle nicht die gleiche ist. Die schliessliche Hoffnung $\dfrac{b}{a} \cdot \dfrac{e}{d} \cdot \dfrac{h}{g} \cdots$ entsteht aber offenbar durch Multiplication der einzelnen Hoffnungen, welche der Spieler für das Gewinnen der einzelnen Spiele hat (vergl. Satz III, Zusatz 1 des ersten Theiles).

Um also eine methodische Lösung der vorliegenden Aufgabe zu erhalten, muss man allmählich die Hoffnungen des ersten Spielers $A$ bestimmen, wenn er erst $B$ allein, dann $B$ und $C$, dann drei, vier und schliesslich alle fünf Gegner besiegen will; alle diese Hoffnungen müssen bekannt sein, um die Hoffnungen der anderen Spieler berechnen zu können. Die Hoffnung des $A$, über $B$ zu siegen, ist gleich $\frac{1}{2}$; will $A$ über $B$ und $C$ siegen, so ist seine Hoffnung gleich $\frac{1}{2} \cdot \frac{2}{3} = \frac{1}{3}$; will er über $B$, $C$ und $D$ siegen, so ist seine Hoffnung gleich $\frac{1}{2} \cdot \frac{2}{3} \cdot \frac{4}{5} = \frac{4}{15}$, und wenn er über $B$, $C$, $D$, $E$ siegen will, so hat er die Hoffnung $\frac{1}{2} \cdot \frac{2}{3} \cdot \frac{4}{5} \cdot \frac{8}{9} = \frac{32}{135}$. Schliesslich findet man, dass die Hoffnung des $A$, über alle seine Mitspieler zu siegen und also den Preis zu erhalten, gleich ist:

$$\tfrac{1}{2} \cdot \tfrac{2}{3} \cdot \tfrac{4}{5} \cdot \tfrac{8}{9} \cdot \tfrac{16}{17} = \tfrac{512}{2295}.$$

Dieselben Zahlen geben die Hoffnungen, welche $B$ hat, um über $A$, über $A$ und $C$, u. s. w. zu siegen.

$C$ muss mit einem seiner Vorgänger, $A$ oder $B$ spielen — welcher kurzweg mit $P$ bezeichnet werde — und hat die

## Wahrscheinlichkeitsrechnung (Ars conjectandi)

Hoffnung $\frac{1}{3}$, ihn zu besiegen. Will $C$ auch noch $D$, bez. $D$ und $E$ besiegen, so hat er die Hoffnungen $\frac{1}{3} \cdot \frac{2}{3} = \frac{2}{9}$, bez. $\frac{1}{3} \cdot \frac{2}{3} \cdot \frac{4}{5} = \frac{8}{45}$. Und schliesslich, um $P$, $D$, $E$, $F$ zu besiegen und den Preis zu gewinnen, hat $C$ die Hoffnung:

$$\tfrac{1}{3} \cdot \tfrac{2}{3} \cdot \tfrac{4}{5} \cdot \tfrac{8}{9} = \tfrac{64}{405}.$$

[**143**] Muss $D$ mit $C$ spielen, so hat er die Hoffnung $\frac{1}{3}$, über ihn zu siegen; muss er aber mit $A$ oder $B$ spielen, so hat er nur die Gewinnhoffnung $\frac{1}{5}$. Nun hat aber von $A$, $B$ und $C$ jeder dieselbe Hoffnung, nämlich $\frac{1}{3}$, dass an ihn die Reihe kommt, mit $D$ spielen zu müssen; daher kann $D$ mit gleicher Wahrscheinlichkeit jeden der drei Spieler zum Gegner haben, und folglich ist (nach Satz III des ersten Theiles) seine Hoffnung, diesen vom Zufall ihm gegebenen Gegner zu besiegen, gleich $\frac{1 \cdot \frac{1}{3} + 2 \cdot \frac{1}{5}}{3} = \frac{11}{45}$. Will $D$ ausserdem noch seinen Nachfolger $E$ besiegen, so hat er die Hoffnung $\frac{11}{45} \cdot \frac{2}{3} = \frac{22}{135}$, und wenn er auch noch $F$ besiegen und den Preis gewinnen will, so hat er die Hoffnung

$$\tfrac{11}{45} \cdot \tfrac{2}{3} \cdot \tfrac{4}{5} = \tfrac{88}{675}.$$

In gleicher Weise kann man die Hoffnungen von $E$ und $F$ berechnen; nur ist dabei zu beachten, dass sie beide nicht gleich leicht einen jeden ihrer Vorgänger zum Gegner erhalten können. Denn nach dem Vorhergehenden hat $A$ die Hoffnung $\frac{4}{15} = \frac{12}{45}$, $B$ ebenfalls $\frac{4}{15} = \frac{12}{45}$, $C$ $\frac{2}{9} = \frac{10}{45}$ und $D$ $\frac{11}{45}$, um hintereinander zu gewinnen, bis die Reihe des Spielens an $E$ kommt. Es sind also je 12 Fälle vorhanden, in welchen $E$ mit $A$ oder $B$ spielen muss, 10 Fälle, in welchen er $C$ zum Gegner hat, und 11 Fälle, in welchen ihm $D$ gegenübersteht. [**144**] Folglich ist (nach Satz III des ersten Theiles) die Hoffnung des $E$, den seiner Vorgänger, welchen ihm der Zufall entgegengestellt hat, zu besiegen, gleich $\frac{24 \cdot \frac{1}{9} + 10 \cdot \frac{1}{5} + 11 \cdot \frac{1}{3}}{45} = \frac{5}{27}$. Will $E$ auch noch den letzten Spieler besiegen und den Preis gewinnen, so hat er die Hoffnung

$$\tfrac{5}{27} \cdot \tfrac{2}{3} = \tfrac{10}{81}.$$

Um fortgesetzt zu gewinnen, bis die Reihe des Spielens an $F$ kommt, haben die Spieler $A$ bis $E$ die Hoffnungen

$\frac{32}{135}$, $\frac{32}{135}$, $\frac{8}{45} = \frac{24}{135}$, $\frac{22}{135}$, $\frac{25}{135}$; folglich hat $F$ dafür, dass er gegen $A$, $B$, $C$, $D$, $E$ zu spielen hat, bez. 32, 32, 24, 22, 25 Fälle. Daher ist seine Hoffnung, den Preis zu erhalten, gleich

$$\frac{64 \cdot \frac{1}{17} + 24 \cdot \frac{1}{9} + 22 \cdot \frac{1}{5} + 25 \cdot \frac{1}{3}}{135} = \frac{181}{1275}.$$

Bringt[1]) man nun die für die sechs Spieler gefundenen Hoffnungen auf den gemeinsamen Nenner 34425, so ergiebt sich, dass sie sich verhalten wie 7680 : 7680 : 5440 : 4488 : 4250 : 4887. Addirt man die sechs Hoffnungen zu einander, so erhält man 1, was die Richtigkeit der Methode und der Rechnung bestätigt. Die Gewinnhoffnungen für die sechs Spieler sind also nicht gleich.

## V.

**Aufgabe.** $A$ **wettet gegen** $B$**, dass er aus 40 Spielkarten, von denen je 10 von gleicher Farbe sind, vier verschiedenfarbige Karten ziehen wird. Wie verhalten sich die Hoffnungen Beider zu einander?**

Lösung. Die Lösung dieser Aufgabe haben wir schon in dem Anhange zu dem ersten Theile (Aufgabe III, S. 70) gegeben. Hier wollen wir zeigen, wie dieselbe mit Hülfe der Combinationslehre gelöst werden kann.

Zu diesem Zwecke untersucht man, wie oft aus 40 Spielkarten je vier gezogen werden können, d. h. wieviele Quaternionen sich aus 40 Dingen bilden lassen. Diese Zahl ist (nach Kap. IV des zweiten Theiles) [**145**] gleich $\binom{40}{4} = 91390$, und ebensoviele gleich mögliche Fälle des Spieles sind vorhanden. Unter diesen befinden sich aber 10000 Fälle, welche die Spielbedingung erfüllen und aus jeder Farbe eine und nur eine Karte liefern, was sich folgendermaassen zeigen lässt.

Statt der vier Sorten von Kartenblättern nehme ich vier Würfel an, deren jeder 10 Flächen, entsprechend den 10 Karten jeder Farbe, besitzt. Dann sind mit diesen Würfeln ebensoviele verschiedene Würfe möglich, als es Quaternionen von den 40 Karten giebt, welche die gestellte Bedingung erfüllen; denn ebenso, wie von jeder Farbe nur eine Karte gezogen sein soll, zeigt bei jedem Wurfe jeder einzelne Würfel eine und nur eine Fläche oben. Aus der von *Huygens* der Aufgabe X des ersten Theiles vorangeschickten Untersuchung lässt sich entnehmen, dass mit den vier gleichen Würfeln $10^4 = 10\,000$ Würfe möglich sind. Da nun ebensoviele Fälle für $A$ günstig sind, während die übrigen 81390 Fälle für $B$ günstig sind, so verhält sich die Hoffnung des $A$ zu der des $B$ wie 10000 zu 81390 oder wie 1000 zu 8139.

## VI.

**Aufgabe.** In einer Urne befinden sich 12 Steine. 4 weisse und 8 schwarze. $A$ wettet gegen $B$, dass er blindlings 7 Steine, von welchen 3 weisse sein sollen, herausziehen wird. Wie verhalten sich die Hoffnungen Beider zu einander?

**Lösung.** Diese Aufgabe ist die vierte der von *Huygens* im Anhange zum ersten Theile (S. 71) gestellten Aufgaben; wir hatten ihre Lösung auf diesen Theil verschieben müssen, weil sich dieselbe ohne Hülfe der Combinationslehre nur schwer hätte geben lassen.

Die Anzahl der hier möglichen Fälle ist offenbar gleich der Anzahl aller Combinationen von 12 Dingen zu der $7^\text{ten}$ Classe, [**146**] d. i. gleich $\binom{12}{7} = \binom{12}{5} = 792$. Fragt man nun weiter, wieviele dieser Fälle für $A$ günstig und wieviele ungünstig sind, so kommt dies auf dasselbe hinaus, als wenn man fragt, in wievielen dieser Combinationen zu der $7^\text{ten}$ Classe sich von 4 bezeichneten Dingen 3 beliebige, aber ohne das vierte finden lassen; die Lösung dieser Frage ist in Kap. IV des zweiten Theiles (S. 105) durch die allgemeine Formel:

$$\binom{m}{b}\binom{n-m}{c-b}$$

gegeben, wo $n$ die Anzahl der zu combinirenden Dinge, $m$ die Zahl der bezeichneten Dinge und $b$ die Anzahl der letzteren, welche in den Combinationen zu der $c^\text{ten}$ Classe zusammen vorkommen sollen, bezeichnet. Setzt man also $n = 12$, $c = 7$, $m = 4$, $b = 3$, so erhält man $\binom{4}{3}\binom{8}{4} = 4 \cdot 70 = 280$ Fälle, in welchen $A$ drei und nur drei weisse Steine zieht und mithin gewinnt. Die übrigen 512 Fälle sind für $B$ günstig, und folglich verhält sich die Hoffnung des $A$ zu der des $B$ wie 280 zu 512 oder wie $35:64$.

Hierbei ist zu beachten, dass $A$ nur 3 weisse Steine — nicht mehr und nicht weniger — herausziehen soll. Wäre der Sinn der Aufgabe, dass $A$ mindestens 3 weisse Steine herausnehmen soll, aber auch noch gewinnen würde, wenn er alle vier weissen Steine zieht, so ist die Anzahl der für $A$ günstigen Fälle um die Zahl der Combinationen zu der $7^{ten}$ Classe grösser, in welchen alle vier weissen Steine vorkommen. Setzt man in der obigen Formel $m = b = 4$, so findet man diese Zahl gleich $\binom{8}{3} = 56$, und addirt man diese Zahl zu 280, so hat man jetzt 336 für $A$ günstige und 456 für $B$ günstige Fälle. Folglich verhält sich bei dieser Annahme die Hoffnung des $A$ zu der des $B$ wie 336 zu 456 oder wie $14:19$.

## VII.

**Aufgabe.** Beliebig viele Spieler $A$, $B$, $C$, ... heben von einem Haufen Spielkarten, von welchen eine durch ein Bild ausgezeichnet ist, [147] während die anderen ohne Bilder (cartes blanches) sind, die Blätter der Reihe nach ab; derjenige Spieler hat gewonnen, welcher die ausgezeichnete Karte abhebt. $A$ beginnt, dann folgt $B$, auf diesen $C$ und so fort bis zum letzten Spieler; nach diesem kommt die Reihe zu ziehen wieder an $A$ und so fort bis zur Beendigung des Spieles. Wie verhalten sich die Hoffnungen der Spieltheilnehmer?

Lösung. Offenbar sind ebenso viele Fälle überhaupt möglich, als Kartenblätter vorhanden sind, da die ausgezeichnete Karte sowohl an erster, als an zweiter, als an dritter, ... Stelle liegen kann. Jeder Spieler hat daher ebenso viele günstige Fälle, als er Blätter aufheben kann.

Wenn die Zahl der Karten ohne Rest durch die Zahl der Spieler getheilt werden kann, so erhalten alle Spieler die gleiche Anzahl Karten, und folglich sind die Hoffnungen aller gleich. Ist also $a$ die Anzahl der Spieler und $ma$ die der Karten, so erhält jeder Spieler $m$ Karten, welche ihm die Hoffnung $\dfrac{m}{ma} = \dfrac{1}{a}$ geben; die Reihenfolge des Aufhebens bringt in diesem Falle keinem Spieler einen Vortheil.

Wenn aber die Zahl der Karten nicht ohne Rest durch die Zahl der Spieler getheilt werden kann, so erhalten nicht alle Spieler dieselbe Anzahl Karten, und folglich sind auch ihre Hoffnungen nicht sämmtlich einander gleich. Ist jetzt die Anzahl der Karten gleich $ma + b$, wo $b < a$ ist, so entfallen auf jeden der ersten $b$ Spieler $m + 1$ Karten und auf jeden der übrigen nur $m$ Karten; es verhält sich also die Hoffnung eines der ersteren Spieler zu der Hoffnung eines der letzteren wie $m + 1$ zu $m$. Z. B.: Für $a = 10$, $ma + b = 64 = 6\,(10 + 4)$ verhält sich die Hoffnung eines der ersten vier Spieler zu der Hoffnung eines der letzten sechs wie 7 zu 6.

[148] VIII.

**Aufgabe.** Das Spiel geht in der gleichen Weise, wie bei der vorigen Aufgabe, vor sich. In dem Haufen Spielkarten befinden sich aber mehrere mit Bildern bezeichnete Blätter, und derjenige Spieler hat gewonnen, welcher die erste mit einem Bilde bezeichnete Karte zieht. Wie verhalten sich die Hoffnungen der Spieler zu einander?

**Lösung.** Hier sind die Hoffnungen der Spieler nicht einander gleich, sondern jeder vorhergehende Spieler hat bessere Gewinnaussicht als irgend einer seiner Nachfolger — gleichgültig ob die Zahl der Karten ohne Rest durch die Anzahl der Spieler getheilt werden kann oder nicht — und zwar aus dem Grunde, weil die erste bezeichnete Karte, welche allein den Sieg verleiht, leichter an erster als an zweiter Stelle und wieder leichter an zweiter als an dritter Stelle u. s. w. liegen kann. Denn je weiter vorn diese erste Karte liegt, um so mehr Plätze sind für die andern bezeichneten Karten hinter ihr übrig. Da das Verfahren immer das gleiche bleibt, so wollen wir annehmen, dass unter 12 Karten sich 4 mit Bildern versehene befinden.

Liegt die erste Bildkarte an erster Stelle, so bleiben für die drei andern Bildkarten 11 Plätze, da nun diese drei Karten an beliebigen drei von diesen elf Plätzen liegen können, so entstehen ebensoviele Fälle als es Ternionen von 11 Dingen giebt, also $\binom{11}{3} = 165$. Wenn die erste Bildkarte an zweiter Stelle liegt, so nehmen die drei andern drei beliebige von den 10 übrigen Plätzen ein; hieraus ergeben sich ebensoviele Fälle, als es Ternionen von 10 Dingen giebt, also $\binom{10}{3} = 120$. Nimmt die erste Bildkarte die dritte Stelle ein, so bleiben für die übrigen noch 9 Plätze übrig, woraus sich $\binom{9}{3} = 84$ Fälle ergeben. So fährt man fort und erhält die Zahlen der folgenden Tafel, deren erste Zeile die Reihenfolge angiebt, in welcher drei Spieler *A*, *B*, *C* abwechselnd ziehen, deren zweite Zeile den Platz der ersten ausgezeichneten Karte und deren dritte Zeile die Zahl der Fälle angiebt, welche dem darüberstehenden Platze dieser ersten Karte entsprechen. [149] Diese Fälle sind durch die Ternionen von 11, 10, 9 ... Dingen bestimmt; sie würden durch die Binionen, bez. Unionen dieser Dinge bestimmt sein, wenn nur 3, bez. 2 Bildkarten vorhanden wären.

| Reihenfolge der Spieler: | *A.* | *B.* | *C.* | *A.* | *B.* | *C.* | *A.* | *B.* | *C.* | *A.* | *B.* | *C.* |
|---|---|---|---|---|---|---|---|---|---|---|---|---|
| Platz der ersten Bildkarte: | 1 | 2 | 3 | 4 | 5 | 6 | 7 | 8 | 9 | 10 | 11 | 12 |
| Anzahl der Fälle: | | | 165 | 120 | 84 | 56 | 35 | 20 | 10 | 4 | 1 | 0 | 0 | 0 |

Alle diese Fälle aber können gleich leicht eintreten, und ihre Summe ist gleich der Anzahl der Quaternionen von 12 Dingen: $\binom{12}{4} = 495$. Jeder dieser Fälle schliesst eine sehr grosse Anzahl von anderen, secundären Fällen in sich, welche durch Umstellung der vier bezeichneten Blätter und der acht nicht bezeichneten unter sich entstehen. Jeder dieser secundären Fälle kann ebenso leicht wie der primäre Fall eintreten, und zu jedem der letzteren Fälle gehören gleich viele secundäre, nämlich (nach Kapitel I des zweiten Theiles) $1 \cdot 2 \cdot 3 \cdot 4 \times 1 \cdot 2 \cdot 3 \cdot 4 \cdot 5 \cdot 6 \cdot 7 \cdot 8 = 24 \cdot 40320 = 967680$ Fälle. Die Zahlen der dritten Zeile der obigen Tafel würden daher mit dieser Zahl zu multipliciren sein, um alle Fälle zu erhalten; bei der Bestimmung der Hoffnungen von *A*, *B*, *C* aber können Zähler und Nenner durch diese Zahl gekürzt werden, und folglich können (nach Satz III, Zusatz 2 des ersten Theiles) die obigen Zahlen der Fälle ohne weiteres benutzt werden.

Um nun die Hoffnungen der drei Spieler zu finden, hat man zunächst die jedem Spieler zugeordneten Zahlen der Fälle zu addiren, um die ihm günstigen Fälle zu finden; es sind also günstig für $A$: $165 + 56 + 10 = 231$ Fälle, für $B$: $120 + 35 + 4 = 159$ Fälle und für $C$: $84 + 20 + 1 = 105$ Fälle. Daher verhalten sich die Hoffnungen der drei Spieler zu einander wie $231 : 159 : 105 = 77 : 53 : 35$.

Wie noch bemerkt sein mag, ist diese Aufgabe identisch mit der zweiten *Huygens*'schen Aufgabe im Anhange zum ersten Theile (S. 63); statt der Steine sind hier nur Spielkarten genommen. Auf welche Weise die Lösung jener Aufgabe, anders als früher, mit Hülfe der Combinationslehre gefunden werden kann, haben wir soeben gezeigt. Verwickelter als diese ist die folgende Aufgabe.

[150]     IX.

**Aufgabe.** Die Anordnung des Spieles bleibt die gleiche wie bei der vorigen Aufgabe. Die Spieler sind aber dahin übereingekommen, dass derjenige gewinnt, welcher die meisten Bildkarten zieht. Wenn zwei oder mehr Spieler die gleiche Anzahl Bildkarten ziehen, so sollen sie den Einsatz gleichmässig unter sich theilen, während alle übrigen Spieler, welche eine kleinere Anzahl Bildkarten ziehen, nichts erhalten. Wie verhalten sich die Hoffnungen der einzelnen Spieler zu einander?

**Lösung.** Wenn die Anzahl der Karten ein genaues Vielfache der Anzahl der Spieler ist, so bedarf es keiner besonderen Bestimmung der verschiedenen Fälle; ohne jede Rechnung vielmehr ist klar, dass — wie gross auch jede von beiden Zahlen und die Zahl der Bildkarten sein mag — die Hoffnungen der einzelnen Spieler gleich sein müssen. Da nämlich jedem derselben die gleiche Anzahl Karten zufällt, und da jede Bildkarte an einer beliebigen Stelle liegen kann, so ist kein Grund vorhanden, warum ein Spieler mehr oder weniger Bildkarten als ein anderer von vornherein erwarten sollte.

Wenn aber die Anzahl der Karten kein genaues Vielfache der Anzahl der Spieler ist, oder auch wenn nicht allen Spielern die gleiche Anzahl Karten zu ziehen gestattet ist (wobei die Karten entweder abwechselnd von den einzelnen Spielern oder in der jedem Spieler zugestandenen Anzahl auf einmal von diesem gezogen werden können, da die Reihenfolge hier nicht von

Einfluss ist), so sind ihre Hoffnungen sicher einander nicht gleich und um so schwieriger zu ermitteln, je grösser die Zahl sowohl der Spieler als auch der Bildkarten ist.

Sind nur zwei Bildkarten vorhanden, so verhalten sich für beliebig viele Spieltheilnehmer ihre Hoffnungen wie die Zahlen der Karten, welche jeder einzelne ziehen darf (also genau wie in der Aufgabe VII, wo nur eine bezeichnete Karte vorhanden war). Es mag $a$ die Anzahl aller Karten bezeichnen, von welchen der erste Spieler $b$, der zweite $c$, der dritte $d$ Karten ziehen darf. Dann ist zu bedenken, dass unter den $b$ Karten des ersten Spielers [151] sich keine, eine oder beide Bildkarten befinden können. Ist nur eine Bildkarte darunter, so kann sie den ersten oder zweiten oder dritten ... Platz unter diesen $b$ Karten einnehmen, während die andere Bildkarte an jeder beliebigen der übrigen $a - b$ Stellen liegen kann; dies giebt also $b(a-b)$ Fälle. Kommen beide Bildkarten unter den Karten des ersten Spielers vor, so nehmen diese entweder den 1. und 2. oder den 1. und 3. oder den 2. und 3. ... Platz ein; daraus ergeben sich so viele verschiedene Fälle, als es Binionen von $b$ Dingen giebt, nämlich $\binom{b}{2} = \dfrac{b^2 - b}{2}$. Aus dem gleichen Grunde ist die Anzahl aller möglichen Fälle gleich der Anzahl der Binionen aus allen $a$ Karten, d. i. gleich $\binom{a}{2} = \dfrac{a^2 - a}{2}$, wohlverstanden mit Vernachlässigung der secundären Fälle, welche sich durch blosse Vertauschung der beiden Bildkarten unter sich und der nicht bezeichneten unter sich ergeben, da zu allen primären Fällen die gleiche Anzahl secundärer Fälle gehören. Dies ist auch weiter unten, bei der folgenden Aufgabe und ähnlichen anderen Beispielen immer zu beachten, wenn es auch nicht ausdrücklich hervorgehoben wird. Nun erhält der erste Spieler laut der getroffenen Uebereinkunft den halben Spieleinsatz, wenn er eine Bildkarte gezogen hat, und den ganzen Einsatz, wenn ihm beide Bildkarten zugefallen sind. Er hat mithin $ab - b^2$ Fälle für $\frac{1}{2}$, $\dfrac{b^2 - b}{2}$ Fälle für 1 und die übrigen Fälle, welche die Summe der beiden vorhergehenden Arten von Fällen zu $\dfrac{a^2 - a}{2}$ ergänzen, für nichts. Daher ist seine Hoffnung gleich $\dfrac{\frac{1}{2}(ab - b^2) + \frac{1}{2}(b^2 - b)}{\frac{1}{2}(a^2 - a)} = \dfrac{b}{a}$. Auf gleiche Weise findet man für die Hoffnungen der beiden andern Spieler, welchen $c$ und $d$ Karten zu ziehen gestattet sind, die Werthe $\dfrac{c}{a}$ und $\dfrac{d}{a}$. Die Hoffnungen der drei Spieler verhalten sich also wie $b:c:d$, d. h. wie die Zahlen der Karten, welche ihnen zu ziehen gestattet sind.

Von diesem Falle abgesehen, wird die Rechnung ermüdender und langweiliger, besonders bei einer grösseren Anzahl von Bildkarten und von Spielern, wo die vielfache Mannigfaltigkeit von Combinationen nur schwer unter eine allgemeine Regel gebracht werden kann. Das Verfahren ist indessen immer dasselbe und besteht darin, dass man zunächst erforscht, in wie verschiedenartiger Weise die Bildkarten unter die Spieler vertheilt sein können, d. h. auf wieviele möglichen Arten die Zahl der Bildkarten in soviele Summanden, als es Spieler sind, [152] zerlegt werden kann, wobei kein Summand grösser sein darf, als die dem betreffenden Spieler zustehende Zahl von Karten. (Dies lässt sich etwa in der Weise bewirken, welche wir früher [erster Theil, S. 21]) benutzt haben, um zu bestimmen, mit wievielen Würfen eine bestimmte Anzahl Augen mit einer gegebenen Zahl von Würfeln geworfen werden kann; nur muss hier auch die Null als Summand zugelassen werden, da es stets möglich ist, dass der eine oder der andere Spieler keine der Bildkarten erhält.) Darauf hat man die Anzahl der Fälle zu bestimmen, welche jeder einzelnen Zerlegung entsprechen; diese Zahl ist gleich dem Producte der Combinationszahlen von so vielen Dingen, als jeder Spieler Karten hat, zu der Classe, welche mit der Zahl der darunter enthaltenen Bildkarten übereinstimmt. Wenn z. B. von 40 Karten, unter denen 10 mit Bildern versehene sind, einer der Spieler 16, ein zweiter 10, ein dritter 8 und der vierte 6 Karten gezogen hat, und man fragt, in wievielen Fällen der erste 4, der zweite und dritte je 3, der vierte Spieler 0 Bildkarten unter den seinigen haben kann, so hat man das Product der Anzahl der Quaternionen von 16 Dingen, der Ternionen von 10, bez. 8 Dingen und der Nullion von 6 Dingen zu bilden, was $\binom{16}{4}\binom{10}{3}\binom{8}{3}\binom{6}{0}$
$= 1820 \cdot 120 \cdot 56 \cdot 1 = 12\,230\,400$ Fälle ergiebt.

Da aber bei der Lösung einer bestimmten Aufgabe sich zuweilen die Rechnung bedeutend abkürzen lässt, so ist es am zweckmässigsten, das ganze Verfahren an einem speciellen Beispiele zu erläutern. Es sollen 20 Karten, von denen 10 mit Bildern versehen sind, abwechselnd unter drei Spieler $A$, $B$, $C$ vertheilt werden, sodass also der erste und zweite Spieler je 7, der dritte aber nur 6 Kartenblätter erhält; welche Gewinnhoffnungen haben die drei Spieler? — Unter den 7 Karten des $A$ können sich 0, 1, 2, 3, 4, 5, 6 oder 7 Bildkarten befinden; $A$ muss unbedingt verlieren, wenn er nur 0, 1, 2 oder 3 Bildkarten unter den seinigen hat, da dann einer der beiden andern Spieler mehr als 3 Bildkarten haben und mithin nach der getroffenen Uebereinkunft gewinnen muss. Deshalb kann man sich ersparen, auf die Zahl dieser Fälle näher einzugehen, und sofort annehmen, dass $A$ vier Bildkarten zieht; dann können einem der beiden andern Spieler 6, 5 oder weniger mit Bildern bezeichnete Karten zufallen. Da aber $A$ verliert, sobald einem seiner Mitspieler 6 oder 5 Bildkarten zufallen, so kann man auch diese beiden Fälle übergehen und sogleich die Fälle erledigen, dass $B$ 4 und $C$ 2 oder $B$ 2 und $C$ 4 oder schliesslich $B$ 3 und $C$ 3 Bildkarten erhält. Die beiden ersteren Fälle lassen $A$ den halben Einsatz gewinnen, [**153**] während der letzte Fall ihm den ganzen Einsatz einbringt[2]). Nach der im vorigen Abschnitte gegebenen Regel giebt es 18375, 11025 und 24500 Fälle, welche den drei Spielern $A$, $B$, $C$ bez. 4, 4, 2; 4, 2, 4 und 4, 3, 3 Bildkarten zufallen lassen. Ferner muss man annehmen, dass dem Spieler $A$ 5 und entweder $B$ allein 5, $C$ 0 oder $B$ 0, $C$ 5 Bildkarten zufallen; diese Möglichkeiten können in 441, bez. 126 Fällen eintreten und in allen diesen 567 Fällen erhält $A$ nur den halben Einsatz. Ebenso könnte man auch die Anzahl der Fälle berechnen, in welchen $A$ 5 Bildkarten erhält, während dem einen seiner Mitspieler 4 und dem andern 1 oder dem einen 3 und dem andern 2 derartige Karten zukommen; man kann aber schneller zum Ziele gelangen, ohne so weit in das Einzelne gehen zu müssen. Man kann nämlich an Stelle von $B$ und $C$ einen Spieler annehmen, welcher 13 Karten — soviel als $B$ und $C$ zusammen — ziehen darf und 5 mit Bildern bezeichnete darunter erhält; es ergeben sich dann $\binom{7}{5}\binom{13}{5} = 27027$ Fälle, in welchen $A$ 5 und $B$ und $C$ zusammen 5 Bildkarten erhalten. Von diesen sind aber die 567 Fälle zu subtrahiren, in welchen $B$ allein oder $C$ allein die 5 übrigen Bildkarten erhält; es bleiben also 26460 Fälle, in welchen $A$ mehr Bildkarten hat als einer seiner Mitspieler und folglich den ganzen Einsatz gewinnt. Wenn $A$ schliesslich 6 oder 7 Bildkarten erhält, so gewinnt er unbedingt, da er dann schon mehr als die Hälfte der mit Bildern bezeichneten Karten hat. Deshalb kann man wieder die specielle Vertheilung der übrigen 4 oder 3 Bildkarten unter $B$ und $C$ vernachlässigen und annehmen, dass einem Spieler, welcher 13 Karten ziehen darf, 4, bez. 3 mit Bildern bezeichnete zufallen; daraus ergeben sich 5005, bez. 286 Fälle, in welchen $A$ den vollen Einsatz gewinnt. In der folgenden Tafel sind die Gewinnaussichten des $A$ zusammengestellt.

[154]

| | $A$ | $B$ | $C$ | | |
|---|---|---|---|---|---|
| Anzahl aller Karten: | 7 | 7 | 6 | Fälle | für |
| | 4 | 4 | 2 | 18375 | $\frac{1}{2}$ |
| | 4 | 2 | 4 | 11025 | $\frac{1}{2}$ |
| | 4 | 3 | 3 | 24500 | 1 |
| Anzahl der | 5 | 5 | 0 | 441 | $\frac{1}{2}$ |
| Bildkarten: | 5 | 0 | 5 | 126 | $\frac{1}{2}$ |
| | 5 | \underbrace{5} | | 26460 | 1 |
| | 6 | 4 | | 5005 | 1 |
| | 7 | 3 | | 286 | 1 |

Addirt man hierauf die Zahlen aller Fälle, welche den Spieler $A$ den ganzen Einsatz gewinnen lassen, und dann die Zahlen aller Fälle, welche ihm den halben Einsatz gewähren, so erhält man 56251 Fälle für 1 und 29967 Fälle für $\frac{1}{2}$. Die Anzahl aller Fälle, welche für die 10 bezeichneten Karten unter allen 20 Karten möglich sind, ist gleich $\binom{20}{10} = 184756$. Folglich ergiebt sich für $A$ die Gewinnhoffnung $\frac{142469}{369512}$; $B$ hat dieselbe Gewinnhoffnung, da ihm ebenfalls 7 von allen 20 Karten zukommen. Für $C$ bleibt mithin die Gewinnhoffnung $\frac{84574}{369512}$ übrig, welche auch direct, auf gleiche Weise hätte ausgerechnet werden können. Die Hoffnungen der beiden ersten Spieler verhalten sich daher zu der des letzten wie

142469 zu 84574; dieses Verhältniss ist viel grösser als 7 zu 6, d. i. als das Verhältniss der den Spielern zufallenden Karten.

## X.

**Aufgabe.** Vier Spieler $A$, $B$, $C$, $D$ spielen unter denselben Bedingungen, wie in der vorigen Aufgabe, indem sie abwechselnd aus einem Haufen von 36 Karten, unter denen 16 mit Bildern bezeichnete sind, je eine Karte ziehen. Nachdem 23 Karten gezogen sind, hat $A$ vier, $B$ drei, $C$ zwei Bildkarten und $D$ nur eine Bildkarte erhalten, sodass also noch 13 Karten, worunter 6 mit Bildern bezeichnete, vorhanden sind. Der vierte Spieler $D$, welcher die nächste Karte zu ziehen hat, [**155**] sieht, dass für ihn fast jede Aussicht auf Gewinn dahin ist, und will sein Anrecht irgend einem Andern verkaufen. Welcher Preis ist angemessen und welche Hoffnungen haben in diesem Augenblicke die einzelnen Spieler?

**Lösung.** Die Aufgabe unterscheidet sich von der vorhergehenden nur dadurch, dass die Spieler bereits eine Zeit lang das Spiel betrieben haben. Da nach der Annahme noch 13 Karten übrig sind und $D$ am Zuge ist, so fallen auf $D$ noch 4, auf jeden der drei andern Spieler noch 3 Karten; es kann also $D$ höchstens noch 4 und jeder der andern Spieler höchstens noch 3 Bildkarten erhalten. Dies ist im Auge zu behalten, wenn man alle möglichen Arten, wie die noch übrigen 6 Bildkarten unter die vier Spieler vertheilt sein können, ermitteln und die zugehörige Anzahl der Fälle bestimmen will, was genau so wie bei der vorigen Aufgabe geschieht. Die Zahlen, welche die Vertheilung der noch übrigen 6 Bildkarten unter die vier Spieler $D$, $A$, $B$, $C$ angeben, hat man noch bez. um die Zahlen 1, 4, 3, 2 (d. h. um die Zahl der Bildkarten, welche jeder der Spieler besitzt, ehe $D$ sein Anrecht verkauft) zu vergrössern, um die Vertheilungsarten aller 16 Bildkarten, von welchen die Grösse des den einzelnen Spielern zufallenden Gewinnantheiles abhängt, zu erhalten.

Addirt man hierauf alle Fälle, welche einem der Spieler den vollen Einsatz bringen, dann die Fälle, welche ihn den halben, den dritten und den vierten Theil des Einsatzes gewinnen lassen, so erhält man für die vier Spieler die folgenden Zahlen[3]:

| den Spielern | Anzahl der Fälle, welche | | | |
|---|---|---|---|---|
| | $A$ | $B$ | $C$ | $D$ |
| von dem Einsatze zukommen lassen: | | | | |
| 1 | 1035 | 188 | 22 | 12 |
| $\frac{1}{2}$ | 399 | 342 | 66 | 21 |
| $\frac{1}{3}$ | 9 | 9 | 9 | 0 |
| $\frac{1}{4}$ | 36 | 36 | 36 | 36 |
| 0 | 237 | 1141 | 1583 | 1647 |
| Summe aller Fälle: | 1716 | 1716 | 1716 | 1716 |

[156] Die Anzahl aller möglichen Fälle ist $\binom{13}{6} = 1716$. Folglich erhält man (nach Satz III nebst Zusätzen des ersten Theiles) für die gesuchten Gewinnhoffnungen der vier Spieler $A$, $B$, $C$, $D$ in dem Augenblicke, ehe $D$ sein Anrecht verkauft, die Werthe

$$\frac{2493}{3432}, \frac{742}{3432}, \frac{134}{3432}, \frac{63}{3432},$$

sodass sich die Hoffnungen zu einander verhalten wie

$$2493 : 742 : 134 : 63.$$

Der von $D$ für sein Anrecht zu fordernde Preis ist daher $\frac{63}{3432}$ des ganzen Spieleinsatzes.

Anmerkung. Wäre die Anzahl der noch übrigen Karten nicht so gering und also die Zahl der Fälle nicht so leicht aufzufinden gewesen, so hätte man mit Vortheil das bei der vorigen Aufgabe benutzte abkürzende Verfahren anwenden können; besonders empfiehlt sich dies, wenn nur die Hoffnung des $D$ zu bestimmen gewesen wäre. Dann hätte man nämlich alle Vertheilungsarten der noch übrigen 6 bezeichneten Karten, bei welchen $D$ nicht mehr als 2, also im ganzen (mit Einschluss der einen Bildkarte, welche er schon hat) nicht mehr als 3 Bildkarten erhält, übergehen können und von den übrigen nur die zu betrachten brauchen, welche keinem der andern Spieler mehr Karten als $D$ zukommen lassen; denn in allen diesen Fällen geht $D$ des ganzen Einsatzes verlustig. Es ergeben sich somit die folgenden Fälle:

[157]

| Vertheilung der 6 Bildkarten unter | | | | Anzahl der Fälle | Vertheilung aller 16 Bildkarten unter | | | | $D$ zufallender Gewinnantheil |
|---|---|---|---|---|---|---|---|---|---|
| $D$ | $A$ | $B$ | $C$ | | $D$ | $A$ | $B$ | $C$ | |
| 3 | 0 | 1 | 2 | 36 | 4 | 4 | 4 | 4 | $\frac{1}{4}$ |
| 4 | 0 | 2 | 0 | 3 | 5 | 4 | 5 | 2 | $\frac{1}{2}$ |
| 4 | 0 | 0 | 2 | 3 | 5 | 4 | 3 | 4 | 1 |
| 4 | 1 | 1 | 0 | 9 | 5 | 5 | 4 | 2 | $\frac{1}{2}$ |
| 4 | 1 | 0 | 1 | 9 | 5 | 5 | 3 | 3 | $\frac{1}{2}$ |
| 4 | 0 | 1 | 1 | 9 | 5 | 4 | 4 | 3 | 1 |

Schliesslich sei noch bemerkt, dass die Aufgabe ganz dieselbe ist, wenn man statt der Spielkarten Steine, Papierstreifen oder ähnliche Dinge, von denen einige bezeichnet sind und die übrigen nicht, in einem Kästchen oder in einer Urne verbirgt und von beliebig vielen Spielern daraus jeden eine bestimmte Anzahl, entweder auf einmal oder abwechselnd mit den anderen Spielern, ziehen lässt; wer am meisten bezeichnete Dinge gezogen hat, soll Sieger sein und den vollen Einsatz erhalten. Die Art der Berechnung ist immer dieselbe, und es thut auch nichts zur Sache, ob die Dinge abwechselnd von den einzelnen Spielern genommen werden oder nicht.

[158] XI.

**Aufgabe.** Jemand will mit einem gewöhnlichen Würfel auf 6 Würfe erreichen, dass alle sechs Würfelflächen nach oben zu liegen kommen; es soll also jede Augenzahl einmal und keine zweimal erscheinen. Wie gross ist seine Hoffnung?

**Lösung.** Für jeden Wurf sind entsprechend den 6 Flächen des Würfels 6 Fälle möglich. Keiner dieser Fälle ist für den Spieler bei dem ersten Wurfe ungünstig. Bei dem zweiten Wurfe darf die mit dem ersten Wurfe erreichte Augenzahl nicht wiederkehren; es sind also dem Spieler noch 5 Fälle günstig. Bei dem dritten Wurfe schaden ihm die Augenzahlen der beiden vorigen Würfe, und es sind nur die übrigen vier noch günstig. Ebenso findet man, dass der Spieler beim vierten, fünften, sechsten Wurfe bez. noch 3, 2, 1 günstige Fälle hat. Die Aufgabe kommt also darauf hinaus, die Hoffnung eines Spielers zu bestimmen, welcher sechsmal hintereinander etwas erreichen will, wenn bei jedem einzelnen Male 6 Fälle überhaupt vorhanden sind, von denen ihm beim ersten Male 6, beim zweiten Male 5, u. s. w. günstig sind. Dafür ist (am Schlusse der Aufgabe XII des ersten Theiles, Seite 47) allgemein der Ausdruck $\dfrac{b\,e\,h\,\ldots}{a\,d\,g\,\ldots}$ gefunden worden; hier haben $b$, $e$, $h$, ... bez. die Werthe 6, 5, 4, ..., und $a$, $d$, $g$, ... sämmtlich den Werth 6. Daraus folgt für die gesuchte Hoffnung: $\dfrac{6\cdot 5\cdot 4\cdot 3\cdot 2\cdot 1}{6^6} = \dfrac{5}{324}$.

## XII.

**Aufgabe.** Jemand will mit 6 Würfen die 6 Flächen eines Würfels der Reihe nach werfen, sodass er mit dem ersten Wurfe ein Auge, mit dem zweiten zwei Augen, u. s. w. erzielt. Wie gross ist seine Hoffnung?

**Lösung.** Da die sechs Flächen der Reihe nach obenauf zu liegen kommen sollen, so hat der Spieler bei jedem einzelnen Wurf nur einen ihm günstigen Fall. Hier haben also die Buchstaben $b$, $e$, $h$, ... sämmtlich den Werth 1, und die gesuchte Hoffnung ist gleich $\dfrac{1}{6^6} = \dfrac{1}{46656}$.

[159] ## XIII.

**Aufgabe.** Drei Spieler $A$, $B$, $C$, von welchen jeder die Zahlen 1 bis 6 vor sich hingeschrieben hat, spielen abwechselnd mit einem Würfel unter der Bedingung, dass jeder die von ihm geworfene Augenzahl aus seinen hingeschriebenen Zahlen streicht; ist die geworfene Zahl aber schon gestrichen, so setzt der nächstfolgende das Spiel fort, bis einer der Spieler zuerst alle sechs Zahlen gestrichen hat. Nachdem das Spiel eine Zeit lang betrieben ist, hat $A$ noch 2, $B$ noch 4 und $C$ noch 3 Zahlen nicht gestrichen; an $A$ ist die Reihe zu würfeln. Wie gross sind die Hoffnungen der drei Spieler?

**Lösung.** Diese Aufgabe fordert zu ihrer Lösung mehr Mühe und Geduld, als Scharfsinn; denn wegen der grossen Mannigfaltigkeit der Fälle wachsen die Zahlen in das Ungeheuerliche. Ich weiss keinen besseren Ausweg, das Verfahren abzukürzen, als von den sich bei jedem Wurfe ändernden Hoffnungen der Spieler nur die zu bestimmen, welche $A$, $B$ und $C$ nach je 3 Würfen haben, wenn die Reihe zu spielen wieder an $A$ ist. Zu dem Zwecke ist zu bedenken, dass, wenn jeder der Spieler einen Wurf thut, entweder kein oder ein oder zwei oder alle drei Spieler eine ihrer noch nicht gestrichenen Zahlen werfen. In wievielen Fällen aber jede dieser Möglichkeiten eintreten kann, lässt sich mit Hülfe der am Schlusse von der Aufgabe XII des ersten Theiles gegebenen Regel ermitteln, in welcher an Stelle von $b$, $e$, $h$ die Anzahl der von den Spielern $A$, $B$, $C$ noch nicht gestrichenen Zahlen, an Stelle von $c$, $f$, $i$ die Anzahl der bereits ausgestrichenen und $b + c = e + f = h + i = a = 6$ zu setzen ist. Nach dieser Regel ist die Anzahl aller Fälle, in welchen keiner der Spieler eine Zahl streichen kann, gleich $cfi$, und die Anzahl aller Fälle, in welchen $A$ allein eine Zahl streichen kann, gleich $bfi$, und so fort, wie in der folgenden Tafel angegeben ist.

[160] Die Anzahl der Fälle, in welchen eine Zahl gestrichen werden kann von

| Keinem. | $A$. | $B$. | $C$. | $A.\&B.$ | $A.\&C.$ | $B.\&C.$ | $A., B.\&C.$ |
|---|---|---|---|---|---|---|---|
| ist gleich: $cfi$ | $bfi$ | $cei$ | $cfh$ | $bei$ | $bfh$ | $ceh$ | $beh$. |

Die Zahl aller Fälle aber ist $a^3 = 6^3 = 216$, und da die Fälle, in welchen die Hoffnungen der Spieler unverändert bleiben (nach Satz III, Zusatz 4 im ersten Theile), nicht berücksichtigt zu werden brauchen, so ist die Zahl aller andern Fälle gleich $a^3 - cfi$.

Nun berechnet man die Hoffnungen der Spieler für alle Fälle, welche eintreten könnten, wenn das Spiel bis zum Ende fortgesetzt würde. Hierbei muss man mit dem einfachsten Falle beginnen und zu allen folgenden in der unten angegebenen Ordnung fortschreiten, bis man schliesslich zu dem in der Aufgabe angenommenen Falle kommt. Die Hoffnungen für irgend einen Fall lassen sich nur finden, wenn die Hoffnungen für alle vorhergehenden Fälle bereits gefunden sind. Die Reihenfolge der Fälle ist (die drei Zahlen jeder Columne gehören zusammen):

| $A$ | 1,1,1 | 1,1,1 | 1,1,1 | 1,1,1 | 2,2,2 | 2,2,2 | 2,2,2 | 2,2,2 |
|---|---|---|---|---|---|---|---|---|
| $B$ | 1,1,1 | 2,2,2 | 3,3,3 | 4,4,4 | 1,1,1 | 2,2,2 | 3,3,3 | 4,4,4, |
| $C$ | 1,2,3 | 1,2,3 | 1,2,3 | 1,2,3 | 1,2,3 | 1,2,3 | 1,2,3 | 1,2,3. |

Im ersten Falle, in welchem jeder der Spieler noch eine Zahl nicht gestrichen hat, haben die Zahlen $b$, $e$, $h$ den Werth 1 und $c$, $f$, $i$ den Werth 5. Nun gewinnt $A$, wenn er allein oder mit einem der andern oder mit den beiden andern Spielern bei den nächsten drei Würfen die letzte Zahl streichen kann; $B$ aber kann nur gewinnen, wenn er allein oder mit $C$ dies thun kann, und $C$ kann nur gewinnen, wenn er allein seine Zahl streichen kann. Daraus ergeben sich die Hoffnungen:

$$\frac{bfi + bei + bfh + beh}{a^3 - cfi} = \frac{a^2 b}{a^3 - cfi} = \frac{36}{91} \text{ für } A,$$

$$\frac{cei + ceh}{a^3 - cfi} = \frac{ace}{a^3 - cfi} = \frac{30}{91} \text{ für } B,$$

$$\frac{cfh}{a^3 - cfi} = \frac{25}{91} \text{ für } C.$$

Dann nimmt man an, dass sowohl $A$, als $B$ noch eine Zahl, $C$ aber zwei Zahlen nicht gestrichen hat; hier ist $h = 2$, $i = 4$ zu setzen. Bei den nächsten drei Würfen können nun dieselben Möglichkeiten eintreten, wie bei der vorigen Annahme; der einzige Unterschied liegt darin, dass, wenn $C$ allein eine Zahl streichen kann, alle drei Spieler die eben berechneten Hoffnungen erlangen. Folglich ergeben sich jetzt die Hoffnungen: [161]

$$\frac{a^2 b \cdot 1 + cfh \cdot \frac{36}{91}}{a^3 - cfi} = \frac{36 \cdot 1 + 50 \cdot \frac{36}{91}}{116} = \frac{2538}{5278} \text{ für } A,$$

$$\frac{ace \cdot 1 + cfh \cdot \frac{30}{91}}{a^3 - cfi} = \frac{30 \cdot 1 + 50 \cdot \frac{30}{91}}{116} = \frac{2115}{5278} \text{ für } B,$$

$$\frac{cfh \cdot \frac{25}{91}}{a^3 - cfi} = \frac{50 \cdot \frac{25}{91}}{116} = \frac{625}{5278} \text{ für } C.$$

In gleicher Weise kann man fortfahren und für die übrigen oben angegebenen Fälle die Hoffnungen berechnen, bis man schliesslich zu dem in der Aufgabe angenommenen Falle kommt. Die vollständige Ausrechnung überlassen wir aber Leuten, welche Zeit reichlich übrig haben; wir, bei denen das Gegentheil der Fall ist, eilen zu Anderem zu kommen.

## XIV.

**Aufgabe.** Zwei Spieler $A$ und $B$ kommen mit einander überein, dass jeder soviele Würfe thun soll, als ein auf das Würfelbrett geworfener Würfel Augen zeigt, und dass derjenige gewinnen soll, welcher insgesammt die meisten Augen geworfen hat; wenn sie aber dieselbe Zahl von Augen werfen, so soll der Einsatz gleichmässig unter sie getheilt werden. Sofort nach getroffenem Uebereinkommen wird aber $B$ des Spieles überdrüssig und will statt des ungewissen Ergebnisses lieber eine bestimmte Anzahl von Augen annehmen. $A$ ist einverstanden, wenn $B$ sich mit 12 Augen begnügen will. Es wird gefragt, welcher von beiden Spielern mehr Hoffnung auf Gewinn hat und wieviel?

**Lösung.** Vor allem ist festzusetzen, ob der erste Wurf (welcher die den Spielern zustehende Anzahl von Würfen bestimmt) zu den Würfen des $A$ hinzugezählt werden soll oder nicht.

[**162**] 1. Dieser Wurf soll nicht mitgezählt werden. Hat dieser Wurf ein Auge gezeigt, so hat $A$ nur einen Wurf noch zu thun, welcher ihm höchstens 6 Augen einbringen kann. Da dem $B$ aber 12 Augen zugestanden sind, so verliert $A$ unter allen Umständen und erhält nichts vom Einsatze.

Fallen bei dem ersten Wurfe zwei Augen, so kann $A$ zwei Würfe mit einem Würfel oder auch (was nach der Anmerkung zu der Aufgabe XII des ersten Theiles auf dasselbe hinauskommt) mit zwei Würfeln einen Wurf thun. Bei zwei Würfeln sind 36 Fälle möglich, von welchen nur ein einziger zwölf Augen aufweist und $A$ den halben Einsatz gewinnen lässt; alle übrigen Fälle geben weniger Augen und lassen $A$ nichts gewinnen. Daher hat $A$ die Hoffnung: $\dfrac{1 \cdot \frac{1}{2} + 35 \cdot 0}{36} = \dfrac{1}{72}$.

Wenn beim ersten Wurf drei Augen fallen, so kann $A$, statt drei Würfe mit einem Würfel, einen Wurf mit drei Würfeln thun. Bei drei Würfeln sind 216 Fälle möglich, von welchen 25 Fälle 12 Augen, 135 Fälle weniger als 12 Augen und die übrigen 56 Fälle mehr als 12 Augen ergeben; $A$ hat also 25 Fälle für $\frac{1}{2}$, 135 Fälle für 0 und 56 Fälle für 1. Folglich ist seine Hoffnung gleich $\dfrac{25 \cdot \frac{1}{2} + 56 \cdot 1}{216} = \dfrac{137}{432}$.

In der gleichen Weise findet man die Hoffnungen des Spielers $A$, wenn ihm der erste Wurf vier, fünf oder sechs Würfe zuertheilt, und zwar hat er

bei vier Würfen die Hoffnung: $\dfrac{125 \cdot \frac{1}{2} + 861 \cdot 1}{1296} = \dfrac{1847}{2592}$,

bei fünf Würfen die Hoffnung: $\dfrac{305 \cdot \frac{1}{2} + 7014 \cdot 1}{7776} = \dfrac{14333}{15552}$,

bei sechs Würfen die Hoffnung: $\dfrac{456 \cdot \frac{1}{2} + 45738 \cdot 1}{46656} = \dfrac{45966}{46656} = \dfrac{7661}{7776}$.

Nun können aber bei dem ersten Wurfe gleich leicht 1, 2, 3, 4, 5 oder 6 Augen fallen, also ist die Hoffnung, welche $A$ bei Beginn des Spieles hat, gleich dem sechsten Theile der Summe aller ebenberechneten Theilhoffnungen:

$$\frac{1}{6}\left(0 + \frac{1}{72} + \frac{137}{432} + \frac{1847}{2592} + \frac{14333}{15552} + \frac{7661}{7776}\right) = \frac{15295}{31104},$$

und folglich bleibt für $B$ die Hoffnung $\frac{15809}{31104}$ übrig.

2. Der erste Wurf, welcher die Zahl der Würfe bestimmt, wird den Würfen des $A$ zugezählt. $A$ verliert dann unbedingt, wenn ihm der erste Wurf ein Auge oder zwei Augen bringt; [163] denn der im letzteren Falle ihm zustehende zweite Wurf kann ihm höchstens 6 Augen bringen, sodass er im ganzen höchstens 8 Augen erhalten würde, während dem $B$ 12 Augen zugestanden sind.

Fallen beim ersten Wurfe drei Augen, so hat $A$ noch zwei Würfe zu thun, welchen 36 Fälle entsprechen. Unter diesen sind 4 Fälle, welche ihm 9 Augen (also mit den 3 Augen des ersten Wurfes 12 Augen) bringen, 26 Fälle mit weniger und 6 Fälle mit mehr als 9 Augen. Da $A$ mithin 4 Fälle für $\frac{1}{2}$, 26 Fälle für 0 und 6 Fälle für 1 hat, so ist seine Hoffnung gleich $\dfrac{4 \cdot \frac{1}{2} + 6 \cdot 1}{36} = \dfrac{2}{9}$.

Wirft $A$ beim ersten Wurfe vier Augen, so hat er noch 3 Würfe, welche 216 Fälle darbieten. Von diesen bringen ihm 21 Fälle 8 Augen (also mit den 4 Augen des ersten Wurfes 12 Augen), 35 Fälle weniger und 160 Fälle mehr als 8 Augen. Daraus folgt für $A$ die Hoffnung:

$$\frac{21 \cdot \frac{1}{2} + 160 \cdot 1}{216} = \frac{341}{432}.$$

In der gleichen Weise findet man für die Hoffnung, welche
$A$ hat, wenn er beim ersten Wurfe fünf Augen wirft,
$\frac{20 \cdot \frac{1}{2} + 1261 \cdot 1}{1296} = \frac{1271}{1296}$, und für seine Hoffnung, wenn er
beim ersten Wurf sechs Augen wirft, $\frac{5 \cdot \frac{1}{2} + 7770 \cdot 1}{7776} = \frac{15\,545}{15\,552}$.

Da nun beim ersten Wurfe jede der Augenzahlen von 1 bis
6 gleich leicht fallen kann, so ist die Hoffnung des $A$ bei
Beginn des Spieles gleich dem arithmetischen Mittel aus den
sechs Theilhoffnungen, d. i. gleich

$$\frac{1}{6}\left(0 + 0 + \frac{2}{9} + \frac{341}{432} + \frac{1271}{1296} + \frac{15\,545}{15\,552}\right) = \frac{46\,529}{93\,312};$$

für $B$ bleibt mithin die Hoffnung $\frac{46\,783}{93\,312}$ übrig. $B$ hat also
in beiden Fällen etwas günstigere Gewinnaussichten als $A$.

Damit aber die Leser sehen, wie vorsichtig man bei derartigen Berechnungen verfahren muss, um nicht den Schleier
statt der Juno zu fassen, so halte ich es nicht für überflüssig,
hier eine Probe einer falschen und trügerischen Lösung dieser
Aufgabe mitzutheilen; man würde auf die Richtigkeit dieser
Lösung leicht einen Eid schwören, wenn man nicht die wirklich richtige Lösung schon gefunden hätte. Hat $A$ (bei der
ersten Annahme) einen Wurf zu thun, so kann er durch
denselben 1, 2, 3, 4, 5 oder 6 Augen bekommen, von denen
jede Zahl ihm mit gleicher Leichtigkeit zufallen kann; folglich
ist (nach Satz II des ersten Theiles) seine Erwartung gleich
$\frac{1 + 2 + 3 + 4 + 5 + 6}{6} = 3\frac{1}{2}$ Augen, also gleich dem arithmetischen Mittel [**164**] zwischen 1 und 6. Wenn $A$ zwei
Würfe zu thun hat, so erzielt $A$ durch dieselben 2, 3, 4, ...,
11 oder 12 Augen. Nun giebt es je einen Fall für 2 und
12 Augen, je 2 Fälle für 3 und 11 Augen, je 3 Fälle für 4
und 10 Augen, u. s. w.; folglich hat $A$ (nach Satz III des
ersten Theiles) die Hoffnung:

$$\frac{1(2+12) + 2(3+11) + 3(4+10) + 4(5+9) + 5(6+8) + 6 \cdot 7}{36}$$

$$= \frac{18 \cdot 14}{36} = 7 \text{ Augen}$$

zu erhalten, welche Zahl wiederum das arithmetische Mittel zwischen den Grenzzahlen 2 und 12 ist. Hat $A$ aber 3 Würfe zu thun, so kann er mit diesen 3 bis 18 Augen erzielen, von denen je zwei, von den Grenzen 3 und 18 gleich weit entfernte Zahlen dieselbe Anzahl Fälle darbieten. Daraus folgt auf gleiche Weise, dass $A$ auf $10\frac{1}{2}$ Augen hoffen darf, welche Zahl wiederum das arithmetische Mittel zwischen 3 und 18 ist. Ebenso ergiebt sich, dass $A$ auf 14, $17\frac{1}{2}$ und 21 Augen hoffen darf, wenn er 4, 5 und 6 Würfe zu thun hat; denn die hierbei sich ergebende Anzahl von Augen muss bez. zwischen 4 und 24, 5 und 30, 6 und 36 liegen, und die Hoffnungen sind die arithmetischen Mittel aus diesen Grenzzahlen. Da nun alle sechs Fälle gleich leicht eintreten können, so hat $A$ die gleiche Hoffnung, $3\frac{1}{2}$, 7, $10\frac{1}{2}$, 14, $17\frac{1}{2}$ und 21 Augen. Diese Zahlen bilden eine arithmetische Progression, und der Mittelwerth zwischen den beiden äussersten Zahlen giebt die Hoffnung des $A$, welcher also $12\frac{1}{4}$ Augen zu werfen hoffen darf.

Auf ganz ähnliche Weise könnte man bei der zweiten Annahme vorgehen wollen. Denn wenn der Spieler $A$ mit dem ersten Wurfe ein Auge wirft, so hat er ein Auge. Wirft er 2 Augen, so hat er 2 Augen und ausserdem noch einen Wurf, welcher ihm, wie oben angegeben, $3\frac{1}{2}$ Augen werth ist; $A$ kann also auf $5\frac{1}{2}$ Augen hoffen. Wenn $A$ drei Augen wirft, so hat er 3 Augen und noch 2 Würfe, welche ihm nach dem Obigen 7 Augen werth sind; seine Hoffnung ist also, 10 Augen zu werfen. In gleicher Weise findet man, dass $A$ hoffen darf, $14\frac{1}{2}$, 19, $23\frac{1}{2}$ Augen zu werfen, wenn ihm der erste Wurf 4, 5, 6 Augen bringt. [**165**] Da wieder alle sechs Fälle gleich leicht eintreten können, so ist seine Hoffnung auf $\frac{1}{6}(1 + 3\frac{1}{2} + 10 + 14\frac{1}{2} + 19 + 23\frac{1}{2}) = 12\frac{1}{4}$ Augen gerichtet.

Da also bei beiden Annahmen sich ergeben hat, dass $A$ auf $12\frac{1}{4}$ Augen hoffen darf, während dem $B$ nur 12 Augen zugestanden sind, so würde daraus folgen, dass die Hoffnung des $A$ besser ist als die des $B$. Aus der ersten Lösung, deren Richtigkeit ganz völlig evident ist, folgt aber das Gegentheil. Es ist schwierig zu sagen, warum $A$ auf mehr Augen als $B$, aber nur auf einen kleineren Theil des Einsatzes hoffen darf, während doch die Erlangung des Gewinnes von der grösseren Anzahl Augen abhängt[4]).

## XV.

**Aufgabe. Das Spiel ist dasselbe wie bei der vorigen Aufgabe. $B$ verlangt aber, dass ihm das Quadrat der Augenzahl des ersten Wurfes zugestanden wird. Wie verhalten sich jetzt die Hoffnungen beider Spieler zu einander?**

Lösung. Es mögen auch hier die beiden Annahmen der vorigen Aufgabe gemacht werden.

1. Der erste Wurf wird nicht zu den Würfen des $A$ hinzugezählt. Zeigt dieser Wurf ein Auge, so erhält $B$ nur ein Auge, während $A$ mit seinem Wurfe einmal ein Auge und fünfmal mehr als ein Auge werfen kann. $A$ hat also einen Fall für $\frac{1}{2}$ und 5 Fälle für 1; folglich hat er die Hoffnung:
$$\frac{1 \cdot \frac{1}{2} + 5 \cdot 1}{6} = \frac{11}{12}.$$

Fallen beim ersten Wurfe 2 Augen, so werden dem $B$ nach der Uebereinkunft $2^2 = 4$ Augen angerechnet, während dem $A$ zwei Würfe zustehen. Diese liefern 36 mögliche Fälle, von welchen 3 Fälle ebenfalls 4 Augen, 3 andere Fälle weniger als 4 Augen und die übrigen 30 Fälle mehr als 4 Augen ergeben. Folglich resultirt für $A$ die Hoffnung:
$$\frac{3 \cdot \frac{1}{2} + 30 \cdot 1}{36} = \frac{63}{72} = \frac{7}{8}.$$

Wenn beim ersten Wurfe 3 Augen fallen, so werden dem $B$ jetzt $3^2 = 9$ Augen angerechnet, und dem $A$ stehen 3 Würfe zu, welche 216 Fälle darbieten. [166] Unter diesen sind 25 Fälle mit 9 Augen (d. h. mit ebensovielen Augen, als $B$ hat), 56 Fälle mit weniger und 135 Fälle mit mehr als 9 Augen. Folglich hat $A$ die Hoffnung:
$$\frac{25 \cdot \frac{1}{2} + 135 \cdot 1}{216} = \frac{295}{432}.$$

In der gleichen Weise findet man die Hoffnungen des $A$, wenn ihm der erste Wurf vier, fünf oder sechs Würfe zuertheilt, und zwar hat er

bei vier Würfen die Hoffnung: $\dfrac{125 \cdot \frac{1}{2} + 310 \cdot 1}{1296} = \dfrac{745}{2592}$,

bei fünf Würfen die Hoffnung: $\dfrac{126 \cdot \frac{1}{2} + 126 \cdot 1}{7776} = \dfrac{7}{288}$,

bei sechs Würfen die Hoffnung: $\dfrac{1 \cdot \frac{1}{2}}{46656} = \dfrac{1}{93312}.$

Da aber alle sechs Fälle gleich möglich sind, so ist die Hoffnung des $A$ gleich dem sechsten Theile der Summe aller dieser einzelnen Hoffnungen, d. i. gleich $\frac{259993}{559872}$, und folglich die Hoffnung des $B$ gleich $\frac{299879}{559872}$.

2. Der erste Wurf wird den Würfen des $A$ zugezählt. Fällt beim ersten Wurfe ein Auge, so haben beide Spieler ein Auge und theilen sich in den Einsatz.

Wenn zwei Augen fallen, so erhält $B$ vier Augen angerechnet. $A$ hat noch einen Wurf zu thun, welcher ihm 6 Fälle darbietet. Einer dieser Fälle giebt ihm 2 Augen (also mit den 2 Augen des ersten Wurfes 4 Augen) und folglich den halben Einsatz; ferner sind vier Fälle für mehr und ein Fall für weniger als 2 Augen vorhanden. Seine Hoffnung ist daher gleich $\dfrac{1 \cdot \frac{1}{2} + 4 \cdot 1}{6} = \dfrac{3}{4}$.

Fallen 3 Augen, so erhält $B$ 9 Augen angerechnet; $A$ aber hat noch zwei Würfe zu thun, welche ihm 36 Fälle darbieten. Von diesen liefern ihm 5 Fälle 6 Augen (also mit den 3 Augen des ersten Wurfes 9 Augen), 10 Fälle weniger und 21 Fälle mehr als 6 Augen; daraus folgt, dass er die Hoffnung $\dfrac{5 \cdot \frac{1}{2} + 21 \cdot 1}{36} = \dfrac{47}{72}$ hat.

Für die drei letzten Fälle findet man ebenso, dass $A$

bei vier Würfen die Hoffnung: $\dfrac{35 \cdot \frac{1}{2} + 56 \cdot 1}{216} = \dfrac{137}{432}$,

bei fünf Würfen die Hoffnung: $\dfrac{35 \cdot \frac{1}{2} + 35 \cdot 1}{1296} = \dfrac{35}{864}$,

bei sechs Würfen die Hoffnung: $\dfrac{1 \cdot \frac{1}{2}}{7776} = \dfrac{1}{15552}$

hat.

Hieraus folgt schliesslich für $A$ die Hoffnung $\frac{35155}{93312}$ und für $B$ die Hoffnung $\frac{58157}{93312}$.

[167] **XVI.**

**Aufgabe. Es sind die Gewinnhoffnungen der Spieler in dem Cinq et neuf genannten Glücksspiele zu berechnen.**

In Frankreich, Dänemark, Schweden, Belgien, Niederdeutschland und den angrenzenden Gebieten ist ein Glücksspiel, welches *Cinq et neuf* genannt wird, sehr üblich. Dasselbe wird von zwei Spielern $A$ und $B$ mit zwei Würfeln gespielt, wobei der eine von ihnen, $A$ fortwährend wirft. Die Spielgesetze sind folgende: Wirft $A$ mit dem ersten Wurfe 3 oder 11 Augen oder einen beliebigen Pasch (un doublet, z. B. zwei Einsen, zwei Zweien, u. s. w.) so gewinnt er; wirft er aber 5 oder 9 Augen, so gewinnt $B$. Wirft $A$ irgend eine andere Anahl, also 4, 6, 7, 8 oder 10 Augen, ohne dass der Wurf zugleich ein Pasch ist, so gewinnt keiner von beiden Spielern; das Spiel muss vielmehr fortgesetzt werden, bis entweder wieder 5 oder 9 Augen von $A$ geworfen werden, in welchem Falle $B$ gewinnt, oder die Anzahl Augen, welche beim ersten Wurfe gefallen war, wiederkehrt und dadurch dann $A$ gewinnt. Nur beim ersten Wurfe zählen 3 oder 11 Augen oder ein Pasch zu Gunsten des $A$. Es sind die Gewinnhoffnungen zu bestimmen, welche die Spieler unter diesen Bedingungen haben.

Lösung. Da $A$, wenn er mit dem ersten Wurfe 4, 6, 7, 8 oder 10 Augen wirft, zu Hoffnungen kommt, welche ebenfalls noch unbekannt sind, so sind diese vor allen Dingen zu bestimmen.

Es werde daher angenommen, dass $A$ mit dem ersten Wurfe 4 Augen geworfen habe und im Begriffe sei, den zweiten Wurf zu thun. Nun giebt es aber bei zwei Würfeln 3 Fälle, welche wieder 4 Augen bringen und also $A$ gewinnen lassen, und 8 Fälle, welche 5 oder 9 Augen ergeben und $A$ verlieren lassen; alle anderen Fälle dagegen verpflichten $A$, von neuem zu werfen, und können daher (nach Satz III, Zusatz 4 im ersten Theile) als nicht vorhanden angesehen werden. Folglich hat $A$ die Hoffnung $\dfrac{3 \cdot 1 + 8 \cdot 0}{11} = \dfrac{3}{11}.$ Ebenso gross ist seine Hoffnung, wenn er beim ersten Wurfe 10 Augen wirft, da bei zwei Würfeln 4 und 10 Augen gleichviele Fälle entsprechen.

[**168**] Zweitens werde angenommen, dass $A$ mit dem ersten Wurfe 6 Augen geworfen habe. Es giebt dann 5 Fälle, welche ihm beim zweiten Wurfe wiederumn 6 Augen liefern, und 8 Fälle, welche 5 oder 9 Augen ergeben. Daher hat $A$ die Hoffnung $\dfrac{5 \cdot 1 + 8 \cdot 0}{13} = \dfrac{5}{13}.$ Da zu 8 Augen die gleiche Anzahl Fälle gehören, so hat $A$ ebenfalls die Hoffnung $\tfrac{5}{13}$, wenn er mit dem ersten Wurfe 8 Augen geworfen hat.

Schliesslich werde angenommen, dass $A$ mit dem ersten Wurfe 7 Augen erhalten habe. Der nächste Wurf kann ihm in 6 Fällen wiederum 7 Augen bringen und in 8 Fällen 5 oder 9 Augen. Folglich ergiebt sich für $A$ die Hoffnung
$$\frac{6 \cdot 1 + 8 \cdot 0}{14} = \frac{3}{7}.$$

Nachdem man diese Hoffnungen berechnet hat, ist zu erwägen, in wievielen Fällen $A$ durch den ersten Wurf zu diesen Hoffnungen kommen kann. Nun giebt es bei zwei Würfeln 6 Fälle dafür, dass $A$ einen Pasch wirft, und 4 Fälle dafür, dass er 3 oder 11 Augen wirft, das heisst zusammen 10 Fälle, welche $A$ sofort mit dem ersten Wurfe gewinnen lassen. Ferner giebt es, wie schon erwähnt, 8 Fälle für 5 oder 9 Augen, in welchen Fällen $A$ das Spiel verliert. Berücksichtigt man, dass von den 6 Fällen für 4 und 10 Augen die beiden Fälle des Zweier- und Fünferpasches auszuschliessen sind, so bleiben 4 Fälle, welche dem $A$ die Hoffnung $\frac{3}{11}$ bringen. Ebenso sind von den 5 Fällen für 6 und 8 Augen die beiden Fälle des Dreier- und Viererpasches auszusondern, und folglich bleiben 3 Fälle, welche dem $A$ die Hoffnung $\frac{5}{13}$ geben. Schliesslich sind 6 Fälle für 7 Augen übrig, welche $A$ die Hoffnung $\frac{3}{7}$ einbringen. Folglich hat $A$ bei Beginn des Spieles die Hoffnung

$$\frac{10 \cdot 1 + 8 \cdot 0 + 4 \cdot \frac{3}{11} + 8 \cdot \frac{5}{13} + 6 \cdot \frac{3}{7}}{36} = \frac{4189}{9009} \text{ und } B \text{ die Hoffnung } \frac{4820}{9009}.$$

[**169**] $B$ hat also günstigere Gewinnaussichten als $A$, wie hieraus klar hervorgeht, wenn es auch Leute geben mag, welche der entgegengesetzten Ansicht sind und lieber die Rolle des $A$ übernehmen.

## XVII.

**Aufgabe.** Es sind die Gewinnhoffnungen der Spieler in einem andern Glücksspiele zu berechnen.

Ich erinnere mich, dass ich in früherer Zeit auf einem Jahrmarkte einen Gaukler gesehen habe, welcher das folgende Glücksspiel aufgestellt hatte, um die Vorübergehenden anzulocken. Eine kreisrunde, nach der Mitte etwas ansteigende Scheibe war mit Hülfe der Wasserwaage genau horizontal aufgestellt. An ihrem Rande trug sie 32 Vertiefungen, welche in vier Gruppen getheilt und mit den Nummern I bis VIII der

Reihe nach in jeder Gruppe bezeichnet waren. In dem Mittelpunkte der Scheibe befand sich ein kleiner Becher. Wer nun sein Glück versuchen wollte, warf vier kleine Kugeln in den Becher, welche durch denselben auf die Scheibe hinabrollten und von ebensovielen Vertiefungen derselben aufgenommen wurden, und erhielt dann den Gewinn ausgezahlt, welcher für die Summe der diese Vertiefungen bezeichnenden Zahlen auf dem unten folgenden Spielplane angesetzt war. Jeder einzelne Wurf mit den vier Kugeln musste mit vier Pfennigen bezahlt werden. Es wird nach der Hoffnung des Spielers gefragt.

Lösung. Zunächst ist klar, dass der Spieler bei jedem Einwurfe der vier Kugeln mindestens 4 und höchstens 32 Punkte erzielen kann, welche Grenzzahlen nur in je einem Falle sich ergeben, nämlich 4, wenn die vier Kugeln in die ersten Vertiefungen jeder Gruppe fallen, und 32, wenn sie in die letzten Vertiefungen jeder Gruppe fallen. Dann ist zu beachten, dass es umsomehr Fälle für die zwischen 4 und 32 liegenden Zahlen von Punkten giebt, je weiter diese von jenen Grenzen entfernt sind, und dass es für die Zahl 18 am meisten Fälle giebt. Zu je zwei Zahlen, welche von 18 gleichweit nach beiden Seiten entfernt sind, gehören gleichviele Fälle. Schliesslich muss man bedenken, dass von den Vertiefungen, welche bei jedem Wurfe die vier kleinen Kugeln aufnehmen, alle vier mit derselben Zahl, oder 3 mit derselben [**170**] und die vierte mit einer andern Zahl, oder 2 mit derselben und 2 mit der gleichen andern Zahl, oder 2 mit derselben und die übrigen mit zwei verschiedenen Zahlen, oder endlich alle vier mit verschiedenen Zahlen bezeichnet sein können. So ist nur ein Fall möglich, dass z. B. die Kugeln in die vier mit I bezeichneten Vertiefungen fallen. Ferner sind offenbar $\binom{4}{3} = 4$ Fälle möglich, in welchen drei von den Kugeln in Vertiefungen mit der Nummer I zu liegen kommen, und $\binom{4}{1} = 4$ Fälle, in welchen die vierte Kugel in eine Vertiefung mit der Nummer II fällt; d. h. es giebt $4 \cdot 4 = 16$ Fälle, dass die vier Kugeln in drei Vertiefungen I und eine Vertiefung II rollen. Es giebt $\binom{4}{2}\binom{4}{2} = 6 \cdot 6 = 36$ Fälle, in welchen zwei Kugeln in Vertiefungen I und die beiden andern in Vertiefungen II zu liegen kommen; dagegen giebt es $\binom{4}{2}\binom{4}{1}\binom{4}{1} = 6 \cdot 4 \cdot 4 = 96$ Fälle, in welchen zwei Kugeln in Vertiefungen I, die dritte in eine Vertiefung II und die vierte in eine Vertiefung III rollen, und $\binom{4}{1}\binom{4}{1}\binom{4}{1}\binom{4}{1} = 4^4 = 256$ Fälle, in welchen je eine Kugel in eine Vertiefung I, II, III und IV rollen. Es ist noch zu bemerken, dass die 24 Fälle, welche aus jedem Falle durch wechselseitige Vertauschung der vier Kugeln sich ergeben, ausser Betracht gelassen werden, da diese als ebensoviele secundäre Fälle, aus welchen ein jeder primäre Fall zusammengesetzt ist, angesehen werden können.

[171] Nun muss man die Zahl der Fälle bestimmen, welche jeder möglichen Anzahl von Punkten entspricht, was etwa in derselben Weise geschehen kann, wie oben (nach der Aufgabe IX des ersten Theiles, S. 27) die Anzahl der Würfe mit verschiedenen Würfeln ermittelt wurde. Wenn man hier die gegebene Zahl von Punkten auf alle möglichen Arten in 4 Theile wegen der 4 Kugeln zerlegt, deren keiner grösser als 8 sein darf (weil die Nummern der Vertiefungen nicht höher gehen), und dann den einzelnen Arten die im vorigen Abschnitte ermittelte Anzahl der Fälle zuertheilt, so giebt die Summe dieser letzteren die gesuchte Zahl. Da aber auf diese Weise die Zahl der Fälle nur für eine gegebene Punktzahl gefunden wird, uns aber die Zahlen der Fälle für alle Punkte nöthig sind, so schlagen wir den folgenden kürzeren Weg ein, um alle Zahlen auf einmal zu bekommen.

Wir bilden uns eine Tafel mit 15 Columnen, welche wir mit den Zahlen 4 bis 18 überschreiben. Es genügt für diese Zahlen die Fälle zu bestimmen, da jede Zahl über 18 mit einer unter 18 die gleiche Anzahl Fälle darbietet, wie oben angegeben ist.

Nehmen wir nun an, dass alle vier Kugeln in Vertiefungen mit der gleichen Nummer rollen, so haben diese entweder sämmtlich die Nummer I oder II oder ..., und die Summen dieser Nummern sind daher 4, 8, 12, 16, .... Deshalb schreiben wir in die erste Zeile an den linken Rand der Tafel I, I, I, I (wozu man sich im Geiste II, II, II, II; ... hinzudenkt) und in die mit 4, 8, 12, 16 bezeichneten Columnen je eine 1.

Ferner nehmen wir an, dass drei Kugeln von gleichbezeichneten Vertiefungen und die vierte von einer Vertiefung mit anderer Nummer aufgenommen werden. Die Nummern der ersteren Vertiefungen sind entweder drei I, oder drei II, oder .... Sind es drei I, so ist die vierte Nummer eine der Zahlen II bis VIII, welche in Verbindung mit den drei I die Summen 5, 6, 7, ..., 11 geben; wir schreiben in der zweiten Zeile an den linken Rand der Tafel I, I, I, II (wozu man sich die übrigen Verbindungen I, I, I, III; ..., I, I, I, VIII im Geiste ergänzt) und in die mit 5, 6, 7, ..., 11 bezeichneten Columnen je eine 16. Sind die Zahlen der gleichbezeichneten Vertiefungen drei II, so ist die vierte Nummer I, III, IV, ..., VIII, und folglich die Summen aller vier Zahlen 7, 9, 10, ..., 14; wir schreiben dann in die dritte Zeile der Tafel an den linken Rand II, II, II, I (wozu die übrigen Verbindungen hinzuzudenken sind) und in die Columnen 7, 9, 10, ..., 14 je eine 16. In ähnlicher Weise bilden wir uns noch 3 Zeilen [**172**] mit den nun leicht verständlichen Bezeichnungen III, III, III, I; IV, IV, IV, I; V, V, V, I am linken Rande der Tafel und der Zahl 16 in den betreffenden Columnen.

Weiter nehmen wir an, dass je zwei Vertiefungen dieselbe Nummer tragen. Die Nummern sind entweder zwei I mit zwei II, III, ..., VIII, welche die Summen 6, 8, 10, ..., 18 liefern, oder zwei II mit zwei III, IV, ..., VII, welche die Summen 10, 12, 14, 16, 18 liefern, oder zwei III mit zwei IV, V, VI oder zwei IV mit zwei V, welche bez. die Summen 14, 16, 18 und 18 liefern. Wir bezeichnen deshalb die folgenden vier Zeilen der Tafel am linken Rande mit I, I, II, II; II, II, III, III; III, III, IV, IV; IV, IV, V, V und schreiben in die betreffenden Columnen dieser Zeilen die Zahl 36.

Wir nehmen nun wieder zwei Vertiefungen mit gleicher Nummer, die beiden übrigen aber mit von dieser und von einander verschiedenen Nummern. Dann können wir zunächst zwei I und eine II verbinden mit III, IV, ... VIII, wodurch wir die Summen 7, 8, ..., 12 erhalten, ferner zwei I und eine III mit IV, V, ..., VIII, wodurch wir die Summen 9, 10, ..., 13 erhalten, und so fort bis zur Verbindung I, I, VII, VIII mit der Summe 17. Nehmen wir dann zwei II, so kann entweder eine I mit einer III, IV, ... VIII, oder eine III mit einer IV, V, ..., VIII, oder eine IV mit einer V, VI, ..., VIII, oder ... hinzutreten. In gleicher Weise fahren wir fort und bilden uns 24 weitere Zeilen in der Tafel, welche wir am linken Rande mit I, I, II, III; I, I, III, IV; ...; I, I, VII, VIII; II, II, I, III; ...; II, II, VI, VII; III, III,

I, II; ...; III, III, V, VI; IV, IV, I, II; ...; IV, IV, III, V;
V, V, I, II; ...; V, V, III, IV; VI, VI, I, II; VI, VI, II, III;
VII, VII, I, II analog der früheren Bezeichnungsweise kennzeichnen; in jede dieser Zeilen wird in die durch die bezüglichen Summen angegebenen Columnen die Zahl 96 eingetragen.

Schliesslich nehmen wir an, dass alle vier Vertiefungen mit verschiedenen Zahlen bezeichnet sind; dann können wir I, II, III mit IV, V, ..., VIII oder I, III, IV mit V, VI, ..., VIII, oder ... combiniren. [173] Wir bezeichnen dann die letzten 15 Zeilen der Tafel am linken Rande mit I, II, III, IV; ...; I, II, VII, VIII; I, III, IV, V; ...; I, III, VI, VII; I, IV, V, VI; I, IV, VI, VII; II, III, IV, V; ...; II, III, VI, VII; II, IV, V, VI; III, IV, V, VI und tragen in jede Zeile unter die betreffende Summe die Zahl 256 ein[5]).

Nachdem wir uns auf diese Weise die Tafel angefertigt haben, brauchen wir nur noch die Zahlen jeder Columne zu addiren, um alle Fälle zu erhalten, welche die am Kopfe der Columne stehende Anzahl von Punkten ergeben. Diese Zahlen finden sich in der mittleren Columne des hier folgenden Spielplanes, dessen äusserste Columnen die Anzahl Pfennige angiebt, welche der Spieler bei der Erreichung der nebenstehenden Anzahl Punkte erhält.

| Pfennige | Punkte | Anzahl der Fälle | Punkte | Pfennige |
|---|---|---|---|---|
| 120 | 4 | 1 | 32 | 180 |
| 100 | 5 | 16 | 31 | 32 |
| 30 | 6 | 52 | 30 | 25 |
| 24 | 7 | 128 | 29 | 24 |
| 18 | 8 | 245 | 28 | 16 |
| 10 | 9 | 416 | 27 | 12 |
| 6 | 10 | 664 | 26 | 8 |
| 6 | 11 | 976 | 25 | 6 |
| 6 | 12 | 1369 | 24 | 4 |
| 5 | 13 | 1776 | 23 | 4 |
| 3 | 14 | 2204 | 22 | 3 |
| 3 | 15 | 2560 | 21 | 3 |
| 3 | 16 | 2893 | 20 | 3 |
| 2 | 17 | 3088 | 19 | 3 |
| 2 | 18 | 3184 | | |

Summe aller Fälle: $35960 = \binom{32}{4}$.

Nachdem die Zahlen aller Fälle bestimmt sind, ist die gesuchte Gewinnhoffnung leicht (nach Satz III des ersten Theiles) zu finden, indem man die einzelnen Zahlen der Fälle mit den zugehörigen Geldprämien multiplicirt und durch die Anzahl aller Fälle dividirt. Da zu 4 und 32 Punkten, zu 5 und 31 Punkten dieselbe Anzahl Fälle gehört, so lässt sich die Rechnung vereinfachen, indem man die zwei zugehörigen Geldprämien addirt und in die einfache Anzahl Fälle multiplicirt, also $(180 + 120) \cdot 1 = 300 \cdot 1$, $(100 + 32) \cdot 16 = 132 \cdot 16$, u. s. w. Man findet auf diese Weise, dass ein Spieler [**174**] eine Gewinnhoffnung von $4\tfrac{349}{3596}$ Pfennigen hat. Wenn er also nach der Annahme seinen Wurf mit 4 Pfennigen erkauft, so hat er offenbar günstigere Aussichten auf Gewinn als der Jahrmarktsgaukler, welcher das Spiel veranstaltet, und der letztere kann mit diesem Glücksspiele nichts gewinnen, wenn er die Geldprämien nicht herabsetzt.

## XVIII.

**Aufgabe.** Es sind die Hoffnungen der Spieler in dem gewöhnlich Treschak genannten Kartenspiele zu berechnen.

In Deutschland ist ein Kartenspiel sehr gebräuchlich, welches gewöhnlich Treschak[6]) genannt wird und eine gewisse Aehnlichkeit mit dem französischen Spiele Brelan hat. Aus einem Spiele Karten werden 24 Blätter, von jeder Farbe 6 genommen (und die übrigen fort gelegt) und zwar die Neuner, Zehner, Buben, Damen, Könige und Asse, welche wir künftig durch ihre Anfangsbuchstaben $N$, $Z$, $B$, $D$, $K$ und $A$ bezeichnen wollen. Die Karten sollen nach ihrem Werthe in der absteigenden Reihenfolge aufeinanderfolgen: Ass, König, Dame, Bube, Zehner; alle aber werden an Bedeutung durch die Neuner und den Treffbuben (welchen wir deshalb den Neunern zuzählen, sodass wir 5 Neuner und drei Buben haben) übertroffen. Und zwar besteht die hervorragende Wichtigkeit der Neuner, welche sehr derjenigen der Matadore genannten Karten im spanischen L'hombre-Spiele ähnlich ist, darin, dass sie zu den Karten beliebigen Werthes und beliebiger Farbe hinzugezählt werden dürfen. So geben zwei Neuner mit einem Ass oder ein Neuner mit zwei Assen zusammen drei Asse oder eine Triga (Dreigespann, un tricon) von Assen; ein, zwei oder drei Neuner geben mit drei, zwei oder einem König zusammen eine Quadriga (Viergespann) von Königen; ein oder zwei Neuner zusammen mit drei oder zwei Blättern gleicher Farbe werden als vier Blätter dieser Farbe gezählt, z. B. als vier Herzkarten, 4 Treffkarten, u. s. w. Jede derartige Combination von Karten nennt man gewöhnlich einen Fluvius (einen Fluss), welcher ausserdem durch eine Anzahl Punkte bewerthet wird, und zwar für ein Ass 11 Punkte, für jede andere Karte 10 Punkte. Die Spielregeln sind die folgenden:

Jedem Mitspieler werden der Reihe nach zwei Blätter zugetheilt. Dem ersten Spieler steht es frei, eine beliebige Geldsumme einzusetzen, nachdem er seine zwei Karten verstohlen betrachtet hat. Will ein zweiter Spieler mit ihm spielen, so setzt er ebensoviel oder, wenn es ihm gutdünkt, auch mehr ein; im letzteren Fall muss der erste Spieler [175] noch den Differenzbetrag seinerseits hinzufügen, wenn er nicht ohne weiteres seinen Einsatz verlieren will. Hierauf erhalten die Spieler, welche das Spiel begonnen haben, wiederum je zwei Karten, welche aber vor Aller Augen offen auf den Tisch gelegt werden, sodass jetzt die vier Karten jedes Spielers zur Hälfte allen Mitspielern bekannt und zur Hälfte unbekannt sind. Dann setzen die Spieler von neuem Geldsummen in der vorigen Weise ein, wobei es einem andern Spieler immer frei steht, mehr als der erste einzusetzen und der letztere in diesem Falle seinen Einsatz wieder auf den gleichen Betrag erhöhen muss. Darauf legen schliesslich sämmtliche Mitspieler ihre vier Karten offen auf den Tisch, und es erhält derjenige von ihnen den ganzen Einsatz, dessen Karten den höheren Werth haben. Hierbei wird eine Quadriga höher als ein Fluvius und dieser höher als eine Triga bewerthet, den höchsten Werth hat eine Neunerquadriga. Ueber den Werth der übrigen Quadrigen und Trigen entscheidet die Werthfolge der sie bildenden Karten, bei den Fluvien die Anzahl der Punkte; so ist eine Quadriga, bez. Triga von Assen mehr werth als eine solche von Königen und ein Fluvius von 43 Punkten mehr werth als ein solcher von 42 Punkten. Hat kein Mitspieler eine Quadriga, eine Triga oder einen Fluvius, so erhält derjenige den Einsatz, welcher die meisten Punkte einer Farbe zählt. In dem Falle aber, dass zwei Spieler völlig gleiche Karten haben, z. B. wenn sie Quadrigen oder Trigen von gleichem Werthe oder Fluvien mit gleichvielen Punkten haben, gewinnt gegebenen Falles derjenige von ihnen, welcher der Reihe nach der erstere ist, d. h. welchem früher als dem andern seine Karten gegeben sind.

Jeder der Spieler kann nun, wenn er seine ersten zwei Karten erhalten hat, seine Gewinnhoffnung berechnen und nach dieser dann sein Verhalten einrichten. Denn wenn er auch seinen Einsatz nicht immer im Verhältnisse des Werthes seiner Karten erhöhen darf, um den Mitspielern diesen nicht zu verrathen — denn die Seele dieses Spieles ist die Heuchelei und es gilt oft gute Miene zum bösen Spiele zu machen, damit die Andern, welche vielleicht bessere Karten erhalten haben, durch seine erheuchelte Zuversicht getäuscht, davon abgeschreckt werden, ihn zu überbieten —, so kann man doch nicht leugnen, dass die vorausgehende Kenntniss der Gewinnhoffnung ein nicht unwesentliches Hülfsmittel ist, um den Grad dieser Verstellung zu bemessen.

Lösung. Ich will die Art der Berechnung nur an einem Beispiele zeigen, und zwar, da ich mich erinnere, oft die Wahrnehmung gemacht zu haben, dass derjenige, welcher im Anfange zwei Neuner erhielt, doch noch verlor, will ich bestimmen, um wieviel mehr ein solcher Spieler Hoffnung hat zu gewinnen, als zu verlieren. [176] Um aber die Frage ganz bestimmt zu stellen, nehme ich an, dass ich als der erste von zwei Spielern zwei Neuner und der andere (was ich irgendwie erfahren habe) einen erhalten hat; ich wünsche die Gewinnhoffnungen von uns Beiden kennen zu lernen.

Zunächst betrachte ich alle möglichen Fälle, in welche ich während des Spieles kommen kann. Es kann der Fall eintreten, dass die übrigen beiden Karten, welche ich erhalte (wie aus der ersten Columne der unten folgenden Tafel ersichtlich ist), entweder noch zwei Neuner sind, oder ein Neuner mit einer andern Karte, oder zwei andere Karten gleichen Werthes oder zwei andere Karten verschiedenen Werthes, welche derselben oder verschiedenen Farben angehören; in dem letzteren Falle ist noch zu unterscheiden, ob eine der beiden Karten eine Treffkarte ist oder nicht, da wegen des zu den Neunern gezählten Treffbuben dieser Unterschied die Gewinnhoffnungen beeinflusst.

Zweitens untersuche ich, wie oft jeder dieser Fälle eintreten kann, indem ich bedenke, dass, ausser meinen beiden Neunern und dem Neuner meines Gegners, noch 21 Blätter vorhanden sind, unter welchen noch zwei Neuner, vier Asse, Könige, Damen, Zehner und drei Buben sind. Da mein Gegner ebenfalls zwei Karten erhalten hat, so sind eigentlich nur noch 20 Karten übrig; da aber seine zweite Karte mir unbekannt ist, so kommt es in Rücksicht auf meine Unkenntniss auf dasselbe hinaus, als wenn er diese Karte nicht genommen hätte und ich auf zwei beliebige der übrigen 21 Kartenblätter gleiche Hoffnung haben würde. Es lassen sich nun leicht die einzelnen Fälle aufzählen; es sind deren insgesammt nämlich ebensoviele als sich Binionen aus den übrigen Kartenblättern bilden lassen, d. h. $\binom{21}{2} = 210$ Fälle. Zwei Neuner können zusammen nur einmal vorkommen; ein Neuner mit einem Ass kann $2 \cdot 4 = 8$ mal combinirt werden, ebenso oft ein Neuner mit einem König, einer Dame oder einem Zehner; ein Neuner mit einem Buben kann dagegen nur $2 \cdot 3 = 6$ mal combinirt werden. [**177**] In gleicher Weise lassen sich die Zahlen der Fälle für eine der übrigen Zusammenstellungen zweier Karten berechnen; diese Zahlen finden sich in der zweiten Columne der untenstehenden Tafel.

Drittens berechne ich die Hoffnungen, welche ich und mein Gegner in den einzelnen angegebenen Fällen haben. Habe ich meine weiteren zwei Karten erhalten, so sind noch 19 Karten übrig, von welchen mein Gegner drei erhält; daher ist sein Spiel ebensovielen Möglichkeiten unterworfen, als es Ternionen von 19 Dingen giebt, nämlich $\binom{19}{3} = 969$, und ich muss für jede mögliche Zusammenstellung meiner vier Karten untersuchen, wieviele dieser 969 möglichen Fälle für meinen Gegner günstig und wieviele für ihn ungünstig sind. Erhalte ich zu meinen zwei Neunern noch zwei weitere Neuner oder einen Neuner und ein Ass, so muss mein Gegner unbedingt verlieren, da ich eine Quadriga von Neunern oder Assen habe und mein Gegner höchstens eine solche von Assen besitzen kann; nach den Spielbedingungen gewinne ich aber in beiden Fällen. Kommt zu meinen Neunern ein Neuner und ein König hinzu, so habe ich eine Quadriga von Königen und kann von meinem Gegner nur besiegt werden, wenn er eine Quadriga von Assen erhält. Nun sind unter den 19 Kartenblättern 5, nämlich ein Neuner und vier Asse, von denen irgend drei mit dem Neuner, welchen mein Gegner schon besitzt, eine Quadriga von Assen bilden; von 5 Dingen lassen sich aber $\binom{5}{3} = 10$ Ternionen bilden, und folglich sind meinem Gegner 10 von den sämmtlichen 969 Fällen günstig, weshalb er die Hoffnung $\frac{10}{969}$ hat. [**178**] Erhalte ich noch einen Neuner und eine Dame, so habe ich eine Quadriga von vier Damen, und mein Gegner gewinnt, wenn er eine Quadriga von Assen oder Königen erhält, wofür ihm 20 Fälle günstig sind; seine Hoffnung ist also gleich $\frac{20}{969}$.

[**179**] Die Hoffnungen meines Gegners kann ich für alle
möglichen Combinationen der mir noch zufallenden zwei Karten
in gleicher Weise bestimmen; es erfordert ihre Berechnung
aber um so mehr Mühe, je grösser die Hoffnung meines Gegners
auf Gewinn ist. Da es viel zu weitschweifig werden würde,
wenn ich sämmtliche Berechnungen hier bis in alle Einzelheiten mittheilen wollte, so bestimme ich die Gewinnhoffnung
meines Gegners nur für den Fall, dass ich einen Buben und
einen Zehner von zwei verschiedenen Farben, aber nicht Treff,
z. B. den Herzbuben und die Piquezehn erhalten habe, also
nur eine Triga von Buben besitze. Mein Gegner gewinnt dann
mit jeder Quadriga und jedem Fluvius, ebenso mit einer Triga
von Assen, Königen oder Damen. Um die Anzahl der Quadrigen
zu bestimmen, erwäge ich, dass die übrigen 19 Karten aus
2 Neunern, 4 Assen, 4 Königen, 4 Damen, 2 Buben und 3
Zehnern bestehen oder dass aus ihnen (wenn ich die beiden
Neuner den andern Karten jedes Mal zuzähle) 6 Asse, 6 Könige,
6 Damen, 4 Buben und 5 Zehner genommen werden können.
Ich erhalte nun alle Quadrigen von Assen, indem ich je 3
Asse mit dem einen Neuner meines Gegners verbinde, was
ich $\binom{6}{3} = 20$ mal thun kann. Ebensoviele Quadrigen von
Königen und Damen giebt es. Die Anzahl der Quadrigen von
Buben ist $\binom{4}{3} = 4$ und der Quadrigen von Zehnern $\binom{5}{3} = 10$;
es giebt also insgesammt 74 Quadrigen. — Die Anzahl der
Fluvien ermittele ich folgendermaassen. [**180**] Unter den übrigen
19 Karten befinden sich ausser den beiden Neunern 4 Pique-,
5 Carreau-, 4 Herz- und 4 Treff-Karten. Zur Bildung eines
Fluvius muss mein Gegner zu seinem einen Neuner entweder drei
Kartenblätter derselben Farbe oder wenigstens zwei von derselben
Farbe und einen der beiden übrigen Neuner erhalten; folglich ist die Anzahl der Fluvien gleich der Anzahl aller Ternionen vermehrt um die doppelte Anzahl aller Binionen von
4, 5, 4, 4 Dingen, d. i. gleich $3\binom{4}{3} + \binom{5}{3} + 2\left[3\binom{4}{2} + \binom{5}{2}\right]$
$= 22 + 2 \cdot 28 = 78$. — Um schliesslich die Anzahl der
Trigen zu bestimmen, muss ich bedenken, dass zur Bildung
einer Triga von Assen (Königen oder Damen) mit dem einen
Neuner, welchen mein Gegner schon hat, entweder zwei Asse
(Könige oder Damen) oder einer der beiden übrigen Neuner
mit einem Asse (Könige oder Dame) verbunden werden müssen.

Treten zwei gleiche Karten hinzu, so kann das vierte Blatt ein beliebiges aus den übrigen 13 Karten sein; da aber 4 Asse (Könige oder Damen) 6 mal zu je zweien genommen werden können, so entstehen dadurch jedesmal 78 Fälle. Wird mit einem der übrigen Neuner ein Ass (König oder Dame) verbunden, so kann das vierte Blatt ein beliebiges einer anderen Farbe und geringeren Werthes sein. Es können also verbunden werden mit dem Carreau-Ass 9 Blätter und mit jedem andern Asse 10 Blätter, was 39 Fälle giebt; mit dem Carreau-König. 6 und mit jedem andern Könige 7 Blätter, was 27 Fälle giebt; mit der Carreau-Dame 3 und mit jeder andern 4 Blätter, was 15 Fälle giebt. Diese letzteren Zahlen sind wegen der beiden noch übrigen Neuner doppelt zu nehmen und zu ihnen einzeln noch die 78 oben gefundenen Fälle zu addiren; man erhält dann 156 Trigen mit Assen, 132 Trigen mit Königen und 108 Trigen mit Damen, also insgesammt 396 Trigen, welche meinen Gegner gewinnen lassen. Addire ich nun die Anzahl der Quadrigen, Fluvien und Trigen zu einander, so erhalte ich $74 + 78 + 396 = 548$ Fälle, welche für meinen Gegner günstig sind, und daher ist hier seine Hoffnung gleich $\frac{548}{969}$. In der dritten Columne der auf der folgenden Seite stehenden Tafel finden sich die Hoffnungen meines Gegners, welche allen Möglichkeiten betreffs der mir noch zufallenden zwei Karten entsprechen, in der Weise angegeben, dass dort die Anzahl der meinem Mitspieler günstigen Fälle angegeben sind; diese sind zugleich die Zähler seiner Hoffnungen, deren gemeinsamer Nenner 969 ist.

[181] Die Gewinnhoffnungen von uns Beiden, bevor ich meine letzten zwei Karten erhalte — und nach diesen war gerade gefragt — lassen sich nun leicht berechnen. Zunächst finde ich mit Hülfe der Zahlen der zweiten und dritten Columne (nach Satz III des ersten Theiles, wobei zur Vereinfachung der Rechnung alle Zahlen der dritten Columne, zu welchen in der zweiten Columne die gleiche Zahl von Fällen gehört, vorher addirt worden sind) für die Hoffnung meines Gegners

$$\frac{3 \cdot 1902 + 4 \cdot 498 + 6 \cdot 4614 + 8 \cdot 64}{210 \cdot 969} = \frac{35894}{203490} = \frac{17947}{101745},$$

und mithin für meine eigene Hoffnung $\frac{83798}{101745}$, welche also nahezu fünfmal so gross ist als die Hoffnung meines Gegners.

[Die Tafel steht im Original auf S. **178**].

|  | I. | II. | III. |
|---|---|---|---|
|  | 2 N | 1 | 0 |
|  | N & A | 8 | 0 |
|  | N & K | 8 | 10 |
|  | N & D | 8 | 20 |
|  | N & B | 6 | 30 |
|  | N & Z | 8 | 34 |
|  | 2 A | 6 | 0 |
|  | 2 K | 6 | 20 |
|  | 2 D | 6 | 40 |
|  | 2 B | 3 | 60 |
|  | 2 Z | 6 | 70 |
| Derselben Farbe | A & K | 4 | 70 |
|  | A & D | 4 | 70 |
|  | A & B | 3 | 74 |
|  | A & Z | 4 | 70 |
|  | K & D | 4 | 96 |
|  | K & B | 3 | 100 |
|  | K & Z | 4 | 96 |
|  | D & B | 3 | 100 |
|  | D & Z | 4 | 96 |
|  | B & Z | 3 | 100 |

| Beide Karten sind von verschiedener Farbe; eine derselben ist eine Treffkarte | I. | II. | III. |
|---|---|---|---|
|  | A & K | 6 | 153 |
|  | A & D | 6 | 153 |
|  | A & B | 3 | 157 |
|  | A & Z | 6 | 153 |
|  | K & D | 6 | 309 |
|  | K & B | 3 | 313 |
|  | K & Z | 6 | 309 |
|  | D & B | 3 | 445 |
|  | D & Z | 6 | 441 |
|  | B & Z | 3 | 553 |
| Beide Karten sind von verschiedener Farbe; keine derselben ist eine Treffkarte | A & K | 6 | 148 |
|  | A & D | 6 | 148 |
|  | A & B | 6 | 152 |
|  | A & Z | 6 | 148 |
|  | K & D | 6 | 304 |
|  | K & B | 6 | 308 |
|  | K & Z | 6 | 304 |
|  | D & B | 6 | 440 |
|  | D & Z | 6 | 436 |
|  | B & Z | 6 | 548 |
| Summe: |  | 210 |  |

Uebrigens bieten sich für denjenigen, welcher die Tafel prüft, auf den ersten Anblick noch viele andere Sätze dar, wie z. B. die folgenden. Ich komme durch einen Neuner und eine Dame zu der gleichen Hoffnung wie durch zwei Könige, durch zwei Zehner zu der gleichen Hoffnung wie durch ein Ass und einen König, eine Dame oder den Zehner gleicher Farbe. Ein Neuner mit einem Buben oder Zehner ist mir mehr werth als zwei Damen. Zwei Blätter von verschiedenem Werthe und verschiedener Farbe sind immer dann ein wenig besser, wenn keine Karte davon eine Treffkarte ist, als wenn dies der Fall ist. Eine Dame und ein Zehner anderer Farbe sind mir vortheilhafter als ein Bube und ein Zehner, welche für meinen Gegner mehr werth sind; u. s. w.

Alles Bisherige gilt nur für die Annahme, dass ich bei Beginn des Spieles zwei und mein Mitspieler einen Neuner hat. Ist mir aber kein Blatt meines Mitspielers bekannt, so

komme ich zu ganz anderen Hoffnungen und zu einer ganz
anderen Tafel, welche der fleissige Leser nach dem gleichen
Verfahren, nur mutatis mutandis aufstellen mag. Wenn er die
Rechnung richtig durchführt, so findet er, dass sich in diesem
Falle meine Hoffnung zu der meines Gegners wie 346988 zu
26077 verhält, dass sie also mehr als 13mal grösser ist
als diese.

Es war ursprünglich meine Absicht gewesen, hier noch
einige andere Fragen, welche häufig unter den Mitspielern
discutirt werden, zu beantworten; z. B.: Ist es bei Beginn des
Spieles vortheilhafter, [**182**] einen Neuner und einen Buben
oder Zehner zu haben, als zwei Asse? Welcher von zwei
Spielern, von denen der eine zwei Asse, der andere einen
Neuner und einen Buben oder Zehner erhalten hat, besitzt die
grössere Gewinnhoffnung? und ähnliche Fragen. Da es aber
schon den Anschein haben kann, als hätte ich auf Nichtig-
keiten zu viel Zeit verwendet, so will ich diese und andere
diesbezügliche Fragen dem wissbegierigen Leser zu lösen und
zu berechnen überlassen.

## XIX.

**Aufgabe.** Bei irgend einem Glücksspiele ist der
Bankhalter (le banquier du jeu) dadurch im Vortheil,
dass die Zahl der Fälle, in welchen er gewinnt, ein
wenig grösser ist, als die Zahl der Fälle, in welchen
er verliert, und dass zugleich die Zahl der Fälle, in
welchen er auch bei dem folgenden Spiele Bankhalter
bleibt, grösser ist als die Zahl der Fälle, in welchen
sein Amt an einen Mitspieler übergeht. Wieviel sind
diese Vorrechte des Bankhalters werth?

Lösung. Die Anzahl der Fälle, in welchen der Bankhalter gewinnt, möge sich zu der Anzahl der Fälle, in welchen
er verliert, verhalten wie $p$ zu $q$, wo also $p > q$ ist, und
die Anzahl der Fälle, in welchen er sein Amt behält, zu der
Anzahl der Fälle, in welchen er es verliert, wie $m$ zu $n$, wo
$m > n$ ist. Würde man nun auf das gerade im Gange be-
findliche Spiel nur und nicht zugleich auf das nächstfolgende
Spiel Rücksicht nehmen, so erhielte man für die Hoffnung des
Bankhalters $\dfrac{p}{p+q}$ (wegen der $p$ Fälle für den Einsatz 1 und
der $q$ Fälle für 0) und für die des Mitspielers $\dfrac{q}{p+q}$; beide

würden sich also wie $p$ zu $q$ verhalten. Berücksichtigt man aber auch die ferneren Spiele, so gestalten sich die Verhältnisse verwickelter, und es ist nicht sofort in die Augen springend, wie die Prärogative im gegenwärtigen Spiele und die Hoffnung auf die Prärogative [**183**] im folgenden Spiele zusammen zu schätzen sind; man kommt sehr leicht zu trügerischen Schlussfolgerungen, wenn man nicht genau Acht giebt.

Ich hatte früher die Aufgabe folgendermaassen angefasst. Bliebe der Bankhalter immer in seinem Amte, so hätte er die Hoffnung $\frac{p}{q}$; wenn aber Gefahr für ihn vorhanden ist, sein Amt zu verlieren, so muss seine Hoffnung geringer sein. Bezeichne ich die Hoffnung des Bankhalters mit $x$ und die seines Mitspielers mit $y$, so würde ich finden (wegen der $p$ Fälle für 1, der $q$ Fälle für 0, der $m$ Fälle Bankhalter zu bleiben und der $n$ Fälle die Stelle des Mitspielers zu erhalten):

$$x = \frac{p + mx + ny}{p + q + m + n} \text{ und ebenso } y = \frac{q + my + nx}{p + q + m + n}, \text{ oder}$$

$x : y = p + n : q + n$, also kleiner als $p : q$. Oder: da dem Bankhalter $\frac{p}{p+q}$ und seinem Mitspieler $\frac{q}{p+q}$ des Einsatzes gebührt, und da der Bankhalter in $m$ Fällen sein Amt behält und in $n$ Fällen es verliert, so würde sich für ihn die Hoffnung ergeben:

$$\frac{m\frac{p}{p+q} + n\frac{q}{p+q}}{m+n} = \frac{mp + nq}{(m+n)(p+q)}, \text{ und}$$

für seinen Mitspieler $\frac{mq + np}{(m+n)(p+q)}$ übrig bleiben; es würde also das Verhältniss $(mp + nq) : (mq + np)$ resultiren, welches zwar kleiner als $p : q$, aber von dem zuerst gefundenen Verhältnisse verschieden ist. In der That verwarf ich auch bald beide Lösungen als unrichtig, da es völlig widersinnig erscheint, dass die grössere Wahrscheinlichkeit, welche der Bankhalter hat, sein Amt zu behalten, den mit diesem Amte verbundenen Vortheil verringert statt vergrössert. Ich neigte dann längere Zeit der Ansicht zu, dass die Hoffnungen aus den beiden Brüchen $\frac{p}{q}$ und $\frac{m}{n}$ zusammengesetzt seien und sich verhalten wie $pm : qn$, welches Verhältniss grösser als $p : q$ oder $m : n$ ist. Aber auch diese Lösung ist unrichtig. Ich will aber nicht zeigen, worin der Fehler bei diesen Berechnungen liegt, sondern unverzüglich die richtige Lösung ableiten, welche jene durch ihre augenscheinliche Wahrheit sofort in den Schatten stellt.

Wer die richtige Lösung finden will, muss zwei Dinge beachten. Nämlich erstens muss er bestimmen, wieviel dem Bankhalter nicht von dem ganzen Einsatze, [**184**] sondern nur von dem Einsatze seines Mitspielers gebührt (was nach Satz III, Zusatz 5 im ersten Theile zu bestimmen ist); zweitens muss er diesen dem Bankhalter gebührenden Antheil für die einzelnen aufeinander folgenden Spiele berechnen, aus deren Summirung sich dann die Gesammthoffnung ergiebt.

Es mögen die beiden Spieler unter sich festgesetzt haben, dass nach jedem Spiele der Sieger von dem Unterlegenen die Summe $a$ erhält. Mithin ist der dem Bankhalter gebührende Antheil von der Summe $a$ seines Mitspielers bei dem **ersten** Spiele (wegen der $p$ Fälle, $a$ zu gewinnen, und der $q$ Fälle, $a$ zu verlieren), gleich

$$\frac{pa + q(-a)}{p+q} = \frac{p-q}{p+q} a = \frac{r}{s} a,$$

wobei $p - q = r$, $p + q = s$ gesetzt ist; folglich gebührt dem Mitspieler $-\frac{r}{s}a$. Da nun der Bankhalter zugleich $m$ Fälle hat, in welchen er auch beim nächsten Spiele sein Amt behält, d. h. zu der Hoffnung $\frac{r}{s}a$ kommt, und $n$ Fälle, in welchen er sein Amt verliert und also die Hoffnung $-\frac{r}{s}a$ erhält, so hat der Bankhalter, beim **zweiten** Spiele die Summe $a$ zu erhalten, die Hoffnung:

$$\frac{m\frac{ra}{s} + n\frac{-ra}{s}}{m+n} = \frac{r}{s} \cdot \frac{m-n}{m+n} a = \frac{rt}{sv} a,$$

wobei $m - n = t$, $m + n = v$ gesetzt ist; folglich gebührt dem andern Spieler $-\frac{rt}{sv}a$. In gleicher Weise findet man, dass der Bankhalter, um beim **dritten** Spiele die Summe $a$ zu erhalten, die Hoffnung hat:

$$\frac{m\frac{rt}{sv}a + n\frac{-rt}{sv}a}{m+n} = \frac{rt^2}{sv^2} a,$$

und der andere Spieler $-\dfrac{rt^2}{sv^2}a$. Ebenso ergeben sich für den Bankhalter beim vierten, fünften, ... Spiele die Hoffnungen $\dfrac{rt^3}{sv^3}a$, $\dfrac{rt^4}{sv^4}a$, ... und für seinen Mitspieler dieselben Werthe mit negativen Zeichen. [185] Die Summe aller dieser Hoffnungen giebt nun die Gesammthoffnung des Bankhalters, bez. seines Mitspielers. Haben Beide $z$ einzelne Spiele verabredet oder so viele thatsächlich gemacht, wenn sie zu spielen aufhören, so ist die Hoffnung des Bankhalters gleich

$$\frac{r}{s}a + \frac{t}{v}\frac{r}{s}a + \frac{t^2}{v^2}\frac{r}{s}a + \cdots + \frac{t^{z-1}}{v^{z-1}}\frac{r}{s}a = \frac{ra}{s}\frac{1 - \dfrac{t^z}{v^z}}{1 - \dfrac{t}{v}}$$

$$= \frac{ra}{s}\left[\frac{m+n}{2n} - \frac{t^z}{2nv^{z-1}}\right].$$

Folgerung 1. Ist die Differenz zwischen $m$ und $n$ im Verhältniss zu ihren Werthen und also auch $\dfrac{t}{v}$ sehr klein oder wenigstens die Anzahl $z$ der einzelnen Spiele sehr gross, so kann man ohne merklichen Fehler das zweite Glied in der vorstehenden Formel vernachlässigen und die Hoffnung des Bankhalters gleich $\dfrac{ar}{s}\dfrac{m+n}{2n}$ setzen.

Folgerung 2. Wenn in kurzer Zeit eine grosse Anzahl von Spielen gemacht werden kann, der Bankhalter aber nicht mehr am Spiele theilnehmen und sein Vorrecht einem andern Spieler verkaufen will, so muss ihm dieser die Summe $\dfrac{ar}{s}\dfrac{m+n}{2n}$ geben. Will der Bankhalter aber zwar noch am Spiele theilnehmen, jedoch sein Amt einem andern Mitspieler überlassen, so muss dieser ihm die doppelte Summe, also $\dfrac{ar}{s}\dfrac{m+n}{n}$ geben; denn die Hälfte dieser Summe gebührt dem Bankhalter, wenn das Spiel ganz aufgegeben wird, und die andere Hälfte, wenn er dann mit seinem Gegner das Spiel wieder aufnimmt und diesem zugleich das Amt des Bankhalters überlässt.

Folgerung 3. Für $m = p$ und $n = q$ reducirt sich der Werth $\dfrac{ar}{s}\dfrac{m+n}{2n}$ auf $\dfrac{a(p-q)}{2q}$.

[186] XX.

**Aufgabe.** Es sind die Gewinnaussichten in dem gewöhnlich **Bockspiel** genannten Kartenspiele zu bestimmen.

Dieses Spiel ist in unserem Lande sehr üblich. Es wird mit Spielkarten von zwei oder mehr Theilnehmern gespielt. Einer von ihnen, welcher das Amt des Bankhalters versieht (welcher den Bock hat), mischt die Karten und vertheilt sie dann in so viele Häufchen, als — ihn selbst mitgezählt — Personen am Spiele theilnehmen. Darauf kauft jeder Mitspieler sich ein Häufchen um einen beliebigen Preis, während das übrig bleibende Häufchen der Bankhalter erhält. Dann kehrt der Bankhalter sämmtliche Häufchen um, wodurch die unterste Karte jedes Häufchens (und sonst keine) sichtbar wird. Der Bankhalter hat nun allen Mitspielern, deren Karten höheren Werth haben als die seinige, so viel auszuzahlen, als jeder von ihnen eingesetzt hatte; die übrigen Spieltheilnehmer aber, welche Karten von niedrigerem oder gleichem Werthe als der Bankhalter haben, verlieren ihren Einsatz an diesen. In seinem Amte verbleibt der Bankhalter so lange, als er auch nur einen der Mitspieler besiegt, und er verliert es nur, wenn er von allen zugleich besiegt wird.

**Lösung.** Um die Gewinnhoffnung des Bankhalters zu bestimmen, braucht man nur zu ermitteln, welche Werthe die Verhältnisse $\dfrac{p}{q}$ und $\dfrac{m}{n}$ der vorigen Aufgabe hier haben, und diese Werthe dann in die dort gefundene Formel einzusetzen. Die Anzahl der Farben des Kartenspiels sei gleich $f$ und die der Blätter in jeder Farbe gleich $g$, sodass das Kartenspiel insgesammt $fg$ Blätter enthält.

1. Wenn nun zwei Häufchen gebildet werden, so können ihre beiden untersten Blätter so oft verschieden sein, als sich von den sämmtlichen $fg$ Karten Binionen bilden lassen, deren Anzahl gleich $\dfrac{fg(fg-1)}{2}$ ist. Von diesen Binionen bestehen einige aus Karten gleichen Werthes, andere aus Karten verschiedenen Werthes. Da je $f$ Blätter von

gleichem Werthe, welche $\dfrac{f(f-1)}{2}$ Binionen liefern, und $g$ verschiedene Werthe vorhanden sind, so ist die Anzahl aller Binionen, [**187**] welche zwei Blätter gleichen Werthes enthalten, gleich $\dfrac{gf(f-1)}{2}$; subtrahirt man diese Zahl von der Anzahl aller Binionen der $fg$ Karten, so bleiben $\dfrac{f^2 g(g-1)}{2}$ Binionen übrig, in welchen die beiden Karten von verschiedenem Werthe sind. Sind die beiden untersten Karten gleich, so gewinnt der Bankhalter nach der Spielordnung, was für ihn den Werth 1 hat; haben sie aber verschiedenen Werth, so hat jeder der beiden Spieler die gleiche Hoffnung auf Gewinn wie auf Verlust, da jeder gleich leicht eine minderwerthige oder eine mehrwerthige Karte als der andere ziehen kann; dies ergiebt für jeden den Werth $\tfrac{1}{2}$. Der Bankhalter hat also $\dfrac{fg(f-1)}{2}$ Fälle für 1 und $\dfrac{f^2 g(g-1)}{2}$ Fälle für $\tfrac{1}{2}$; folglich ist seine Hoffnung gleich $\dfrac{fg+f-2}{2(fg-1)}$ und die seines Mitspielers gleich $\dfrac{fg-f}{2(fg-1)}$. Die gleiche Hoffnung würde der Bankhalter (nach der Anmerkung[J] zu der Aufgabe XI im ersten Theile, S. 31) haben, wenn er $fg+f-2$ Fälle für Gewinn und $fg-f$ Fälle für Verlust hätte; folglich ist

$$p : q = (fg+f-2) : (fg-f).$$

Da er nun sein Amt auch in dem nächsten Spiele behält, wenn er gewinnt, und es verliert, wenn er besiegt wird, so ist hier auch $m = p$ und $n = q$.

Bemerkung. Für $f = 4$ wird $p : q = 2g+1 : 2g-2$; nimmt man noch $g = 9$ an, so erhält man $p : q = 19 : 16$. Setzt der Mitspieler die Summe $a$ für jedes Spiel ein, so hat (nach der vor. Aufgabe und der Folgerung (3)) der Bankhalter für das erste Spiel die Hoffnung $\tfrac{3}{35}a$ und für alle Spiele die Hoffnung $\tfrac{3}{32}a$, wobei, wenn nur 7 Spiele im Ganzen gemacht werden, der letztere Werth nur um $\tfrac{1}{100\,000\,000}a$ vom wahren Werthe[7] abweicht. Wenn also der Bankhalter das Spiel aufgeben will, so kann er seine Stelle um $\tfrac{3}{32}a$ an einen Dritten verkaufen; will er aber das Spiel fortsetzen und nur seinem

Mitspieler das Amt des Bankhalters überlassen, so muss er $\frac{3}{16} a$ von jenem erhalten.

2. Wenn drei Häufchen gebildet werden und drei Spieler, einschliesslich des Bankhalters, sich an dem Spiele betheiligen, so sind die untersten Blätter irgend zweier der drei Häufchen so vielen Möglichkeiten unterworfen, als Binionen aus sämmtlichen Karten gebildet werden können; denn man kann das dritte Häufchen als gar nicht vorhanden [**188**] und seine Karten unter die übrigen vertheilt annehmen. Daraus folgt, dass der Bankhalter soviele Fälle hat, in welchen er jeden einzelnen seiner Mitspieler oder dieser ihn besiegt, als sich bei der Annahme von nur zwei Häufchen ergeben hatten, d. h. es verhält sich auch hier $p : q = (fg + f - 2) : (fg - f)$. Für $f = 4$, auf welchen Fall ich mich, der kürzeren Rechnung wegen und weil nur Kartenspiele mit 4 Farben in Gebrauch sind, beschränke, verhält sich also

$$p : q = (2g + 1) : (2g - 2).$$

Das Verhältniss $m : n$ dagegen ändert seinen Werth mit der Anzahl der Spieler und der Häufchen; je mehr es deren sind, um so schwerer nur kann der Bankhalter sein Amt einbüssen. Bei drei Häufchen können die drei untersten Blätter so oft verschieden sein, als es von $4g$ Dingen Ternionen giebt, deren Anzahl gleich $\binom{4g}{3} = \dfrac{32g^3 - 24g^2 + 4g}{3}$ ist. Einige von diesen Ternionen enthalten drei Blätter gleichen Werthes, andere nur zwei Blätter gleichen Werthes und ein drittes Blatt von anderem Werth, noch andere drei Blätter, deren Werthe sämmtlich von einander verschieden sind. Die vier Blätter jedes Werthes lassen 4 Ternionen und 6 Binionen zu; da es nun $g$ Werthe giebt, so ist die Anzahl aller Ternionen gleichen Werthes gleich $4g$ und die aller Binionen gleich $6g$. Zu jeder Binion kann man ein beliebiges von den $4g - 4$ Blättern der übrigen $g - 1$ Werthe hinzunehmen; dies giebt $24g^2 - 24g$ Ternionen, welche zwei gleichwerthige Karten enthalten und bei deren einer Hälfte, $12g^2 - 12g$, die dritte Karte eine mehrwerthige, bei deren anderer Hälfte diese eine minderwerthige Karte ist. Subtrahirt man nun $4g$ und $24g^2 - 24g$ von der Anzahl aller Ternionen, so bleiben $\dfrac{32g^3 - 96g^2 + 64g}{3}$ Ternionen übrig, bei welchen keine zwei Karten gleichen Werth haben.

Nach der Spielordnung kann der Bankhalter sein Amt
nicht verlieren, wenn die drei untersten Kartenblätter gleichwerthig sind oder wenn zwei gleichwerthig sind und das dritte
höheren Werth hat. Ist das dritte Blatt aber minderwerthig
oder haben alle drei Blätter verschiedenen Werth, so kann er
sein Amt nur verlieren, wenn ihm die Karte mit dem geringsten Werthe zufällt, was in einem Falle geschehen kann,
während zwei Fälle für das Gegentheil vorhanden sind; dies
giebt ihm jedes Mal die Hoffnung $\frac{2}{3}$. Der Bankhalter hat
daher $4g$ Fälle für 1, $12g^2 - 12g$ weitere Fälle für 1,
$12g^2 - 12g$ Fälle für $\frac{2}{3}$ und [**189**] nochmals $\frac{32g^3 - 96g^2 + 64g}{3}$
Fälle für $\frac{2}{3}$; daraus folgt für seine Hoffnung, das Amt des
Bankhalters zu behalten, der Werth $\frac{16g^2 - 3g - 4}{24g^2 - 18g + 3}$ und für
das Gegentheil $\frac{8g^2 - 15g + 7}{24g^2 - 18g + 3}$. Die gleichen Hoffnungen
würde der Bankhalter haben, wenn er $16g^2 - 3g - 4$ Fälle
für Beibehaltung und $8g^2 - 15g + 7$ Fälle für Verlust seines
Amtes hätte. Folglich verhält sich

$$m : n = (16g^2 - 3g - 4) : (8g^2 - 15g + 7).$$

Bemerkung. Für $g = 9$ verhält sich $p : q = 19 : 16$
und $m : n = 253 : 104$. Setzt nun der erste Mitspieler die
Summe $a$, der zweite $b$ ein, so hat der Bankhalter (nach der
vorigen Aufgabe und Zusatz 1) in Bezug auf den ersten Mit-
spieler die Hoffnung $\frac{a(p-q)(m+n)}{(p+q) \cdot 2n} = \frac{153}{1040}a$ und in Bezug auf den zweiten Mitspieler $\frac{b(p-q)(m+n)}{(p+q) \cdot 2n} = \frac{153}{1040}b$,
also in Bezug auf Beide $\frac{153}{1040}(a+b)$; hierbei ist die Abweichung vom wahren Werthe bei 11 Spielen kleiner als
$\frac{a+b}{100000}$. Deshalb wird der Bankhalter seine Stelle irgend
einem Vierten um den Preis von $\frac{153}{1040}(a+b)$ verkaufen; will
er aber nur mit einem der Mitspieler, z. B. mit demjenigen,
welcher $a$ eingesetzt hat, seinen Platz tauschen, so muss er
von jenem $\frac{153}{1040}(2a+b)$ erhalten, da nach dem eben Gesagten ihm $\frac{153}{1040}(a+b)$ gebühren, wenn er das Spiel abbrechen würde, und noch $\frac{153}{1040}a$ dafür, dass er das Amt des

Bankhalters an seinen Mitspieler abtritt und sich so zu dessen Schuldner für diese Summe macht.

3. Wenn vier Häufchen gebildet werden und einschliesslich des Bankhalters ebensoviele Spieler sich betheiligen, so giebt es wieder ebensoviele Fälle, in welchen der Bankhalter jeden einzelnen seiner Mitspieler besiegt oder von ihm besiegt wird, wie bei den vorigen zwei Annahmen. Dies gilt auch für jede beliebige Anzahl von Häufchen, da man immer je zwei so ansehen kann, als ob sie allein vorhanden wären. Daher behält das Verhältniss $p:q$ immer seinen Werth:

$$p:q = (2g+1):(2g-2).$$

Das Verhältniss $m:n$, welches mit der Anzahl der Häufchen wächst, ermittele ich folgendermaassen. In Bezug auf die untersten Blätter der vier Häufchen sind die Fälle möglich: I. Alle vier Karten haben denselben Werth; II. drei Karten haben gleichen Werth und die vierte höheren; III. drei Karten haben gleichen Werth und die vierte geringeren; IV zwei Karten haben gleichen Werth und die beiden übrigen gleichen, aber von dem ersteren verschiedenen Werth; V. zwei Karten haben gleichen Werth und die beiden andern unter sich [190] und von dem ersten verschiedene Werthe, welche beide höher sind als der erstere, oder VI. welche beide niedriger sind, oder VII. von denen der eine höher, der andere niedriger ist; VIII. alle vier Blätter haben von einander verschiedene Werthe.

Tritt von diesen Fällen I, II, IV oder V ein, so kann der Bankhalter sein Amt nicht verlieren. In den Fällen III, VI, VII und VIII kann er es nur verlieren, wenn er die minderwerthigste Karte erhält, also in einem Falle, während er in drei Fällen sein Amt innebehält; dies giebt ihm jedesmal die Hoffnung $\frac{3}{4}$. Nun kann die Möglichkeit I in $g$ Fällen eintreten, II in $8g^2 - 8g$ Fällen, III in ebensovielen Fällen, IV in $18g^2 - 18g$ Fällen, V in $16g^3 - 48g^2 + 32g$ Fällen, VI und VII in ebensovielen Fällen und VIII in $\frac{32}{3}g^4 - 64g^3 + \frac{352}{3}g^2 - 64g$ Fällen; die Anzahl aller Fälle ist gleich der Anzahl der Quaternionen von $4g$ Blättern, also gleich $\binom{4g}{4}$ $= \frac{32}{3}g^4 - 16g^3 + \frac{22}{3}g^2 - g$. Die nähere Begründung dieser Zahlen überlasse ich, um Worte zu sparen, dem Leser. Der Bankhalter hat mithin $[g + (8g^2 - 8g) + (18g^2 - 18g) + (16g^3 - 48g^2 + 32g)] = 16g^3 - 22g^2 + 7g$ Fälle für 1 und $[(8g^2 - 8g) + 2(16g^3 - 48g^2 + 32g) + (\tfrac{32}{3}g^4 - 64g^3 + \tfrac{352}{3}g^2 - 64g)] = \tfrac{32}{3}g^4 - 32g^3 + \tfrac{88}{3}g^2 - 8g$ Fälle für $\tfrac{3}{4}$; folglich hat seine Hoffnung, das Amt zu behalten, den Werth $\dfrac{24g^3 - 24g^2 + 3}{32g^3 - 48g^2 + 22g - 3}$, und die, es zu verlieren, den Werth $\dfrac{8g^3 - 24g^2 + 22g - 6}{32g^3 - 48g^2 + 22g - 3}$. Hieraus findet man

$$m : n = (24g^3 - 24g^2 + 3) : (8g^3 - 24g^2 + 22g - 6).$$

Bemerkung. Für $g=9$ verhält sich $p:q = 19:16$ und $m:n = 15555 : 4080 = 61 : 16$. Hat nun der erste Mitspieler $a$, der zweite $b$ und der dritte $c$ eingesetzt, so ist die Hoffnung des Bankhalters gleich $\dfrac{(p-q)(m+n)}{(p+q)\cdot 2n}(a+b+c) = \tfrac{33}{160}(a+b+c)$, wobei der Fehler kleiner als $\dfrac{a+b+c}{10000}$ bei 15 Spielen ist. Will der Bankhalter das Spiel aufgeben und seinen Platz an irgend einen Fünften verkaufen, so kann er den Preis $\tfrac{33}{160}(a+b+c)$ beanspruchen; will er aber nur mit einem seiner Mitspieler [191] seinen Platz vertauschen, so muss er von demselben $\tfrac{33}{160}(2a+b+c)$, $\tfrac{33}{160}(a+2b+c)$ oder $\tfrac{33}{160}(a+b+2c)$ erhalten, je nachdem derselbe $a$, $b$ oder $c$ eingesetzt hat.

Ganz ähnlich lässt sich der Werth des dem Bankhalter eingeräumten Vorrechtes berechnen, wenn noch mehr Spieler theilnehmen und die ihnen entsprechende Anzahl Häufchen gebildet wird[8]).

## XXI.
### Aufgabe. Das Bassette-Spiel.

Dieses Spiel ist sehr berüchtigt in Folge der zahllosen Streitigkeiten und tragischen Ausgänge, zu welchen es, von hier ausgehend, hauptsächlich in Italien und Frankreich, Veranlassung gegeben hat; deshalb wurde das Spiel in jenen Ländern auch bald verpönt und unter Androhung schwerer Strafe verboten. In der Zeit, in welcher die Ausübung des Spieles besonders am französischen Königshofe blühte, unterwarf der französische Mathematiker und Hofmeister des damaligen Dauphin, Joseph Sauveur[9]), die Gewinnhoffnungen der Spieler seiner Berechnung; die berechneten Gewinnhoffnungen veröffentlichte er dann, in Tafeln kurz zusammengestellt, in dem Pariser »Journal des Sçavans« im Februar 1679.

Aus dieser Zeitschrift geben wir dasjenige über die Natur dieses Spieles und seine Gesetze wieder, was zur Prüfung der Tafeln und zur Auffindung des von dem Verfasser nicht mitgetheilten Rechnungsverfahrens zu wissen nöthig ist.

Nachdem der Spieler, welcher das Amt des Bankhalters versieht, ein vollständiges Kartenspiel genommen und gemischt hat, legen die übrigen Spieler vor sich auf den Tisch je ein Kartenblatt von beliebigem Werthe, welches jeder aus irgend welchem anderen Kartenspiele genommen hat, und belegen dasselbe mit einer Geldsumme von willkürlicher Höhe. Darauf dreht der Bankhalter sein ganzes Kartenspiel um, sodass die unterste Karte offen obenauf zu liegen kommt. Mit diesem Kartenblatte beginnend, hebt er der Reihe nach jedesmal zwei Blätter ab und setzt dies so lange fort, als Karten noch vorhanden sind; dabei wird von jedem Paare die obere Karte zu Gunsten des Bankhalters und die untere Karte zu Gunsten der Spieltheilnehmer gezählt. Ist z. B. die obere Karte ein König, so streicht der Bankhalter alle Einsätze ein, welche auf Könige gemacht sind; ist dagegen die untere Karte ein König, so muss der Bankhalter so viel an die betreffenden Mitspieler auszahlen, als von ihnen auf Könige gesetzt worden war. [192] Bis hierher hat noch Keiner vor irgend einem Andern einen Vortheil voraus. Es gelten aber ausserdem noch die folgenden Spielregeln.

1. Haben die beiden Blätter eines Paares den gleichen Werth — welche man dann doublets nennt und welche wir ein Zwillingspaar (gemella) nennen wollen —, so soll, statt dass sich Gewinn und Verlust aufheben, wie es nach den obigen Regeln der Fall sein würde, der Bankhalter allein gewinnen und also die Einsätze, welche auf Kartenblätter desselben Werthes gemacht waren, einstreichen dürfen.

2. Jeder Spieler darf auch mitten im Spiele sich um einen beliebigen Preis irgend eine Karte neu kaufen. Dann können unter den übrigen Karten des Bankhalters noch 1, 2, 3 oder alle 4 Karten sein, welche denselben Werth haben wie die neu hinzugekaufte Karte des Mitspielers: jedem dieser Fälle entspricht aber eine andere Gewinnhoffnung. Das Kartenpaar, dessen obere Karte für alle Mitspieler offen liegt, kommt in Bezug auf die in diesem Augenblicke neuerworbene Karte eines Mitspielers nicht in Betracht; und zwar erwirbt diese Karte, wenn sie mit der unteren Karte des Paares gleichen Werth hat, ihrem Besitzer als verfrüht (praecox,

trop jeune) nicht nur nichts, sondern sie zwingt ihn, sich eine neue Karte auszuwählen. Hat aber die obere Karte des nächsten Paares gleichen Werth mit der neuerworbenen Karte eines Mitspielers, so hat sie für den Bankhalter verminderten Werth (c'est une face) und erwirbt ihm nur $\frac{2}{3}$ vom Einsatze des betreffenden Spielers.

3. Auch das obere Blatt des ersten Paares hat verminderten Werth, da der Verdacht bestehen kann, dass es vom Bankhalter vorher gesehen worden ist, und lässt ihn ebenfalls nur $\frac{2}{3}$ von den betreffenden Einsätzen gewinnen.

4. Ist, wenn sich der Mitspieler seine Karte kauft, nur noch eine Karte desselben Werthes vorhanden, so kann kein Zwillingspaar, in welchem gerade der Vortheil des Bankhalters liegt, vorkommen. Deshalb ist zu seinen Gunsten festgesetzt, dass in diesem Falle die letzte von allen seinen Karten, welche sonst dem Mitspieler Nutzen bringen könnte, nichts gilt.

Lösung. Nunmehr gehe ich dazu über, die Gewinnhoffnungen des Bankhalters genau zu berechnen. Bezeichnet man die Anzahl der noch übrigen Kartenpaare mit $n$, also die Anzahl der Kartenblätter mit $2n$, und setzt man den Einsatz irgend eines Mitspielers gleich 1, so muss man zunächst beachten, dass von jedem einzelnen Paare entweder kein Blatt oder ein Blatt oder beide Blätter den gleichen Werth haben können, welchen die Karte dieses Mitspielers besitzt. Wenn keine Karte des Paares diesen Werth hat, so kann der Bankhalter durch dasselbe nichts gewinnen und nichts verlieren. Hat nur eine Karte diesen Werth, so kann sie ebenso leicht an erster wie an zweiter Stelle liegen, [**193**] und es giebt daher ebensoviele Fälle, in welchen der Bankhalter gewinnt und den Einsatz 1 des Mitspielers erhält, als Fälle, in welchen er verliert und daher (— 1) erhält. Da sich somit diese Fälle gegenseitig aufheben, so vereinfacht sich die Rechnung sehr erheblich, und es bleiben nur die Fälle zu betrachten übrig, in welchen das Kartenpaar ein Zwillingspaar ist, beide Blätter also den betreffenden Werth haben.

I. Hat der Bankhalter unter seinen $2n$ Karten nur noch eine Karte des streitigen Werthes, so kann von demselben kein Zwillingspaar vorkommen. Er hat also in Bezug auf jedes folgende Paar, dessen obere Karte nicht verminderten Werth hat, die Gewinnhoffnung 0 (siehe Taf. 5); ausgenommen davon ist das letzte Paar, in welchem hier gerade sein ihm eingeräumter Vortheil liegt. Denn die untere Karte des letzten

Paares, welche den Mitspieler gewinnen lassen könnte, zählt für ihn nach der vierten Spielregel nicht mit. In Bezug auf alle Paare hat daher der Bankhalter einen Fall mehr für Gewinn als für Verlust, und da im Ganzen $2n$ Fälle für die mögliche Lage der streitigen Karte vorhanden sind, so ist seine Gewinnhoffnung in Bezug auf alle Paare, wenn sie unverminderten Werth haben, gleich $\dfrac{1}{2n}$ (s. Taf. 1). Wenn aber das nächstfolgende Paar für den Bankhalter verminderten Werth hat, so giebt es unter allen $2n$ Fällen einen, durch welchen er $\tfrac{1}{3}$ von dem Einsatze seines Mitspielers auf Grund der dritten Spielregel verliert, was eine Verminderung seiner Gewinnhoffnung um $\dfrac{1 \cdot \tfrac{1}{3}}{2n} = \dfrac{1}{6n}$ (s. Taf. 2) bedeutet. Subtrahirt man diesen Werth von $\dfrac{1}{2n}$ und von $0$, so erhält man $\dfrac{1}{3n}$ und $-\dfrac{1}{6n}$, welche Werthe die Gewinnhoffnungen des Bankhalters in Bezug auf das ganze Spiel und in Bezug auf das erste Paar angeben (s. Taf. 3 und 6).

II. Wenn der Bankhalter noch **zwei** Karten des streitigen Werthes hat, so sind für ihre Lage so viele Möglichkeiten vorhanden, als es Binionen von $2n$ Blättern giebt, nämlich $\dfrac{2n(2n-1)}{2}$. Unter diesen Fällen befindet sich ein einziger, in welchem die beiden Karten des streitigen Werthes mit einander combinirt sind. Es giebt also in Bezug auf jedes vollwerthige Kartenpaar, welches der Bankhalter noch hat, einen Fall und in Bezug auf alle $n$ Paare, wenn sie vollwerthig sind, $n$ Fälle, in welchen der Bankhalter durch das Zwillingspaar gewinnt. In Bezug auf das erste Paar, wenn es vollen Werth hat, ist mithin die Gewinnhoffnung des Bankhalters gleich $\dfrac{1}{\dfrac{2n(2n-1)}{2}} = \dfrac{1}{2n^2 - n}$ und in Bezug auf $n$ vollwerthige Paare gleich $\dfrac{n}{2n^2-n} = \dfrac{1}{2n-1}$ (s. Taf. 5 und 1). Ist die eine Karte des streitigen Werthes die obere Karte des ersten Paares und deshalb also nach der dritten Spielregel von geringerem Werthe, so erhält man, da die zweite Karte [194] an jeder der $2n-1$ übrigen Stellen — gleichgültig an welcher Stelle — liegen kann, ebensoviele Fälle, in welchen der Bankhalter den dritten Theil des Einsatzes seines Mitspielers einbüsst, und folglich vermindert sich seine Gewinnhoffnung um $\dfrac{(2n-1)\frac{1}{3}}{\dfrac{2n(2n-1)}{2}} = \dfrac{1}{3n}$ (s. Taf. 2). Subtrahirt man diesen Werth von $\dfrac{1}{2n-1}$ und von $\dfrac{1}{2n^2-n}$, so bleibt für seine Gewinnhoffnung in dem ganzen Spiele $\dfrac{n+1}{6n^2-3n}$ übrig und für seine Hoffnung mit dem ersten Paare zu gewinnen $\dfrac{-2n+4}{6n^2-3n}$ (s. Taf. 3 u. 6).

III. Sind noch **drei Karten** des streitigen Werthes vorhanden, so giebt es für ihre Lage ebensoviele Fälle, als es Ternionen von $2n$ Blättern giebt, also $\dfrac{2n(2n-1)(2n-2)}{6}$. Aus diesen Fällen suche ich diejenigen heraus, in welchen der Bankhalter durch ein Zwillingspaar gewinnt. Haben die beiden Blätter des ersten von $m$ noch übrigen Paaren den streitigen Werth, so kann das gleichwerthige dritte Blatt an jedem der übrigen $2m-2$ Plätze liegen, und es giebt mithin ebensoviele zugehörige Fälle; setzt man nun für $m$ nacheinander die Zahlen $1, 2, 3, \ldots, n$, so erhält man $0, 2, 4, \ldots, 2n-2$ zugehörige Fälle. Folglich giebt es in Bezug auf alle $n$ Paare $0 + 2 + 4 + \cdots + (2n-2) = n(n-1)$ Fälle, in welchen der Bankhalter durch ein Zwillingspaar gewinnt und das Spiel beendigt. Daher ist seine Gewinnhoffnung in Bezug auf das erste Paar, wenn es vollwerthig ist, gleich $\dfrac{2n-2}{\dfrac{2n(2n-1)(2n-2)}{6}} = \dfrac{3}{2n^2-n}$ und in Bezug auf $n$ vollwerthige Paare gleich $\dfrac{n(n-1)}{\dfrac{2n(2n-1)(2n-2)}{6}} = \dfrac{3}{4n-2}$ (s. Taf. 5 u. 1). Wenn aber eine der drei Karten die obere Karte des ersten Paares ist und deshalb nach der dritten Spielregel verminderten Werth hat, so können die beiden andern Blätter soviele verschiedene Lagen einnehmen, als die übrigen $2n-1$ Blätter· Binionen zulassen, nämlich

$\dfrac{(2n-1)(2n-2)}{2}$; in ebensovielen Fällen erniedrigt sich der Gewinn des Bankhalters um den dritten Theil, und folglich vermindert sich seine Gewinnhoffnung um $\dfrac{\dfrac{(2n-1)(2n-2)}{2} \cdot \dfrac{1}{3}}{\dfrac{2n(2n-1)(2n-2)}{6}}$

$= \dfrac{1}{2n}$ (s. Taf. 2). Subtrahirt man diesen Werth von $\dfrac{3}{4n-2}$ und $\dfrac{3}{2n^2-n}$, so bleibt für seine Gewinnhoffnungen in Bezug auf das ganze Spiel und in Bezug auf das erste Paar allein $\dfrac{n+1}{4n^2-2n}$ und $\dfrac{-2n+7}{4n^2-2n}$ übrig (s. Taf. 3 u. 6).

[195] IV. Wenn sich noch alle vier Karten des streitigen Werthes unter den Karten des Bankhalters befinden, so giebt es für ihre Lage ebensoviele Möglichkeiten, als Quaternionen aus allen $2n$ Karten sich bilden lassen, also $\dfrac{2n(2n-1)(2n-2)(2n-3)}{24}$. Kommen nun zwei dieser Blätter in demselben Paare vor, welches das erste von $m$ noch übrigen sein mag, so können die übrigen beiden gleichwerthigen Blätter so oft ihre Plätze unter den übrigen $2m-2$ Karten wechseln, als diese Binionen zulassen; [196] es ergeben sich also für das betrachtete Zwillingspaar $\dfrac{(2m-2)(2m-3)}{2}$ zugehörige Fälle. Setzt man nun für $m$ nacheinander die Zahlen $1, 2, 3, \ldots, n$, so erhält man $0, 1, 6, 15, 28, \ldots \dfrac{(2n-2)(2n-3)}{2}$ Fälle, und es giebt daher im Ganzen $0+1+6+15+28+\cdots + \dfrac{(2n-2)(2n-3)}{2}$ Fälle, in welchen der Bankhalter durch ein Zwillingspaar gewinnt. Die Summe der vorstehenden Reihe, welche jetzt zu bilden ist, kann auf verschiedene Weisen gefunden werden.

a) Die zweiten Differenzen der Glieder der Reihe sind einander gleich, und folglich ist sie eine den figurirten Zahlenreihen ähnlich gebaute Reihe. Wie derartige Reihen aber zu summiren sind, habe ich am Ende des Capitels III im zweiten Theile (Seite 100) gezeigt.

b) Da die Zahlen der obigen Reihe offenbar mit der Reihe der Dreieckszahlen übereinstimmen, nachdem man in der letzteren eine um die andere Zahl gestrichen hat, so zerlegt man diese Reihe $A$, welche mit zwei Nullen beginnt, in zwei andere Reihen $B$ und $C$, von denen die erstere alle an ungerader Stelle stehenden Dreieckszahlen enthält und mit der obigen Reihe übereinstimmt, während die letztere Reihe alle an gerader Stelle stehenden Dreieckszahlen umfasst. Die Reihe $C$ wird dann nochmals in zwei Reihen zerlegt, nämlich in eine Reihe $B$ und in die Reihe $D$.

| $A$ | $B$ | $C$ | $D$ |
|---|---|---|---|
| 0 | 0 | 0 | 0 |
| 0 | 1 | 3 | 2 |
| 1 | 6 | 10 | 4 |
| 3 | 15 | 21 | 6 |
| 6 | 28 | 36 | 8 |
| 10 | . | . | . |
| 15 | | | |
| 21 | | | |
| 28 | | | |
| 36 | | | |
| . | | | |

Nimmt man nun aus den Reihen $B$, $C$, $D$ die ersten $n$ Glieder und aus der Reihe $A$ die ersten $2n$ Glieder und bezeichnet man deren Summen mit den betreffenden Buchstaben, so folgt $A = B + C = 2B + D$; also ist $B = \tfrac{1}{2}(A - D)$. Nun ist (nach Kap. III des zweiten Theiles) $A = \binom{2n}{3}$ und $D = n(n-1)$, folglich ist

$$B = \frac{4n^3 - 9n^2 + 5n}{6}.$$

c) Das allgemeine Glied der Reihe $B$ ist gleich

$$\frac{(2m-2)(2m-3)}{2} = \frac{4m(m-1)}{2} - 3(m-1) = 4\binom{m}{2} - 3\binom{m}{1}.$$

Die Summe der ersten $n$ Glieder ist also gleich der vierfachen Summe aller Zahlen $\dfrac{m(m-1)}{2}$ vermindert um die dreifache Summe aller Zahlen $(m-1)$, wobei für $m$ nacheinander die Zahlen 1, 2, 3, ... $n$ zu setzen sind. Nach Kap. III des zweiten Theiles ist [**197**] die erste Summe gleich $\binom{n+1}{3}$ und die zweite Summe gleich $\binom{n}{2}$. Folglich ist $B$ gleich $4\binom{n+1}{3} - 3\binom{n}{2}$
$= \dfrac{4n^3 - 9n^2 + 5n}{6}$, wie vorher.

Es giebt also in Bezug auf das erste Paar $\dfrac{(2n-2)(2n-3)}{2}$ Fälle und in Bezug auf alle $n$ Paare, wenn sie vollwerthig sind, $\dfrac{4n^3 - 9n^2 + 5n}{6}$ Fälle, in welchen der Bankhalter durch ein Zwillingspaar gewinnt; diesen beiden Fällen entsprechend haben seine Gewinnhoffnungen die Werthe:

$$\dfrac{\dfrac{(2n-2)(2n-3)}{2}}{\dfrac{2n(2n-1)(2n-2)(2n-3)}{24}} = \dfrac{6}{2n^2 - n}$$

und

$$\dfrac{\dfrac{4n^3 - 9n^2 + 5n}{6}}{\dfrac{2n(2n-1)(2n-2)(2n-3)}{24}} = \dfrac{4n-5}{(2n-1)(2n-3)}$$

$$= \dfrac{4n-5}{4n^2 - 8n + 3}$$

(s. Taf. 5 u. 1). Wenn aber eine Karte des streitigen Werthes die obere Karte des ersten Paares ist und dadurch für den Bankhalter nach der dritten Spielregel verminderten Werth hat, so können die übrigen drei Blätter so oft verschiedene Plätze einnehmen, als sich Ternionen aus $2n-1$ Blättern bilden lassen. Folglich giebt es $\dfrac{(2n-1)(2n-2)(2n-3)}{6}$ Fälle, in welchen der Bankhalter nur ⅔ vom Einsatze seines Mitspielers erhält, und folglich erfährt seine Gewinnhoffnung eine Verminderung um

$$\dfrac{\dfrac{(2n-1)(2n-2)(2n-3)}{6} \cdot \dfrac{1}{3}}{\dfrac{2n(2n-1)(2n-2)(2n-3)}{24}} = \dfrac{2}{3n}$$ (s. Tafel. 2).

Subtrahirt man diesen Werth von den beiden vorher gefundenen Hoffnungen, so erhält man für die Gewinnhoffnungen des Bankhalters in Bezug auf das ganze Spiel und in Bezug auf das erste Paar die Werthe:

$$\dfrac{4n^2 + n - 6}{12n^3 - 24n^2 + 9n} \quad \text{und} \quad \dfrac{-4n + 20}{6n^2 - 3n}$$

(s. Taf. 3 und 6).

*Tafeln für den Bankhalter.* [Auf S. [195] des Originals.]

Die Anzahl der Blätter des streitigen Werthes unter den noch übrigen $2n$ Karten ist

I.   II.   III.   IV.

1. Gewinnhoffnung in Bezug auf alle Paare, wenn diese als vollwerthig gezählt werden:

$$\frac{1}{2n}, \quad \frac{1}{2n-1}, \quad \frac{3}{4n-2}, \quad \frac{4n-5}{4n^2-8n+3};$$

2. Kann das erste Paar verminderten Werth haben, so erniedrigt sich die Gewinnhoffnung um:

$$\frac{1}{6n}, \quad \frac{1}{3n}, \quad \frac{1}{2n}, \quad \frac{2}{3n};$$

3. Gewinnhoffnung im ganzen Spiele, wenn das erste Paar minderwerthig sein kann:

$$\frac{1}{3n}, \quad \frac{n+1}{6n^2-3n}, \quad \frac{n+1}{4n^2-2n}, \quad \frac{4n^2+n-6}{12n^3-24n^2+9n};$$

4. Gewinnhoffnung im ganzen Spiele, wenn das erste Paar nicht berücksichtigt wird:*)

$$\frac{2}{6n-3}, \quad \frac{n}{6n^2-9n+3}, \quad \frac{n^2-2n}{4n^3-12n^2+11n-3}, \quad \frac{4n^2-7n-3}{12n^3-36n^2+33n-9}.$$

5. Gewinnhoffnung in Bezug auf das erste Paar, wenn es als vollwerthig gezählt wird, ohne Rücksicht auf die folgenden Paare:

$$0, \quad \frac{1}{2n^2-n}, \quad \frac{3}{2n^2-n}, \quad \frac{6}{2n^2-n};$$

6. Gewinnhoffnung in Bezug auf das erste Paar, wenn es minderwerthig sein kann, ohne Rücksicht auf die folgenden Paare:

$$-\frac{1}{6n}, \quad \frac{-2n+4}{6n^2-3n}, \quad \frac{-2n+7}{4n^2-2n}, \quad \frac{-4n+20}{6n^2-3n}.$$

---

*) Dies ist der Fall, wenn ein Mitspieler während des Spieles ein Blatt neu kauft (2$^\text{te}$ Spielregel). *H.*

So haben wir von den sechs Tafeln, welche der französische Verfasser gegeben hat, bereits fünf aufgestellt, und es bleibt nur noch die vierte Tafel zu begründen, welche den Vortheil des Bankhalters für den Fall angiebt, dass sein erstes Kartenpaar, da er dessen oberes Blatt schon gesehen hat\*), nicht berücksichtigt wird. Diese vierte Tafel lässt sich aber mit Hülfe dessen, was in den vorhergehenden vier Abschnitten gezeigt worden ist, leicht aufstellen, nur muss man dabei die folgenden zwei Punkte beachten:

1) Das untere Blatt des ersten Paares hat entweder den streitigen Werth oder nicht. Im ersteren Falle kann der Bankhalter weder Vortheil noch Schaden haben, da nach der zweiten Spielregel dieses Blatt als verfrühtes das Spiel beendet. [198] Im letzteren Falle dagegen bleibt für den Bankhalter die Zahl von Fällen, den Einsatz ganz oder zu $\frac{2}{3}$ zu erhalten, übrig, welche er gehabt hätte, wenn das erste Paar überhaupt nicht vorhanden gewesen wäre und er statt $n$ nur $n-1$ Paare gehabt hätte.

2. Nachdem das obere Blatt des ersten Paares gesehen worden ist, bleiben nur noch $2n-1$ Karten übrig, sodass die Anzahl aller Fälle mit der Anzahl der Combinationen von $2n-1$ Dingen, nicht von $2n$ Dingen übereinstimmt.

Beachtet man diese beiden Punkte, so erkennt man leicht die Berechtigung des folgenden Verfahrens. Man schreibt aus den vorhergehenden Abschnitten I bis IV die Brüche der ersten und zweiten Tafel heraus, wie sie vor ihrer Reduction lauten:

1.
$$\frac{1}{2n},\quad \frac{n}{\binom{2n}{2}},\quad \frac{n(n-1)}{\binom{2n}{3}},\quad \frac{\frac{1}{6}n(n-1)(4n-5)}{\binom{2n}{4}};$$

2.
$$\frac{\frac{1}{3}}{2n},\quad \frac{\frac{1}{3}(2n-1)}{\binom{2n}{2}},\quad \frac{\frac{1}{3}\binom{2n-1}{2}}{\binom{2n}{3}},\quad \frac{\frac{1}{3}\binom{2n-1}{3}}{\binom{2n}{4}}.$$

---

\*) Dies ist der Fall, wenn ein Mitspieler während des Spieles ein Blatt neu kauft (2$^{\text{te}}$ Spielregel). *H.*

Dann ersetzt man in allen Zählern $n$ durch $n-1$ und in allen Nennern $2n$ durch $2n-1$ und erhält:

1.
$$\frac{1}{2n-1},\quad \frac{n-1}{\binom{2n-1}{2}},\quad \frac{(n-1)(n-2)}{\binom{2n-1}{3}},\quad \frac{\frac{1}{6}(n-1)(n-2)(4n-9)}{\binom{2n-1}{4}};$$

2.
$$\frac{\frac{1}{3}}{2n-1},\quad \frac{\frac{1}{3}(2n-3)}{\binom{2n-1}{2}},\quad \frac{\frac{1}{3}\binom{2n-3}{2}}{\binom{2n-1}{3}},\quad \frac{\frac{1}{3}\binom{2n-3}{3}}{\binom{2n-1}{4}}.$$

Subtrahirt man nun die Werthe unter (2) von denen unter (1), so erhält man, nachdem man noch die nöthigen Reductionen ausgeführt hat, die Werthe der obigen Tafel (4).

[199] Vergleicht man nun die Tafeln des Herrn *Sauveur* mit den unserigen, so wird man finden, dass jene an nicht wenigen Stellen der Verbesserung bedürfen. Was dort aber über das Verhältniss gesagt wird, in welchem der Vortheil des Bankhalters mit der zu- oder abnehmenden Kartenzahl zu- oder abnimmt, ist auf den ersten Blick aus den vorstehenden Tafeln zu ersehen, und deshalb braucht darüber kein Wort verloren zu werden.

## XXII.

**Aufgabe.** In irgend einem Glücks- oder Würfelspiele sei die Anzahl aller Fälle $a$, die Anzahl gewisser Fälle unter ihnen $b$ und die Anzahl aller übrigen Fälle $a-b=c$. Titius kauft sich von Cajus jedes einzelne Spiel oder jeden einzelnen Wurf um einen Pfennig. Tritt einer der $b$ Fälle ein, so erhält er seinerseits von Cajus $m$ Pfennige; er erhält dagegen nichts, wenn sich einer der $c$ Fälle ereignet. Wenn aber $n$-mal hintereinander einer der $c$ Fälle eintritt, so erhält Titius von Cajus seine $n$ Pfennige zurück. Welche Gewinnhoffnungen haben Titius und Cajus?

**Lösung.** Diese anscheinend ziemlich verwickelte Aufgabe bietet keine besonderen Schwierigkeiten dar, wenn sie richtig angegriffen wird[10]). Ich fange von rückwärts an, indem ich annehme, dass Titius bereits $n-1$ Pfennige verbraucht, d. h. schon $(n-1)$-mal einen der $c$ Fälle erlangt hat und jetzt im Begriffe ist, den $n^\text{ten}$ Wurf zu thun. Dann kann entweder einer der $b$ Fälle oder nochmals einer der $c$ Fälle eintreten. Titius kann also entweder von Cajus $m$ Münzen erhalten, von welchen er $n$ an ihn bezahlt hatte, [200] sodass er $m-n$ Pfennige gewinnt, oder seine $n$ Pfennige zurück erhalten, sodass er weder Gewinn noch Verlust hat. Folglich hat Titius die Gewinnhoffnung $h_{n-1} = \dfrac{b(m-n) + c \cdot 0}{a} = (m-n)\dfrac{b}{a}.$

Nun nehme ich an, dass Titius $(n-2)$-mal einen der $c$ Fälle erlangt hat und im Begriffe ist, den $(n-1)^\text{ten}$ Wurf zu thun. Erhält er (wenn er einen der $b$ Fälle wirft) von Cajus $m$ Pfennige, so beträgt sein Gewinn $m-n+1$ Pfennige, da er $n-1$ Pfennige an Cajus gezahlt hatte. Wirft Titius aber wieder einen der $c$ Fälle, so kommt er zu der eben berechneten Gewinnhoffnung der vorigen Annahme. Daher ist jetzt seine Gewinnhoffnung

$$h_{n-2} = \frac{b(m-n+1) + c h_{n-1}}{a} = \frac{(m-n+1)ab + (m-n)cb}{a^2}.$$

Ferner nehme ich an, dass Titius $(n-3)$-mal einen der $c$ Fälle erreicht hat und jetzt den $(n-2)^\text{ten}$ Wurf thun will. Dann hat er $b$ Fälle, $m$ Pfennige zu erhalten, also $m-n+2$ Pfennige zu gewinnen, und $c$ Fälle, die vorige Gewinnhoffnung zu bekommen. Folglich ist seine Gewinnhoffnung

$$h_{n-3} = \frac{b(m-n+2) + c h_{n-2}}{a}$$
$$= \frac{(m-n+2)a^2 b + (m-n+1)acb + (m-n)c^2 b}{a^3}.$$

Ist $(n-4)$-mal einer der $c$ Fälle eingetreten, so ergiebt sich die Gewinnhoffnung $h_{n-4}$, welche Titius für den nächsten Wurf hat, in gleicher Weise:

$$h_{n-4} = \frac{b(m-n+3) + c h_{n-4}}{a}$$
$$= \frac{(m-n+3)a^3 b + (m-n+2)a^2 cb + (m-n+1)ac^2 b + (m-n)c^3 b}{a^4}.$$

So könnte ich fortfahren, die Gewinnhoffnungen des Titius zu berechnen, wenn $(n-5)$-, $(n-6)$-, .... mal einer der

$c$ Fälle von ihm erlangt ist. Dies ist aber nicht nöthig, da aus den vorstehenden Werthen das Bildungsgesetz der Gewinnhoffnungen leicht zu erkennen ist. [**201**] Es ergiebt sich für die Gewinnhoffnung des Titius bei Beginn des Spieles der Werth:

$$\frac{(m-1)a^{n-1}b+(m-2)a^{n-2}cb+(m-3)a^{n-3}c^2b+\cdots+(m-n)c^{n-1}b}{a^n}$$

$$= \frac{mb}{a}\left[1+\frac{c}{a}+\frac{c^2}{a^2}+\cdots+\frac{c^{n-1}}{a^{n-1}}\right]$$
$$\quad -\frac{b}{a}\left[1+2\frac{c}{a}+3\frac{c^2}{a^2}+\cdots+n\frac{c^{n-1}}{a^{n-1}}\right]$$
$$= \frac{m(a^n-c^n)}{a^n}-\left[\frac{a^n-c^n}{a^{n-1}b}-\frac{nc^n}{a^n}\right].$$

Dieser Ausdruck giebt die Gewinnhoffnung des Titius und die Verlustbefürchtung des Cajus an, wenn der zweite Theil kleiner als der erste ist, und umgekehrt die Verlustbefürchtung des Titius und Gewinnhoffnung des Cajus, wenn der zweite Theil grösser als der erste ist. Sollen Titius und Cajus nun gleiche Hoffnungen haben, so müssen $m$ und $n$ so bestimmt werden, dass beide Theile einander gleich werden; es muss also sein:

$$m\frac{a^n-c^n}{a^n}=\frac{a^n-c^n}{a^{n-1}b}-\frac{nc^n}{a^n},$$

woraus, wenn $n$ gegeben ist, folgt:

$$m=\frac{a}{b}-\frac{nc^n}{a^n-c^n}.$$

Ist aber $m$ gegeben, so folgert man aus der letzten Gleichung:
[**202**]  $$(a^n-c^n):c^n=bn:(a-bm)$$
oder $$a^n:c^n=(a-bm+bn):(a-bm).$$
Folglich ist:

$$n=\frac{\log(a-bm+bn)-\log(a-bm)}{\log a-\log c},$$

und speciell für $b=1$:

$$n=\frac{\log(a-m+n)-\log(a-m)}{\log a-\log c}.$$

Man kann den Werth von $n$ mit Hülfe der logarithmischen Linie auf folgende Weise leicht graphisch bestimmen. In einem willkürlich gewählten Punkte $A$ irgend einer logarithmischen Curve $FADE$ zieht man die Ordinate $AC$ und theilt sie in einem Punkte $B$ so, dass sich $AB:BC = b:c$ verhält. Ferner bestimmt man den Punkt $M$ auf $AC$ so, dass sich $AM:AB = mb:b$ verhält, und wählt dann $AB$ als

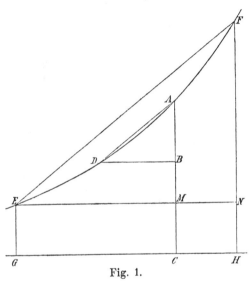

Fig. 1.

Längeneinheit. Durch die Punkte $B$ und $M$ zieht man darauf Parallelen zur Axe $GCH$, welche die Curve in den Punkten $D$ und $E$ schneiden. Zu der Verbindungsgeraden $AD$ zieht man eine Parallele durch den Punkt $E$, welche die Curve in dem Punkte $F$ schneidet. Die Ordinate $FH$ wird dann von der Linie $EM$ in dem Punkte $N$ so geschnitten, dass $FN$ gleich $n$ Längeneinheiten ist.

Zahlenbeispiel. Titius will mit 2 Würfeln den Sechserpasch werfen. Es ist also $a = 36$, $b = 1$, $c = 35$. Für $m$ und $n$ sind die Zahlen [**203**] $m = 6$, $n = 20$ gegeben. Es ergiebt sich mit Hülfe der obigen Formel, dass Titius die Gewinnhoffnung $2,5842 - 4,1192 = -1,5350$ hat; er kann also nur mit der Befürchtung zu verlieren das Spiel beginnen und thut besser, sich gleich vor Beginn desselben mit $1\frac{1}{2}$ Pfennig von seiner Spielverpflichtung loszukaufen. Soll die Hoffnung beider Spieler annähernd gleich sein, so findet man, wenn man den Werth $n = 20$ beibehält, für $m$ den Werth $9\tfrac{2429}{4307}$, und, wenn man den Werth $m = 6$ beibehält, für $n$ einen zwischen 11 und 12 gelegenen Werth.

Ich bemerke im Allgemeinen zu einem derartigen Glücksspiele noch Folgendes:

1. Wenn bei fest gegebenen Werthen von $a$, $b$, $c$, $m$ dem Buchstaben $n$ nacheinander die Werthe 1, 2, 3, 4, ... beigelegt werden, so wächst die Gewinnhoffnung des Titius zuerst fortwährend (schon für $n = 1$ ist sie grösser als die Hoffnung des Cajus).

2. Titius hat die günstigsten Annahmen für $n = m - 1$ und $n = m$, welche beide denselben Werth für seine Gewinnhoffnung ergeben.

3. Wächst $n$ noch weiter, über $m$ hinaus, so nimmt der Werth der Gewinnhoffnung des Titius fortwährend ab, bis sie schliesslich in Verlustbefürchtung übergeht, während die Hoffnung des Cajus zunimmt.

4. Die Gewinnhoffnung oder Verlustbefürchtung, welche Titius hat, wenn $n$ ausserordentlich gross wird, verhält sich zu derjenigen, welche er bei einem einzigen Wurfe hat (bei welchem auf die Bedingung, dass Titius seine $n$ Münzen zurückerhält, wenn er in $n$ aufeinander folgenden Würfen keinen der $b$ Fälle erzielt, keine Rücksicht genommen wird), wie $a : b$. Denn die letztere Hoffnung ist (nach Satz III, Zusatz 6 im ersten Theile) gleich $\dfrac{b(m-1) + c(-1)}{a} = \dfrac{bm - a}{a}$; [204] die erstere Gewinnhoffnung ist nach der obigen Formel aber gleich $\dfrac{bm - a}{b}$. Beide Werthe stellen dem Titius Gewinn oder Verlust, dem Cajus also umgekehrt Verlust oder Gewinn in Aussicht, je nachdem $bm$ grösser oder kleiner als $a$ ist.

## XXIII.

**Aufgabe.** Das Spiel mit blinden Würfeln.

Blinde Würfel nennt man die sechs, bei unseren Jahrmarktsgauklern häufig zu findenden Würfel, welche zwar die Gestalt gewöhnlicher Würfel, aber auf fünf Seitenflächen keine Augen haben. Auf der sechsten Seitenfläche trägt der erste Würfel ein Auge, der zweite zwei Augen, ..., der sechste sechs Augen, sodass die Summe aller Augen auf den sechs Würfeln gleich 21 ist. Solche Würfel legen jene Schwindler, welche die Jahrmarktsbesucher prellen wollen, zusammen mit einer Liste auf, in welcher die für alle Augenzahlen von 1 bis 21 zu gewinnenden Geldpreise verzeichnet sind, wie dies z. B. auch die weiter unten folgende Tafel zeigt. Wer nun sein Glück versuchen will, zahlt dem Gaukler einen Pfennig und wirft dann jene sechs Würfel auf das Spielbrett; wirft er eine bestimmte Anzahl Augen, so erhält er den ausgesetzten Preis, wirft er aber kein Auge, so ist sein Einsatz verloren.

Lösung. Will man die Hoffnungen der Spieler berechnen, so hat man Folgendes zu beachten.

1. Die Zahl aller Fälle bei sechs derartigen Würfeln ist genau so gross wie bei gewöhnlichen Würfeln, also gleich (erster Theil, S. 21) $6^6 = 46656$.

2. Die Anzahl aller Fälle, in welchen kein Auge fällt, ist gleich $5^6 = 15625$; denn da auf jedem Würfel fünf blinde Seitenflächen sind, so kann jede dieser fünf Flächen des ersten Würfels mit jeder der fünf blinden Flächen des zweiten Würfels combinirt werden und jede dieser Combinationen wiederum mit jeder der fünf blinden Flächen des dritten Würfels, und so fort, [205] sodass die Zahl der vorhergehenden Fälle durch den Hinzutritt eines neuen Würfels verfünffacht wird.

3. Jede mögliche Augenzahl wird entweder von einem oder von zwei oder von noch mehr Würfeln erzeugt. Wenn ein Würfel die Zahl liefert, so zeigen die andern fünf Würfel blinde Seitenflächen, und folglich sind hier $5^5 = 3125$ Fälle möglich. Wird die Augenzahl von 2, 3, 4, 5, 6 Würfeln erzeugt, so ergeben sich in gleicher Weise für die Anzahl, in welchen dies geschieht, bez. die Zahlen $5^4 = 625$, $5^3 = 125$, $5^2 = 25$, $5^1 = 5$, $5^0 = 1$.

4. Dieselbe Augenzahl kann im Allgemeinen nicht nur von mehr oder weniger Würfeln, sondern bisweilen auch von derselben Anzahl Würfel auf mehrfache Weise hervorgebracht werden. So können 12 Augen auf drei Arten von drei Würfeln $(1+5+6, 2+4+6, 3+4+5)$ und auf zwei Arten von vier Würfeln $(1+2+3+6, 1+2+4+5)$ erzeugt werden.

Damit nun keine der Arten, auf welche eine der Zahlen 0 bis 21 erzeugt werden kann, übersehen wird, bedient man sich annähernd des gleichen Verfahrens, welches oben bei Aufgabe XVII angegeben worden ist. Man schreibt der Reihe

nach die Zahlen 0 bis 21 an den linken Rand ebensovieler
Zeilen, bildet dann die Combinationen ohne Wiederholung der
sechs Zahlen 1 bis 6 zu allen Exponenten 1 bis 6 und verbindet
in jeder dieser Combinationen die einzelnen Zahlen durch
Pluszeichen. Schliesslich ordnet man diese Combinationen in
die 22 Zeilen so, dass ihre Summen mit der Zahl der Zeile
am linken Rande übereinstimmen. Darauf kann man leicht
die Anzahl der Fälle, welche jeder Anzahl Augen entspricht,
bestimmen, indem man die den einzelnen zugehörigen Erzeugungsarten
entsprechenden Zahlen von Fällen summirt. So
z. B. erhält man für die Zahl 12 im Ganzen 425 Fälle; denn
da sie auf drei Arten von 3 Würfeln erzeugt werden kann
und jeder Art 125 Fälle entsprechen, so erhält man zunächst
3 · 125 = 375 Fälle, und da sie auf zwei Arten von 4 Würfeln
gebildet werden kann und jeder Art 25 Fälle entsprechen, so
kommen noch 2 · 25 = 50 Fälle hinzu, was insgesammt 425
Fälle ergiebt. Verfährt man nun für alle Zahlen von 0 bis 21
in gleicher Weise und addirt man dann alle so erhaltenen
Fälle, so muss, wenn keine Art übersehen und richtig verfahren
ist, ihre Summe gleich 46 656 sein. [206]

| Anzahl der Augen | Zugehörige Würfelcombinationen | Anzahl der Fälle | Geldpreise in Pfennigen |
|---|---|---|---|
| 0  | . . . . . . . . . . . . . . . .       | 15625 | 0  |
| 1  | 1 . . . . . . . . . . . . . . .       | 3125  | 1  |
| 2  | 2 . . . . . . . . . . . . . . .       | 3125  | 1  |
| 3  | 3,   12 . . . . . . . .               | 3750  | 1  |
| 4  | 4,   13 . . . . . . . .               | 3750  | 1  |
| 5  | 5,   14,   23 . . . . .               | 4375  | 1  |
| 6  | 6,   15,   24,   123 . . .            | 4500  | 1  |
| 7  | 16,  25,   34,   124 . . .            | 2000  | 1  |
| 8  | 26,  35,   125,  134 . . .            | 1500  | 1  |
| 9  | 36,  45,   126,  135,  234            | 1625  | 2  |
| 10 | 46,  136,  145,  235,  1234           | 1025  | 2  |
| 11 | 56,  146,  236,  245,  1235           | 1025  | 2  |
| 12 | 156, 246,  345,  1236, 1245           | 425   | 2  |
| 13 | 256, 346,  1246, 1345 . . .           | 300   | 2  |
| 14 | 356, 1256, 1346, 2345 . . .           | 200   | 3  |
| 15 | 456, 1356, 2346, 12345 . . .          | 180   | 3  |
| 16 | 1456, 2356, 12346 . . . . . .         | 55    | 3  |
| 17 | 2456, 12356 . . . . . . . .           | 30    | 4  |
| 18 | 3456, 12456 . . . . . . . .           | 30    | 5  |
| 19 | 13456 . . . . . . . . . .             | 5     | 12 |
| 20 | 23456 . . . . . . . . . . .           | 5     | 45 |
| 21 | 123456 . . . . . . . . . .            | 1     | 90 |

Summe: 46 656

[207] Nachdem man diese Tafel aufgestellt hat, bleibt nichts weiter zu thun übrig, als die Zahlen der Fälle in den zugehörigen Geldpreis zu multipliciren und die Summe der Producte durch 46656 zu dividiren, um die Hoffnung des Spielers zu berechnen, für welche man so den Werth $\frac{36875}{46656}$ erhält. Der Spieler hätte also nur den $\frac{36875}{46656}^{ten}$ Theil eines Pfennigs einzusetzen, wenn er dieselben Gewinnaussichten wie der Unternehmer haben sollte; da er aber einen ganzen Pfennig eingesetzt hat, so bemisst die Differenz nämlich $\frac{9781}{46656}$ seine Verlustbefürchtung und die Gewinnhoffnung des Unternehmers.

[208] XXIV.

**Aufgabe.** Bei dem gleichen Spiele, wie in der vorigen Aufgabe, einigt sich der Unternehmer mit dem Spieler dahin, dass dieser seine eingesetzten Pfennige zurückerhält, wenn er fünfmal hinter einander kein Auge wirft. Welche Hoffnungen haben jetzt Beide?

**Lösung.** Ich sah einst auf einem Jahrmarkte einen Gaukler, welcher den Umstehenden, um sie anzulocken, noch die genannte Vergünstigung anbot und mich dadurch veranlasste, über die oben behandelte Aufgabe XXII nachzudenken. Da deren Lösung ganz allgemein gegeben worden ist, so bleibt mir hier nur noch übrig, in derselben an Stelle der Buchstaben die betreffenden Zahlen zu setzen. Wie aus der vorigen Aufgabe klar ist, haben hier die Buchstaben $a$, $b$, $c$ und $n$ der Aufgabe XXII die Werthe:

$$a = 46656, \quad b = 31031, \quad c = 15625, \quad n = 5.$$

Da die Anzahl der Münzen, welche der Spieler in den einzelnen Fällen gewinnt, verschieden ist, so muss man für $m$ seinen zu erwartenden Gewinn setzen, welcher gleich den arithmetischen Mitteln aus sämmtlichen einzelnen Gewinnen ist, also

$$m = \tfrac{36875}{31031}.$$

In der That geben 31031 Fälle für $\frac{36875}{31031}$ und 15625 Fälle für 0 dem Spieler die gleiche Hoffnung $\frac{36875}{46656}$, welche bei der vorigen Aufgabe sich für ihn ergeben hatte.

[**209**] Setzt man diese Zahlenwerthe in die erste Formel auf Seite 64 ein, so findet man*) für die Gewinnhoffnung des Spielers: $-0,31520 + 0,02239 = -0,29281$.

Da nun die Verlustbefürchtung des Spielers in der vorigen Aufgabe gleich $\frac{9781}{46656} = 0,20964$ gefunden wurde, also fast nur zwei Drittel der jetzt gefundenen $0,29281$ beträgt, so ist klar ersichtlich, dass die Bedingung der Zurückgabe des Einsatzes an den Spieler, welche der alte geriebene Gauner scheinbar zu dessen Gunsten hinzugefügt hat, nur zu dessen grösserem Nachtheile ist. Ich bemerke noch, dass der Gaukler, selbst wenn er schon nach zwei erfolglosen Würfen den ganzen Einsatz zurückzugeben sich verpflichtete, noch grössere Gewinnhoffnung haben würde, als wenn er diese Bedingung gar nicht hinzugefügt hätte.

---

*) Die von *Bernoulli* ausführlich mitgetheilte Rechnung ist wegen des zu geringen Interesses, welches sie darbietet, unterdrückt.
*H.*

[210]
# Wahrscheinlichkeitsrechnung
(Ars conjectandi)

von

**Jakob Bernoulli.**

Basel 1713.

---

### Vierter Theil.

Anwendung der vorhergehenden Lehre auf bürgerliche, sittliche und wirthschaftliche Verhältnisse.

---

### Kapitel I.
#### Einleitende Bemerkungen über Gewissheit, Wahrscheinlichkeit, Nothwendigkeit und Zufälligkeit der Dinge.

Die Gewissheit irgend eines Dinges lässt sich entweder objectiv, d. h. an sich betrachten und bezeichnet in diesem Falle nichts anderes als das wirkliche gegenwärtige oder zukünftige Vorhandensein jenes Dinges, oder subjectiv, d. h. in Bezug auf uns und besteht dann in dem Maasse unserer Erkenntniss hinsichtlich dieser Wirklichkeit.

Alles, was unter der Sonne existirt oder entsteht, das Vergangene, das Gegenwärtige und das Zukünftige hat an sich die höchste Gewissheit. Hinsichtlich der gegenwärtigen und vergangenen Dinge ist diese Behauptung von selbst einleuchtend, da eben jene Dinge dadurch, dass sie vorhanden sind oder gewesen sind, die Möglichkeit, dass sie nicht existiren oder existirt haben, ausschliessen. Auch hinsichtlich der zukünftigen Dinge ist nicht daran zu zweifeln, [211] dass sie vorhanden sein werden, wenn auch nicht mit der unabwendbaren Nothwendigkeit irgend eines Verhängnisses, so doch auf Grund göttlicher Voraussicht und Vorherbestimmung. Denn wenn das, was zukünftig ist, nicht sicher sich ereignet, so ist nicht einzusehen, warum dem höchsten Schöpfer der uneingeschränkte Ruhm der Allwissenheit und Allmacht zukommen sollte. Darüber aber, wie sich diese Gewissheit des zukünftigen Seins mit der Zufälligkeit und der Unabhängigkeit der wirkenden Ursachen verträgt, mögen andere streiten; wir wollen hierauf, da dies unserem Ziele fern liegt, nicht eingehen.

Die in Bezug auf uns betrachtete Gewissheit der Dinge ist nicht bei allen die gleiche, sondern variirt vielfach nach oben und unten. Jene Dinge, von welchen es uns durch Offenbarung, Ueberlegung, sinnliche Wahrnehmung, Erfahrung, Autopsie oder irgendwie anders gewiss ist, dass wir an ihrer gegenwärtigen oder zukünftigen Existenz nicht Zweifel haben dürfen, besitzen für uns die höchste und absolute Gewissheit. Alle übrigen Dinge erhalten ein, gemäss unserer Erkenntniss unvollkommneres Maass der Gewissheit, welches grösser oder kleiner ist, je nachdem mehr oder weniger Wahrscheinlichkeiten dafür vorhanden sind, dass irgend ein Ding ist, sein wird oder gewesen ist.

Die **Wahrscheinlichkeit** ist nämlich ein Grad der Gewissheit und unterscheidet sich von ihr wie ein Theil vom Ganzen. Wenn z. B. die volle und absolute Gewissheit, welche wir mit $a$ oder 1 bezeichnen, aus fünf Wahrscheinlichkeiten oder Theilen bestehend angenommen wird, von denen drei für das gegenwärtige oder zukünftige Eintreten irgend eines Ereignisses und die übrigen beiden dagegen sprechen, so soll das Ereigniss $\frac{3}{5}a$ oder $\frac{3}{5}$ der Gewissheit besitzen.

Es wird also von zwei Dingen dasjenige **wahrscheinlicher** sein, welches den grösseren Theil der Gewissheit besitzt, wenn auch im gewöhnlichen Sprachgebrauche nur das wirklich **wahrscheinlich** genannt wird, dessen Wahrscheinlichkeit merklich grösser als die Hälfte der Gewissheit ist. Ich sage: merklich; denn das Ding, dessen Wahrscheinlichkeit annähernd nur der Hälfte der Gewissheit gleich ist, wird **zweifelhaft** oder schwankend genannt. Es ist also das, was $\frac{1}{5}$ der Gewissheit besitzt, wahrscheinlicher als etwas, was $\frac{1}{10}$ der Gewissheit für sich hat; keines von beiden ist aber thatsächlich wahrscheinlich.

Möglich ist das, was einen, wenn auch sehr kleinen Theil der Gewissheit für sich hat; unmöglich ist dagegen das, was keinen oder einen unendlich kleinen Theil der Gewissheit besitzt. Möglich ist also z. B. das, was $\frac{1}{20}$ oder $\frac{1}{30}$ der Gewissheit für sich hat.

Moralisch gewiss ist etwas, dessen Wahrscheinlichkeit nahezu der vollen Gewissheit gleichkommt, sodass ein Unterschied nicht wahrgenommen werden kann. Moralisch unmöglich dagegen ist das, was nur so viel Wahrscheinlichkeit besitzt, als dem moralisch Gewissen an der vollen Gewissheit mangelt. [212] Wenn man also das, was $\frac{999}{1000}$ der Gewissheit für sich hat, als moralisch gewiss betrachtet, so ist das, was nur $\frac{1}{1000}$ der Gewissheit für sich hat, moralisch unmöglich.

Nothwendig ist das, was sein, werden oder gewesen sein muss, und zwar ist die Nothwendigkeit entweder eine physische — wie es z. B. nothwendig ist, dass das Feuer brennt; dass das Dreieck drei Winkel besitzt, deren Summe gleich zwei Rechten ist; dass eine Mondfinsterniss eintreten muss, wenn sich der Mond zur Zeit des Vollmondes in einem Knotenpunkte befindet —, oder eine hypothetische, in Folge deren jedes Ding, so lange es ist oder gewesen ist oder als seiend oder gewesen seiend angenommen wird, existiren oder existirt haben muss — in diesem Sinne ist es nothwendig, dass Peter, von welchem ich weiss und annehme, dass er schreiben wird, auch wirklich schreibt —, oder schliesslich eine durch Uebereinkommen vereinbarte — z. B. muss ein Würfelspieler, welcher mit einem Würfel sechs Augen geworfen hat, nothwendiger Weise gewonnen haben, wenn unter den Spieltheilnehmern vorher vereinbart worden war, dass der Sieg an einen Wurf von sechs Augen geknüpft sein soll.

Zufällig (sowohl insofern es von der Willkür eines mit Vernunft begabten Wesens, als auch insofern es von einem zufälligen Ereignisse oder vom Schicksal abhängt) ist das, was nicht sein, werden oder gewesen sein könnte, wohlverstanden in Folge einer entfernten, nicht der nächsten Möglichkeit; denn nicht immer schliesst die Zufälligkeit die Nothwendigkeit bis zu Ursachen von untergeordneter Bedeutung ganz aus, wie ich an Beispielen erläutern will. Ganz gewiss ist es, dass ein Würfel bei gegebener Lage, Geschwindigkeit und Entfernung vom Würfelbrette von dem Augenblicke an, in welchem er die Hand verlässt, nicht anders fallen kann, als er thatsächlich auch fällt. Ebenso kann das Wetter bei einer bestimmten gegenwärtigen Beschaffenheit der Atmosphäre, bei bestimmter Menge, Lagerung, Bewegung, Richtung, Geschwindigkeit der Winde, Dünste und Wolken und bestimmten mechanischen Gesetzen, nach welchen sich diese sämmtlich untereinander bewegen, morgen nicht anders sein, als es wirklich sein wird. Diese Wirkungen folgen aus ihren nächsten Ursachen nicht weniger nothwendig, als die Erscheinungen der Finsternisse aus der Bewegung der Gestirne. Und dennoch hält man an der Gewohnheit fest, nur die Finsternisse zu den nothwendigen Ereignissen, die Fälle des Würfels und die zukünftige Gestaltung des Wetters aber zu den zufälligen Ereignissen zu rechnen. Der Grund hiervon liegt ausschliesslich darin, dass das, was zur Bestimmung späterer Geschehnisse als gegeben angenommen wird und in Wirklichkeit auch gegeben ist, uns noch nicht hinreichend bekannt ist; wäre es uns aber hinreichend bekannt, so ist das Studium der Mathematik und Physik genügend weit ausgebildet, damit wir aus gegebenen Ursachen die späteren Wirkungen ebenso berechnen könnten, wie wir z. B. aus den bekannten astronomischen Gesetzen die Finsternisse berechnen und voraussagen können. Bevor aber die Astronomie zu solcher Vollkommenheit gelangt war, musste man die Finsternisse deshalb genau so wie die beiden andern oben angeführten Ereignisse zu den künftig zufällig eintretenden zählen. Daraus folgt, dass einem Menschen und zu einer bestimmten Zeit etwas als zufällig erscheinen kann, was einem andern Menschen [**213**] (ja sogar auch demselben) zu einer andern Zeit, nachdem die Ursachen davon erkannt sind, als nothwendig erscheint. Daher hängt die Zufälligkeit vornehmlich auch von unserer Erkenntniss ab, insofern als wir keinen Grund wahrnehmen können, welcher dagegen spricht, dass etwas nicht ist oder nicht sein wird, trotzdem es auf Grund der nächsten, uns aber noch unbekannten Ursache nothwendig ist oder sein wird.

Ein **Glück** oder ein **Unglück** nennt man das Gute oder Schlimme, was uns widerfährt, aber nicht jedes beliebige Gute oder Schlimme, sondern nur das, was wahrscheinlicher oder mindestens gleich wahrscheinlich uns nicht hätte zustossen können; das Glück oder Unglück ist daher um so grösser, je weniger wahrscheinlich es war, dass das Gute oder Schlimme sich ereignen würde. So ist derjenige besonders vom Glück begünstigt, welcher beim Graben in der Erde einen

Schatz findet, da dies in tausend Fällen nicht einmal eintritt. Wenn von zwanzig Fahnenflüchtigen einer, welcher zum abschreckenden Beispiele für Alle gehängt werden soll, ausgeloost wird, so können die neunzehn übrigen, welchen das Schicksal hold gesinnt war, nicht eigentlich glücklich genannt werden, sondern nur jener zwanzigste, welchen das verhängnissvolle Loos getroffen hat, ist der unglücklichste. Kehrt dein Freund aus einer Schlacht, in welcher nur ein kleiner Theil der Kämpfer fiel, unverletzt zurück, so kannst du ihn nicht glücklich nennen, wenn du ihn nicht vielleicht deswegen so nennen willst, weil er durch das Glück, welches in der Erhaltung des Lebens liegt, ausgezeichnet ist.

## Kapitel II.
**Wissen und Vermuthen. Vermuthungskunst. Beweisgründe für Vermuthungen. Einige allgemeine hierhergehörige Grundsätze.**

Wir sagen von dem, was gewiss und unzweifelhaft ist, dass wir es **wissen** oder **kennen**, von allem andern aber, dass wir es nur **vermuthen** oder **annehmen**.

Irgend ein Ding **vermuthen** heisst soviel als seine Wahrscheinlichkeit messen. Deshalb bezeichnen wir als **Vermuthungs-** oder **Muthmaassungskunst** (ars conjectandi sive stochastice) die Kunst, so genau als möglich die Wahrscheinlichkeiten der Dinge zu messen und zwar zu dem Zwecke, dass wir bei unseren Urtheilen und Handlungen stets das auswählen und befolgen können, was uns besser, trefflicher, sicherer oder rathsamer erscheint. Darin allein beruht die ganze Weisheit des Philosophen und die ganze Klugheit des Staatsmannes.

[214] Die Wahrscheinlichkeiten werden sowohl nach der **Anzahl** als auch nach dem **Gewichte der Beweisgründe** geschätzt, welche auf irgend eine Weise darthun oder anzeigen, dass ein Ding ist, sein wird oder gewesen ist. Unter dem **Gewichte** aber verstehen wir die Beweiskraft.

Die **Beweisgründe** sind entweder **innere**, schlechthin künstliche, genommen aus den beweisenden Punkten der Ursache, der Wirkung, des Subjectes, der Verbindung, des Anzeichens oder eines beliebigen anderen Umstandes, welcher irgend einen Zusammenhang mit der zu beweisenden Sache zu haben scheint, oder äussere und nicht künstliche, hergenommen aus der Autorität und den Zeugnissen der Menschen. Z. B. Titius wird unterwegs ermordet aufgefunden, Maevius wird des vollbrachten Mordes beschuldigt; die Beweisgründe der Anklage sind: 1. Maevius hatte bekanntermaassen einen Hass auf Titius geworfen (ein Beweisgrund hergenommen von der möglichen Ursache, denn dieser Hass konnte Maevius zu dem Morde veranlasst haben); 2. Maevius erbleichte beim Verhöre und antwortete ängstlich (ein Beweisgrund hergenommen von der Wirkung, da das Erbleichen und die Angst durch das Bewusstsein des verübten Mordes hervorgerufen sein können); 3. im Hause des Maevius wurde ein blutiger Dolch gefunden (hier liegt ein Anzeichen vor); 4. an demselben Tage, an welchem Titius getödtet wurde, war auch Maevius den gleichen Weg gegangen (hier liegt ein Umstand des Ortes und der Zeit vor); 5. Cajus sagt aus, dass am Tage vor dem Morde zwischen Titius und Maevius ein Streit stattgefunden hat (dies ist ein Zeugniss).

Bevor wir aber zu unserer eigentlichen Aufgabe, zu zeigen, wie man diese Beweisgründe für Vermuthungen zur Messung der Wahrscheinlichkeiten verwenden muss, übergehen, sei es uns gestattet, einige allgemeine Regeln oder Axiome hier vorauszuschicken, welche die blosse Vernunft jedem Menschen mit gesundem Verstande diktirt und welche auch im gewöhnlichen Leben von den einsichtsvolleren Menschen immer beobachtet werden.

1. **Bei Dingen, über welche man volle Gewissheit erlangen kann, sind Vermuthungen unzulässig.** Es wäre also widersinnig, wenn ein Astronom, welcher weiss, dass jährlich zwei oder drei Mondfinsternisse eintreten, von irgend einem Vollmonde vermuthen wollte, ob er verfinstert sein werde oder nicht, da er ja die Wahrheit durch sichere Berechnung ermitteln kann. Ebenso würde der Richter, welcher auf seine Frage nach dem Verbleibe des gestohlenen Gutes von dem Diebe die Antwort erhält, dass er dasselbe an Sempronius verkauft habe, thöricht handeln, aus der Geberde oder aus dem Tone des Diebes oder aus der Beschaffenheit des gestohlenen Gutes oder aus anderen Umständen bei dem Diebstahle Vermuthungen über die Wahrscheinlichkeit dieser Antwort zu folgern, wenn Sempronius zugegen ist und er von ihm alles gewiss und leicht erfahren kann.

2. Es genügt nicht nur den einen oder den anderen Beweisgrund zu erwägen, sondern man muss alle Beweisgründe untersuchen, welche zu unserer Kenntniss kommen können [**215**] und in irgend welcher Beziehung dem Beweise der Sache dienlich zu sein scheinen. Z. B. Es fahren drei Schiffe aus dem Hafen fort; nach einiger Zeit wird gemeldet, dass eines von ihnen durch Schiffbruch zu Grunde gegangen ist, und wir stellen nun Vermuthungen an, welches von den dreien es sei. Würdeh wir nun allein die Anzahl der Schiffe in Betracht ziehen, so müssten wir schliessen, dass das Unglück jedem von ihnen gleich leicht zugestossen sein könnte; da wir uns aber erinnern, dass eines der drei Schiffe morsch und alt und schlecht mit Segeln und Raaen ausgerüstet war, auch einen jungen, unerfahrenen Steuermann hatte, so ist es uns wahrscheinlicher, dass dieses Schiff zu Grunde gegangen ist, als eines der beiden anderen.

3. Man muss nicht nur alle Gründe beachten, welche für eine Sache sprechen, sondern auch alle, welche gegen dieselbe angeführt werden können, damit nach genauer Abwägung beider klar ersichtlich ist, welche überwiegen. Hinsichtlich eines sehr lange schon von der Heimath abwesenden Freundes wird gefragt, ob man ihn für todt erklären könne. Für die Bejahung der Frage sprechen folgende Gründe: Trotz aller aufgewendeten Mühe hat man innerhalb voller zwanzig Jahre keine Nachricht über ihn erhalten können. Reisende sind sehr vielen Lebensgefahren ausgesetzt, vor denen die zu Hause Bleibenden bewahrt sind; vielleicht ist er also in den Wellen umgekommen, vielleicht ist er unterwegs ermordet worden, vielleicht ist er im Kampfe oder durch eine Krankheit oder durch irgend einen Unglücksfall und an einem Orte, an welchem ihn niemand kannte, um das Leben gekommen. Wäre er noch am Leben, so müsste er schon ein Alter erreicht haben, welches sogar zu Hause nur wenigen Menschen zu erreichen vergönnt ist. Er würde geschrieben haben, wenn er auch an den entlegensten Küsten Indiens wäre, da er wusste, dass ihm zu Hause eine Erbschaft in Aussicht stand; und sonstige Gründe. Mit diesen Beweisgründen darf man sich aber nicht begnügen, sondern man muss diesen die folgenden, welche für die Verneinung der aufgeworfenen Frage sprechen, entgegenstellen: Es ist bekannt, dass er ein leichtsinniger, nachlässiger Mensch war, dass er ungern zur Feder griff, dass er auf

Freunde nichts hielt. Vielleicht ist er von Wilden gefangen fortgeführt worden, sodass er nicht schreiben konnte; vielleicht hat er auch aus Indien einigemal geschrieben und sind die Briefe entweder durch Nachlässigkeit der Boten oder durch Schiffbruch verloren gegangen. Schliesslich sind Viele noch länger ausgeblieben und doch endlich unversehrt noch in die Heimath zurückgekehrt.

4. **Zur Beurtheilung allgemeiner Dinge genügen allgemeine und generelle Beweisgründe; um aber Vermuthungen über individuelle Dinge sich zu bilden, muss man auch besondere und individuelle Gründe, wenn man sie irgendwie nur haben kann, heranziehen.** Handelt es sich ganz allgemein nur darum, anzugeben, um wieviel wahrscheinlicher es ist, dass ein junger Mann von zwanzig Jahren einen sechzigjährigen Greis überlebt, als dieser jenen, so giebt es ausser dem Unterschiede des Alters und der Jahre nichts, was man in Betracht ziehen kann. Wenn aber von zwei bestimmten Personen, dem jungen Peter und dem alten Paul die Rede ist, so muss man auch noch den Gesundheitszustand beider und die Sorgfalt, [**216**] welche jeder auf seine Gesundheit verwendet, berücksichtigen; denn wenn Peter krank ist, wenn er seinen Leidenschaften die Zügel schiessen lässt und unmässig lebt, so kann Paul, trotzdem er weit älter ist, dennoch mit vollstem Rechte hoffen, Peter überleben zu können.

5. **Bei ungewissen und zweifelhaften Dingen muss man sein Handeln hinausschieben, bis mehr Licht geworden ist. Wenn aber die zum Handeln günstige Gelegenheit keinen Aufschub duldet, so muss man von zwei Dingen immer das auswählen, welches passender, sicherer, vortheilhafter und wahrscheinlicher als das andere erscheint, wenn auch keines von beiden thatsächlich diese Eigenschaften hat.** So ist es bei einer ausgebrochenen Feuersbrunst, aus welcher du nicht anders entrinnen kannst, als dass du entweder hoch oben vom Dache oder aus irgend einem unteren Stockwerke herabspringst, für dich besser, das Letztere zu wählen, weil es grössere Sicherheit bietet, wenn auch keines von Beiden völlig sicher ist und ohne Gefahr, sich zu verletzen, ausgeführt werden kann.

6. **Was in irgend einem Falle nützen und in keinem Falle schaden kann, ist dem vorzuziehen, was in**

keinem Falle nützt oder schadet. Hierher gehört das, von welchem unser Sprüchwort gilt:

»Hilft es nicht, so schadet es nicht!«

Dieser Satz folgt unmittelbar aus dem vorigen; denn das, was nützen kann, ist unter sonst gleichen Umständen besser, sicherer und wünschenswerther als das, was nicht nützen kann.

7. **Den Werth menschlicher Thaten darf man nicht nach ihrem Erfolge schätzen.** Denn die thörichtsten Handlungen haben zuweilen den besten Erfolg, während die klügsten dagegen den schlechtesten haben. Daher sagt der Dichter:

Careat successibus, opto, quisquis ab eventu
    facta notanda putat*).

Wenn es z. B. ein Spieler unternimmt, mit drei Würfeln auf einen Wurf dreimal sechs Augen zu werfen, so wird man von ihm, selbst wenn er zufällig gewinnen sollte, sicherlich sagen, dass er thöricht gehandelt habe. Verkehrt sind die Urtheile des Volkes, welchem ein Mensch um so hervorragender erscheint, je mehr er vom Glücke begünstigt ist, von welchem sogar ein günstiges Verbrechen oft noch als gute That angesehen wird; hierüber sagt wieder Owen[11]) treffend:

Epigr. lib. sing., Num. 216.

Quod male consultum cecidit feliciter, Ancus
 Arguitur sapiens, qui modo stultus erat;
Quod prudenter erat provisum, si male vortat,
 Ipse Cato populo judice stultus erit**).

8. **Wir müssen uns bei unseren Urtheilen hüten, Dingen mehr Gewicht beizulegen, als ihnen zukommt, und etwas, was wahrscheinlicher ist, als etwas Anderes für ganz sicher zu halten oder Anderen als solches aufzudrängen.** Wir müssen nämlich unser Vertrauen, welches wir in Dinge setzen, [**217**] dem Grade ihrer

---

*) Mag Jeder des Erfolges entbehren, welcher meint nach ihrem Erfolge die That schätzen zu müssen.    *H.*
\*\*) Etwas, das schlecht überlegt war, glückte dem Ancus,
           d'rum wird er
Plötzlich ein Weiser genannt, eben noch galt er für dumm;
Ist aber etwas klug überlegt, doch übel der Ausgang,
Hält das thörichte Volk selbst einen Cato für dumm.
                *H.*

Gewissheit proportional und um ebensoviel kleiner nehmen, als die Wahrscheinlichkeit des Dinges selbst kleiner als seine Gewissheit ist, was wir durch das Sprüchwort auszudrücken pflegen:

»Man muss ein jedes in seinem Werth und
Unwerth beruhen lassen.«

9. **Weil aber doch nur selten volle Gewissheit erlangt werden kann, so wollen es die Nothwendigkeit und das Herkommen, dass das, was nur moralisch gewiss ist, für unbedingt gewiss gehalten wird.** Es würde also nützlich sein, wenn auf Veranlassung der Obrigkeit bestimmte Grenzen für die moralische Gewissheit festgesetzt würden, wenn z. B. entschieden würde, ob zur Erzielung dieser $\frac{99}{100}$ oder $\frac{999}{1000}$ der Gewissheit verlangt werden müssen, damit ein Richter nicht parteiisch sein kann, sondern einen festen Gesichtspunkt hat, welchen er beim Fällen des Urtheiles beständig im Auge behält.

Noch mehr derartige Axiome kann jeder, welcher im gewöhnlichen Leben bewandert ist, auf eigene Faust aufstellen; wir können nicht alle, zumal uns die passende Gelegenheit für ihre Anwendung mangelt, im Gedächtnisse haben.

# Kapitel III.

## Verschiedene Arten von Beweisgründen; Schätzung ihres Gewichtes für die Berechnung der Wahrscheinlichkeiten von Dingen.

Derjenige, welcher die Beweisgründe eines Urtheils oder einer Vermuthung prüft, wird drei verschiedene Arten unterscheiden: einige Beweisgründe sind **nothwendig vorhanden und zeigen die Sache zufällig an**, andere sind **zufällig vorhanden und zeigen die Sache nothwendig an**, und endlich noch andere sind **zufällig vorhanden und zeigen die Sache auch zufällig an**. Ich erläutere den Unterschied an Beispielen: Mein Bruder hat mir schon lange Zeit keinen Brief geschickt; ich bin nun im Zweifel, ob seine Trägheit oder Geschäfte daran schuld sind, befürchte aber auch, dass er vielleicht gar gestorben ist. Hier sind also drei Gründe für das Ausbleiben von Briefen: Trägheit, Tod und Geschäfte. Der erste dieser Gründe ist nothwendig vorhanden (in Folge hypothetischer Nothwendigkeit, weil ich von meinem Bruder weiss und annehme, dass er träge ist), aber er zeigt das Ausbleiben der Briefe nur zufällig an, da diese Trägheit meinen Bruder nicht hätte am Schreiben zu hindern brauchen. Der zweite Grund ist zufällig vorhanden (denn es kann mein Bruder noch am Leben sein), aber er zeigt das Ausbleiben der Briefe nothwendig an, da ein Todter nicht schreiben kann. [218] Der dritte Grund ist zufällig vorhanden und zeigt auch das Ausbleiben der Briefe zufällig an, da mein Bruder Geschäfte haben oder auch nicht haben kann, und da sie im ersteren Falle nicht so umfangreich zu sein brauchen, dass sie ihn vom Schreiben abhalten. — Ein weiteres Beispiel ist das folgende: Ein Spieler soll nach den getroffenen Vereinbarungen gewinnen, wenn er mit zwei Würfeln sieben Augen wirft, und ich will vermuthen, ob er Hoffnung auf Gewinn hat. Hier ist der Beweisgrund für den Sieg der Wurf von sieben Augen, welcher den Sieg mit Nothwendigkeit anzeigt (nämlich kraft der von den Spieltheilnehmern getroffenen Vereinbarung), aber dieser Grund ist nur zufällig vorhanden, da ja ausser den sieben Augen auch eine andere Anzahl von Augen fallen kann.

Ausser dieser Verschiedenartigkeit der Beweisgründe mag man noch einen weiteren Unterschied zwischen ihnen beachten, insofern als einige derselben reine, andere gemischte sind. Reine Beweisgründe nenne ich solche, welche in einigen Fällen eine Sache so beweisen, dass sie in anderen Fällen nichts positiv beweisen; gemischte Beweisgründe aber nenne ich solche, welche in einigen Fällen eine Sache so beweisen, dass sie in anderen Fällen das Gegentheil derselben beweisen. Z. B. In einem Haufen von sich Streitenden wird einer derselben mit einem Schwerte erstochen und durch das Zeugniss vertrauenswürdiger Menschen wird festgestellt, dass der Thäter einen schwarzen Mantel getragen hat. Wenn nun von den Streitenden Gracchus und drei Andere mit schwarzen Mänteln bekleidet waren, so wird dieses Kleidungsstück einen Beweisgrund dafür abgeben, dass der Mord von Gracchus verübt wurde, aber nur einen gemischten; denn in einem Falle beweist der Mantel seine Schuld, in drei Fällen aber seine Unschuld, je nachdem der Mord von ihm selbst oder von einem der drei Andern verübt worden ist, und er kann nicht von diesem Letzteren ausgeführt sein, ohne dass Gracchus unschuldig ist. Ist aber in dem angestellten Verhöre Gracchus erbleicht, so liefert dieses Erbleichen einen reinen Beweisgrund; denn es beweist die Schuld des Gracchus, wenn es von dem bösen Gewissen herkommt, es bezeugt aber nicht seine Unschuld, wenn es durch irgend eine andere Ursache veranlasst ist, da Gracchus sehr leicht aus einer solchen erbleicht und dabei doch der Mörder sein kann.

Aus dem bisher Gesagten ist klar ersichtlich, dass die Beweiskraft, welche irgend ein Beweisgrund hat, von der Menge der Fälle abhängt, in welchen dieser vorhanden oder nicht vorhanden sein kann, eine Sache anzeigen oder nicht anzeigen oder auch ihr Gegentheil anzeigen kann. Daher kann der Grad der Gewissheit oder die Wahrscheinlichkeit, welche dieser Beweisgrund liefert, aus jenen Fällen mit Hülfe der Lehren des ersten Theiles genau so berechnet werden, als wie die Hoffnungen der Theilnehmer an einem Glücksspiele gefunden zu werden pflegen. Um dies zu beweisen, nehmen wir an, dass die Anzahl der Fälle, in welchen ein Beweisgrund zufällig vorhanden sein kann, [219] gleich $b$, die der Fälle, in welchen ein Beweisgrund nicht vorhanden sein kann, gleich $c$, und die Anzahl beider Fälle $b + c = a$ ist. Ferner sei die Anzahl der Fälle, in welchen der Beweisgrund eine Sache zufällig anzeigt, gleich $\beta$, in welchen er sie nicht oder ihr Gegentheil anzeigt, gleich $\gamma$ und die Anzahl beider Fälle $\beta + \gamma = \alpha$. Wir nehmen noch an, dass alle Fälle gleich möglich sind, d. h. dass jeder Fall mit derselben Leichtigkeit wie jeder andere eintreten kann. Im andern Falle nehmen wir eine Abänderung vor, indem wir an Stelle eines jeden leichter eintretenden Falles soviele Fälle zählen, als dieser Fall leichter als die übrigen eintritt; so z. B. zählen wir statt eines dreifach leichteren Falles drei Fälle, welche mit der gleichen Leichtigkeit wie die übrigen eintreten können.

1. Wenn nun ein Beweisgrund zufällig vorhanden sein kann und nothwendig eine Sache anzeigt, so giebt es nach den eben getroffenen Festsetzungen $b$ Fälle, in welchen er vorhanden sein und also auch die Sache (oder 1) anzeigen kann, und $c$ Fälle, in welchen er nicht vorhanden sein und also auch nichts anzeigen kann. Dies giebt (nach Satz II, Zusatz, im ersten Theile, S. 7) das Gewicht $\dfrac{b \cdot 1 + c \cdot 0}{a} = \dfrac{b}{a}$, sodass ein solcher Beweisgrund $\dfrac{b}{a}$ der Sache oder der Gewissheit der Sache beweist.

2. Ist der Beweisgrund nothwendig vorhanden und kann er zufällig eine Sache anzeigen, so sind nach den obigen Annahmen $\beta$ Fälle vorhanden, in denen er die Sache anzeigen kann, und $\gamma$ Fälle, in welchen er diese nicht oder sogar ihr Gegentheil anzeigt. Daraus folgt für diesen Beweisgrund die Beweiskraft $\frac{\beta \cdot 1 + \gamma \cdot 0}{\alpha} = \frac{\beta}{\alpha}$, und es beweist daher ein solcher $\frac{\beta}{\alpha}$ der Gewissheit der Sache; ist der Beweisgrund ein gemischter, so folgt (was auf dieselbe Weise sich ergiebt) für die Gewissheit ihres Gegentheiles $\frac{\gamma \cdot 1 + \beta \cdot 0}{\alpha} = \frac{\gamma}{\alpha}$.

3. Wenn ein Beweisgrund zufällig vorhanden sein und zufällig eine Sache anzeigen kann, so nehmen wir zunächst an, dass er vorhanden ist, in welchem Falle er, wie eben gezeigt ist, $\frac{\beta}{\alpha}$ der Sache, und wenn der Beweisgrund ein gemischter ist, $\frac{\gamma}{\alpha}$ ihres Gegentheiles beweist. Da es nun $b$ Fälle giebt, in denen der Beweisgrund vorhanden sein kann, und $c$ Fälle, in denen er nicht vorhanden sein, also auch nichts beweisen kann, so hat dieser Beweisgrund für den Beweis der Sache das Gewicht $\dfrac{b \cdot \frac{\beta}{\alpha} + c \cdot 0}{a} = \dfrac{b\beta}{a\alpha}$, und, wenn er ein gemischter ist, den Werth $\dfrac{b \cdot \frac{\gamma}{\alpha} + c \cdot 0}{a} = \dfrac{b\gamma}{a\alpha}$ für den Beweis ihres Gegentheiles.

[220] 4. Wenn ferner mehrere Beweisgründe für den Beweis ein und derselben Sache vorhanden sind, und wenn wir für den

1., 2., 3., 4., 5., ... Beweisgrund
die Anzahl aller Fälle mit $a, d, g, p, s, \ldots$
die Anzahl aller beweisenden Fälle mit $b, e, h, q, t, \ldots$
die Anzahl aller nicht beweisenden oder das Gegentheil beweisenden Fälle mit $c, f, i, r, u, \ldots$

bezeichnen, so wird die aus dem Zusammenwirken aller Beweisgründe resultirende Beweiskraft folgendermaassen geschätzt. Alle Beweisgründe seien erstens reine. Dann ist das Gewicht des ersten Beweisgrundes für sich allein gleich $\frac{b}{a}$ $=\frac{a-c}{a}$ (statt $\frac{b}{a}$ müssen wir $\frac{\beta}{\alpha}$ schreiben, wenn der Beweisgrund zufällig die Sache anzeigt, und $\frac{b\beta}{a\alpha}$, wenn er zugleich noch zufällig vorhanden ist), wie wir gezeigt haben. Nun tritt ein zweiter Beweisgrund hinzu, welcher in $e = d - f$ Fällen die Sache oder 1 beweist und in $f$ Fällen sie nicht beweist; in diesen letzten $f$ Fällen bleibt daher nur das eben gefundene Gewicht $\frac{a-c}{a}$ des ersten Beweisgrundes als wirksam übrig. Beide Beweisgründe zusammen haben mithin das Gewicht:

$$\frac{(d-f) \cdot 1 + f\frac{a-c}{a}}{d} = \frac{ad-cf}{ad} = 1 - \frac{cf}{ad}.$$

Nehmen wir jetzt noch den dritten Beweisgrund hinzu, so sind $h = g - i$ Fälle vorhanden, in welchen er die Sache beweist, und $i$ Fälle, in welchen er sie nicht beweist und nur die beiden ersten Beweisgründe mit ihrem Gewichte $\frac{ad-cf}{ad}$ wirksam bleiben. Folglich haben alle drei Beweisgründe zusammen das Gewicht:

$$\frac{(g-i) \cdot 1 + i\frac{ad-cf}{ad}}{g} = \frac{adg-cfi}{adg} = 1 - \frac{cfi}{adg}.$$

Und in der gleichen Weise müssen wir weiter vorgehen, wenn noch mehr Beweisgründe vorhanden sind. Offenbar ist die Wahrscheinlichkeit, welche alle Beweisgründe zusammen liefern, von der völligen Gewissheit oder der Einheit nur um den Bruchtheil der Einheit entfernt, welcher gleich dem Producte aller nicht beweisenden Fälle dividirt durch das Product aller Fälle von allen Beweisgründen ist.

5. Zweitens seien alle Beweisgründe gemischte. Da nun die Anzahl aller beweisenden Fälle des ersten Beweisgrundes

gleich $b$, des zweiten gleich $e$, des dritten gleich $h$, ... und der das Gegentheil beweisenden Fälle bez. gleich $c, f, i, \ldots$ ist, so verhält sich die Wahrscheinlichkeit der zu beweisenden Sache zu der ihres Gegentheiles kraft des ersten Beweisgrundes allein wie $b : c$, kraft des zweiten allein wie $e : f$, kraft des dritten allein wie $h : i$. Nun ist es aber augenscheinlich genug, dass sich die gesammte Beweiskraft, welche aus dem Zusammenwirken aller Beweisgründe resultirt, zusammensetzt aus den Beweiskräften aller einzelnen Gründe, [221] d. h. dass die Wahrscheinlichkeit der Sache zu der Wahrscheinlichkeit ihres Gegentheiles sich verhält wie $beh\ldots : cfi\ldots$; folglich ist die Wahrscheinlichkeit der Sache gleich $\dfrac{beh\ldots}{beh\ldots + cfi\ldots}$ und die ihres Gegentheiles gleich $\dfrac{cfi\ldots}{beh\ldots + cfi\ldots}$.

6. Es seien drittens einige Beweisgründe reine (z. B. die drei ersten von fünfen) und einige gemischte (z. B. die beiden übrigen). Ich betrachte zunächst die reinen allein, welche (nach Nummer 4) $\dfrac{adg - cfi}{adg}$ der Gewissheit der Sache beweisen, sodass also noch $\dfrac{cfi}{adg}$ an der Einheit fehlt. Wir haben also gleichsam $adg - cfi$ Fälle, in welchen die drei reinen Beweisgründe zusammen die Sache oder 1 beweisen, und $cfi$ Fälle, in welchen sie nichts beweisen und nur den gemischten Beweisgründen ihren Platz einräumen. Diese letzteren beiden aber haben (nach Nummer 5) für die Sache das Gewicht $\dfrac{qt}{qt + ru}$ und für ihr Gegentheil $\dfrac{ru}{qt + ru}$. Folglich ergiebt sich aus allen Beweisgründen für die Sache die Wahrscheinlichkeit [12]):

$$\frac{(adg - cfi) \cdot 1 + cfi \dfrac{qt}{qt + ru}}{adg} = \frac{adg(qt + ru) - cfiru}{adg(qt + ru)}$$
$$= 1 - \frac{cfiru}{adg(qt + ru)}.$$

Diese Wahrscheinlichkeit ist um $\dfrac{cfi}{adg} \cdot \dfrac{ru}{qt + ru}$ kleiner als die Gewissheit oder Einheit; der erste Bruch dieses Productes ist aber genau der Bruchtheil, um welchen die aus allen reinen Beweisgründen (nach Nr. 4) resultirende Wahrscheinlichkeit der Sache kleiner als die Gewissheit ist, während der zweite Bruch gleich der ganzen Wahrscheinlichkeit des Gegentheils ist, welche sich (nach Nr. 5) aus den gemischten Beweisgründen ergiebt.

7. Wenn ausser den Beweisgründen, welche der zu beweisenden Sache förderlich sind, sich noch andere reine Beweisgründe darbieten, durch welche ihr Gegentheil bezeugt wird, so müssen die Beweisgründe beider Arten nach den vorstehenden Regeln einzeln abgewogen werden, damit das Verhältniss ermittelt werden kann, welches zwischen der Wahrscheinlichkeit der Sache und der Wahrscheinlichkeit ihres Gegentheiles besteht. Hierzu ist noch zu bemerken, dass, wenn die beiderseitigen Beweisgründe genügend stark sind, beide Wahrscheinlichkeiten die Hälfte der Gewissheit merklich übertreffen können, d. h. also dass jede der einander entgegengesetzten Möglichkeiten wahrscheinlich ist, wenn auch die eine relativ weniger wahrscheinlich ist als die andere. So ist es möglich, dass eine Sache $\frac{2}{3}$ der Gewissheit und ihr Gegentheil $\frac{3}{4}$ der Gewissheit hat; dann ist jede der beiden sich gegenüberstehenden Möglichkeiten wahrscheinlich, dennoch ist die erstere Möglichkeit weniger wahrscheinlich als die letztere und zwar im Verhältniss $\frac{2}{3} : \frac{3}{4} = 8 : 9$.

Ich sehe voraus — wie ich nicht in Abrede stellen kann —, dass sich bei der speciellen Anwendung dieser Regeln [**222**] viele Umstände darbieten werden, welche schuld daran sein können, dass sich Jemand oft schmählich irrt, wenn er bei der Unterscheidung der Beweisgründe nicht vorsichtig zu Werke geht. Denn zuweilen können Beweisgründe verschiedene zu sein scheinen, während sie thatsächlich nur einen und denselben Beweisgrund vorstellen, oder umgekehrt können thatsächlich verschiedene Beweisgründe nur einen zu bilden scheinen; bisweilen werden auch solche Beweisgründe verwendet, welche den Beweis des Gegentheils völlig unmöglich machen; und so fort. Zur Erläuterung dieser Verhältnisse füge ich noch einige Beispiele an. Ich nehme in dem oben angegebenen Beispiele des Gracchus an, dass die glaubwürdigen Leute, welche die Streitenden beobachtet haben, bei dem Mörder noch rothe Kopfhaare wahrgenommen und dass Gracchus und zwei Andere rothe Haare haben, dass aber keiner der beiden Anderen einen schwarzen Mantel trug. Wenn nun hier Jemand aus den Indicien, dass ausser Gracchus noch drei Andere schwarze Mäntel trugen und zwei Andere ebenfalls rothes Haar haben, schliessen wollte, dass die Wahrscheinlichkeit von Gracchus' Schuld zu der Wahrscheinlichkeit seiner Unschuld sich (nach Nr. 5) wie $1:2\cdot 3 = 1:6$ verhalte und dass Gracchus also viel wahrscheinlicher unschuldig als schuldig ist, so würde er einen sehr falschen Schluss ziehen. Denn hier sind eigentlich nicht zwei Beweisgründe vorhanden, sondern nur ein einziger, welcher aber von zwei Umständen zugleich, der Mantelfarbe und der Haarfarbe gestützt wird. Da diese beiden Umstände allein bei Gracchus zusammentreffen, so bezeugen sie, dass kein Anderer als er der Mörder sein kann.

Hinsichtlich eines schriftlichen Vertrages erheben sich Zweifel, ob das der Urkunde beigefügte Datum in betrügerischer Absicht vorweggenommen sei. Ein Beweisgrund, dass dies nicht der Fall ist, kann der sein, dass die Urkunde von einem Notare, d. i. einer öffentlichen und vereidigten Person, eigenhändig unterzeichnet ist, von welchem es unwahrscheinlich ist, dass er einen Betrug verübt hat, da er dies nicht ohne die grösste Gefahr für seine Ehre und seine Stellung hätte thun können, und dass ferner unter fünfzig Notaren kaum einer sich findet, welcher so weit die Schlechtigkeit zu treiben wagen würde. Dafür können die Beweisgründe sprechen, dass der Ruf dieses Notars ein sehr schlechter ist, dass er aus dem Betruge für sich einen sehr grossen Gewinn erwarten konnte, und zumal dass er etwas bezeugt hat, was keine Wahrscheinlichkeit besitzt (z. B. wenn er bezeugt hätte, dass Jemand einem Andern 10 000 Goldstücke geliehen hätte zu einer Zeit, wo er nach allgemeiner Schätzung kaum 100 Goldstücke in seinem ganzen Vermögen gehabt haben konnte). Betrachten wir hier den Beweisgrund allein, welcher aus dem Amte und der Stellung des Unterzeichners folgt, [**223**] so können wir die Wahrscheinlichkeit der Echtheit des Datums auf $\frac{49}{50}$ der Gewissheit schätzen. Wenn wir aber die Beweisgründe für das Gegentheil erwägen, so werden wir zugestehen müssen, dass die Urkunde kaum ungefälscht sein kann, und dass also ein in ihr begangener Betrug fast moralische Gewissheit, d. h. gleichsam $\frac{999}{1000}$ Gewissheit hat. Daraus aber dürfen wir nicht folgern, dass die Wahrscheinlichkeit der Echtheit der Urkunde sich zur Wahrscheinlichkeit der Fälschung (nach Nr. 7) verhält wie $\frac{49}{50}:\frac{999}{1000}$, d. h. dass beide fast gleich sind. Wenn wir nämlich annehmen, dass

der Notar übel beleumundet ist, so nehmen wir damit zugleich
an, dass er nicht zu den 49 rechtschaffenen Notaren, welche
Betrügereien verabscheuen, gehört, sondern dass er jener
fünfzigste ist, welcher sich kein Gewissen daraus macht, in
seinem Amte treulos zu sein; damit aber verliert jener Beweisgrund, welcher sonst für die Echtheit der Urkunde hätte
zeugen können, seine ganze Beweiskraft und wird völlig
nichtssagend.

## Kapitel IV.

### Ueber die zwei Arten, die Anzahl der Fälle zu ermitteln. Was von der Art, sie durch Beobachtung zu ermitteln, zu halten ist. Hauptproblem hierbei, und anderes.

In dem vorigen Kapitel wurde gezeigt, auf welche Weise
aus den Zahlen der Fälle, in welchen Beweisgründe für eine
beliebige Sache vorhanden oder nicht vorhanden sein können,
sie anzeigen oder nicht anzeigen oder auch ihr Gegentheil
anzeigen können, ihre Beweiskräfte und die diesen proportionalen
Wahrscheinlichkeiten sich bestimmen und schätzen lassen. Wir
sind also dahin gelangt, dass zur richtigen Bildung von Vermuthungen über irgend eine Sache nichts anderes zu thun
erforderlich ist, als dass wir zuerst die Zahl dieser Fälle
genau ermitteln und dann bestimmen, um wieviel die einen
Fälle leichter als die anderen eintreten können. Und hier
scheint uns gerade die Schwierigkeit zu liegen, da nur für
die wenigsten Erscheinungen und fast nirgends anders als in
Glücksspielen dies möglich ist; die Glücksspiele wurden aber
von den ursprünglichen Erfindern, damit die Spieltheilnehmer
gleiche Gewinnaussichten haben sollten, so eingerichtet, dass
die Zahlen der Fälle, in welchen sich Gewinn oder Verlust
ergeben muss, im voraus bestimmt und bekannt sind, und dass
alle Fälle mit gleicher Leichtigkeit eintreten können. Bei den
weitaus meisten andern Erscheinungen aber, welche von dem
Walten der Natur oder von der Willkür der Menschen abhängen, ist dies keineswegs der Fall. [**224**] So sind z. B. bei
Würfeln die Zahlen der Fälle bekannt, denn es giebt für
jeden einzelnen Würfel ebensoviele Fälle als er Flächen hat;
alle diese Fälle sind auch gleich leicht möglich, da wegen
der gleichen Gestalt aller Flächen und wegen des gleichmässig

vertheilten Gewichtes des Würfels kein Grund dafür vorhanden ist, dass eine Würfelfläche leichter als eine andere fallen sollte, was der Fall sein würde, wenn die Würfelflächen verschiedene Gestalt besässen und ein Theil des Würfels aus schwererem Materiale angefertigt wäre als der andere Theil. So sind auch die Zahlen der Fälle für das Ziehen eines weissen oder eines schwarzen Steinchens aus einer Urne bekannt und können alle Steinchen auch gleich leicht gezogen werden, weil bekannt ist, wieviele Steinchen von jeder Art in der Urne vorhanden sind,, und weil sich kein Grund angeben lässt, warum dieses oder jenes Steinchen leichter als irgend ein anderes gezogen werden sollte. Welcher Sterbliche könnte aber je die Anzahl der Krankheiten (d. i. ebensovieler Fälle), welche den menschlichen Körper an allen seinen Theilen und in jedem Alter befallen und den Tod herbeiführen können, ermitteln und angeben, um wieviel leichter diese als jene Krankheit, die Pest als die Wassersucht, die Wassersucht als Fieber den Menschen zu Grunde richtet, um daraus eine Vermuthung über das Verhältniss von Leben und Sterben künftiger Geschlechter abzuleiten? Oder wer könnte die unzähligen Fälle von Veränderungen aufzählen, welchen die Luft täglich unterworfen ist, um daraus schon heute vermuthen zu wollen, welche Beschaffenheit sie nach einem Monate oder gar nach einem Jahre hat? Oder ferner, wer dürfte die Natur des menschlichen Geistes oder den bewunderungswürdigen Bau unseres Körpers so weit erforscht haben, um bei Spielen, welche ganz oder theilweise von der Verstandesschärfe oder von der körperlichen Gewandtheit der Spieler abhängen, die Fälle bestimmen zu wollen, in welchen dieser oder jener Spieler gewinnen oder verlieren kann? Da diese und ähnliche Dinge von ganz verborgenen Ursachen abhängen, welche überdies noch durch die unendliche Mannigfaltigkeit ihres Zusammenwirkens unsere Erkenntniss beständig täuschen, so würde es völlig sinnlos sein, auf diese Weise etwas erforschen zu wollen.

Aber ein anderer Weg steht uns hier offen, um das Gesuchte zu finden und das, was wir *a priori* nicht bestimmen können, wenigstens *a posteriori*, d. h. aus dem Erfolge, welcher bei ähnlichen Beispielen in zahlreichen Fällen beobachtet wurde, zu ermitteln. Dabei muss angenommen werden, dass jedes einzelne Ereigniss in ebenso vielen Fällen eintreten oder nicht eintreten kann, als vorher bei einem gleichen Stande der Dinge beobachtet wurde, dass es eingetreten oder nicht eingetreten ist. Denn z. B. wenn man beobachtet hat, dass von 300 Menschen von dem Alter und der Constitution des Titius 200 vor Ablauf von 10 Jahren gestorben sind, [225] die übrigen aber länger gelebt haben, so kann man mit hinreichender Sicherheit folgern, dass es doppelt so viele Fälle giebt, in welchen auch Titius innerhalb des nächsten Decenniums der Natur den schuldigen Tribut leisten muss, als Fälle, in welchen er diesen Zeitpunkt überleben kann. Ebenso wenn Jemand schon seit langen Jahren das Wetter beobachtet und sich angemerkt hat, wie oft es heiter oder regnerisch war, oder wenn Jemand zwei Spielern sehr oft zugeschaut und gesehen hat, wie oft dieser oder jener gewinnt, so kann er gerade dadurch das Verhältniss bestimmen, welches die Zahlen der Fälle, in denen dieselben Ereignisse unter den vorangegangenen gleichen Umständen auch nachher eintreten oder nicht eintreten können, wahrscheinlicher Weise zu einander haben.

Diese empirische Art, die Zahl der Fälle durch Beobachtungen zu bestimmen, ist weder neu noch ungewöhnlich; denn schon der berühmte Verfasser des Werkes »L'art de penser«[13], ein scharfsinniger und talentvoller Mann, hat in Kapitel 12 und folg. des letzten Theiles seines Werkes ein ganz ähnliches Verfahren beschrieben, und alle Menschen beobachten im täglichen Leben dasselbe Verfahren. Auch leuchtet jedem Menschen ein, **dass es nicht genügt, nur eine oder die andere Beobachtung anzustellen, um auf diese Weise über irgend ein Ereigniss zu urtheilen, sondern dass eine grosse Anzahl von Beobachtungen erforderlich sind.** Zuweilen hat auch schon ein recht einfältiger Mensch in Folge irgend eines natürlichen Instinktes von sich aus und ohne jede vorangegangene Unterweisung die Erfahrung gemacht (was wirklich wunderbar ist), dass man, je mehr diesbezügliche Beobachtungen vorliegen, um so weniger Gefahr läuft, von der Wahrheit abzuirren. Obgleich nun dies aus der Natur der Sache heraus von Jedem eingesehen wird, so liegt doch der auf wissenschaftliche Prinzipien gegründete Beweis durchaus nicht auf der Hand, und es liegt mir daher ob, ihn an dieser Stelle zu erbringen. Ich würde aber glauben zu wenig zu leisten, wenn ich bei dem Beweise dieses einen Punktes, welchen Jeder kennt, stehen bleiben wollte. **Man muss vielmehr noch Weiteres in Betracht ziehen, woran vielleicht Niemand bisher auch nur gedacht hat.** Es

bleibt nämlich noch zu untersuchen, ob durch
Vermehrung der Beobachtungen beständig auch
die Wahrscheinlichkeit dafür wächst, dass die
Zahl der günstigen zu der Zahl der ungünstigen
Beobachtungen das wahre Verhältniss erreicht,
und zwar in dem Maasse, dass diese Wahrscheinlichkeit schliesslich jeden beliebigen Grad der
Gewissheit übertrifft, oder ob das Problem vielmehr, so zu sagen, seine Asymptote hat, d. h. ob
ein bestimmter Grad der Gewissheit, das wahre
Verhältniss der Fälle gefunden zu haben, vorhanden ist, welcher auch bei beliebiger Vermehrung der Beobachtungen niemals überschritten
werden kann, z. B. dass wir niemals über $\frac{1}{2}$, $\frac{2}{3}$ oder $\frac{3}{4}$
der Gewissheit hinaus Sicherheit erlangen können, das wahre
Verhältniss der Fälle ermittelt zu haben. Damit noch durch
ein Beispiel deutlich werde, [**226**] was ich meine, nehme ich
an, es seien in einer Urne ohne dein Vorwissen 3000 weisse
und 2000 schwarze Steinchen und du wollest durch Versuche
das Verhältniss derselben bestimmen, indem du ein Steinchen
nach dem andern herausnimmst (jedoch so, dass du jedes
gezogene Steinchen wieder zurücklegst, ehe du ein neues
herausnimmst, damit die Zahl der Steinchen in der Urne nicht
kleiner wird) und beobachtest, wie oft ein weisses, wie oft
ein schwarzes Steinchen herauskommt. Es fragt sich nun, ob
du dies so oft würdest thun können, damit es zehn-, hundert-,
tausendmal u. s. w. wahrscheinlicher (d. h. schliesslich moralisch
gewiss) wird, dass die Zahl der Züge, mit welchen du ein
weisses Steinchen ziehst, zu der Zahl derer, mit welchen
du ein schwarzes ziehst, dasselbe Verhältniss $1\frac{1}{2}$, welches die
Zahlen der Steinchen (oder der Fälle) selbst zueinander haben,
annimmt, als dass diese Zahlen irgend ein anderes, davon
verschiedenes Verhältniss bilden. Ist dies nicht der Fall,
so gestehe ich, dass es um unsern Versuch, die Zahl der
Fälle durch Beobachtungen zu ermitteln, schlecht bestellt ist.
Wenn es aber der Fall ist und man schliesslich auf diese
Weise moralische Gewissheit erhält (dass dies wirklich so ist,
werde ich in dem folgenden Kapitel zeigen), so können wir
die Zahlen der Fälle *a posteriori* fast ebenso genau finden,
als wenn sie uns *a priori* bekannt wären. Und dies ist für
das bürgerliche Leben, wo das moralisch Gewisse als absolut gewiss angesehen wird, nach Axiom 9 des Kapitels II

hinreichend, um unsere Vermuthung in jedem beliebigen Zufallsgebiete nicht weniger wissenschaftlich zu leiten als bei den Glücksspielen. Denn wenn wir an Stelle der Urne z. B. die Luft oder den menschlichen Körper uns gesetzt denken, welche eine Unmenge der verschiedenartigsten Veränderungen und Krankheit gerade so in sich bergen, wie die Urne die Steinchen, so werden wir auch in gleicher Weise durch Beobachtungen bestimmen können, um wieviel leichter auf diesen Gebieten dieses als jenes Ereigniss eintritt.

Damit aber dies nicht unrichtig verstanden werde, ist noch zu bemerken, **dass wir das Verhältniss zwischen den Zahlen der Fälle, welches wir durch Beobachtungen zu bestimmen unternehmen, nicht absolut genau** (denn so würde ganz das Gegentheil herauskommen und desto unwahrscheinlicher werden, dass das richtige Verhältniss gefunden sei, je mehr Beobachtungen gemacht wären), **sondern nur mit einer bestimmten Annäherung erhalten, d. h. zwischen zwei Grenzen einschliessen wollen, welche aber beliebig nahe bei einander angenommen werden können**. Wenn wir in dem oben angeführten Beispiele der Urne mit den Steinchen zwei Verhältnisse, z. B. $\frac{301}{200}$ und $\frac{299}{200}$, oder $\frac{3001}{2000}$ und $\frac{2999}{2000}$, oder u. s. w., annehmen, von denen das eine wenig kleiner, das andere wenig grösser als $1\frac{1}{2}$ ist, so zeigt es sich, dass es mit jeder beliebigen Wahrscheinlichkeit wahrscheinlicher wird, [227] dass das durch häufig wiederholte Beobachtungen gefundene Verhältniss innerhalb dieser Grenzen des Verhältnisses $1\frac{1}{2}$ liegt, als ausserhalb derselben.

Dieses ist das Problem, welches ich an dieser Stelle zu veröffentlichen mir vorgenommen habe, nachdem ich schon seit 20 Jahren dasselbe mit mir herumgetragen habe; seine Neuheit sowohl als auch sein ausserordentlich grosser Nutzen in Verbindung mit seiner ebenso grossen Schwierigkeit lässt alle übrigen Kapitel dieser Lehre an Wichtigkeit und Bedeutung gewinnen. Bevor ich aber auf seine Lösung eingehe, will ich kurz die Einwände widerlegen, welche einige Gelehrte[14] dagegen erhoben haben.

1. Zuerst machen sie den Einwurf, dass das Verhältniss zwischen den Steinchen von anderer Beschaffenheit sei als dasjenige zwischen den Krankheiten und den Luftveränderungen; die Zahl jener sei bestimmt, die Zahl dieser aber unbestimmt und unsicher.

Darauf antworte ich: Beide sind hinsichtlich unserer Erkenntniss gleich ungewiss und unbestimmt. Dass aber irgend ein Ding an sich und seiner Natur nach ungewiss und unbestimmt beschaffen sei, kann von uns ebenso wenig verstanden werden, als wir verstehen können, dass Gott etwas zugleich erschaffen und nicht erschaffen hat; denn alles was Gott geschaffen hat, hat er gerade dadurch, dass er es geschaffen hat, auch bestimmt.

2. Zweitens werfen sie ein, die Zahl der Steinchen sei endlich, die der Krankheiten aber unendlich.

Ich erwidere hierauf: Die letztere Zahl ist eher erstaunlich gross als unendlich; aber zugegeben, dass sie unendlich gross sei, so ist bekannt, dass auch zwischen zwei unendlich grossen Zahlen ein bestimmtes Verhältniss bestehen kann, welches sich durch endliche Zahlen entweder genau oder wenigstens so genau, als nur irgend wünschenswerth ist, ausdrücken lässt. So hat immer die Peripherie eines Kreises ein bestimmtes Verhältniss zu seinem Durchmesser, welches zwar nur durch unendlich viele Decimalstellen der *Ludolph*'schen Zahl genau angegeben wird, aber doch von *Archimedes*, *Metius* und *Ludolph* selbst in Grenzen eingeschlossen ist, welche für den Gebrauch völlig ausreichen. **Daher hindert nichts daran, das Verhältniss zwischen zwei unendlich grossen Zahlen, welche durch endliche Zahlen sehr annähernd genau dargestellt werden können, durch eine endliche Anzahl von Beobachtungen zu bestimmen.**

3. Drittens machen sie den Einwand, dass die Zahl der Krankheiten nicht beständig dieselbe sei, sondern dass täglich neue entstehen.

Darauf entgegne ich: Dass sich im Laufe der Zeiten die Krankheiten vermehren können, leugne ich nicht, und sicherlich würde derjenige, welcher aus heutigen Beobachtungen auf antediluvianische Zeiten zurückschliessen wollte, gewaltig von der Wahrheit abirren. Daraus folgt aber nichts weiter **als dass bisweilen neue Beobachtungen angestellt werden müssen;** [**228**] auch bei den Steinchen würden neue Beobachtungen nothwendig werden, wenn man annehmen müsste, dass ihre Anzahl in der Urne sich geändert hätte.

## Kapitel V.

### Lösung des vorigen Problems.

Um den weitläufigen Beweis mit möglichster Kürze und Klarheit zu führen, versuche ich alles rein mathematisch zu formuliren und schicke zu dem Zwecke die folgenden Hülfssätze voraus; sind diese bewiesen, so besteht alles Uebrige in ihrer blossen Anwendung.

**Hülfssatz 1.** Es sei die Reihe der natürlichen Zahlen

$$0,\ 1,\ 2,\ \ldots,\ r-1,\ r,\ r+1,\ \ldots,\ r+s$$

gegeben, wo $r$ irgend eine mittlere Zahl und $r-1$ und $r+1$ die dieser links und rechts benachbarten Zahlen bezeichnen. Diese Reihe werde fortgesetzt, bis ihr letztes Glied ein beliebiges ganzzahliges Vielfaches von $r+s$, z. B. $nr+ns$ ist, wodurch die neue Reihe entsteht:

$$0,\ 1,\ 2,\ \ldots,\ nr-n,\ \ldots,\ nr,\ \ldots,\ nr+n,\ \ldots,\ nr+ns.$$

Mit wachsendem $n$ steigt auf diese Weise sowohl die Anzahl der zwischen $nr$ und $nr+n$, bez. $nr-n$ gelegenen Glieder, als auch die Anzahl der Glieder, welche sich von den Grenzgliedern $nr+n$, bez. $nr-n$ bis zu den äussersten Gliedern $nr+ns$ und $0$ erstrecken. Niemals aber, wie gross auch die Zahl $n$ gewählt werden mag, übertrifft die Anzahl der Glieder, welche grösser als $nr+n$ sind, mehr als $(s-1)$-mal die Anzahl der zwischen $nr$ und $nr+n$ gelegenen Glieder und die Anzahl der Glieder, welche kleiner als $nr-n$ sind, mehr als $(r-1)$-mal die Anzahl der zwischen $nr-n$ und $nr$ gelegenen Glieder.

Beweis. Die Anzahl der Glieder, welche grösser als $nr+n$ sind, ist gleich $n(s-1)$ und der Glieder, welche kleiner als $nr-n$ sind, ist gleich $n(r-1)$. Die Anzahl der zwischen $nr$ (ausschliesslich) und einer der beiden Grenzen (einschliesslich) gelegenen Zahlen ist gleich $n$. Es verhält sich aber stets

$$n(s-1) : n = s-1 : 1$$

und

$$n(r-1) : n = r-1 : 1.$$

Daraus folgt, u. s. w.

[229] **Hülfssatz 2.** Wenn das Binom $r + s$ in irgend eine ganzzahlige Potenz erhoben wird, so hat die Entwickelung immer ein Glied mehr als der Potenzexponent Einheiten.

Denn es besteht die Entwickelung eines Quadrates aus drei, eines Cubus aus vier, eines Biquadrates aus fünf Gliedern, und so fort.

**Hülfssatz 3.** In der Entwickelung einer Potenz des Binoms $r + s$, deren Exponent irgend ein ganzzahliges Vielfaches von $r + s = t$, z. B. $n(r + s) = nt$ ist, hat erstens ein Glied $M$ dann den grössten Werth von allen Gliedern, wenn die Anzahl aller ihm vorangehenden zu der aller ihm folgenden Glieder sich wie $s$ zu $r$ verhält, oder — was auf dasselbe hinauskommt — wenn in ihm die Exponenten von $r$ und $s$ sich wie $r$ zu $s$ verhalten und jedes dem Gliede $M$ auf der rechten oder linken Seite näherstehende Glied einen grösseren Werth als ein entfernteres Glied auf der gleichen Seite. Zweitens hat das Glied $M$ zu einem näheren Gliede ein kleineres Verhältniss, als — bei gleichem Abstande der Glieder — dieses letztere zu dem entfernteren [15]).

**Beweis.** 1. Den Mathematikern ist wohlbekannt, dass die $(nt)^{\text{te}}$ Potenz des Binoms $r + s$ sich durch die folgende Reihe darstellen lässt:

$$(r+s)^{nt} = r^{nt} + \binom{nt}{1} r^{nt-1} s + \binom{nt}{2} r^{nt-2} s^2 + \cdots$$
$$+ \binom{nt}{2} r^2 s^{nt-2} + \binom{nt}{1} r s^{nt-1} + s^{nt},$$

in welcher die Exponenten von $r$ fortwährend abnehmen, während die von $s$ wachsen, und die Coefficienten des ersten und letzten, zweiten und vorletzten Gliedes, u. s. w. mit einander übereinstimmen. Da nun die Anzahl aller Glieder ausser $M$ (nach Hülfssatz 2) gleich $nt = nr + ns$ ist und nach der Voraussetzung sich die Anzahl der $M$ vorangehenden Glieder zu der ihm nachfolgenden wie $s$ zu $r$ verhält, so muss die Anzahl der vorangehenden Glieder gleich $ns$ und der nachfolgenden gleich $nr$ sein. Mithin ist nach dem Bildungsgesetze der Reihe:

$$M = \binom{nt}{ns} r^{nr} s^{ns} = \binom{nt}{nr} r^{nr} s^{ns}.$$

Bezeichet man mit $L_1$, $L_2$, $L_3$, ... der Reihe nach die links von $M$ stehenden Glieder und mit $R_1$, $R_2$, $R_3$, ... die entsprechenden Glieder rechts, so folgt weiter: [**230**]

$$L_1 = \binom{nt}{ns-1} r^{nr+1} s^{ns-1}, \quad R_1 = \binom{nt}{nr-1} r^{nr-1} s^{ns+1};$$

$$L_2 = \binom{nt}{ns-2} r^{nr+2} s^{ns-2}, \quad R_2 = \binom{nt}{nr-2} r^{nr-2} s^{ns+2};$$

. . . . . . . . . . . . . . . . . . . .

Hieraus ergiebt sich durch Division:

$$\frac{M}{L_1} = \frac{(nr+1)s}{nsr}, \quad \frac{M}{R_1} = \frac{(ns+1)r}{nrs};$$

$$\frac{L_1}{L_2} = \frac{(nr+2)s}{(ns-1)r}, \quad \frac{R_1}{R_2} = \frac{(ns+2)r}{(nr-1)s};$$

. . . . . . . . . . . . . . . . . . . .

Nun ist aber

$$(nr+1)s > nsr, \quad (ns+1)r > nrs,$$
$$(nr+2)s > (ns-1)r, \quad (ns+2)r > (nr-1)s,$$

. . . . . . . . . . . . . . . . . . . . ,

folglich ist

$$M > L_1, \quad M > R_1;$$
$$L_1 > L_2, \quad R_1 > R_2;$$

. . . . . . . . . . . . . . W. z. b. w.

2. Es ist ohne weiteres ersichtlich, dass

$$\frac{nr+1}{ns} < \frac{nr+2}{ns-1}, \quad \frac{ns+1}{nr} < \frac{ns+2}{nr-1}$$

ist, folglich ist auch

$$\frac{(nr+1)s}{nsr} < \frac{(nr+2)s}{(ns-1)r}, \quad \frac{(ns+1)r}{nrs} < \frac{(ns+2)r}{(nr-1)s}$$

oder, was dasselbe ist,

$$\frac{M}{L_1} < \frac{L_1}{L_2}, \quad \frac{M}{R_1} < \frac{R_1}{R_2}.$$

In gleicher Weise lässt sich zeigen, dass

$$\frac{L_1}{L_2} < \frac{L_2}{L_3} < \cdots, \quad \frac{R_1}{R_2} < \frac{R_2}{R_3} < \cdots$$

ist. Folglich hat das grösste Glied $M$ zu einem näherstehenden Gliede ein kleineres Verhältniss als dieses zu einem entfernteren auf der gleichen Seite, wenn die beiden Intervalle gleich sind. W. z. b. w.

[231] **Hülfssatz 4.** In der Potenz eines Binoms mit dem Exponenten $nt$ kann die Zahl $n$ so gross genommen werden, dass die Verhältnisse des grössten Gliedes $M$ zu zwei anderen Gliedern $L_n$ und $R_n$, welche die $n^{\text{ten}}$ links und rechts von $M$ stehenden Glieder der Potenzentwickelung sind, grössere Werthe haben, als irgend ein gegebenes Verhältniss.

**Beweis.** Da nach dem vorhergehenden Satze $M$ den Werth hat:

$$M = \frac{nt\,(nt-1)\,(nt-2)\cdots(nr+1)}{1\cdot 2\cdot 3\cdot\cdots ns}\, r^{nr}\, s^{ns}$$

$$= \frac{nt\,(nt-1)\,(nt-2)\cdots(ns+1)}{1\cdot 2\cdot 3\cdot\cdots nr}\, r^{nr}\, s^{ns},$$

so haben nach dem Bildungsgesetze der Reihe die Glieder $L_n$ und $R_n$ die Werthe:

$$L_n = \frac{nt\,(nt-1)\,(nt-2)\cdots(nr+n+1)}{1\cdot 2\cdot 3\cdot\cdots(ns-n)}\, r^{nr+n}\, s^{ns-n},$$

$$R_n = \frac{nt\,(nt-1)\,(nt-2)\cdots(ns+n+1)}{1\cdot 2\cdot 3\cdot\cdots(nr-n)}\, r^{nr-n}\, s^{ns+n}.$$

Hieraus folgt, nachdem die gemeinsamen Factoren durch Division entfernt sind:

$$\frac{M}{L_n} = \frac{(nr+n)\,(nr+n-1)\,(nr+n-2)\cdots nr}{(ns-n+1)\,(ns-n+2)\,(ns-n+3)\cdots ns}\,\frac{s^n}{r^n},$$

$$\frac{M}{R_n} = \frac{(ns+n)\,(ns+n-1)\,(ns+n-2)\cdots ns}{(nr-n+1)\,(nr-n+2)\,(nr-n+3)\cdots nr}\,\frac{r^n}{s^n}$$

oder, nachdem $r^n$ und $s^n$ auf die einzelnen Factoren der Coefficienten gleichmässig vertheilt sind, was möglich ist, da die Zähler und Nenner der Coefficienten gerade je $n$ Factoren besitzen:

$$\frac{M}{L_n} = \frac{(nrs+ns)\ (nrs+ns-s)\ (nrs+ns-2s)\ldots(nrs+s)}{(nrs-nr+r)(nrs-nr+2r)(nrs-nr+3r)\ldots nrs},$$

$$\frac{M}{R_n} = \frac{(nrs+nr)\ (nrs+nr-r)\ (nrs+nr-2r)\ldots(nrs+r)}{(nrs-ns+s)(nrs-ns+2s)(nrs-ns+3s)\ldots nrs}.$$

Die Verhältnisse erhalten aber einen unendlich grossen Werth, wenn $n$ unendlich gross wird; denn es verschwinden dann die Zahlen $1, 2, 3, \ldots$ gegen $n$, und die Factoren $nr \pm n \mp 1, 2, 3, \ldots$ haben denselben Werth wie $nr \pm n$ und $ns \mp n \pm 1, 2, 3, \ldots$ wie $ns \mp n$, sodass man, wenn man noch Zähler und Nenner durch $n$ dividirt, erhält[16]):

[232]
$$\frac{M}{L_n} = \frac{(rs+s)(rs+s)(rs+s)\ldots rs}{(rs-r)(rs-r)(rs-r)\ldots rs},$$

$$\frac{M}{R_n} = \frac{(rs+r)(rs+r)(rs+r)\ldots rs}{(rs-s)(rs-s)(rs-s)\ldots rs}.$$

Die beiden Grössen sind offenbar aus ebensovielen Brüchen $\dfrac{rs+s}{rs-r}$, bez. $\dfrac{rs+r}{rs-s}$ zusammengesetzt, als Factoren im Zähler (oder Nenner) vorhanden sind, deren Anzahl gleich $n$, d. h. unendlich gross ist. Daher sind jene beiden Verhältnisse die unendlich hohen Potenzen der Brüche $\dfrac{rs+s}{rs-r}$ und $\dfrac{rs+r}{rs-s}$ und folglich selbst unendlich gross. Wer diesen Schluss bezweifeln sollte, nehme zwei unendliche fallende geometrische Reihen mit den Quotienten $\dfrac{rs-r}{rs+s}$ und $\dfrac{rs-s}{rs+r}$; in diesen ist das Verhältniss des ersten zum dritten, vierten, fünften, $\ldots$, letzten Gliede gleich dem zwei-, drei-, vier-, $\ldots$, unendlich oftmal in sich selbst multiplicirten Bruche $\dfrac{rs+s}{rs-r}$, bez. $\dfrac{rs+r}{rs-s}$. Offenbar aber ist das Verhältniss des ersten zum letzten Gliede, welches in einer unendlich fallenden Reihe gleich Null sein muss, unendlich gross. Daher folgt, dass auch die unendlich hohen Potenzen von $\dfrac{rs+s}{rs-r}$ und $\dfrac{rs+r}{rs-s}$ einen unendlich grossen Werth haben. Mithin ist nachgewiesen, dass in der Entwickelung der unendlich hohen Potenz eines Binoms das grösste Glied $M$ zu zwei Gliedern $L_n$ und $R_n$ Verhältnisse hat, welche grösser sind als jedes angebbare Verhältniss. W. z. b. w.

**Hülfssatz 5.** In der Potenz eines Binoms mit dem Exponenten $nt$ kann die Zahl $n$ so gross gewählt werden, dass die Summe aller Glieder von dem grössten $M$ an nach beiden Seiten bis zu den Gliedern $L_n$ und $R_n$ (einschliesslich) zur Summe aller übrigen Glieder, welche nach beiden Seiten ausserhalb dieser Grenzen $L_n$ und $R_n$ liegen, ein Verhältniss von grösserem Werthe als irgend ein gegebenes bildet.

**Beweis.** Da nach der zweiten Behauptung des Hülfssatzes 3

$$\frac{M}{L_1} < \frac{L_n}{L_{n+1}},\ \frac{L_1}{L_2} < \frac{L_{n+1}}{L_{n+2}},\ \frac{L_2}{L_3} < \frac{L_{n+2}}{L_{n+3}},\ \cdots$$

ist, so ist auch

$$\frac{M}{L_n} < \frac{L_1}{L_{n+1}} < \frac{L_2}{L_{n+2}} < \frac{L_3}{L_{n+3}} < \cdots$$

Nach Hülfssatz 4 wird aber für einen unendlich grossen Werth von $n$ der Werth von $\dfrac{M}{L_n}$ unendlich gross [**233**] und folglich haben umsomehr die Verhältnisse $\dfrac{L_1}{L_{n+1}},\ \dfrac{L_2}{L_{n+2}},\ \dfrac{L_3}{L_{n+3}},\ \cdots$ unendlich grosse Werthe. Daraus folgt aber weiter:

$$\frac{L_1 + L_2 + L_3 + \cdots + L_n}{L_{n+1} + L_{n+2} + L_{n+3} + \cdots + L_{2n}} = \infty,$$

d. h. die Summe aller Glieder zwischen dem grössten Gliede $M$ und dem Gliede $L_n$ (einschliesslich) ist unendlich oft grösser als die Summe ebensovieler Glieder, welche nach links auf $L_n$ folgen. Da aber nach Hülfssatz 1 die Anzahl aller Glieder links von $L_n$ die Anzahl der zwischen $L_n$ und $M$ gelegenen Glieder nur $(s-1)$-mal (d. h. eine endliche Anzahl mal) übertrifft, und da nach Hülfssatz 3 die Glieder um so kleiner werden, je weiter sie von $L_n$ nach links abstehen, so übertreffen alle Glieder innerhalb $L_n$ (einschliesslich) und $M$ (auch wenn dieses nicht mitgerechnet wird) zusammen doch noch unendlich oftmal alle links von $L_n$ stehenden Glieder.

Auf gleiche Weise wird auch gezeigt, dass alle zwischen $R_n$ (einschliesslich) und $M$ (auch wenn dieses nicht mitge-

rechnet wird) gelegenen Glieder zusammen unendlich oftmal alle
Glieder übertreffen, welche rechts von $R_n$ stehen und deren
Anzahl die der ersteren nur $(r-1)$-mal (nach Hülfssatz 1)
übertrifft. Daher übertrifft schliesslich die Summe aller zwischen
den Grenzgliedern $L_n$ und $R_n$ gelegenen Glieder, wobei die
Grenzglieder mitgerechnet werden, das grösste Glied $M$ aber
weggelassen ist, unendlich oftmal die Summe aller ausserhalb
dieser Grenzen stehenden Glieder; und um so mehr gilt dieser
Satz, wenn zu der ersten Summe das Glied $M$ noch hinzugenommen wird. W. z. b. w.

Anmerkung. Gegen den vierten und fünften Hülfssatz
könnte von denen, welche sich nicht mit Unendlichkeits-
betrachtungen befreundet haben, der folgende Einwurf gemacht
werden: Wenn auch in dem Falle eines unendlich grossen
Werthes der Zahl $n$ die Factoren der Ausdrücke, welche die
Verhältnisse $\dfrac{M}{L_n}$ und $\dfrac{M}{R_n}$ darstellen, nämlich $nr \pm n \mp 1, 2, 3, \ldots$
und $ns \mp n \pm 1, 2, 3, \ldots$ den gleichen Werth wie $nr \pm n$
und $ns \mp n$ haben, da die Zahlen $1, 2, 3, \ldots$ in den einzelnen Factoren gegenüber dem übrigen Theile verschwinden,
so liefern doch alle diese Zahlen in einander multiplicirt
(wegen der unendlich vielen Factoren) auch eine unendlich
grosse Zahl und also wird von den unendlich hohen Potenzen
der Brüche $\dfrac{rs+s}{rs-r}$ und $\dfrac{rs+r}{rs-s}$ unendlich viel subtrahirt,
wodurch sich endliche Zahlen ergeben können. Diesen Be-
denken kann ich nicht besser entgegentreten, als dass ich
jetzt die Berechnung für einen endlichen Werth von $n$ wirklich durchführe; ich werde zeigen, dass auch in einer endlich hohen Potenz des Binoms die Summe der innerhalb der
Grenzglieder $L_n$ und $R_n$ (einschliesslich) stehenden Glieder
zur Summe aller übrigen Glieder ein Verhältniss hat, welches
jedes beliebig gross gegebene Verhältniss $c$ an Werth übertrifft.
Ist dies aber gezeigt, so muss der Einwand nothwendiger Weise
in sich zusammenfallen.

[234] Zu dem Zwecke nehme ich (für die links von $M$
stehenden Glieder) irgend ein beliebiges Verhältniss, welches
kleiner als $\dfrac{rs+s}{rs-r}$ ist, also z. B. $\dfrac{rs+s}{rs} = \dfrac{r+1}{r}$ und multiplicire dieses so oft ($m$-mal) in sich, dass das Product gleich
oder grösser als $c(s-1)$ ist, also

$$\frac{(r+1)^m}{r^m} \geqq c(s-1).$$

Um $m$ zu bestimmen, hat man:

$$m \log(r+1) - m \log r \geqq \log[c(s-1)],$$

also ist

$$m \geqq \frac{\log[c(s-1)]}{\log(r+1) - \log r}$$

zu wählen. Nun wurde in dem vierten Hülfssatze das Verhältniss $\dfrac{M}{L_n}$ aus dem Producte der Brüche:

$$\frac{nrs+ns}{nrs-nr+r}, \quad \frac{nrs+ns-s}{nrs-nr+2r}, \quad \frac{nrs-ns+2s}{nrs-nr+3r}, \ldots, \frac{nrs+s}{nrs}$$

bestimmt; jeder einzelne dieser Factoren ist aber kleiner als $\dfrac{rs+s}{rs-r}$ und kommt diesem Bruche um so näher, je grösser $n$ genommen wird. Folglich muss einmal, wenn $n$ nur passend gewählt wird, einer dieser Brüche gleich $\dfrac{r+1}{r}$ werden. Bezeichnet man den Platz dieses Bruches in der Reihe der Factoren mit $m$, so ist:

$$\frac{r+1}{r} = \frac{nrs+ns-(m-1)s}{nrs-nr+ms},$$

folglich:

$$n = m + \frac{ms-s}{r+1},$$

$$nt = mt + \frac{mst-st}{r+1}.$$

Ich behaupte nun, dass dieser für $nt$ gefundene Werth den Exponenten der Potenz angiebt, auf welche man das Binom $(r+s)$ erheben muss, wenn das grösste Glied $M$ in der Entwickelung das Grenzglied $L_n$ mehr $c(s-1)$-mal übertreffen soll. Durch diese Annahme wird nämlich der $m^{\text{te}}$ Bruch in dem obigen Producte gleich $\dfrac{r+1}{r}$ und nach Voraussetzung ist $\dfrac{(r+1)^m}{r^m} \geqq c(s-1)$; [**235**] alle Brüche aber, welche dem

$m^{\text{ten}}$ in dem Producte vorausgehen, sind grösser als $\dfrac{r+1}{r}$ und alle ihm nachfolgenden sind mindestens grösser als 1. Folglich übertrifft das Product aller Glieder sicher $\dfrac{(r+1)^m}{r^m}$ und umsomehr $c(s-1)$, und da dieses Product gleich $\dfrac{M}{L_n}$ ist, so folgt:
$$M > c\,(s-1)\,L_n.$$
Ferner ist, wie oben gezeigt war:
$$\frac{M}{L_n} < \frac{L_1}{L_{n+1}} < \frac{L_2}{L_{n+2}} < \frac{L_3}{L_{n+3}} < \cdots < \frac{L_n}{L_{2n}},$$
folglich ist auch:
$$L_1 > c\,(s-1)\,L_{n+1},$$
$$L_2 > c\,(s-1)\,L_{n+2},$$
$$L_3 > c\,(s-1)\,L_{n+3},$$
$$\cdots \cdots \cdots \cdots$$
$$L_n > c\,(s-1)\,L_{2n},$$
und summirt:
$$L_1+L_2+L_3+\cdots+L_n > c(s-1)[L_{n+1}+L_{n+2}+L_{n+3}+\cdots+L_{2n}].$$

Da aber die Glieder von $M$ an fortwährend abnehmen und da die Anzahl der links von $L_n$ stehenden Glieder nicht mehr als $(s-1)$-mal die Anzahl der Glieder $L_1, L_2, \ldots, L_n$ übertrifft, so folgt weiter, dass
$$L_1+L_2+L_3+\cdots+L_n > c\,[L_{n+1}+L_{n+2}+L_{n+3}+\cdots]$$
ist, wo jetzt in der Klammer der rechten Seite alle links von $L_n$ stehenden Glieder vorkommen.

In gleicher Weise verfahre ich in Bezug auf die rechts von $M$ stehenden Glieder. Ich nehme jetzt das Verhältniss:
$$\frac{s+1}{s} < \frac{rs+r}{rs-s}$$
und finde, indem ich $m$ so bestimme, dass
$$\frac{(s+1)^m}{s^m} \geqq c\,(r-1)$$

Wahrscheinlichkeitsrechnung (Ars conjectandi) 261

ist:
$$m \geqq \frac{\log\left[c\left(r-1\right)\right]}{\log\left(s+1\right)-\log s}.$$

Darauf setze ich in der Reihe der Brüche:

$$\frac{nrs+nr}{nrs-ns+s}, \frac{nrs+nr-r}{nrs-ns+2s}, \frac{nrs+nr-2r}{nrs-ns+3s}, \ldots, \frac{nrs+r}{nrs},$$

welche das Verhältniss $\dfrac{M}{R_n}$ bestimmen, den $m^{\text{ten}}$ Bruch, also

$$\frac{nrs+nr-(m-1)r}{nrs-ns+ms}=\frac{s+1}{s},$$

woraus sich ergiebt:
$$n = m + \frac{mr-r}{s+1}$$
und
$$nt = mt + \frac{mrt-rt}{s+1}.$$

Hierauf wird genau auf dieselbe Art wie vorher gezeigt, dass in dem zu dieser Potenz $nt$ erhobenen Binome $r+s$ das grösste Glied $M$ das rechte Grenzglied $R_n$ mehr als $c\,(r-1)$-mal übertrifft, und weiter dass die Summe aller zwischen $M$ (ausschliesslich) und $R_n$ (einschliesslich) befindlichen Glieder die Summe aller übrigen Glieder, deren Anzahl nur gleich $(r-1)$-mal der Anzahl der ersteren Glieder ist, mehr als $c$-mal übertrifft.

Daher folgere ich schliesslich, dass die Summe aller Glieder zwischen $L_n$ und $R_n$ (einschliesslich) um mehr als $c$-mal grösser ist als die Anzahl aller übrigen Glieder, wenn das Binom $r+s$ zu der Potenz erhoben wird, deren Exponent gleich der grösseren der beiden Zahlen [**236**]

$$mt + \frac{mst-st}{r+1} \text{ und } mt + \frac{mrt-rt}{s+1}$$

ist. Es ist also eine endlich hohe Potenz gefunden, welche die gewünschte Eigenschaft besitzt. W. z. b. w.

Nun folgt endlich der Satz, wegen dessen alle bisherigen Betrachtungen angestellt worden sind und dessen Beweis nur die Anwendung der aufgestellten Hülfssätze erfordert. Um aber lästige Umschreibungen zu vermeiden, nenne ich die Fälle, in

welchen irgend ein Ereigniss eintreten kann, **fruchtbare** oder
**günstige** und die Fälle, in welchen dasselbe Ereigniss nicht
eintreten kann, **unfruchtbare** oder **ungünstige**. Ebenso
nenne ich die Versuche und Beobachtungen **fruchtbare** oder
**günstige**, in welchen einer der günstigen Fälle eintritt, und
**unfruchtbare** oder **ungünstige** jene, in welchen der Eintritt eines der ungünstigen Fälle beobachtet wird.

*Satz.* **Es möge sich die Zahl der günstigen
Fälle zu der Zahl der ungünstigen Fälle genau
oder näherungsweise wie $\frac{r}{s}$, also zu der Zahl aller
Fälle wie $\frac{r}{r+s} = \frac{r}{t}$ — wenn $r+s = t$ gesetzt
wird — verhalten, welches letztere Verhältniss
zwischen den Grenzen $\frac{r+1}{t}$ und $\frac{r-1}{t}$ enthalten
ist. Nun können, wie zu beweisen ist, soviele
Beobachtungen gemacht werden, dass es beliebig
oft (z. B. $c$-mal) wahrscheinlicher wird, dass das
Verhältniss der günstigen zu allen angestellten
Beobachtungen innerhalb dieser Grenzen liegt
als ausserhalb derselben, also weder grösser als
$\frac{r+1}{t}$, noch kleiner als $\frac{r-1}{t}$ ist.**

**Beweis.** Man setze die Anzahl aller anzustellenden Beobachtungen gleich $nt$ und frage, wie gross die Hoffnung dafür
ist, dass alle Beobachtungen, dann alle Beobachtungen bis auf
eine, bis auf zwei, drei, vier, ... günstige sind. Da aber
nach der Voraussetzung bei jeder Beobachtung $t$ Fälle möglich sind, von welchen $r$ günstige und $s$ ungünstige sind, und
da jeder Fall einer Beobachtung mit jedem Falle einer zweiten
Beobachtung combinirt werden kann, die combinirten Fälle
aber wieder mit jedem Falle einer dritten, vierten, ... Beobachtung verbunden werden können, so ist klar ersichtlich, dass
hier die Regel, welche auf die Anmerkung [**237**] zu der Aufgabe XII des ersten Theiles (S. 47, 48) folgt, und deren zweiter
Zusatz zur Anwendung kommen müssen. Darnach findet man,
dass die Hoffnung auf keine ungünstige Beobachtung gleich $\frac{r^{nt}}{t^{nt}}$,
auf eine ungünstige Beobachtung gleich $\binom{nt}{1} \frac{r^{nt-1} s}{t^{nt}}$, auf

zwei, drei, ... ungünstige Beobachtungen bez. gleich
$\binom{nt}{2}\frac{r^{nt-2}s^2}{t^{nt}}$, $\binom{nt}{3}\frac{r^{nt-3}s^3}{t^{nt}}$, ... ist. Es werden also (indem man den gemeinsamen Nenner $t^{nt}$ fortlässt) die Wahrscheinlichkeitsgrade [17]) oder die Zahlen der Fälle, in welchen es sich ereignen kann, dass alle Beobachtungen günstige, dass alle bis auf eine, zwei, drei ... ungünstige Beobachtungen günstige sind, gleich

$$r^{nt}; \binom{nt}{1}r^{nt-1}s, \binom{nt}{2}r^{nt-2}s^2, \binom{nt}{3}r^{nt-3}s^3, \ldots$$

Diese Ausdrücke sind aber gerade die Glieder der $nt^{\text{ten}}$ Potenz des Binoms $r+s$, welche in unseren Hülfssätzen betrachtet worden ist, und deshalb liegt alles Weitere klar zu Tage. Aus der Beschaffenheit dieser Reihenentwickelung ist sofort ersichtlich, dass die Zahl der Fälle, in welchen $nr$ Beobachtungen günstige und die übrigen $ns$ Beobachtungen ungünstige sind, nach Hülfssatz 3 genau gleich dem grössten Gliede $M$ ist, da ihm $ns$ Glieder vorangehen und $nr$ Glieder folgen. Ebenso ist klar, dass die Anzahl der Fälle, in welchen von allen $nt$ Beobachtungen $nr + n$, bez. $nr - n$ günstige und die übrigen ungünstige sind, durch die Glieder $L_n$ und $R_n$ gegeben werden, da diese ja um $n$ Glieder von dem grössten Gliede $M$ nach beiden Seiten hin abstehen. Folglich ist die Anzahl aller Fälle, in denen nicht mehr als $nr + n$ und nicht weniger als $nr - n$ günstige unter allen $nt$ Beobachtungen sind, gleich der Summe aller Glieder der Entwickelung von $(r+s)^{nt}$, welche zwischen $L_n$ und $R_n$ (einschliesslich der Grenzen) liegen. Die Anzahl aller übrigen Fälle, in welchen mehr als $nr + n$ oder weniger als $nr - n$ Beobachtungen günstige sind, ist gleich der Summe aller übrigen Glieder der Potenzentwickelung, welche ausserhalb des Intervalles $L_n$ bis $R_n$ stehen. Da nun der Potenzexponent des Binoms so gross genommen werden kann, dass die Summe der Glieder, welche von den beiden Grenzen $L_n$ und $R_n$ (diese mitgerechnet) eingeschlossen sind, mehr als $c$-mal grösser ist als die Summe aller übrigen Glieder ausserhalb dieser Grenzen (nach Hülfssatz 4 und 5), so folgt: **Es können so viele Beobachtungen angestellt werden, dass die Anzahl der Fälle, in welchen das Verhältniss der günstigen zu allen überhaupt angestellten**

Beobachtungen [238] die Grenzwerthe $\dfrac{nr+n}{nt}$ und $\dfrac{nr-n}{nt}$ oder $\dfrac{r+1}{t}$ und $\dfrac{r-1}{t}$ nicht überschreitet, mehr als $c$-mal grösser ist als die Summe der übrigen Fälle, d. h. dass es mehr als $c$-mal wahrscheinlicher wird, dass das Verhältniss der Anzahl der günstigen zu der Anzahl aller Beobachtungen die Grenzen $\dfrac{r+1}{t}$ und $\dfrac{r-1}{t}$ nicht überschreitet, als dass es sie überschreitet W. z. b. w.

Bei der speciellen Anwendung dieses Satzes auf Zahlen erkennt man leicht, dass, je grössere Zahlen für $r$, $s$ und $t$ genommen werden (wobei jedoch $\dfrac{r}{s}$ denselben Werth behalten muss), um so enger die Grenzen $\dfrac{r+1}{t}$ und $\dfrac{r-1}{t}$ des Verhältnisses $\dfrac{r}{t}$ aneinanderrücken. Wenn also das Verhältniss $\dfrac{r}{s}$ z. B. gleich $\dfrac{3}{2}$ ist, so setze ich nicht $r=3$ und $s=2$, sondern $r=30$ und $s=20$, also $t=r+s=50$ oder $r=300$ und $s=200$, also $t=500$. Im ersteren Falle sind die Grenzen

$$\frac{r+1}{t}=\frac{31}{50} \quad \text{und} \quad \frac{r-1}{t}=\frac{29}{50}.$$

Nehme ich noch $c=1000$, so bestimmen sich $m$ und $nt$ nach der Anmerkung (Seite 101) für die Glieder auf der linken Seite von $M$:

$$m \geqq \frac{\log[c(s-1)]}{\log(r+1)-\log r} = \frac{4{,}2787536}{0{,}0142405} < 301,$$

$$nt = mt + \frac{mst-st}{r+1} < 24728$$

und für die Glieder auf der rechten Seite von $M$:

$$m \geqq \frac{\log[c(r-1)]}{\log(s+1)-\log s} = \frac{4{,}4623980}{0{,}0211893} < 211,$$

$$nt = mt + \frac{mrt-rt}{s+1} = 25550.$$

Daher ist es, nach dem oben bewiesenen Satze, mehr als 1000-mal wahrscheinlicher, dass bei 25550 angestellten Beobachtungen das Verhältniss der günstigen zu allen Beobachtungen innerhalb der Grenzen $\frac{31}{50}$ und $\frac{29}{50}$ (diese einschliesslich) liegt als ausserhalb derselben. Setzt man $c = 10000$ oder $c = 100000$, so findet man auf gleiche Weise, dass 31258 Beobachtungen nothwendig sind, damit es 10000-mal wahrscheinlicher ist, dass das angegebene Verhältniss innerhalb der genannten Grenzen liegt als ausserhalb derselben, [**239**] und dass, damit es 100000-mal wahrscheinlicher wird, 36966 Beobachtungen nöthig sind, und so fort in das Unendliche, indem man immer ein Vielfaches von 5708 Beobachtungen zu 25550 hinzuaddirt.

Wenn also alle Ereignisse durch alle Ewigkeit hindurch fortgesetzt beobachtet würden (wodurch schliesslich die Wahrscheinlichkeit in volle Gewissheit übergehen müsste), so würde man finden, dass Alles in der Welt aus bestimmten Gründen und in bestimmter Gesetzmässigkeit eintritt, dass wir also gezwungen werden, auch bei noch so zufällig erscheinenden Dingen eine gewisse Nothwendigkeit, und sozusagen ein Fatum anzunehmen. Ich weiss nicht, ob hierauf schon *Plato* in seiner Lehre vom allgemeinen Kreislaufe der Dinge [18]) hinzielen wollte, in welcher er behauptet, dass Alles nach Verlauf von unzähligen Jahrhunderten in den ursprünglichen Zustand zurückkehrt.

[1] # Brief an einen Freund
über
# das Ballspiel
(Jeu de Paume)

von

**Jakob Bernoulli.**

---

Sie theilen mir mit, mein Herr, dass Sie eine meiner Schriften, in welcher ich neue Sätze über das Ballspiel aufgestellt habe, zu Gesicht bekamen, und Sie fragen mich, ob diese Sätze sich wirklich streng beweisen lassen, oder ob sie sich nur auf unbewiesene Vermuthungen, welche keinen festen Untergrund haben, stützen; Sie begreifen — nach Ihren eigenen Worten — nicht, dass man die Kräfte der Spieler durch Zahlen messen, und noch weniger, dass man dann alle von mir gezogenen Schlussfolgerungen daraus ableiten kann. Ich werde dadurch veranlasst, Ihnen alle Betrachtungen mitzutheilen, welche ich über diesen Gegenstand angestellt habe und welche nun den Inhalt dieses Briefes bilden sollen; ich schreibe Ihnen den Brief in französischer Sprache, damit Sie in seiner Lectüre nicht durch die Uebersetzungen der unter den Spielern üblichen Kunstausdrücke gestört werden, welche in eine andere Sprache übersetzt weniger verständlich sind. Auch halte ich mich nicht damit auf, Ihnen die Spielregeln auseinanderzusetzen, ebensowenig wie den Grundsatz der Wahrscheinlichkeitsrechnung, welcher meiner Untersuchung zu Grunde liegt, da ich weiss, dass Beides Ihnen wohlbekannt ist [19]). [2] Im Uebrigen aber werde ich auf alle Einzelheiten meines Gegenstandes ausführlich eingehen, ohne von Ihnen den Vorwurf zu befürchten, Sie zu lange von einer Lappalie unterhalten zu haben; denn Sie wissen, dass dieses edle Spiel stets zur Belustigung von vornehmen Leuten gedient hat, und Sie werden bald erkennen, dass es, wenn schon zur Leibesübung nützlich, ganz hervorragend fähig und auch würdig ist, den Geist zu fesseln und das Nachdenken anzuregen.

Dass man in den Glücksspielen genau die Gewinnhoffnungen und Schadenbefürchtungen der Spieler berechnen kann, ist, wie ich vor allen Dingen bemerke, darin begründet, dass man meistens genau die Anzahl der Fälle, welche den Spielern günstig oder ungünstig sind, kennt. Dies ist aber nicht der Fall bei den Spielen, welche ganz oder doch theilweise von der Klugheit, dem Eifer oder der Geschicklichkeit der Spieler abhängen, wie es bei dem Ballspiele, dem Schachspiele und den meisten Kartenspielen der Fall ist. Man kann bei diesen, ohne vollkommene Kenntnis von dem Wesen des Geistes und der Beschaffenheit der Organe des menschlichen Körpers zu haben, nicht die Ursachen oder — wie man sich ausdrückt — nicht *a priori* bestimmen, um wieviel klüger, eifriger und gewandter ein Spieler als ein anderer ist; diese Kenntniss zu erlangen aber ist in Folge der tausend verborgenen Ursachen, welche hier zusammenwirken, völlig unmöglich. Diese Unvollkommenheit unserer Erkenntniss hindert aber nicht, dass man die Zahlen der Fälle fast ebenso genau *a posteriori* ermitteln kann, nämlich durch die Beobachtung des oftmals wiederholten Ereignisses; dasselbe Verfahren kann man auch bei den blossen Glücksspielen anwenden, wenn man die Anzahl der Fälle, welche eintreten können, nicht kennt. Z. B. in einem Säckchen sind eine Menge weisser und schwarzer Zettel enthalten, und es ist mir unbekannt, wieviele von jeder Art es sind; was werde ich thun, um das Verhältniss dieser Zahlen zu ermitteln? Ich werde einen Zettel nach dem andern ziehen in der Weise, dass ich den gezogenen Zettel stets in das Säckchen zurücklege, ehe ich den folgenden ziehe, damit die Gesammtzahl der Zettel im Säckchen nicht kleiner wird. Wenn ich dann hundertmal beobachte, dass ich einen schwarzen Zettel, und zweihundertmal, dass ich einen weissen Zettel ergriffen habe, so werde ich kein Bedenken tragen, hieraus zu schliessen, dass die Anzahl der weissen Zettel annähernd doppelt so gross ist als diejenige der schwarzen. Denn es ist ganz sicher, dass, je mehr ich in dieser Art Beobachtungen anstelle, ich um so mehr hoffen darf, dem wahren Verhältnisse, welches zwischen den Zahlen [3] der weissen und schwarzen Zettel besteht, nahe zu kommen. Man kann nämlich, wie sich sogar völlig streng beweisen lässt, stets soviele Beobachtungen anstellen, dass es schliesslich mit jeder beliebig gegebenen Wahrscheinlichkeit wahrscheinlich und mithin schliesslich moralisch gewiss wird, dass der durch Beobachtungen gefundene Werth des genannten Verhältnisses von dem wahren Werthe nur beliebig wenig abweicht. Auf diese Weise kann man auch bei Spielen, welche von dem Verstande und der Gewandtheit der Spieler abhängen, bestimmen, um wieviel ein Spieler geschickter als ein anderer ist. Ich sehe z. B. zwei Personen Ball spielen und beobachte sie lange Zeit; dabei nehme ich wahr, dass der eine der beiden Spieler 200 oder 300 Schläge gewinnt, während der andere nur 100 gewinnt, und urtheile infolgedessen mit genügender Sicherheit, dass der erstere doppelt oder dreifach so gut als der andere spielt, da er, so zu sagen, zwei oder drei Theile der Geschicklichkeit, als ebensoviele Fälle oder Ursachen, welche ihn den Ball gewinnen lassen, und der letztere nur einen solchen Theil besitzt.

I. Nachdem wir dies vorausgeschickt haben und nun an den eigentlichen Gegenstand herantreten, nehmen wir an, dass zwei gleich gewandte Spieler $A$ und $B$ (d. h. zwei Spieler, welche wir dieselbe Anzahl von Gängen haben gewinnen und verlieren sehen) Einstand oder Beide 30 oder 15 oder noch nichts haben; offenbar hat in diesen Fällen jeder der beiden Spieler die gleiche Hoffnung, die ihm noch fehlenden Gänge und damit das Spiel zu gewinnen, und folglich hat jeder von ihnen die Hoffnung auf die Hälfte des Spieles oder $\frac{1}{2} S$.

Dann nehmen wir an, dass $A$ 30 und $B$ 45 hat oder — was auf dasselbe hinauskommt — dass $B$ im Vortheil ist. Sie erkennen, dass $A$ gleich wahrscheinlich den nächsten Gang gewinnen oder verlieren kann; gewinnt ihn $A$, so zählen beide Spieler Einstand, und jeder von ihnen hat nach dem eben Gesagten die Hoffnung $\frac{1}{2} S$, verliert er ihn aber, so verliert er zugleich auch das ganze Spiel. Folglich hat $A$ nach der Ihnen bekannten Regel die Hoffnung $\dfrac{1 \cdot \frac{1}{2} + 1 \cdot 0}{2} S = \frac{1}{4} S$.

Nehmen wir weiter an, dass $A$ 15 zu 45 hat, so kann er gleich leicht 30 zu 45 und damit die vorher gefundene

Hoffnung $\frac{1}{4}$ $S$ erreichen oder das Spiel verlieren (je nachdem er den nächsten Gang gewinnt oder verliert). Folglich hat $A$ die Hoffnung $\dfrac{1 \cdot \frac{1}{4} + 1 \cdot 0}{2} S = \frac{1}{8} S$.

Wenn $A$ 15 zu 30 hat, so kann er entweder ebenfalls 30 oder 15 zu 45 erhalten; im ersteren Falle kommt er zu der Hoffnung $\frac{1}{2} S$, im letzteren zu der Hoffnung $\frac{1}{8} S$. Folglich ist seine Hoffnung gleich $\dfrac{1 \cdot \frac{1}{2} + 1 \cdot \frac{1}{8}}{2} S = \frac{5}{16} S$.

[4] In gleicher Weise findet man für die anderen möglichen Annahmen die Hoffnungen des $A$, wie sie in der folgenden Tafel sich verzeichnet finden; aus ihnen kann man leicht die Hoffnungen des $B$ finden, da sie jene zu 1 ergänzen müssen.

*Tafel I.*

| Punkte des | | Hoffnung des |
|---|---|---|
| $A$ | $B$ | $A$ |
| 45 | 45 | $\frac{1}{2} S$ |
| 30 | 45 | $\frac{1}{4} S$ |
| 15 | 45 | $\frac{1}{8} S$ |
| 0 | 45 | $\frac{1}{16} S$ |
| 30 | 30 | $\frac{1}{2} S$ |
| 15 | 30 | $\frac{5}{16} S$ |
| 0 | 30 | $\frac{3}{16} S$ |
| 15 | 15 | $\frac{1}{2} S$ |
| 0 | 15 | $\frac{11}{32} S$ |
| 0 | 0 | $\frac{1}{2} S$ |

II. Ebenso ist klar, dass, wenn man Spieleinstand zählt, jeder der beiden Spieler in gleichem Grade hoffen kann, die ganze Partie zu gewinnen, indem er zwei Spiele hintereinander gewinnt. Folglich hat jeder Spieler die Hoffnung auf eine halbe Partie oder $\frac{1}{2} P$.

Wenn aber — es mag die Partie auf vier von einem Spieler gewonnene Spiele gehen — $A$ 2 und $B$ 3 Spiele gewonnen und letzterer mithin den Vortheil für sich oder Spielvor hat, so ist es gleich wahrscheinlich, dass das nächste Spiel beiden Spielern wieder Spieleinstand verschafft oder

dass es $A$ die Partie verlieren lässt, je nachdem er dieses Spiel gewinnt oder verliert. Folglich hat $A$ die Hoffnung
$$\frac{1 \cdot \tfrac{1}{2} + 1 \cdot 0}{2} P = \tfrac{1}{4} P.$$

Ebenso findet man, dass $A$ die Hoffnung $\tfrac{1}{8} P$ hat, wenn ihm noch 3 Spiele, um die Partie zu gewinnen, fehlen, während $B$ nur noch ein Spiel zu gewinnen braucht; u. s. w. Die nachfolgende Tafel II giebt die Hoffnungen des $A$ in Bezug auf die ganze Partie für alle möglichen Annahmen an, und Sie sehen aus derselben, dass die hier für die Hoffnungen des $A$ gefundenen Zahlen mit denen der ersten Tafel übereinstimmen, wie es auch der Fall sein muss, da die vier Gänge eines Spieles für dasselbe ebensoviel bedeuten, als die vier Spiele für die ganze Partie.

## Tafel II.

| Spiele des | | Hoffnung des |
|:---:|:---:|:---:|
| $A$ | $B$ | $A$ |
| 3 | 3 | $\tfrac{1}{2} P$ |
| 2 | 3 | $\tfrac{1}{4} P$ |
| 1 | 3 | $\tfrac{1}{8} P$ |
| 0 | 3 | $\tfrac{1}{16} P$ |
| 2 | 2 | $\tfrac{1}{2} P$ |
| 1 | 2 | $\tfrac{5}{16} P$ |
| 0 | 2 | $\tfrac{3}{16} P$ |
| 1 | 1 | $\tfrac{1}{2} P$ |
| 0 | 1 | $\tfrac{11}{32} P$ |
| 0 | 0 | $\tfrac{1}{2} P$ |

III. Ferner betrachten wir die beiden Spieler, wenn sie Spieleinstand zählen und ausserdem $A$ 30 und $B$ 45 hat. Wenn $A$ den nächsten Gang gewinnt, so haben beide Spieler wieder Einstand und also auch [6] gleiche Hoffnung; verliert $A$ aber diesen Ball, so erhält $B$ Spiel-vor, in welchem Falle $A$ die Hoffnung $\tfrac{1}{4} P$ hatte. Es hat also $A$ jetzt im Ganzen die Hoffnung: $\dfrac{1 \cdot \tfrac{1}{2} + 1 \cdot \tfrac{1}{4}}{2} P = \tfrac{3}{8} P$, die Partie zu gewinnen.

Nehmen wir weiter an, dass $A$ zwei Spiele (oder ein Spiel), $B$ drei Spiele gewonnen hat und beide entweder Einstand oder 30 oder 15 zählen, so ist klar, dass jeder gleich leicht das nächste Spiel gewinnen kann. Die Hoffnungen beider Spieler sind also dieselben, als wenn sie nur ihre vollen Spiele und noch keine Punkte darüber hinaus gewonnen hätten. Daher hat $A$ die im vorigen Paragraphen gefundene Hoffnung, nämlich $\frac{1}{4} P$ (oder $\frac{1}{8} P$).

Wenn $A$ 2 gegen 3 Spiele und 30 gegen 45 gewonnen hat, so kann er gleich leicht 45 erlangen oder das Spiel und mit ihm die ganze Partie verlieren, je nachdem er den nächsten Gang gewinnt oder verliert. Folglich ist der Werth seiner Hoffnung gleich $\dfrac{1 \cdot \frac{1}{4} + 1 \cdot 0}{2} P = \frac{1}{8} P$.

Wenn $A$ 2 gegen 3 Spiele gewonnen hat und das neue Spiel 15 zu 45 steht, so kann ihm der nächste Gang entweder 30 zu 45 bringen oder ihn das Spiel und zugleich die Partie verlieren lassen. Seine Hoffnung hat also den Werth $\dfrac{1 \cdot \frac{1}{8} + 1 \cdot 0}{2} P = \frac{1}{16} P$.

Auf diese Weise fortfahrend habe ich die folgende Tafel III berechnet, welche die Hoffnungen des $A$ für alle bei zwei Spielern möglichen Fälle enthält, wenn jeder von beiden ausser seinen vollen Spielen noch eine gewisse Anzahl Punkte gewonnen hat. In der letzten Zeile umfasst diese umstehende Tafel die ganze Tafel II.

Wenn Sie sich die Mühe nehmen, diese Tafel genauer zu betrachten, so können Sie mehrere bemerkenswerthe Beobachtungen machen. Sie sehen z. B., dass 15 zu 30, wenn die Spieler Spieleinstand zählen, ebensoviel werth ist als 30 zu 0 bei 2 zu 3 Spielen oder 45 zu 30 bei 1 zu 2 Spielen oder schliesslich 30 zu 45 bei einem zu einem Spiele; dass 1 zu 2 Spielen mit 45 zu 15 für $A$ ein wenig günstiger ist als wenn jeder der beiden Spieler noch kein volles Spiel und $A$ 0 und $B$ 15 hätte, da zwischen den Hoffnungen, welche diesen beiden Annahmen entsprechen, die Differenz $\frac{1}{512}$ besteht; u. s. w.

272  Jakob Bernoulli.

**Tafel III.**

| Spiele des A / Spiele des B | 3 oder 2 / 3 oder 2 | 2 / 3 | 1 / 3 | 0 / 3 | 1 / 2 | 0 / 2 | 1 / 1 | 0 / 1 | 0 / 0 |
|---|---|---|---|---|---|---|---|---|---|
| **Punkte des** A / B | | | | | | | | | |
| 45 / 45 | 1 : 2<br>3 : 8<br>5 : 16<br>9 : 32 | 1 : 4<br>1 : 8<br>1 : 16<br>1 : 32 | | 3 : 16<br>1 : 8<br>3 : 32<br>5 : 64 | | 1 : 16<br>3 : 32<br>5 : 64<br>9 : 128 | 1 : 32<br>3 : 64<br>5 : 128<br>9 : 256 | 11 : 32<br>17 : 64<br>29 : 128<br>53 : 256 | 1 : 2<br>27 : 64<br>49 : 128<br>93 : 256 |
| 30 / 30 | 5 : 8<br>1 : 2<br>13 : 32<br>11 : 32 | 3 : 8<br>1 : 2<br>5 : 32<br>3 : 32 | 7 : 16<br>11 : 32<br>1 : 4<br>1 : 8 | 3 : 8<br>1 : 16<br>5 : 128<br>3 : 128 | 13 : 32<br>5 : 16<br>31 : 128<br>25 : 128 | 3 : 32<br>1 : 16<br>9 : 128<br>7 : 64 | 19 : 32<br>1 : 2<br>55 : 128<br>49 : 128 | 27 : 64<br>11 : 32<br>73 : 256<br>63 : 256 | 37 : 64<br>1 : 2<br>113 : 256<br>103 : 256 |
| 15 / 15 | 11 : 16<br>19 : 32<br>1 : 2<br>27 : 64 | 11 : 16<br>13 : 32<br>1 : 4<br>11 : 64 | 15 : 32<br>13 : 64<br>21 : 128<br>1 : 4 | 7 : 32<br>11 : 128<br>1 : 16<br>1 : 32 | 29 : 64<br>49 : 128<br>5 : 16<br>65 : 256 | 9 : 32<br>15 : 64<br>3 : 16<br>19 : 128 | 41 : 64<br>73 : 128<br>1 : 2<br>113 : 256 | 59 : 128<br>103 : 256<br>11 : 32<br>151 : 512 | 79 : 128<br>143 : 256<br>1 : 2<br>231 : 512 |
| 0 / 0 | 23 : 32<br>21 : 32<br>37 : 64<br>1 : 2 | 23 : 32<br>13 : 32<br>21 : 64<br>1 : 4 | 15 : 32<br>13 : 32<br>21 : 64<br>1 : 4 | 15 : 128<br>13 : 128<br>21 : 256<br>1 : 16 | 61 : 128<br>55 : 128<br>95 : 256<br>5 : 16 | 19 : 32<br>17 : 64<br>29 : 128<br>3 : 32 | 85 : 128<br>79 : 128<br>143 : 256<br>1 : 2 | 123 : 256<br>113 : 256<br>201 : 512<br>11 : 32 | 163 : 256<br>153 : 256<br>281 : 512<br>1 : 2 |

# Wahrscheinlichkeitsrechnung (Ars conjectandi) 273

IV. Jetzt sollen die Hoffnungen der Spieler für den Fall gefunden werden, dass beide nicht die gleiche Kunstfertigkeit besitzen. Um die Rechnung abzukürzen, nehmen wir sofort allgemein an, dass man den gewandteren Spieler $A$ habe $n$ Gänge gewinnen sehen, während $B$ in dieser Zeit nur einen einzigen gewann; [7] dann bezeichnet also $\frac{n}{1}$ das Verhältniss, welches zwischen den Kunstfertigkeiten der beiden Spieler besteht.

Wir nehmen zunächst an, dass die Spieler Einstand zählen und wir ihre Hoffnungen finden wollen. Würde ein Gang ausreichen, um einen von beiden das Spiel gewinnen zu lassen, so wären ihre Hoffnungen schon gefunden, da sie sich ebenso zu einander verhalten würden, wie ihre Fertigkeiten, also wie $n$ zu $1$. Weil aber die Spielregeln verlangen, dass ein Spieler zwei Gänge hintereinander gewinnen muss, um das Spiel zu gewinnen, so ist das gesuchte Verhältniss der Hoffnungen von $\frac{n}{1}$ verschieden und muss mit Hülfe der Analysis berechnet werden. Wir bezeichnen die gesuchte Hoffnung des $A$ mit $x$ und beachten, dass der erste Gang einen von beiden Spielern in den Vortheil bringen muss, während der zweite Gang beiden wieder Einstand geben und somit dem $A$ seine ursprüngliche Hoffnung $x$ zurückgeben kann. Was tritt nun ein, wenn einer von beiden Spielern den Vortheil für sich erhält? Ist $A$, welcher der $n$-mal geschicktere der beiden Spieler ist, in den Vortheil gekommen, so hat er $n$ Wahrscheinlichkeiten für sich, das Spiel zu gewinnen, und eine Wahrscheinlichkeit, wieder die Hoffnung $x$ zu bekommen, je nachdem er den zweiten Gang gewinnt oder verliert. Folglich ist seine Hoffnung in diesem Falle gleich $\frac{n \cdot 1 + 1 \cdot x}{n+1} = \frac{n+x}{n+1}$. Wenn aber $B$ durch den ersten Gang in den Vortheil gekommen ist, so sind $n$ Wahrscheinlichkeiten für $A$ vorhanden, durch den nächsten Gang wieder Einstand und also $x$ zu erhalten, und eine Wahrscheinlichkeit, das Spiel zu verlieren; daher ist in diesem Falle die Hoffnung des $A$ gleich $\frac{n \cdot x + 1 \cdot 0}{n+1} = \frac{nx}{n+1}$. Ursprünglich nun, wo beide Spieler gleich stehen, hat $A$, welcher $n$-mal mehr Wahrscheinlichkeit hat, den Vortheil zu erhalten, als ihn nicht zu bekommen, die Hoffnung:

$$\frac{n \cdot \dfrac{n+x}{n+1} + 1 \cdot \dfrac{nx}{n+1}}{n+1} = \frac{n^2 + 2nx}{n^2 + 2n + 1},$$

und da seine ursprüngliche Hoffnung gleich $x$ gesetzt wurde, so ist

$$x = \frac{n^2 + 2nx}{n^2 + 2n + 1},$$

woraus folgt:

$$x = \frac{n^2}{n^2 + 1}.$$

Für $B$ bleibt also die Hoffnung $\dfrac{1}{n^2+1}$ übrig, sodass sich die Hoffnungen beider Spieler wie $n^2$ zu 1 verhalten, d. h. das Verhältniss ihrer Hoffnungen gleich dem Quadrate des Verhältnisses ihrer Kunstfertigkeiten ist.

Nachdem man diese Hoffnungen berechnet hat, kann man nacheinander für alle Annahmen, welche in den vorhergehenden Paragraphen gemacht worden sind, die Untersuchung durchführen, wobei man nur stets zu beachten hat, dass $A$ jeden Gang $n$-mal wahrscheinlicher gewinnt als verliert. [8] Es habe z. B. $A$ 30 und $B$ 45: Dann giebt es $n$ Fälle, welche das Spiel wieder auf Einstand bringen, und einen Fall, welcher $A$ verlieren lässt; folglich hat $A$ die Hoffnung

$$\frac{n \cdot \dfrac{n^2}{n^2+1} + 1 \cdot 0}{n+1} = \frac{n^3}{(n^2+1)(n+1)}.$$

Steht für $A$ das Spiel 15 zu 45, so hat er $n$ Fälle, welche ihm 30 zu 45 ergeben, und einen Fall, welcher ihn das Spiel verlieren lässt; folglich ist seine Hoffnung gleich

$$\frac{n \cdot \dfrac{n^3}{(n^2+1)(n+1)} + 1 \cdot 0}{n+1} = \frac{n^4}{(n^2+1)(n+1)^2}.$$

Auf gleiche Weise findet man den Werth von $A$'s Hoffnung, wenn er 0 und $B$ 45 hat. Haben beide Spieler 30, so haben sie dieselben Hoffnungen, als wenn sie Einstand erreicht haben, da jeder von ihnen, um das Spiel zu gewinnen, zwei Gänge hintereinander gewinnen muss. Dann bestimmt man ferner die Hoffnungen, wenn $A$ 15 oder 0 und $B$ 30, $A$ 45 und $B$ 30, 15 oder 0, $A$ 30 und $B$ 15 oder 0, $A$ 15 und $B$ 15, $A$ 0 und $B$ 15, $A$ 15 und $B$ 0 und schliesslich beide 0 haben. Die folgende Tafel IV enthält für alle diese Annahmen $A$'s Hoffnungen in Bezug auf jedes einzelne Spiel für ein beliebiges Verhältniss $n$ zwischen den Kunstfertigkeiten der Spieler[20]).

## Tafel IV.

| Punkte des $A$ | $B$ | Hoffnungen des $A$ |
|---|---|---|
| 45 | 45 | $\dfrac{n^2}{n^2+1}$ |
| 30 | 45 | $\dfrac{n^3}{(n+1)(n^2+1)}$ |
| 15 | 45 | $\dfrac{n^4}{(n+1)^2(n^2+1)}$ |
| 0 | 45 | $\dfrac{n^5}{(n+1)^3(n^2+1)}$ |
| 45 | 30 | $\dfrac{n(n^2+n+1)}{(n+1)(n^2+1)}$ |
| 30 | 30 | $\dfrac{n^2(n^2+2n+1)}{(n+1)^2(n^2+1)} = \dfrac{n^2}{n^2+1}$ |
| 15 | 30 | $\dfrac{n^3(n^2+3n+1)}{(n+1)^3(n^2+1)}$ |
| 0 | 30 | $\dfrac{n^4(n^2+4n+1)}{(n+1)^4(n^2+1)}$ |
| 45 | 15 | $\dfrac{n(n^3+2n^2+2n+2)}{(n+1)^2(n^2+1)}$ |
| 30 | 15 | $\dfrac{n^2(n^3+3n^2+4n+3)}{(n+1)^3(n^2+1)}$ |
| 15 | 15 | $\dfrac{n^3(n^3+4n^2+7n+4)}{(n+1)^4(n^2+1)} = \dfrac{n^3(n^2+3n+4)}{(n+1)^3(n^2+1)}$ |
| 0 | 15 | $\dfrac{n^4(n^3+5n^2+11n+5)}{(n+1)^5(n^2+1)}$ |
| 45 | 0 | $\dfrac{n(n^4+3n^3+4n^2+4n+3)}{(n+1)^3(n^2+1)}$ |
| 30 | 0 | $\dfrac{n^2(n^4+4n^3+7n^2+8n+6)}{(n+1)^4(n^2+1)}$ |
| 15 | 0 | $\dfrac{n^3(n^4+5n^3+11n^2+15n+10)}{(n+1)^5(n^2+1)}$ |
| 0 | 0 | $\dfrac{n^4(n^4+6n^3+16n^2+26n+15)}{(n+1)^6(n^2+1)} = \dfrac{n^4(n^3+5n^2+11n+15)}{(n+1)^6(n^2+1)}$ |

[9] V. Wie Sie richtig erkennen, muss aus der vorstehenden Tafel die Tafel I für zwei Spieler von gleicher Kunstfertigkeit wieder entstehen, wenn man $n=1$ setzt. Für $n = 2, 3, 4, \ldots$ liefert die Tafel IV die Hoffnungen zweier Spieler, von welchen der eine zwei-, drei-, viermal ... geschickter ist als der andere. Ist $A$ z. B. zweimal geschickter als $B$, so finden Sie für seine Hoffnungen die Werthe: $\frac{4}{5}S$, wenn Beide Einstand zählen, und $\frac{8}{15}S$, wenn $A$ 30 und $B$ 45 hat; in diesen beiden Fällen bleiben mithin für $B$ die Hoffnungen $\frac{1}{5}S$ und $\frac{7}{15}S$ übrig, sodass sich die Hoffnungen der beiden Spieler verhalten wie 4 zu 1, bez. wie 8 zu 7. Die Tafel V giebt die Verhältnisse der Hoffnungen beider Spieler für jeden Stand eines Spieles und für $n = 2$, 3, 4.

[10] *Tafel V.*

| Punkte des | | Verhältniss ihrer Hoffnungen, wenn $A$ kunstfertiger ist als $B$ und zwar | | |
|---|---|---|---|---|
| $A$ | $B$ | zweimal | dreimal | viermal |
| 45 | 45 | 4 : 1 | 9 : 1 | 16 : 1 |
| 30 | 45 | 8 : 7 | 27 : 13 | 64 : 21 |
| 15 | 45 | 16 : 29 | 81 : 79 | 256 : 169 |
| 0 | 45 | 32 : 103 | 243 : 397 | 1024 : 1101 |
| 45 | 30 | 14 : 1 | 39 : 1 | 84 : 1 |
| 30 | 30 | 4 : 1 | 9 : 1 | 16 : 1 |
| 15 | 30 | 88 : 47 | 513 : 127 | 1856 : 269 |
| 0 | 30 | 208 : 197 | 891 : 389 | 8448 : 2177 |
| 45 | 15 | 44 : 1 | 159 : 1 | 424 : 1 |
| 30 | 15 | 124 : 11 | 621 : 19 | 2096 : 29 |
| 15 | 15 | 112 : 23 | 297 : 23 | 2048 : 77 |
| 0 | 15 | 176 : 67 | 891 : 133 | 49408 : 3717 |
| 45 | 0 | 134 : 1 | 639 : 1 | 2124 : 1 |
| 30 | 0 | 392 : 13 | 1269 : 11 | 10592 : 33 |
| 15 | 0 | 224 : 19 | 999 : 25 | 52608 : 517 |
| 0 | 0 | 208 : 35 | 243 : 13 | 51968 : 1157 |

Sie beachten jedoch, dass die beiden letzten Tafeln nur die Hoffnungen in Bezug auf jedes einzelne Spiel angeben. Es würde nun noch eine Tafel aufzustellen sein, welche die Hoffnungen der Spieler in Bezug auf die ganze Partie enthält, wenn $A$

## Wahrscheinlichkeitsrechnung (Ars conjectandi) 277

und $B$ auf mehrere Spiele spielen, von welchen sie einige und ausserdem noch eine bestimmte Anzahl Punkte bereits gewonnen haben; diese Tafel würde der Tafel III entsprechen, welche die Hoffnungen zweier gleich tüchtigen Spieler angiebt. Weil aber die Fortführung der Untersuchung in Buchstaben äusserst mühsam werden und eine gewaltige Rechnung erfordern würde, so begnüge ich mich an einem speciellen Beispiele zu zeigen, wie man verfahren muss, um auf abgekürztem Wege die gesuchten Hoffnungen zu finden.

Angenommen, die Partie gehe auf 4 Spiele, $A$ habe ein Spiel und noch 15, $B$ aber zwei Spiele und 45 gewonnen und $A$ habe die doppelte Spielfertigkeit wie $B$; welche Hoffnungen, die Partie zu gewinnen, haben die beiden Spieler? Zunächst bemerke ich, dass die Hoffnungen, welche die beiden Spieler bei Beginn eines Spieles haben, dasselbe zu gewinnen, sich verhalten (nach Tafel V) wie $208 : 35 = \frac{208}{35} : 1$; es kann also der Spieler, welcher zweimal geschickter als der andere ist, $\frac{208}{35}$- (d. i. fast 6-)mal leichter dieses Spiel gewinnen als der andere. Ferner beachte ich, dass nach Beendigung des gerade im Gange befindlichen Spieles [11] entweder $A$ 2 und $B$ 2 oder $A$ 1 und $B$ 3 Spiele zählt (je nachdem $A$ oder $B$ es gewonnen hat), und also entweder beiden Spielern noch je 2 Spiele oder $A$ 3 Spiele und $B$ ein Spiel fehlen. Nun ist aber klar, dass die Hoffnungen der Spieler, die noch fehlenden Spiele und damit die Partie zu gewinnen, dieselben sind, welche sie haben, ein einzelnes Spiel zu gewinnen, wenn ihnen noch ebensoviele Gänge fehlen, (d. h. wenn sie entweder 30 zu 30 oder 15 zu 45 Punkte haben), wobei allerdings angenommen ist, dass der geschicktere Spieler $A$ ebensovielmals leichter als $B$ ein ganzes Spiel gewinnen könne, als er einen einzelnen Gang gegen $B$ gewinnen kann, welches Verhältniss mit $n$ bezeichnet worden war. In Wirklichkeit kann $A$ aber, wie ich angegeben habe, $\frac{208}{35}$-mal leichter als $B$ ein ganzes Spiel gewinnen, und folglich ist dieser Werth an Stelle von $n$ in die Ausdrücke:

$$\frac{n^2}{n^2 + 1} \quad \text{und} \quad \frac{n^4}{(n + 1)^2 (n^2 + 1)},$$

welche (nach Tafel IV) $A$'s Hoffnungen angeben, wenn er 30 zu 30, bez. 15 zu 45 hat, einzusetzen, um seine Hoffnungen zu erhalten, wenn $A$ gegen $B$ 2 gegen 2 oder 1 gegen

3 Spiele gewonnen hat; man erhält so die Hoffnungen: $\frac{43264}{44489}\,P$ und $\frac{1871773696}{2627030961}\,P$. Es war aber angenommen, dass $A$ gegen $B$ in dem gerade im Gange befindlichen Spiele 15 gegen 45 zählt; bei diesem Stande des Spiels aber hat $A$ (nach Tafel V) 16 Fälle, in welchen er das Spiel gewinnt, und 29 Fälle, in welchen er es verliert. Folglich hat $A$ 16 Fälle, um 2 gegen 2 Spiele, und 29 Fälle, um 1 Spiel gegen 3 Spiele zu erlangen, und hieraus ergiebt sich für seine Hoffnung der Werth:

$$\frac{16\cdot\frac{43264}{44489}+29\cdot\frac{1871773696}{2627030961}}{45}P=\frac{19031314432}{23643278649}P.$$

Für $B$'s Hoffnung bleibt mithin der Werth: $\frac{4611964217}{23643278649}\,P$. Es verhalten sich also die Hoffnungen beider Spieler zu einander wie 19031314432 zu 4611964217, welches Verhältniss ein wenig grösser als 4:1 ist. Aber ich will weiter gehen.

VI. Ist das Verhältniss der Spielfertigkeiten der beiden Spieler bekannt, so kann man berechnen, wieviel der eine Spieler dem andern vorgeben muss, damit beide gleiche Gewinnhoffnungen in jedem einzelnen Spiele haben.

Man braucht nur einen Blick auf die Tafel V zu thun und nachzusehen, an welchen Stellen das Verhältniss der Hoffnungen von $A$ und $B$ den der Einheit am nächsten kommenden Werth hat. Ist z. B. $A$ zweimal geschickter als $B$, so sind die Hoffnungen beider Spieler am wenigsten von einander verschieden, wenn $A$ 0 und $B$ 30 hat, sodass also $A$ dem $B$ 30 vorgeben kann und dabei noch ein wenig im Vortheil bleibt, da seine Hoffnung, das Spiel zu gewinnen, ein wenig grösser als die des $B$ ist. Wenn aber $A$ ein dreimal geschickterer Spieler als $B$ ist und ihm 45 vorgiebt, so hat $B$ offenbar einen merklichen Vortheil voraus; giebt $A$ dem $B$ aber nur 30 vor, so behält er für sich einen weit grösseren Vortheil voraus; [12] wenn aber für Beide das Spiel möglichst gerecht sein soll, so muss $A$ dem $B$ 45 vorgeben und für sich 15 zählen. Ist aber $A$ viermal geschickter im Ballspielen als $B$, so kann er $B$ 45 vorgeben, wobei $B$ ein klein wenig im Vortheile ist. Wenn $A$ endlich fünfmal dem $B$ überlegen ist, so kann er ihm 45 vorgeben und behält für sich noch einen beträchtlichen Vortheil voraus, da sich seine Hoffnung zu der des $B$ wie 3125 zu 2491 verhält; und so fort.

VII. Es fragt sich nun umgekehrt, um wieviel $A$ dem $B$ an Spielfertigkeit überlegen sein muss, um ihm 45, 30 oder 15 vorgeben zu können.

Um diese Frage zu beantworten, muss man beachten, dass $A$ dem $B$, um das Spiel gerecht werden zu lassen, soviel vorgeben muss, als nöthig ist, jedem von Beiden die Hoffnung $\frac{1}{2}$ zu geben. Man wird also aus der Tafel IV die Werthe entnehmen, welche $A$'s Hoffnungen angeben, wenn er 0 und $B$ 45, 30 oder 15 hat, und diese gleich $\frac{1}{2}$ setzen, was die drei Gleichungen liefert:

$$\frac{n^5}{n^5 + 3n^4 + 4n^3 + 4n^2 + 3n + 1} = \frac{1}{2},$$

$$\frac{n^6 + 4n^5 + n^4}{n^6 + 4n^5 + 7n^4 + 8n^3 + 7n^2 + 4n + 1} = \frac{1}{2},$$

$$\frac{n^7 + 5n^6 + 11n^5 + 5n^4}{n^7 + 5n^6 + 11n^5 + 15n^4 + 15n^3 + 11n^2 + 5n + 1} = \frac{1}{2},$$

oder

$$n^5 - 3n^4 - 4n^3 - 4n^2 - 3n - 1 = 0,$$
$$n^6 + 4n^5 - 5n^4 - 8n^3 - 7n^2 - 4n - 1 = 0,$$
$$n^7 + 5n^6 + 11n^5 - 5n^4 - 15n^3 - 11n^2 - 5n - 1 = 0.$$

Weil die Wurzeln dieser drei Gleichungen, welche den Werth von $n$ bestimmen, irrationale Zahlen sind, so folgt, dass die Fertigkeiten der Spieler, von denen der eine dem andern eine gewisse Anzahl Punkte vorausgiebt, unter sich incommensurabel sind. Die Wurzel der ersten Gleichung ist 4,216 (oder ungefähr $4\frac{1}{5}$), der zweiten Gleichung 1,946 (oder ungefähr $1\frac{9}{10}$) und der dritten Gleichung 1,313 (oder ungefähr $1\frac{3}{10}$); es muss also derjenige Spieler, welcher seinem Gegner 45 vorgeben kann, $4\frac{1}{5}$-mal geschickter als dieser sein; will er ihm aber 30 oder 15 vorgeben, so muss er $1\frac{9}{10}$ bez. $1\frac{3}{10}$-mal geschickter als dieser sein, [13] d. h. er muss im ersten Falle 42, im zweiten 19 und im dritten 13 Gänge gewinnen, während sein Gegner 10 Gänge gewinnt.

Wenn $A$ dem $B$ aber soviel bei jedem Spiele vorgiebt, als nöthig ist, um das Spiel für Beide gleich zu machen, so ist es gleichgültig, ob sie auf ein Spiel, auf zwei, drei oder beliebig viele Spiele spielen. Denn es ist dann ebenso wahrscheinlich, dass $A$ ein Spiel gewinnt, als dass er es verliert; dass er zwei Spiele hintereinander gewinnt, als dass er sie verliert, wenn die Partie auf zwei Spiele gespielt wird; dass er drei Spiele gewinnt, als dass er sie verliert, wenn die Partie auf drei Spiele gespielt wird; und so fort.

VIII. Wieviel mehr Spielfertigkeit als $B$ muss $A$ besitzen, wenn er ihm ein halb funfzehn oder ein halb dreissig oder ein halb fünfundvierzig vorgeben will[21]).

Angenommen, $A$ gebe dem $B$ ein halb fünfundvierzig vor, die Partie werde auf zwei Spiele gespielt und $B$ nehme im ersten Spiele 30, im zweiten 45 voraus; falls die Partie wieder auf gleiches Spiel kommt, so nehme $B$ von neuem zuerst 30 und dann 45 voraus und in dieser Weise abwechselnd fort. Ferner verhalte sich $B$'s Hoffnung, das Spiel zu gewinnen, zu der des $A$ wie $b$ zu $a$, wenn $B$ 30, und wie $d$ zu $c$, wenn $B$ 45 vorausgenommen hat. Die Gewinnhoffnung des $A$ bei Beginn der Partie sei gleich $z$. Was tritt ein, wenn $B$ das erste Spiel gewonnen hat? Dann nimmt $B$ 45 voraus, und es hätte $A$ nach der Voraussetzung $c$ Wahrscheinlichkeiten, das zweite Spiel zu gewinnen, gegenüber $d$ Wahrscheinlichkeiten, es zu verlieren. Gewinnt es $A$, so sind die Hoffnungen beider Spieler wieder dieselben, wie bei Beginn der Partie; verliert es $A$ aber, so verliert er zugleich die ganze Partie. Folglich hat in diesem Falle $A$ die Hoffnung $\dfrac{c \cdot z + d \cdot 0}{c + d} = \dfrac{cz}{c+d}$.

Hat aber $A$ das erste Spiel gewonnen, so nimmt $B$ dann 45 voraus und $A$ hat $c$ Wahrscheinlichkeiten, das Spiel und mit ihm die Partie zu gewinnen, und $d$ Wahrscheinlichkeiten, es zu verlieren und seine ursprüngliche Hoffnung $z$ zurückzuerhalten. Mithin hat dann seine Hoffnung den Werth $\dfrac{c \cdot P + d \cdot z}{c + d}$.

Bei Beginn der Partie, wo $B$ zunächst 30 vorausnimmt, hat $A$ für sich $a$ Wahrscheinlichkeiten, in den Vortheil zu kommen und damit die zuletzt berechnete Hoffnung $\dfrac{cP + dz}{c + d}$

zu erlangen, und $b$ Wahrscheinlichkeiten, $B$ in den Vortheil kommen zu sehen und selbst die Hoffnung $\dfrac{cz}{c+d}$ zu bekommen. Folglich ist seine Hoffnung $z$ bei Beginn der Partie:

[14]
$$z = \frac{a\dfrac{cP+dz}{c+d} + b\dfrac{cz}{c+d}}{a+b}$$

$$= \frac{acP + (ad+bc)z}{(a+b)(c+d)},$$

woraus
$$z = \frac{ac}{ac+bd}P$$

folgt. Da nun vorausgesetzt war, dass die Partie mit 0 zu 45 für beide Spieler gleiche Gewinnaussichten darbietet, also jeder von ihnen im Anfange die Hoffnung $\frac{1}{2}P$ hat, so muss

$$\tfrac{1}{2}P = \frac{ac}{ac+bd}P$$

sein, woraus folgt:

$$ac = bd \text{ oder } a:b = d:c.$$

Es ergiebt sich also, dass die Partie gerecht ist, wenn die vier Grössen $a$, $b$, $d$, $c$ zu einander in Proportion stehen, d. h. die Hoffnung des geschickteren Spielers, das Spiel zu gewinnen, wenn sein Gegner 30 voraus hat, zu seiner Hoffnung in diesem Spiele sich verhält, wie des Gegners Hoffnung, wenn er 45 voraus hat, zu seiner eignen in dem zweiten Spiele, oder auch wenn es zwei-, drei-, viermal, ... wahrscheinlicher ist, dass der schwächere Spieler das Spiel verliert, wenn er nur 30 voraus hat, und wenn es im Gegentheil ebensovielmal wahrscheinlicher ist, dass er das Spiel gewinnt, wenn er 45 voraus hat.

Es verdient hervorgehoben zu werden, dass es ganz gleichgültig ist, ob $B$ beim ersten Spiele 30 und beim zweiten 45 oder ob er umgekehrt beim ersten Spiele 45 und beim zweiten 30 vorausnimmt. Denn mit Hülfe einer der obigen ganz ähnlichen Rechnung finde ich:

$$z = \frac{c\,\dfrac{aP+bz}{a+b} + d\,\dfrac{az}{a+b}}{a+b}$$
$$= \frac{acP + (bc+ad)z}{(a+b)(c+d)},$$

also schliesslich wiederum:

$$z = \frac{ac}{ac+bd}P,$$

wie vorher. Folglich sind diejenigen im Irrthum, welche sich einbilden, dass es vortheilhaft ist, beim ersten Spiele die geringere und erst beim zweiten die grössere Anzahl der vorgegebenen Punkte zu nehmen.

Weil dieselbe Rechnung stets gültig bleibt, welche Werthe auch die Verhältnisse $a:b$ und $c:d$ haben mögen, so folgt daraus, dass dieselbe Beziehung

$$a:b = d:c$$

auch bestehen muss, wenn bei einer Partie ein halb dreissig oder ein halb fünfzehn vorgegeben wird. Die Partie ist immer gerecht, wenn abwechselnd die Hoffnung des $A$ in Bezug auf ein Spiel die des $B$ übertrifft und im folgenden Spiele von ihr in demselben Maasse übertroffen wird.

Um von dem eben gefundenen Resultate eine Anwendung zu machen, [15] wollen wir für jede mögliche Annahme die Werthe der Buchstaben $a$, $b$, $c$, $d$ bestimmen, was sich mühelos ausführen lässt. Man hat nur der Tafel IV die Gewinnhoffnungen des $A$, wenn er 0 und $B$ 45, 30, 15 oder 0 hat, zu entnehmen und durch Subtraction dieser Werthe von 1 die entsprechenden Gewinnhoffnungen des $B$ zu bilden, um schliesslich durch Division für die Verhältnisse der Gewinnhoffnungen beider Spieler die Werthe zu finden:

$A \quad B$

$0 \quad 45: \dfrac{n^5}{3n^4 + 4n^3 + 4n^2 + 3n + 1},$

$0 \quad 30: \dfrac{n^6 + 4n^5 + n^4}{6n^4 + 8n^3 + 7n^2 + 4n + 1},$

$0 \quad 15: \dfrac{n^7 + 5n^6 + 11n^5 + 5n^4}{10n^4 + 15n^3 + 11n^2 + 5n + 1},$

$0 \quad 0: \dfrac{n^7 + 5n^6 + 11n^5 + 15n^4}{15n^3 + 11n^2 + 5n + 1}.$

Hieraus aber ergiebt sich unmittelbar: Soll die Partie mit einer Vorgabe von $\frac{1}{2}45$ gespielt werden, so muss

$$\frac{a}{b} = \frac{n^6 + 4n^5 + n^4}{6n^4 + 8n^3 + 7n^2 + 4n + 1},$$

$$\frac{c}{d} = \frac{n^5}{3n^4 + 4n^3 + 4n^2 + 3n + 1}$$

sein; wird $\frac{1}{2}30$ vorgegeben, so muss

[16]
$$\frac{a}{b} = \frac{n^7 + 5n^6 + 11n^5 + 5n^4}{10n^4 + 15n^3 + 11n^2 + 5n + 1},$$

$$\frac{c}{d} = \frac{n^6 + 4n^5 + n^4}{6n^4 + 8n^3 + 7n^2 + 4n + 1}$$

sein; und wird schliesslich $\frac{1}{2}15$ vorgegeben, so muss

$$\frac{a}{b} = \frac{n^7 + 5n^6 + 11n^5 + 15n^4}{15n^3 + 11n^2 + 5n + 1},$$

$$\frac{c}{d} = \frac{n^7 + 5n^6 + 11n^5 + 5n^4}{10n^4 + 15n^3 + 11n^2 + 5n + 1}$$

sein.

Setzt man nun diese Werthe in die Gleichung

$$ac = bd$$

ein und multiplicirt dann die Producte aus, so erhält man nach gehöriger Reduction die drei Gleichungen:

$n^{11} + 4n^{10} + n^9 - 18n^8 - 48n^7 - 77n^6 - 90n^5$
$\qquad - 77n^4 - 49n^3 - 23n^2 - 7n - 1 = 0,$

$n^{13} + 9n^{12} + 32n^{11} + 54n^{10} + 31n^9 - 55n^8 - 170n^7$
$\qquad - 256n^6 - 263n^5 - 193n^4 - 102n^3 - 38n^2 - 9n - 1 = 0,$

$n^{14} + 10n^{13} + 47n^{12} + 130n^{11} + 221n^{10} + 220n^9 + 75n^8$
$\qquad - 150n^7 - 335n^6 - 380n^5 - 281n^4 - 140n^3 - 47n^2 - 10n - 1 = 0,$

worin die Unbekannte $n$ das Verhältniss zwischen den Fertigkeiten der beiden Spieler angiebt. [17] Wer Musse genug dazu hat, mag die Wurzeln dieser Gleichungen genau ermitteln; ich vermuthe, dass sie ungefähr die Werthe $2\frac{7}{10}$, $1\frac{6}{10}$ und $1\frac{1}{10}$ haben. Es muss also derjenige Spieler, welcher dem andern

$\frac{1}{2}45$ vorgiebt, 27 Gänge, derjenige, welcher $\frac{1}{2}30$ vorgiebt, 16 Gänge und derjenige, welcher $\frac{1}{2}15$ vorgiebt, 11 Gänge gegen 10 Gänge seines Gegners gewinnen.

Bevor ich diesen Paragraphen schliesse, bemerke ich noch Folgendes: Wenn der dem Spieler $B$ abwechselnd eingeräumte Vortheil so, wie eben angegeben, beschaffen ist, d. h. wenn die beiden Spieler durch denselben in jedem Spiele einen beständigen Austausch ihrer Hoffnungen erleben, so ist die Partie immer gerecht, nicht nur wenn man sie auf ein oder mehrere Paare von Spielen spielt, wie man denken könnte, sondern auch wenn man sie auf eine ganz beliebige Anzahl von Spielen spielt. Dies scheint aus der folgenden Tafel VI hervorzugehen, welche die Hoffnungen des Spielers $A$ in jedem Falle und die bei ihrer Berechnung innezuhaltende Reihenfolge angiebt, wenn die Partie auf 3, 4 oder 5 Spiele gespielt wird und $A$ dem $B$ abwechselnd einen kleineren und einen grösseren Vortheil einräumt, nämlich den kleineren, wenn die Anzahl der von beiden Spielern noch zu gewinnenden Spiele eine gerade Zahl ist, und den grösseren, wenn diese Anzahl eine ungerade Zahl ist; im ersteren Falle soll es doppelt so wahrscheinlich sein, dass $A$ das Spiel gewinnt, als dass er es verliert, und im letzteren Falle umgekehrt doppelt so wahrscheinlich, dass A das Spiel verliert, als dass er es gewinnt.

[**18 und 19**]  *Tafel VI.*

| Spiele, welche noch fehlen: $A$ $B$ | Die Summe dieser Zahlen ist | Hoffnung des $A$ | Spiele, welche noch fehlen: $A$ $B$ | Die Summe dieser Zahlen ist | Hoffnung des $A$ |
|---|---|---|---|---|---|
| 2  2 | Gerade   | $\frac{1}{2}$ | 2  3 | U. | $\frac{17}{27}$ |
| 2  1 | Ungerade | $\frac{1}{6}$ | 2  4 | G. | $\frac{67}{81}$ |
| 3  1 | G. | $\frac{1}{9}$ | 2  5 | U. | $\frac{71}{81}$ |
| 4  1 | U. | $\frac{1}{27}$ | 3  3 | G. | $\frac{1}{2}$ |
| 5  1 | G. | $\frac{1}{81}$ | 4  3 | U. | $\frac{137}{486}$ |
| 1  2 | U. | $\frac{2}{9}$ | 5  3 | G. | $\frac{155}{729}$ |
| 1  3 | G. | $\frac{8}{9}$ | 3  4 | U. | $\frac{443}{729}$ |
| 1  4 | U. | $\frac{25}{27}$ | 3  5 | G. | $\frac{574}{729}$ |
| 1  5 | G. | $\frac{79}{81}$ | 4  4 | G. | $\frac{1}{2}$ |
| 3  2 | U. | $\frac{13}{54}$ | 5  4 | U. | $\frac{1349}{4374}$ |
| 4  2 | G. | $\frac{14}{81}$ | 4  5 | U. | $\frac{1103}{2187}$ |
| 5  2 | U. | $\frac{2}{27}$ | 5  5 | G. | $\frac{1}{2}$ |

Die Hoffnung jedes der beiden Spieler scheint also immer gleich $\frac{1}{2} P$ zu sein, wenn ihnen noch gleichviele Spiele fehlen, um die Partie zu gewinnen[22]).

IX. $A$ giebt $\frac{1}{2}30$ dem $B$ und 45 dem $C$ vor; wieviel kann $B$ dem $C$ vorgeben?

Da nach dem vorigen Paragraphen die Spielfertigkeit des $B$ sich zu der des $A$ wie 10 zu 16 und die Fertigkeit des $A$ zu der des $C$ wie 42 zu 10 (nach § VII) verhält, so muss man folgern, dass die Fertigkeit des $B$ zu der des $C$ sich wie 42 zu 16 oder annähernd wie 26 zu 10 verhält; folglich kann nach dem vorigen Paragraphen $B$ dem $C$ $\frac{1}{2}45$ vorgeben.

X. $A$ giebt $\frac{1}{2}30$ dem $B$ und $\frac{1}{2}45$ dem $C$ vor; wieviel Punkte kann $A$ dem $C$ vorgeben?

Da sich die Spielfertigkeit von $A$ zu der von $B$ wie 16 zu 10 und die von $B$ zu der von $C$ wie 27 zu 10 (nach § VIII) verhält, so folgt durch Multiplication dieser Verhältnisse, dass sich die Spielfertigkeit von $A$ zu der von C wie 432 zu 100 verhält, d. h. dass $A$ (nach § VII) dem $C$ 45 vorgeben kann.

XI. $A$ ist zweimal gewandter als $B$ und fünfmal gewandter als $C$. Folglich ist $B$ $\frac{5}{2}$mal gewandter als $C$ und kann ihm (nach § VIII) fast $\frac{1}{2}45$ vorgeben.

[20] XII. $A$ ist $\frac{3}{2}$mal geschickter als $B$ und $B$ $\frac{5}{2}$mal geschickter als $C$. Folglich ist $A$ $\frac{15}{4}$mal geschickter als $C$ und kann ihm mithin mehr als $\frac{1}{2}45$ und weniger als 45 voll vorgeben.

XIII. Kennt man die Verhältnisse zwischen den Spielfertigkeiten dreier Spieler $A, B, C$, wenn jeder von ihnen gegen jeden andern spielt, so kennt man auch das Verhältniss ihrer Fertigkeiten, wenn zwei dieser Spieler gemeinschaftlich gegen den dritten spielen. Wir nehmen an, dass die Fertigkeiten der drei Spieler durch die Buchstaben $l, m, n$ bezeichnet werden, und dass $A$ gegen die beiden andern und zwar nach Belieben bald gegen $B$, bald gegen $C$ spielt. Wenn er gegen $B$ spielt, so hat er $l$ Wahrscheinlichkeitsgrade, den Gang zu gewinnen, und $m$, ihn zu verlieren, mithin die Hoffnung $\dfrac{l}{l+m}$; wenn er gegen $C$ spielt, so hat er wiederum $l$ Wahrscheinlichkeitsgrade, den Gang zu gewinnen, aber $n$, ihn zu verlieren, und mithin die Hoffnung $\dfrac{l}{l+n}$. Da es nun nach der Annahme gleich möglich ist, dass $A$ den Ball dem $B$ oder dem $C$ zuschlägt, so hat er einen Fall für $\dfrac{l}{l+m}$ und einen für $\dfrac{l}{l+n}$; folglich hat $A$ in Bezug auf diesen Gang die Hoffnung:

$$\frac{1\cdot\dfrac{l}{l+m}+1\cdot\dfrac{l}{l+n}}{2}=\frac{2\,l^2+l\,(m+n)}{2\,(l+m)\,(l+n)},$$

und mithin bleibt für die Hoffnung der beiden andern Spieler $B$ und $C$ übrig:

$$\frac{2\,mn+l\,(m+n)}{2\,(l+m)\,(l+n)}.$$

Verhalten sich also z. B. die Hoffnungen der drei Spieler zu einander wie 3 zu 2 zu 1, so hat $A$ die Hoffnung $\tfrac{27}{40}$ und haben $B$ und $C$ zusammen die Hoffnung $\tfrac{13}{40}$; es kann $A$ also 27 Bälle gewinnen, während die beiden andern zusammen nur 13 Bälle gewinnen können, und folglich kann ihnen $A$ noch mit einem kleinen Vortheile für sich 30 Punkte vorausgeben, wie aus Tafel V ersichtlich ist. Wenn man

$$\frac{2\,l^2+l\,(m+n)}{2\,(l+m)\,(l+n)}=\frac{2\,mn+l\,(m+n)}{2\,(l+m)\,(l+n)}$$

setzt, so folgt

$$l^2=mn.$$

Es bietet also die Partie ohne jede Vorgabe völlig gleiche Gewinnhoffnungen, wenn die Fertigkeit des Spielers, welcher gegen zwei andere spielt, die mittlere Proportionale aus deren Spielfertigkeiten ist.

Dass aber $A$ dem $B$ oder $C$ gleich wahrscheinlich den Ball zuspielt, ist nur eine willkürliche Annahme; in Wirklichkeit wird $A$, je geschickter er ist, um so öfter dem schwächeren seiner Gegner den Ball zusenden. [21] Um dies zu berücksichtigen, nehmen wir an, dass, so oft $A$ dem gewandteren Spieler $B$ $p$ Bälle zuschlägt, er dem schwächeren $C$ eine grössere Anzahl, $q$ Bälle zuspielt; er hat also dann $p$ Fälle, die Hoffnung

$\dfrac{l}{l+m}$, und $q$ Fälle, die Hoffnung $\dfrac{l}{l+n}$ zu erlangen, woraus sich für ihn die Hoffnung ergiebt:

$$\frac{p \cdot \dfrac{l}{l+m} + q \cdot \dfrac{l}{l+n}}{p+q} = \frac{(p+q)\,l^2 + l\,(pn+qm)}{(p+q)\,(l+m)\,(l+n)}.$$

Setzt man wieder, wie oben, für $l$, $m$, $n$ die Zahlen 3, 2, 1 und ausserdem $p=1$, $q=3$, so ist die Hoffnung des $A$ in Bezug auf jeden Ball gleich $\tfrac{57}{80}$, also grösser als $\tfrac{27}{40}$, welche Hoffnung er hat, wenn er den Ball ganz willkürlich dem einen oder dem andern seiner Gegner zusendet; $A$ kann seinem Gegner jetzt annähernd $\tfrac{1}{2} 45$ vorgeben. Wenn man $A$'s Hoffnung gleich $\tfrac{1}{2}$ setzt, also

$$\frac{pl^2 + ql^2 + qlm + pln}{pl^2 + ql^2 + plm + qlm + pln + qln + pmn + qmn} = \frac{1}{2},$$

oder

$$plm - pln + pmn - pl^2 = qlm - qln - qmn + ql^2,$$

so folgt, dass beide Parteien gleiche Gewinnhoffnungen haben, wenn die Proportion besteht:

$$p : q = (lm - ln - mn + l^2) : (lm - ln + mn - l^2),$$

aus welcher man ersieht, dass zu dem Zwecke stets

$$mn > l^2$$

sein muss.

Aber noch ein Umstand ist zu beachten, welcher einigermaassen den Vortheil des Spielers $A$, dass er den Ball öfter dem schwächeren Spieler zuschlagen kann, aufwiegt. Da er nämlich allein gegen zwei Gegner spielt, so ermüdet er auch mehr als jeder von ihnen, und diese Ermüdung wird seine Spielfertigkeit und seine Hoffnung beträchtlich verringern. Wenn von drei gleich tüchtigen Spielern einer gegen zwei spielt, so bietet nach der obigen Rechnung die Partie ihm dieselbe Gewinnaussicht, wie seinen Gegnern; es ist aber wahrscheinlicher, dass diese gegen ihn die Partie gewinnen, wenn man berücksichtigt, dass sie nicht so sehr ermüden und jeder nur die halbe Partie vertheidigt. Um nun diesen Umstand zu berücksichtigen, muss man die Fertigkeiten der Spieler

$B$ und $C$ nach der Zahl der Schläge beurtheilen, welche sie
gewinnen oder verlieren, wenn sie vereint gegen $A$ spielen,
nicht wenn jeder für sich gegen $A$ spielt. **Beobachtet man,
wenn $B$ und $C$ vereint gegen $A$ spielen, dass von den
zwischen $A$ und $B$ gespielten Bällen die Anzahl der von $A$
zu der von $B$ gewonnenen Bälle wie $l$ zu $r$ und [22] von
den zwischen $A$ und $C$ gespielten Bällen die Anzahl der
von $A$ zu der von $C$ gewonnenen Bälle wie $l$ zu $s$ sich verhält,
so verhalten sich die thatsächlichen Fertigkeiten der drei
Spieler in diesem Sinne zu einander, wie $l$ zu $r$ zu $s$.** Die
Hoffnungen der drei Spieler ergeben sich dann genau wie
oben, sodass man nur $r$ und $s$ an Stelle von $m$ und $n$ in die
obigen Formeln einzuführen braucht.

XIV. Kennt man die Verhältnisse zwischen den Fertigkeiten
von vier Spielern $A$, $B$, $C$, $D$, wenn jeder von ihnen
gegen jeden anderen spielt, so kennt man auch das Verhältniss
ihrer Fertigkeiten, wenn zwei gegen zwei, z. B. $A$ und
$B$ gegen $C$ und $D$ spielen. Wir nehmen an, dass ihre Spielfertigkeiten
durch die Zahlen $k$, $l$, $m$, $n$ gemessen werden,
und dass $A$ (ebenso wie $B$) gegen $C$ oder $D$ spielen kann.
Wenn $A$ gegen $C$ spielt, so hat er $\dfrac{k}{k+m}$, wenn er gegen $D$
spielt, $\dfrac{k}{k+n}$ Wahrscheinlichkeiten, den Gang zu gewinnen;
deshalb hat er die Hoffnung

$$\frac{1\cdot\dfrac{k}{k+m}+1\cdot\dfrac{k}{k+n}}{2}=\frac{2k^2+k(m+n)}{2(k+m)(k+n)}.$$

Auf dieselbe Weise findet man für die Hoffnung des $B$:

$$\frac{1\cdot\dfrac{l}{l+m}+1\cdot\dfrac{l}{l+n}}{2}=\frac{2l^2+l(m+n)}{2(l+m)(l+n)}.$$

Nun ist es aber gleich möglich, dass $A$ oder $B$ spielt, und
folglich giebt es einen Fall, welcher ihnen die erstere Hoffnung,
und einen, welcher ihnen die letztere Hoffnung bringt;
daher haben Beide in Bezug auf einen Gang die Hoffnung:

$$\frac{2k^2+k(m+n)}{4(k+m)(k+n)}+\frac{2l^2+l(m+n)}{4(l+m)(l+n)}.$$

Verhalten sich z. B. die Fertigkeiten der vier Spieler zu einander wie die Zahlen 1, 5, 2, 3, so ist die Hoffnung von $A$ und $B$ in Bezug auf jeden Gang gleich $\frac{323}{672}$ und die von $C$ und $D$ gleich $\frac{349}{672}$; es können also $C$ und $D$ den beiden Spielern $A$ und $B$ fast $\frac{1}{2}$ 15 vorgeben.

Multiplicirt man die Nenner der vorstehenden Brüche aus und ersetzt dann $4mn$ durch $4kl$, so erhält man

$$\frac{2k^2 + k(m+n)}{4k^2 + 4km + 4kn + 4kl} + \frac{2l^2 + l(m+n)}{4l^2 + 4lm + 4ln + 4kl}$$
$$= \frac{2k + m + n}{4(k+m+n+l)} + \frac{2l + m + n}{4(k+m+n+l)}$$
$$= \frac{1}{2}.$$

Daraus folgt, dass die Gewinnhoffnungen der beiden Parteien einander gleich sind, wenn die Producte aus den Spielfertigkeiten der beiden Spieler jeder Partei einander gleich sind. Auch hier muss man die im vorigen Paragraphen gemachte Bemerkung berücksichtigen, [23] dass nämlich die geschickteren Spieler immer bemüht sein werden, die Bälle dem schwächeren ihrer Gegner zuzuschlagen, wenn man wünscht, dass die Gewinnaussichten ganz gerecht auf beide Parteien vertheilt sind.

XV. Von zwei Spielern $A$ und $B$ kann der eine dem anderen eine gewisse Anzahl Punkte vorgeben, er will ihm aber diesen Vortheil lieber in ganzen Spielen als in Punkten geben; man will wissen, wieviele Spiele kann er ihm geben? Z. B. $A$ kann $B$ 45 vorgeben, will aber lieber mit ihm jedes Spiel von 0 an spielen und ihm dafür eine gewisse Anzahl voller Spiele vorgeben; auf wieviele Spiele kann er ihm alle Spiele bis auf eines vorgeben?

Um diese Frage zu beantworten, muss man Folgendes beachten:

1) Das mit $n$ bezeichnete Verhältniss der Spielfertigkeiten beider Spieler (nach § VII) ist gleich $\frac{4216}{1000}$, da $A$ dem $B$ 45 vorgeben kann;

2) Bei Beginn eines Spieles, wo also jeder von beiden Spielern 0 hat, ist das Verhältniss ihrer Gewinnhoffnungen bezüglich dieses Spieles (vgl. S. 124) gleich

$$\frac{n^7 + 5n^6 + 11n^5 + 15n^4}{15n^3 + 11n^2 + 5n + 1}.$$

3) Um den Zahlenwerth dieses Verhältnisses zu bestimmen, wenn man darin $n = \frac{4216}{1000}$ setzt, kann man sich der Logarithmen bedienen und findet dann leicht den Werth $\frac{7\,114\,529}{134\,167}$ für dasselbe, welchen wir mit $m$ bezeichnen wollen.

Nun bestimmen wir der Reihe nach die Hoffnungen, welche $A$ in Bezug auf die ganze Partie hat, wenn ihm, um zu gewinnen, noch 1, 2, 3, 4, ... Spiele fehlen, während dem $B$ stets nur ein Spiel noch fehlt; aus dem leicht erkennbaren Gesetze, nach denen die Werthe dieser Hoffnungen fortschreiten, ergiebt sich der Werth von $A$'s Hoffnung, wenn ihm noch $x$ Spiele fehlen. Wenn dem $A$, ebenso wie dem $B$ nur ein Spiel fehlt, Beide also Spieleinstand zählen, so ist nach dem im § IV Gesagten leicht zu schliessen, dass $A$'s Hoffnung gleich

$$\frac{m^2}{m^2 + 1}$$

ist. Fehlen $A$ noch zwei Spiele, so hat er offenbar $m$ Fälle, durch welche er wieder Spieleinstand, ebenso wie $B$ zählt, indem er das nächste Spiel gewinnt, und einen Fall, welcher ihn dieses Spiel und zugleich die Partie verlieren lässt; folglich hat seine Hoffnung den Werth:

$$\frac{m \cdot \frac{m^2}{m^2+1} + 1 \cdot 0}{m+1} = \frac{m^3}{(m^2+1)(m+1)}.$$

Wenn $A$ noch drei Spiele fehlen, so ist ebenso klar, dass $m$ Fälle vorhanden sind, welche ihn das nächste Spiel gewinnen lassen, sodass ihm also nur noch zwei Spiele fehlen, und dass es einen Fall giebt, welcher ihn das nächste Spiel und mit ihm die Partie verlieren lässt; [**24**] folglich ist seine Hoffnung gleich

$$\frac{m \cdot \frac{m^3}{(m^2+1)(m+1)} + 1 \cdot 0}{m+1} = \frac{m^4}{(m^2+1)(m+1)^2}.$$

Bei vier noch fehlenden Spielen hat $A$ wiederum $m$ Fälle, welche ihm die eben berechnete Hoffnung geben, und einen

Fall, welcher ihn die Partie verlieren lässt; folglich ist seine Hoffnung:

$$\frac{m \cdot \dfrac{m^4}{(m^2+1)(m+1)^2} + 1 \cdot 0}{m+1} = \frac{m^5}{(m^2+1)(m+1)^3}.$$

Mit einem Worte: Wieviele Spiele auch $A$ noch fehlen mögen, seine Hoffnung ist immer gleich einem ähnlich gebauten Bruche, in welchem der Exponent von $m$ um eine Einheit grösser und der Exponent von $(m+1)$ um eine Einheit kleiner als die Anzahl dieser Spiele ist. Folglich ist, wenn $A$ noch $x$ Spiele und $B$ noch 1 Spiel fehlen, d. h. $A$ seinem Gegner $B$ $(x-1)$ Spiele vorgiebt, seine Hoffnung gleich

$$\frac{m^{x+1}}{(m^2+1)(m+1)^{x-1}}.$$

Da bei diesem Stande die Partie für beide Spieler nach unserer Annahme die gleichen Gewinnaussichten bieten soll, so muss

$$\frac{m^{x+1}}{(m^2+1)(m+1)^{x-1}} = \frac{1}{2}$$

sein, woraus, indem man beiderseits die Logarithmen nimmt, für $x$ der Werth folgt:

$$x = \frac{\log(m+1) + \log m + \log 2 - \log(m^2+1)}{\log(m+1) - \log m}.$$

Um nun die Frage vollständig zu beantworten, braucht man nur noch in dieser Formel $m = \dfrac{7\,114\,529}{134\,167}$ zu setzen; man findet, dass $x$ ein wenig grösser als 38 ist*). [25] Es kann also derjenige, welcher dem Andern 45 in jedem Spiele vorgeben kann, ihm bis zu 37 ganzen Spielen auf 38 Spiele vorgeben, wenn Beide jedes Spiel von 0 an spielen wollen.

Hieraus ist ersichtlich, dass es einen wesentlichen Unterschied ausmacht, ob Jemand einem Andern auf vier Gänge

---

*) *Bernoulli* giebt die ausführliche Berechnung von $x$, welche aus Raumersparniss hier unterdrückt ist; aus derselben folgt
$x = \dfrac{3\,089\,892}{81\,137} = 38\dfrac{6686}{81\,137}.$ *H.*

drei Gänge oder auf vier Spiele drei Spiele vorgiebt; denn wie wir eben gesehen haben, kann derjenige, welcher seinem Gegner 45, d. h. drei Gänge von vieren vorgeben kann, ihm weit mehr als drei Spiele von vieren vorgeben.

XVI. Wenn der Spieler $A$ seinem Gegner 45 vorgeben kann, so lässt sich auch die Frage aufwerfen, auf wieviele Spiele er ihm alle Spiele bis auf ein einziges und ausserdem noch in jedem einzelnen Spiele 15 oder 30 vorgeben kann?

Um diese Frage zu beantworten, brauchen Sie nur an Stelle von

$$\frac{n^7 + 5n^6 + 11n^5 + 15n^4}{15n^3 + 11n^2 + 5n + 1}$$

(dem Verhältnisse der Hoffnungen beider Spieler, wenn beide mit 0 Punkten beginnen) zu setzen:

$$\frac{n^7 + 5n^6 + 11n^5 + 5n^4}{10n^4 + 15n^3 + 11n^2 + 5n + 1}$$

oder

$$\frac{n^6 + 4n^5 + n^4}{6n^4 + 8n^3 + 7n^2 + 4n + 1}$$

(die Verhältnisse der Hoffnungen beider Spieler, wenn $B$ 15 oder 30 und $A$ 0 hat, wie man aus der Tafel IV findet). In diesen Ausdrücken setzen Sie wieder $n = \frac{4216}{1000}$ und finden dann für das mit $m$ bezeichnete Verhältniss:

$$m = \frac{6\,798\,590}{450\,105} \quad \text{oder} \quad m = \frac{1\,125\,963}{263\,741}.$$

Hieraus berechnen sich, ganz wie oben, die Werthe von $x$, welche angenähert sind:

$$x = 12 \quad \text{oder} \quad x = 4,$$

sodass $A$ seinem Gegner $B$ elf von zwölf Spielen und noch 15 in jedem Spiele oder drei von vier Spielen und noch 30 in jedem Spiele vorgeben kann.

XVII. Wenn $A$ dem $B$ 30 vorgeben kann und man wissen will, wieviele ganze Spiele er ihm vorgeben kann, so muss man nur den Werth von $n$ in $\frac{1946}{1000}$ (nach § VII) umändern und dann wie oben verfahren, um den entsprechenden Werth von $x$ zu finden. Man findet, dass er ihm ungefähr vier von fünf Spielen vorgeben kann, wenn Beide jedes Spiel von 0 an spielen, oder dass er zwei von drei Spielen und noch 15 in jedem Spiele vorgeben kann. Wenn $A$ dem $B$ nur 15 vorgeben kann, so hat $n$ (nach § VII) ungefähr den Werth $\frac{1313}{1000}$, und [26] man findet, dass er ihm nur ein Spiel von zweien vorgeben kann, wenn er mit $B$ jedes Spiel von 0 an spielen will.

XVIII. Man kann verschiedene Fragen über die Bisques[23]) aufwerfen, welche von der einen Partei der anderen vorgegeben sind und von dieser, wann es ihr gutdünkt, benutzt werden. Z. B. kann man fragen: Ist es in einem bestimmten Falle vortheilhafter, seine Bisque zu nehmen oder sie nicht zu nehmen? Sind zwei Bisques auf vier Spiele vortheilhafter als $\frac{1}{4}15$? Oder sind 15 und zwei Bisques mehr werth als $\frac{1}{2}30$? und ähnliche Fragen. Da uns diese Fragen aber zu weit führen würden, so will ich sie nicht alle aufnehmen und mich begnügen, nur ein wenig bei der ersten zu verweilen.

Wir nehmen an, dass die beiden Spieler nur auf ein Spiel spielen, dass die Geschicklichkeit von $A$ zu der von $B$ sich verhalte wie $n$ zu 1, wo $n$ gleich 1 oder von 1 verschieden sein kann, und dass $B$ dem $A$ eine Bisque vorgiebt (denn obschon dies nicht üblich ist, wenn man weiss, dass die Spieler gleichwerthig sind, so kann es oft geschehen, dass $B$ die Spielfertigkeit des $A$ nicht kennt, weil dieser vorher sein Spiel verstellt hatte, oder dass $A$ sie unbedingt zu erhalten verlangt, oder dass $A$ sie erhält, weil er das vorhergehende Spiel, welches ohne jede Vorgabe gespielt wurde, verloren hat, obgleich beide Spieler, wie man weiss, sonst einander gleich sind); weiter nehmen wir an, dass $A$ und $B$ Einstand haben, und dass $A$ seine Bisque noch nicht genommen hat. Wir fragen dann nach seiner Gewinnhoffnung und ob er besser thut, seine Bisque zu nehmen oder sie längere Zeit aufzuheben.

Zu dem Zwecke stellen wir die folgende Ueberlegung an. Nimmt $A$ seine Bisque, so ist er im Vortheile, hat aber dann keine Bisque mehr; folglich ist seine Hoffnung (nach Tafel IV) gleich

$$\frac{n^3 + n^2 + n}{n^3 + n^2 + n + 1} = \frac{n^3 + n^2 + n}{(n^2 + 1)(n + 1)}.$$

Nimmt er seine Bisque nicht, so kann er den nächsten Gang gewinnen oder verlieren. Wenn er ihn gewinnt, so hat er auch das Spiel gewonnen, denn da er dann im Vortheile ist, so wird er nicht säumen, seine Bisque noch hinzuzunehmen; verliert er den nächsten Gang, so hat er zwar noch seine Bisque, aber $B$ ist im Vortheile, und da uns bei dieser Lage der Dinge $A$'s Hoffnung wegen der Bisque noch unbekannt ist, so nennen wir dieselbe $y$. Da nun $A$ nach der Voraussetzung $n$ Fälle hat, welche ihn den Gang gewinnen lassen, und einen Fall, welcher ihn desselben verlustig gehen lässt, so ist seine Hoffnung, wenn er seine Bisque nicht nimmt, gleich

$$\frac{n \cdot 1 + 1 \cdot y}{n + 1} = \frac{n + y}{n + 1}.$$

Wegen des Vorrechtes, welches die Bisques besitzen, kann aber $A$ nach Willkür seine Bisque nehmen oder nicht nehmen, [27] d. h. er kann gleich leicht $\dfrac{n^3 + n^2 + n}{n^3 + n^2 + n + 1}$ oder $\dfrac{n + y}{n + 1}$ erwerben. Deshalb hat, ehe er sich entschieden hat, seine Hoffnung, welche wir $x$ nennen, den Werth:

$$x = \frac{n^3 + n^2 + n}{2n^3 + 2n^2 + 2n + 2} + \frac{n + y}{2n + 2}.$$

Um die Hoffnung $y$ zu finden, muss man eine ähnliche Ueberlegung anwenden. Wenn $A$ seine Bisque nimmt, so haben beide Spieler Einstand, und $A$ hat keine Bisque mehr; folglich hat er (nach Tafel IV) die Hoffnung:

$$\frac{n^2}{n^2 + 1}.$$

Nimmt $A$ seine Bisque nicht und gewinnt er den nächsten Gang, so gewinnt er die Hoffnung $x$, weil das Spiel auf Einstand steht und er noch seine Bisque hat; verliert aber $A$ diesen Gang, so verliert er auch zugleich das Spiel. Folglich ist seine Hoffnung in diesem Falle gleich

$$\frac{n \cdot x + 1 \cdot 0}{n + 1} = \frac{nx}{n + 1}.$$

Da nun $A$ seine Bisque nach seinem Belieben nehmen oder nicht nehmen, d. h. $\dfrac{n^2}{n^2 + 1}$ oder $\dfrac{nx}{n + 1}$ erlangen kann, so

Wahrscheinlichkeitsrechnung (Ars conjectandi)

ist vor dieser Entscheidung seine Hoffnung, welche wir mit $y$ bezeichnet hatten, gleich

$$y = \frac{n^2}{2n^2 + 2} + \frac{nx}{2n + 2}.$$

Setzt man diesen Werth von $y$ in die oben für $x$ gefundene Gleichung ein, so ergiebt sich schliesslich:

$$x = \frac{(n+1)(4n^3 + 3n^2 + 4n)}{(n^2+1)(4n^2 + 7n + 4)},$$

und folglich aus der letzten Gleichung:

$$y = \frac{n^2(4n^2 + 5n + 4)}{(n^2+1)(4n^2 + 7n + 4)}.$$

Wenn also das Spiel auf Einstand steht, so bieten sich die drei Grössen dar:

$$\frac{n^3 + n^2 + n}{(n^2+1)(n+1)}, \quad \frac{n+y}{n+1} \quad \text{und} \quad \frac{(n+1)(4n^3 + 3n^2 + 4n)}{(n^2+1)(4n^2 + 7n + 4)},$$

welche die Hoffnung des $A$ für die drei Annahmen bezeichnen, dass er seine Bisque nimmt, dass er sie nicht nimmt, und dass er noch unentschieden ist, ob er sie nimmt oder nicht nimmt (der Werth dieser letzteren Hoffnung liegt in der Mitte zwischen den Werthen der beiden anderen). Da nun, nachdem man die drei Grössen auf den gemeinsamen Nenner gebracht hat, sich zeigt, dass die erste derselben grösser als die dritte ist, so folgt, [28] dass sie um so mehr grösser als die zweite ist, und dass mithin $A$ besser thut, seine Bisque zu nehmen, als sie für eine spätere Gelegenheit aufzuheben.

Untersucht man die drei folgenden Grössen

$$\frac{n^2}{n^2+1}, \quad \frac{nx}{n+1} \quad \text{und} \quad \frac{n^2(4n^2 + 5n + 4)}{(n^2+1)(4n^2 + 7n + 4)},$$

welche bei dem obigen Verfahren gefunden wurden und die Hoffnungen des $A$ für die drei genannten Annahmen darstellen, wenn $B$ im Vortheile ist oder (was dasselbe ist) 45 gegen 30 hat, so bemerkt man, dass der erste Werth ebenfalls grösser als die beiden andern ist; auch bei diesem Stande des Spieles thut also $A$ noch besser, seine Bisque zu nehmen.

Sie können endlich durch dieselben Ueberlegungen die Hoffnungen des Spielers $A$ für jeden anderen Stand des Spieles finden, also wenn $B$ 45 gegen 15, oder 45 gegen 0, oder 30 gegen 15 hat; die Mühe ist sogar geringer als vorher, wenn Sie der Reihe nach diese Berechnungen ausführen, da Sie bei dem Verfahren dann nur auf schon berechnete und daher bekannte Hoffnungen zurückkommen. Ich begnüge mich damit, Ihnen in den drei, mit I, II, III überschriebenen Columnen der folgenden Tafel VII die Hoffnungen für zwei gleich geschickte Spieler anzugeben, und zwar in der ersten Columne für den Fall, dass $A$ seine Bisque nimmt, in der dritten, dass er sie nicht nimmt, und in der mittleren, dass er noch unentschieden ist, ob er sie nimmt oder nicht. Man bemerkt, dass die Brüche der ersten Columne durchweg ein wenig grösser als die der beiden andern sind; daraus lässt sich schliessen, dass es für $A$ stets vortheilhafter ist, seine Bisque zu nehmen, als sie längere Zeit aufzuheben.

[29] *Tafel VII.*

$A$ und $B$ sind zwei gleich geschickte Spieler, und $A$ hat eine Bisque zu nehmen.

| Punkte des | | Hoffnungen des $A$ | | |
|---|---|---|---|---|
| $A$ | $B$ | I. | II. | III. |
| 45 | 45 | $\frac{3}{4}$ | $\frac{11}{15}$ | $\frac{43}{60}$ | $\frac{19}{15}$ |
| 30 | 45 | $\frac{1}{2}$ | $\frac{13}{30}$ | $\frac{11}{30}$ | $\frac{7}{15}$ |
| 15 | 45 | $\frac{1}{4}$ | $\frac{7}{30}$ | $\frac{13}{60}$ | $\frac{15}{11}$ |
| 0  | 45 | $\frac{1}{8}$ | $\frac{29}{240}$ | $\frac{7}{60}$ | $\frac{15}{13}$ |
| 30 | 30 | $\frac{3}{4}$ | $\frac{11}{15}$ | $\frac{43}{60}$ | $\frac{19}{15}$ |
| 15 | 30 | $\frac{1}{2}$ | $\frac{59}{120}$ | $\frac{29}{60}$ | $\frac{8}{7}$ |
| 0  | 30 | $\frac{5}{16}$ | $\frac{99}{320}$ | $\frac{49}{160}$ | $\frac{46}{43}$ |
| 30 | 15 | $\frac{7}{8}$ | $\frac{209}{240}$ | $\frac{13}{15}$ | $\frac{17}{15}$ |
| 15 | 15 | $\frac{11}{16}$ | $\frac{219}{320}$ | $\frac{109}{160}$ | $\frac{47}{44}$ |
| 0  | 15 | $\frac{1}{2}$ | $\frac{319}{640}$ | $\frac{159}{320}$ | $\frac{61}{59}$ |
| 30 | 0 | $\frac{15}{16}$ | $\frac{899}{960}$ | $\frac{449}{480}$ | $\frac{16}{15}$ |
| 15 | 0 | $\frac{13}{16}$ | $\frac{779}{960}$ | $\frac{389}{480}$ | $\frac{123}{119}$ |
| 0  | 0 | $\frac{21}{32}$ | $\frac{1007}{1536}$ | $\frac{503}{768}$ | $\frac{303}{298}$ |

XIX. Die Berechnung des vorigen Paragraphen setzt voraus, dass der Spieler $A$ seiner Bisque völlig indifferent gegenübersteht und also immer ebenso geneigt ist, sie zu nehmen, wie sie nicht zu nehmen. Obgleich es nun völlig in $A$'s Belieben steht, bei welchem Gange er seine Bisque nehmen will, so ist es, wie hervorgehoben werden muss, nicht immer gleich wahrscheinlich, dass er sie nimmt, da es Gelegenheiten giebt, bei denen er sie besser als bei anderen verwerthen kann. Dies ist vielleicht nicht der Fall, wenn man spielt, ohne Schassen zu machen, wo ich keinen Grund entdecken kann, welcher ihn veranlassen sollte, die Bisque nur um einen Gang aufzuschieben. Wenn aber Schassen gemacht werden, so giebt es Gelegenheiten, bei welchen man die Bisque so nützlich verwerthen kann, dass sie fast die Stelle von 30 vertritt. Denn wenn $A$ eine schwierige Schass zu gewinnen hat, so ist sie so gut wie verloren für ihn; indem er also seine Bisque nimmt, hindert er nicht nur seinen Gegner, 15 zu gewinnen, sondern er gewinnt selbst 15, was ihm mithin 30 werth ist. Da also die Bestimmung der Hoffnungen der Spieler, welche die Betrachtung der Bisques erfordert, von der besonderen Beschaffenheit des Spieles, von der Mannigfaltigkeit der Schassen und selbst von der Laune der Spieler, welche Regeln nicht beachten, abhängt, so ist es schwierig, sich zuverlässige Werthe für diese Hoffnungen zu verschaffen. Hier lasse ich das Verfahren folgen, dessen ich mich bedienen würde, wenn auf Schassen Rücksicht zu nehmen ist.

Wir nehmen an, dass die Spieler entweder beide 30 oder Einstand zählen und dass es eine für den einen Spieler schwieriger als für den andern zu gewinnende Schass giebt (die Anzahl der Male, welche man $A$ eine Schass hat gewinnen sehen, soll sich zu der Anzahl der Male, welche man $B$ eine solche hat gewinnen sehen, verhalten wie $m$ zu 1, wo $m$ von 1 verschieden ist), obschon sonst beide Spieler gleich geschickt sind. Es ist zu beachten, dass $A$, wenn er ohne seine Bisque zu nehmen, die Schass gewinnt, auch das Spiel gewinnt, da er nicht versäumen wird, nach gewonnener Schass seine Bisque zur Geltung zu bringen; wenn $A$ die Schass verliert, so zählt $B$ vor für sich, aber $A$ hat noch seine Bisque zurückbehalten, welche ihm (nach der Columne II der Tafel VII) die Hoffnung $\frac{13}{30}$ giebt. Da nun der Spieler $A$ nach der Annahme $m$ Wahrscheinlichkeitsgrade hat, die Schass zu gewinnen, gegen einen, sie zu verlieren; [**30**] so ist die Hoffnung, welche er besitzt, wenn er seine Bisque nicht nimmt, gleich

$$\frac{m \cdot 1 + 1 \cdot \frac{13}{30}}{m + 1} = \frac{30\,m + 13}{30\,m + 30}.$$

Nimmt er aber seine Bisque, so ist keine Schass mehr vorhanden und seine Hoffnung findet sich (in der Columne I der Tafel VII) gleich $\frac{3}{4}$. Ich habe also nur zu ermitteln, welcher von den beiden Brüchen,

$$\frac{30\,m + 13}{30\,m + 30} \text{ oder } \frac{3}{4}$$

grösser als der andere ist. Setzt man beide Brüche einander gleich, so ergiebt sich für $m$ der Werth $\frac{19}{15}$. Für $A$ ist es also günstiger, seine Bisque noch aufzuheben, wenn $m > \frac{19}{15}$ ist, und sie zu benutzen, wenn $m < \frac{19}{15}$ ist; ist aber $m = \frac{19}{15}$, so ist es für $A$ gleichgültig, ob er sie nimmt oder nicht.

Nehmen wir dann an, dass $A$ 30 zu 45 zählt, d. h. also $B$ im Vortheil ist, und dass dieselbe Schass zu gewinnen ist, so zählt $A$ offenbar Einstand, wenn er sie gewinnt, ohne seine Bisque zu verwerthen; folglich hat er (nach Columne II der Tafel VII) die Hoffnung $\frac{11}{15}$. Verliert $A$ aber die Schass, so verliert er auch das Spiel. Da er nun $m$ Fälle hat, sie zu gewinnen, und einen, sie zu verlieren, so hat er, wenn er die Bisque nicht benutzt, die Hoffnung:

$$\frac{m \cdot \frac{11}{15} + 1 \cdot 0}{m + 1} = \frac{11\,m}{15\,m + 15}.$$

Nimmt andernfalls $A$ seine Bisque, so zählen beide Spieler Einstand, und da keine Schass mehr da ist, so hat jeder von ihnen die Hoffnung $\frac{1}{2}$. Aus

$$\frac{11\,m}{15\,m + 15} = \frac{1}{2}$$

ergiebt sich $m = \frac{15}{7}$. Für $A$ ist es mithin vortheilhafter, seine Bisque aufzuheben oder sie zu verwerthen, je nachdem $m$ grösser oder kleiner als $\frac{15}{7}$ ist; für $m = \frac{15}{7}$ ist es gleichgültig, was er thut. Wird die Wahrscheinlichkeit, welche der Spieler $A$ für das Gewinnen einer Schass hat, durch eine zwischen $\frac{19}{15}$ und $\frac{15}{7}$ gelegene Zahl dargestellt, so ist es für ihn günstiger — wie man aus dem Obigen noch weiter folgern kann —, seine Bisque noch aufzuheben, wenn Spieleinstand gezählt wird, und sie zu nehmen, wenn $B$ im Vortheil ist. Auf diese Art habe ich alle andern Zahlen der letzten Columne der Tafel VII bestimmt, mit Hülfe deren sich also entscheiden lässt, wann der Spieler $A$ seine Bisque verwerthen oder noch aufheben muss. Ist $A$'s Wahrscheinlichkeit, eine Schass zu gewinnen, grösser als diese Zahl, so thut er besser, seine Bisque aufzuheben; ist sie dagegen kleiner, so ist es für ihn vortheilhafter, seine Bisque zu benutzen; ist seine Wahrscheinlichkeit gleich dieser Zahl, so kann er ohne Schaden thun, was er Lust hat.

[**31**] XX. Es erübrigt mir noch, von den Services zu sprechen und von dem Vortheile, welchen man davon hat, sie zu geben. Sie wissen, dass der erste Schlag bei jedem Balle, welchen man auf das Dach spielt, Service (Aufschlag) heisst. Der Spieler, welcher ihn thut, scheint einen Vortheil gegenüber dem, welcher ihn empfängt, zu haben und zwar aus zwei Gründen: erstens weil der Service-Schlag, bei welchem man den Ball aus der Hand giebt, ein sicherer Schlag ist, während die weiteren Schläge, bei welchen der Ball dann in der Luft getroffen werden muss, leicht missglücken können; zweitens weil derjenige, welcher den Ball aufschlägt, seinen Gegner eine Schass machen lässt, wenn er ihn bei den ferneren Schlägen fehlt, während der Rückschläger, wenn er ihn fehlt, 15 verliert (wenigstens, wenn der Ball in das Spiel eintritt, denn ich will aus Furcht, zu weitschweifig zu werden, nicht über die Schassen de vers le jeu[24]) sprechen; es genügt mir, Ihnen im Grossen und Ganzen den bei dieser Untersuchung einzuhaltenden Weg zu zeigen).

Wir nehmen an, dass zwei Spieler $A$ und $B$ vorhanden sind, dass $A$ aufschlägt, und dass man $A$ einen Fehlschlag auf $p$ gelungene Schläge und $B$ einen Fehlschlag auf $q$ gelungene Schläge hat thun sehen, ferner bezeichnen wir mit $y$ die Hoffnung, welche $A$ hat, den Ball zu gewinnen, wenn die Reihe zu spielen an ihn kommt, und mit $z$ die Hoffnung, welche er hat, wenn $B$ spielen muss. Zunächst sehen wir zu, was aus diesen Hoffnungen wird, wenn ohne Schassen zu machen gespielt wird, d. h. wenn der Gang unbedingt für denjenigen, welcher den Ball spielen sollte, ihn aber gefehlt hat, verloren ist. Nach den soeben getroffenen Festsetzungen erkennt man leicht, dass $A$, wenn er spielen muss, einen Fall hat, welcher ihn den Gang verlieren lässt, und $p$ Fälle, welche, da sie ihm seinen Schlag gelingen lassen, $B$ in die Nothwendigkeit zu spielen versetzen und folglich $A$'s Hoffnung $y$ in die Hoffnung $z$ verwandeln. Wenn dagegen die Reihe zu spielen an $B$ kommt, so giebt es einen Fall, welcher $A$ den

Gang gewinnen lässt (dadurch dass $B$ ihn verliert), und $q$ Fälle, welche wieder $A$ zu spielen nöthigen und ihm die Hoffnung $y$ zurückgeben. Ich habe mithin einerseits

$$y = \frac{1 \cdot 0 + p \cdot z}{1 + p} = \frac{pz}{1 + p}$$

und andrerseits

$$z = \frac{1 \cdot 1 + q \cdot y}{1 + q} = \frac{1 + qy}{1 + q},$$

woraus folgt:

$$z = \frac{1 + p}{1 + p + q}.$$

Da nun aber [32] dem Spieler $A$ sein Service-Schlag nicht missglücken kann, so folgt, dass man diesen Schlag nicht mitzählen darf und bei der Berechnung seiner Hoffnung, bevor er ihn thut, denken muss, $B$ sei an der Reihe zu spielen. Folglich ist $A$'s anfängliche Hoffnung, den Ball zu gewinnen, gleich $\frac{1 + p}{1 + p + q}$ und daher $B$'s Hoffnung gleich $\frac{q}{1 + p + q}$, sodass sich die Hoffnungen Beider zu einander verhalten wie $1 + p$ zu $q$.

Wenn z. B. bei zwei gleich geschickten Spielern auf 10 gelungene Schläge ein Fehlschlag zu treffen pflegt, so ist $p = q = 10$, und folglich ist der Aufschläger dem Rückschläger gegenüber im Verhältniss 11 zu 10 im Vortheil. Dieser Vortheil ist um so grösser, je weniger geschickt die Spieler sind, und um so kleiner — ja er kann sogar völlig verschwinden — je geschickter die Spieler sind.

XXI. Nun verbinden wir hiermit noch die Betrachtung der Schassen, aber ohne uns um ihre Verschiedenheit zu kümmern, indem wir annehmen, dass alle Schassen unten im Ballhause gemacht werden und dass alle Bälle, welche über das Netz weggehen, sie gewinnen können. Sie wissen, dass die Spieler, wenn es Schass giebt, ihre Plätze vertauschen, und dass derjenige, welcher die Bälle aufgeschlagen hat, verpflichtet ist, sie nachher zurückzuschlagen, nachdem jeder auf die andere Seite des Spielhauses gegangen ist. Es sollen nun die vier Buchstaben $v$, $x$, $y$, $z$ die Hoffnungen des $A$ in den vier verschiedenen Momenten bezeichnen: nämlich die beiden ersten Buchstaben $v$ und $x$, bevor die Schass gemacht wird, die andern

$y$ und $z$ nach der Schass, wenn die Spieler ihre Plätze gewechselt haben; der erste Buchstabe $v$ und der dritte $y$, wenn $A$ zu spielen hat, und der zweite $x$ und der vierte $z$, wenn $B$ spielen muss. Wenn Sie die Schlussfolgerung des vorigen Paragraphen verstanden haben, so werden Sie ohne Mühe die Richtigkeit der folgenden vier Gleichungen einsehen, auch ohne dass sie hier näher begründet werden:

$$v = \frac{1 \cdot y + p \cdot x}{1+p} = \frac{y+px}{1+p},$$

$$x = \frac{1 \cdot 1 + q \cdot v}{1+q} = \frac{1+qv}{1+q},$$

$$y = \frac{1 \cdot 0 + pz}{1+p} = \frac{pz}{1+p},$$

$$z = \frac{1 \cdot 1 + q \cdot y}{1+q} = \frac{1+qy}{1+q}.$$

Hieraus finden Sie

[33]
$$y = \frac{p}{1+p+q},$$

$$x = \frac{1+2p+q+p^2+2pq}{(1+p+q)^2},$$

also
$$1 - x = \frac{q+q^2}{(1+p+q)^2}.$$

Mithin muss man schliessen, dass $A$'s Hoffnung zu der Zeit, in welcher $B$ von ihm den Service-Schlag erhalten muss, sich zu der von $B$ verhält wie $1 + 2p + q + p^2 + 2pq$ zu $q + q^2$. Wenn $p = q$ ist, so bemerken Sie, dass dieses Verhältniss sich umsomehr dem Werthe 3 annähert, je grösser der Werth von $p = q$ ist; von zwei Spielern, welche gleich und vollkommen gut spielen, hat also der Aufschläger ungefähr dreimal mehr Hoffnung, den Gang zu gewinnen, als der Rückschläger. Dies gilt aber nur, wie Sie wohl beachten müssen, unter der Annahme, dass kein Unterschied zwischen den Schassen gemacht wird und dass solche, welche man de vers le jeu nennt, nicht zugelassen werden; lässt man diese beiden

Annahmen fallen, so wird $A$'s Vortheil beträchtlich vermindert.

XXII. Ich darf diesen Brief nicht schliessen, mein Herr, ohne gewissen falschen Schlussfolgerungen, auf welche man bei diesem Gegenstande verfallen kann, vorgebeugt zu haben in der Befürchtung, dass sie durch ihren trügerischen Glanz blenden und an der Zuverlässigkeit der oben aufgestellten Principien Zweifel entstehen lassen könnten.

In dem Paragraphen VII wurde gefragt, wieviele Male $A$ geschickter als $B$ sein muss, um ihm 45 vorgeben zu können. Es könnte nun Jemand folgendermaassen schliessen wollen: Wenn $B$ gegen einen dritten Spieler $C$, welcher dieselbe Spielfertigkeit wie er selbst besitzt, spielen und 45 zu 0 zählen würde, so verhielten sich die Hoffnungen beider Spieler $B$ und $C$ nach Tafel I wie 15 zu 1, d. h. $B$ würde 15 mal das Spiel gewinnen können, während $C$ es nur einmal könnte. Wenn $A$ dem $B$ eine Vorgabe von 45 giebt, so ist aber die Partie gerecht, d. h. wenn $B$ 15 mal das Spiel gewinnt, so kann auch $A$ es 15 mal gewinnen. Würden nun $A$ und $C$ von 0 an spielen, so könnte $A$ 15 mal das Spiel gewinnen, während es $C$ nur einmal kann; folglich müsste $A$ 15 mal geschickter im Spielen sein als $C$ oder (was auf dasselbe hinausläuft) als $B$, während durch das obige Verfahren gezeigt wurde, dass $A$ nur $4\frac{1}{5}$ mal geschickter als $B$ sein muss. — Hierauf antworte ich, dass diese Ueberlegung, wenn sie ebenso einleuchtend wäre, [**34**] als sie es nicht ist, die falsche Folgerung zieht: »folglich müsste $A$ 15 mal tüchtiger im Spielen sein . . .«. $A$, welcher $B$ 45 Punkte vorzugeben im Stande ist, kann, wie ich zugebe, 15 Spiele gegen ein Spiel seines Gegners gewinnen, wenn Beide von 0 Punkten an spielen, denn $A$ kann sogar (nach § XV) $\frac{7114529}{134167}$, d. h. mehr als 50 Spiele gewinnen. Aber es folgt daraus nicht, dass er 15 mal spielgewandter als $B$ ist, da es sehr wohl sich ereignen kann, dass er 15 oder sogar, wenn Sie wollen, 50 Spiele gegen eines gewinnt, ohne dass er mehr als 4 oder 5 mal mehr Gänge gewonnen hat; dies hat darin seinen Grund, dass alle Gänge, welche $B$ während eines für ihn ungünstig ausgehenden Spieles gewinnt, nicht gezählt worden sind, während sie gleichwohl zusammen den vierten Theil der von $A$ gewonnenen

Gänge ausmachen können. Beachten Sie daher, dass die Fertigkeiten der Spieler besser durch die Anzahl der Gänge, welche jeder gewinnt, gemessen werden als durch die Anzahl der von jedem gewonnenen Spiele oder Partien, wenn jedes Spiel von 0 Punkten an gespielt wird.

In dem Paragraphen XIII wurde untersucht, um wieviel spielgewandter $A$ geschätzt werden muss, wenn er gegen zwei andere Spieler $B$ und $C$ spielt und ihre Fertigkeiten sich verhalten wie die Zahlen 3, 2, 1. Es dürfte sehr wohl Leute geben, welche sich hier eines aus der Mischungsrechnung hergenommenen Analogieschlusses bedienen würden. Wenn man z. B. drei Sorten Wein hat, deren Preise sich wie die Zahlen 3, 2, 1 zu einander verhalten, so ist sicher, dass der Preis einer aus gleichen Theilen der beiden billigeren Sorten hergestellten Mischung gleich $1\frac{1}{2}$ ist, und dass folglich der Preis der besten Sorte zu dem dieser Mischung sich verhält wie 3 zu $1\frac{1}{2}$ oder wie 2 zu 1. Ebenso, sage ich, würden jene Leute denken, dass die zwei Spieler $B$ und $C$, welche gemeinschaftlich gegen den dritten Spieler $A$ spielen (indem sich ihr Spiel gleichsam mischt), für einen Spieler angesehen werden könnten, und dass folglich die Spielfertigkeit von $A$ auch das doppelte von derjenigen der beiden andern Spieler zusammen sein müsste. Noch Andere würden vielleicht so schliessen: Da nach der Annahme $A$ drei Gänge gewinnt, wo $B$ nur zwei gewinnt, und nochmals drei da gewinnt, wo $C$ nur ein Spiel gewinnt, so folgt, dass er sechs Spiele gewinnen muss, wenn die beiden andern zusammen $2 + 1 = 3$ Spiele gewinnen. Folglich muss auch seine Spielfertigkeit doppelt so gross sein als die der beiden andern Spieler zusammen, wie soeben schon durch die andere Schlussfolgerung gefunden wurde. Dem aber steht die Berechnung des Paragraphen XIII entgegen, welche ergab, dass $A$'s Hoffnung mehr als doppelt so gross wie die seiner beiden Gegner ist. —

[35] Auf die beiden obigen Ueberlegungen kann ich mit wenigen Worten antworten: Erstens beweisen Analogien nichts, wie Sie wissen. Zweitens widersprechen diese Ueberlegungen der Annahme, welche man vernünftigerweise machen muss, dass $A$ ebenso viele Male oder öfter gegen $C$ als gegen $B$ spielt; bei diesen obigen Ueberlegungen ist aber ganz das Gegentheil der Fall, weil dort $A$ in fünf Gängen, von denen er drei gewinnt, gegen $B$ und nur in vier, von denen er ebenfalls drei gewinnt, gegen $C$ spielt. Unsere Rechnung

dagegen berücksichtigt vollständig die erwähnte Annahme. Denn wenn $A$ 20 Gänge gegen $B$ spielt, so gewinnt er davon 12, und wenn er noch 20 Gänge gegen $C$ spielt, so gewinnt er davon 15, d. h. er gewinnt im Ganzen 27, während seine Gegner 13 gewinnen. Wenn $A$ aber dreimal soviele Gänge gegen $C$ als gegen $B$ spielt, also 60, so gewinnt er von diesen 45, welche mit den 12 Gängen, welche er gegen $B$ gewinnt, 57 Gänge ergeben; für $B$ und $C$ bleiben mithin 23 Gänge übrig. Diese Resultate sind aber sämmtlich in völliger Uebereinstimmung mit denen, welche in dem Paragraphen XIII gefunden worden sind.

Ich schliesse, mein Herr, mit der folgenden Bemerkung: Es ist ausserordentlich leicht, sich in seinem ganzen Forschen und Erkennen sehr zu irren, wenn man nicht stets die strengste Aufmerksamkeit ausübt. Denn die Schlussfolgerungen, welche man gewöhnlich im Leben anstellt, sind nicht besser als jene, welche ich soeben angeführt habe, oft aber viel schlechter. Man sieht jeden Tag, dass die gelehrtesten Leute auf Grund von blossen Analogien Schlüsse ziehen; da wo sie sich einbilden, in die Dinge klare Einsicht zu haben, betrachten sie das als höchst evident, was es gar nicht ist. Und daher kommt es, dass nur diejenigen, deren Verstand durch mathematische Studien geschärft ist, fähig sind, den Irrthum zu entdecken.

Ich bin u. s. w.

# Anmerkungen.

(Mit 2 Abbildungen.)

---

**1) *Zu S. 166.*** In der Originalausgabe sind die Werthe aller Hoffnungen, deren Berechnung zur Lösung dieser Aufgabe nöthig war, nochmals in einer Tafel zusammengestellt, welche hier ihres geringen Nutzens wegen fortgelassen ist. Infolgedessen waren im Texte unbedeutende Aenderungen nöthig.

**2) *Zu S. 174.*** Auch hier sind, um die Weitschweifigkeit des Textes im Originale etwas abzuschwächen, unbedeutende Aenderungen und Umstellungen einiger Sätze vorgenommen worden.

**3) *Zu den S. 177 und 178.*** *Bernoulli* giebt in dem Originale eine ausführliche Tafel für die Berechnung der Anzahl der Fälle, welche jedem der Spieler den Einsatz ganz oder theilweise oder auch nichts von demselben gewinnen lassen. Mir schien es völlig ausreichend, von dieser Tafel nur eine Probe mitzutheilen, welche sich auf Seite 20 oben befindet und zugleich dem in der Anmerkung verfolgten Zwecke dient. In *Bernoulli*'s grosser Tafel sind diese Fälle durch ein danebenstehendes $N$ ausgezeichnet.

**4) *Zu S. 185.*** Nach diesen Schlussworten muss man wohl annehmen, dass *Bernoulli* sich selbst über den Grund, warum die zweiten Lösungen falsch sind, nicht klar gewesen ist; nur weil die Richtigkeit der zuerst gegebenen Lösungen evident ist, müssen sie falsch sein: »Man würde auf die Richtigkeit dieser Lösungen leicht einen Eid schwören, wenn man nicht die wirklich richtige Lösung schon gefunden hätte.«

Der Grund, warum die zweiten Lösungen ein anderes Resultat als die ersten liefern, liegt aber einfach darin, dass sie nicht die Lösungen der in XIV gestellten, sondern der folgenden Aufgabe sind:

$A$ thut mit einem Würfel so viele Würfe, als der auf das Spielbrett geworfene Würfel Augen zeigt; wieviele Augen darf

$A$ insgesammt zu erhalten hoffen? Während also bei der Aufgabe XIV es sich darum handelt zu ermitteln, wieviele Würfe zwölf oder mehr und wieviele Würfe weniger als zwölf Augen liefern, so fragt die so eben formulirte Aufgabe nach der mittleren Anzahl von Augen, welche $A$ zu erreichen hoffen darf. Dass bei der Aufgabe XIV der Spieler $A$ eine etwas kleinere Hoffnung als $B$ hat, während er bei der letzteren Aufgabe auf mehr als zwölf Augen hoffen darf, also eine etwas grössere Hoffnung als $B$, welchem nur zwölf Augen zugestanden sind, hat, erklärt sich dadurch, dass für die Berechnung der mittleren Augenzahl auch die Fälle, welche bei der Aufgabe XIV $A$ nichts oder nur den halben Einsatz gewinnen lassen, ebenso schwer in das Gewicht fallen, als die Fälle, welche ihm den ganzen Einsatz einbringen.

5) *Zu S. 193.* In dem Originale findet man zwischen den Seiten 172 und 173 eine Tafel eingeheftet, welche die Berechnung der Anzahl aller verschiedenen Fälle in extenso enthält. Da aber die Aufstellung dieser Tafel auf den Seiten 33—35 ausführlich geschildert ist, sodass sie sich leicht reproduciren lässt, sie sonst aber kein besonderes Interesse darbietet, so habe ich den Abdruck derselben für überflüssig gehalten und deshalb unterlassen, zumal die Anzahl der Fälle selbst in der Tafel auf S. 35 zu finden ist.

6) *Zu S. 194.* Bernoulli bezeichnet das Spiel mit dem französischen Namen Trijaques; ich habe den in Deutschland üblich gewesenen Namen Treschak gewählt. Das Spiel ist wohl auch unter den Namen Bretling oder Krimpelspiel bekannt gewesen.

In der Lösung dieser Aufgabe sind unwesentliche Kürzungen vorgenommen.

7) *Zu den Bemerkungen auf den S. 206, 208, 210.* In der Bemerkung auf S. 48 ist die Abweichung des Werthes $\frac{3}{32} a$ vom wahren Werthe etwas grösser als *Bernoulli* angiebt, nämlich gleich $0.000\,000\,032\,a$; in der Bemerkung auf S. 50 ist für die Abweichung vom wahren Werthe der richtige Werth $0.00\,001\,(a+b)$ angegeben. Die Abweichung des Werthes $\frac{33}{160}(a+b+c)$ vom wahren Werthe ist in der Bemerkung auf S. 52 mit $0.0001\,(a+b+c)$ etwas zu gross angegeben, da sie nur gleich $0.000\,065$ ist.

8) *Zu S. 210.* Bringt man die für $m$ bei zwei, drei und vier Häufchen gefundenen Werthe nicht auf ihre einfachsten

Wahrscheinlichkeitsrechnung (Ars conjectandi) 307

Formen, sondern schreibt man dieselben so hin, wie sie entstehen, so erkennt man leicht das Gesetz, nach welchem diese Werthe gebildet sind, und kann dann den Werth von $m$ für eine beliebige Anzahl $h$ von Häufchen hinschreiben. Für zwei, drei und vier Häufchen hat $m$ bez. die Werthe:

$$m = \left\{\binom{4}{2}\binom{g}{1} + \frac{1}{2}\binom{4}{1}^2\binom{g}{2}\right\} : \binom{4g}{2},$$

$$m = \left\{\left[\binom{4}{3}\binom{g}{1} + \binom{4}{2}\binom{4}{1}\binom{g}{2}\right] + \frac{2}{3}\left[\binom{4}{1}\binom{4}{2}\binom{g}{2} + \binom{4}{1}^3\binom{g}{3}\right]\right\} : \binom{4g}{3},$$

$$m = \left\{\begin{array}{l}\left[\binom{4}{4}\binom{g}{1} + \binom{4}{3}\binom{4}{1}\binom{g}{2} + \binom{4}{2}^2\binom{g}{2} + \binom{4}{2}\binom{4}{1}^2\binom{g}{3}\right] \\ + \frac{3}{4}\left[\binom{4}{1}\binom{4}{3}\binom{g}{2} + 2\binom{4}{1}^2\binom{4}{2}\binom{g}{3} + \binom{4}{1}^4\binom{g}{4}\right]\end{array}\right\} : \binom{4g}{4}.$$

Hierbei giebt in den Binomialcoefficienten $\binom{g}{\tau}$ die untere Zahl $\tau$ stets an, wieviele verschiedene Werthe die untersten Blätter der $h$ Häufchen ($h = 2, 3, 4$) zeigen. Die Anzahl der vor $\binom{g}{\tau}$ stehenden Binomialcoefficienten $\binom{4}{h_\varrho}$ ist stets gleich $\tau$, die Summe der unteren Zahlen $h_\varrho$ in denselben ist gleich $h$ und die Zahlen $h_\varrho$ geben an, dass die unteren Karten von $h_\varrho$ Häufchen gleichen Werth haben. Ferner sind diese Binomialcoefficienten in den obigen Ausdrücken so geordnet, dass, wenn $\varrho > \sigma$ ist, der voranstehende Binomialcoefficient $\binom{4}{h_\varrho}$ von den $h_\varrho$ Häufchen herrührt, deren unterste Karten niedrigeren Werth haben als die untersten Karten der $h_\sigma$ Häufchen, welche dem nachfolgenden Binomialcoefficienten $\binom{4}{h_\sigma}$ entsprechen. Der Bankhalter kann nun sein Amt überhaupt nur verlieren, wenn $h_1 = 1$ ist, und zwar kann ihm diese Karte des niedrigsten Werthes nur in einem Falle und seinen Gegnern in $h - 1$ Fällen zufallen.

Nach diesen Bemerkungen ergiebt sich ohne weiteres die folgende Regel, um den Werth von $m$ für eine beliebige Anzahl $h$ ($h = 2, 3, \ldots, 4g$) von Häufchen zu finden:

Man zerlege $h$ auf alle möglichen Arten so in positive Summanden:

$$h = h_1 + h_2 + \cdots + h_\tau,$$

dass keiner derselben grösser als 4 ist, und kein vorangehender Summand grösser als ein folgender ist; $\tau$ ist für die einzelnen Zerlegungen verschieden und $\leq g$. Dann bestimme man die Anzahl $p_\tau$ aller Permutationen der Elemente $h_1, h_2, \ldots, h_\tau$. Kommt unter diesen Elementen die 1 vor, so ermittele man noch die Zahl $\pi_\tau$ der Permutationen, deren erstes Element 1 ist; $\pi_\tau$ ist gleich 0 zu setzen, wenn kein Element den Werth 1 hat. Dann ist die Hoffnung des Bankhalters, sein Amt zu behalten:

$$m = \left\{ \begin{array}{l} \sum (p_\tau - \pi_\tau) \binom{4}{h_1}\binom{4}{h_2} \cdots \binom{4}{h_\tau}\binom{g}{\tau} \\ + \frac{h-1}{h} \sum \pi_\tau \binom{4}{h_1}\binom{4}{h_2} \cdots \binom{4}{h_\tau}\binom{g}{\tau} \end{array} \right\} : \binom{4g}{h},$$

$$= \left\{ \sum \left(p_\tau - \frac{1}{h}\pi_\tau\right) \binom{4}{h_1}\binom{4}{h_2} \cdots \binom{4}{h_\tau}\binom{g}{\tau} \right\} : \binom{4g}{h},$$

wo die Summe über alle Zerlegungen von $h$ zu erstrecken ist. Da $n = 1 - m$ ist, so ist damit auch das Verhältniss $m : n$ bestimmt. Ist $h = 4g - 2$, $4g - 1$ oder $4g$, so kann der Bankhalter sein Amt nie verlieren.

Die Formel lässt sich sofort noch verallgemeinern auf Kartenspiele, welche nicht aus vier, sondern aus $f$ verschiedenen Farben bestehen. Man hat in der obigen Formel dann 4 nur durch $f$ zu ersetzen und die Zahl $h$ auf alle Arten so in Summanden zu zerlegen, dass keiner derselben grösser als $f$ ist. Beachtenswerth ist die unmittelbar sich ergebende Beziehung:

$$\sum p_\tau \binom{f}{h_1}\binom{f}{h_2} \cdots \binom{f}{h_\tau}\binom{g}{\tau} = \binom{fg}{h}.$$

**9)** *Zu S. 210.* *Joseph Sauveur* (1653—1716) hatte im Journal des Sçavans von 1679 die Resultate seiner Untersuchungen über die damals gebräuchlichsten Glücksspiele veröffentlicht und dadurch die Aufmerksamkeit des königlichen Hofes auf sich gelenkt, sodass er seine Ergebnisse Ludwig XIV. vortragen musste und dann Hofmeister des Dauphin wurde.

*Bernoulli* übertreibt offenbar ein wenig, wenn er behauptet, dass die Tafeln von *Sauveur* an nicht wenigen Stellen der Verbesserung bedürfen. *Todhunter* hat nämlich *Bernoulli's* Tafel mit der von *Sauveur* in der Amsterdamer Ausgabe des Journal des Sçavans verglichen und giebt an, dass die ersten fünf Reihen, welche gerade die wesentlichen sind, in beiden Tafeln völlig mit einander übereinstimmen und nur die sechste Reihe, welche einfach durch Subtraction der zweiten von der fünften Reihe entstanden ist, bei *Sauveur* Irrthümer aufweist.

**10) Zu S. 220 und den folgenden.** Die Bezeichnung der einzelnen Gewinnhoffnungen mit $h_{n-1}$, $h_{n-2}$, ... findet sich in dem Originale nicht, empfahl sich aber hier, um eine prägnantere Darstellung der Lösung zu erreichen. —

Wählt man in der Figur auf S. 65 die Linie $GH$ als $x$-Axe und $GF$ als $y$-Axe, so ist die Gleichung der Curve:

$$y = (a - mb)\left(\frac{a}{c}\right)^x.$$

Nach Construction verhält sich aber

$$DB : BA = EN : NF,$$

woraus, wenn man für $DB$ und $EN$ mit Hülfe der Gleichung der Curve die Werthe berechnet und $BA = b$ setzt, folgt:

$$1 : b = \frac{\log(a - mb + NF) - \log(a - mb)}{\log a - \log c} : NF,$$

$$\frac{NF}{b} = \frac{\log(a - mb + NF) - \log(a - mb)}{\log a - \log c}.$$

Durch Vergleich mit der Formel für $n$ erhält man also

$$NF = nb = n,$$

d. h. $NF$ ist gleich $n$, wenn $AB$ als Längeneinheit benutzt wird. —

Die Bemerkungen auf S. 66 lassen sich folgendermaassen beweisen. Bezeichnet man die Gewinnhoffnung des Titius bei fest gegebenen Werthen $a$, $b$, $c$, $m$ und veränderlichem Werthe $n$ mit $H(n)$, so ist, wie aus der Formel aus S. 64 sofort folgt:

$$H(m-1) = H(m) = m - \frac{a}{b} + \frac{c^m}{a^{m-1}b}.$$

Setzt man in $H(n)$ nun $n = m + \varepsilon$, wo $\varepsilon$ alle positiven
ganzen Zahlen und die negativen Zahlen $-2, -3, \ldots,$
$-m+1$ durchläuft, so folgt:

$$H(n) = H(m+\varepsilon) = H(m) - \left(\frac{c}{a}\right)^m \left\{\frac{a}{b}\left[1 - \left(\frac{c}{a}\right)^\varepsilon\right] - \varepsilon\left(\frac{c}{a}\right)^\varepsilon\right\}.$$

Es ist nun nachzuweisen, dass für alle in Betracht kommenden
Werthe von $\varepsilon$ der Klammerausdruck, welcher mit $K$ bezeichnet
werde, positiv ist. Für positive Werthe von $\varepsilon$ ist

$$K = \frac{a}{b}\left[\left(\frac{b+c}{a}\right)^\varepsilon - \left(\frac{c}{a}\right)^\varepsilon\right] - \varepsilon\left(\frac{c}{a}\right)^\varepsilon$$

$$= \frac{a}{b}\sum_{\varrho=0}^{\varrho=\varepsilon-2}\binom{\varepsilon}{\varrho}\left(\frac{b}{a}\right)^{\varepsilon-\varrho}\left(\frac{c}{a}\right)^\varrho + \varepsilon\left(\frac{c}{a}\right)^{\varepsilon-1} - \varepsilon\left(\frac{c}{a}\right)^\varepsilon$$

$$= \frac{a}{b}\sum_{\varrho=0}^{\varrho=\varepsilon-2}\binom{\varepsilon}{\varrho}\left(\frac{b}{a}\right)^{\varepsilon-\varrho}\left(\frac{c}{a}\right)^\varrho + \varepsilon\frac{b}{a}\left(\frac{c}{a}\right)^{\varepsilon-1},$$

also stets positiv. Durchläuft $\varepsilon$ die negativen Werthe, so setzt
man $\varepsilon = -\eta$, wo $\eta = 2, 3, \ldots, m-1$ zu setzen ist, und
erhält

$$K = \frac{a}{b}\left[1 - \left(\frac{a}{c}\right)^\eta\right] + \eta\left(\frac{a}{c}\right)^\eta$$

$$= \frac{a}{b}\left[1 - \left(1 + \frac{b}{c}\right)^\eta\right] + \eta\frac{a}{c}\left(1 + \frac{b}{c}\right)^{\eta-1}$$

$$= -\frac{a}{c}\sum_{\varrho=1}^{\varrho=\eta}\binom{\eta}{\varrho}\left(\frac{b}{c}\right)^{\varrho-1} + \eta\frac{a}{c}\sum_{\varrho=1}^{\varrho=\eta}\binom{\eta-1}{\varrho-1}\left(\frac{b}{c}\right)^{\varrho-1}$$

$$= \frac{a}{c}\sum_{\varrho=1}^{\varrho=\eta}\binom{\eta}{\varrho}(\varrho - 1)\left(\frac{b}{c}\right)^{\varrho-1},$$

also für alle in Betracht kommenden Werthe von $\eta$ ebenfalls
positiv. Folglich hat $H(n)$ seine grössten Werthe für $n = m-1$
und $n = m$, und je grösser $\varepsilon$, bez. $\eta$ ist, um so grösser ist $K$.
Damit sind die drei ersten Bemerkungen bewiesen. Die
Richtigkeit der vierten Bemerkung ist aber ohne weiteres klar.

---

11) *Zu S.237.* *John Owen* wurde 1563 in Caernarranshire
geboren, studirte die Rechte in Oxford, wurde 1594 Leiter

der Schulen in Warwick und starb 1622 in London. Bekannt geworden ist er durch seine Epigramme, welche er in glücklicher Weise *Martial* nachahmte. Diese Epigrammsammlung scheint sich — nach der grossen Zahl von Auflagen, welche sie erlebt hat — grosser Beliebtheit erfreut zu haben; mir lagen nicht weniger als fünf Auflagen aus den Jahren 1617, 1620, 1628, 1647 und 1679 vor. Die Sammlung besteht aus drei Büchern, aus einem einzelnen Buche, in welchem das von *Bernoulli* citirte Epigramm mit der Ueberschrift: »Sapientia duce, comite Fortuna. In Ancum« zu finden ist, und aus nochmals zweimal drei Büchern Epigrammen. Da ein Epigramm eine Spitze gegen Rom enthielt, so wurde die Sammlung von der römischen Kirche auf den Index gesetzt.

12) *Zu S. 243.* *Lambert* erhebt in den Mémoires de l'Acad. de Berlin von 1797 folgenden Einwand gegen die Richtigkeit der Formel. Ist $q = 0$, so beweist der eine Beweisgrund streng das Gegentheil der Sache, da die Anzahl $p$ aller Fälle dann übereinstimmt mit der Anzahl $r$ aller das Gegentheil beweisenden Fälle. Mithin muss die Wahrscheinlichkeit der Sache gleich Null sein, da ihr Gegentheil absolut sicher ist; die Formel liefert aber nicht diesen Werth, sondern lässt noch die Wahrscheinlichkeit

$$1 - \frac{cfi}{adg}$$

übrig. Der Einwand scheint mir jedoch nicht zulässig zu sein. Ist $q = 0$ oder $t = 0$, d. h. ist das Gegentheil der Sache absolut sicher, so können die reinen Beweisgründe daran nichts ändern, sondern werden durch den betreffenden gemischten Beweisgrund völlig entkräftet und müssen daher unberücksichtigt bleiben. Folglich ist nicht die Formel unter (6), sondern die unter (4) anzuwenden, welche den richtigen Werth 0 für die Wahrscheinlichkeit der Sache ergiebt. Folglich sind die Werthe $q = 0$ oder $t = 0$ unter (6) auszuschliessen. Dagegen sind, die Werthe $r = 0$ und $n = 0$ zulässig, da dann die reinen Beweisgründe die gemischten noch unterstützen, und in der That liefert die Formel unter (6) für $r = 0$ oder $n = 0$ den richtigen Werth 1.

13) *Zu den S. 248 und 249.* Dieses Werk, dessen vollständiger Titel lautet: »La logique ou l'art de penser, contenant outre les règles communes plusieurs observations nouvelles, propres à former le jugement«,

erschien anonym im Jahre 1664 in Paris; lateinische Uebersetzungen erschienen 1666 in Utrecht, 1704 und 1708 in Halle. Eine neue französische Ausgabe mit Anmerkungen und Zusätzen gab Alfred Fouillée (Paris 1879) heraus. Wie man heute weiss, ist dieses Werk, welches gewöhnlich als »La logique de *Port Royal*« bezeichnet wird, von *Antoine Arnauld*, *Peter Nicole* und vielleicht unter Mithülfe noch anderer Jansenisten vom Kloster Port Royal, mit Benutzung einer Abhandlung von *Pascal* verfasst. Sie vereinigt die Aristotelischen Lehren mit Principien von *Descartes*, und es beginnt mit ihr eine zweite Epoche in der Geschichte der Logik, welche bis zu ihrem Erscheinen trotz zahlreicher Bearbeitungen keinen wesentlichen Fortschritt seit *Aristoteles* aufzuweisen hatte. Noch heute ist das Werk nicht antiquirt. Vgl. *F. Ueberweg*, **Grundriss der Geschichte der Philosophie der Neuzeit, 1. Band (8. Auflage** von *M. Heinze*, Berlin 1896) und *E. Reinhold*, **Geschichte der Philosophie nach den Hauptmomenten ihrer Entwickelung. 1. Band** (5. Auflage. Jena 1859). In dem letzteren Werke findet sich eine ausführlichere Inhaltsangabe auf den Seiten 125 und 126. —

Hier sind noch zwei zu *Bernoulli*'s Lebzeiten erschienene Abhandlungen zu nennen, in welchen eine empirische Bestimmung von Wahrscheinlichkeiten versucht worden war. Beide Arbeiten enthalten Anläufe zur Aufstellung von Sterblichkeitstafeln. *Bernoulli* hat beide Arbeiten nicht kennen gelernt; das Erscheinen der zuerst zu nennenden Arbeit hatte er zwar erfahren, konnte aber dieselbe nicht erhalten, wie aus seinem Briefwechsel mit *Leibniz* hervorgeht; von der anderen Arbeit hat er aber wahrscheinlich gar nichts gehört. Die beiden Abhandlungen sind »**Waerdye van lyfrenten nar proportie van losrenten**« von dem berühmten Grosspensionär *Johann de Witt* (ermordet 1672 bei einem Aufstande), welche 1671 im Haag erschienen und 1879 nach dem sehr selten gewordenen Originale neugedruckt ist, und »**An Estimate of the Degrees of the Mortality of Mankind, drawn from curious Tables of the Births and Funerals at the City of Breslaw; with an Attempt to ascertain the Price of Annuities upon Lives**« von dem bekannten englischen Astronom *Edmund Halley* (1656—1742), welche 1693 in den Philosophical Transactions erschienen ist.

*Johann de Witt* nimmt an, dass ein Mensch, welcher zwischen 4 und 54 Jahren alt ist, die gleiche Wahrscheinlichkeit habe, in dem nächstfolgenden Jahre leben zu bleiben oder zu sterben, dass aber das Verhältniss zwischen den Wahrscheinlichkeiten für Sterben und Leben in dem nächsten Jahre für die Lebensalter von 54—64, 64—74 und 74—81 Jahren bez. gleich $\frac{3}{2}$, 2, 3 sei und dass im Durchschnitt niemand das 81 Jahr überschreite. Eine Rechtfertigung dieser Annahmen giebt *de Witt* nicht.

*Edmund Halley* legt seiner Abhandlung, von welcher *Cantor* (a. a. O., Bd. 3, S. 46) sagt, dass sie »auf verhältnissmässig kleinem Raume eine grosse Menge der fruchtbarsten Gedanken mehr angedeutet als entwickelt« enthält, die Annahme zu Grunde, dass die Bevölkerungsziffer stationär sei, d. h. jährlich ebenso viele Geburten als Todesfälle vorkommen, und dass jedes Jahr gleichviele Todesfälle in einem bestimmten Alter eintreten. *Halley* war auf Grund von Geburts- und Todeslisten der Stadt Breslau, welche für die 5 Jahre 1687—1691 veröffentlicht worden waren, zu seinen Annahmen geführt worden. 6193 Geburten standen 5869 Todesfällen gegenüber; der jährliche Ueberschuss der Geburten beträgt also ungefähr 64, konnte aber schwerlich eine Zunahme der Bevölkerungsziffer hervorbringen, da ungefähr ebenso viele Erwachsene jährlich zum Kriegsdienste ausgehoben wurden. Nach *Halley*'s Annahmen stellt also die Todesliste eines Jahres zugleich eine Sterblichkeitstafel dar. Seine so erhaltene Sterblichkeitstafel benutzt er dann zur Beantwortung verschiedener Fragen über Lebenswahrscheinlichkeiten, welche er in die Wissenschaft eingeführt hat und welche Wahrscheinlichkeiten a posteriori sind. Die Annahme einer stationären Bevölkerungsziffer ist aber durch die Volkszählungen als falsch nachgewiesen worden. [Vgl. *Cantor*, a. a. O., Bd. 3, S. 45—49 und die »Politische Arithmetik« desselben Verfassers (Leipzig, 1898), in welcher sich auf S. 87 u. folg. eine kurze Uebersicht der Weiterentwickelung dieser Fragen findet.]

14) *Zu S. 250.* Dass gegen *Bernoulli*'s gewaltige Ideen Einwände erhoben wurden, kann nicht Wunder nehmen, eher freilich, dass sie von *Leibniz* herrührten, und ihn wird *Bernoulli* hauptsächlich im Auge gehabt haben, wenn er an dieser Stelle die Einwände anführt und sie widerlegt. Denn alle diese Einwände hatte *Leibniz* brieflich erhoben, nachdem ihm *Bernoulli* seine Ideen mitgetheilt hatte. Das Beispiel der *Ludolph*'schen Zahl lässt *Leibniz* nicht gelten, da bei dieser Zahl jede neue Decimalstelle eine grössere

Annäherung bringe, während man aber von jeder neuen Erfahrung nicht wisse, ob sie die frühere Annahme um so richtiger erscheinen lasse. Im letzten Briefe geht *Bernoulli* auf eine weitere Vertheidigung seiner Wahrscheinlichkeit a posteriori gar nicht ein, sondern bittet nur um Zusendung der Abhandlung von *de Witt*. —

*Archimedes* (ca. 287—212 v. Chr.) schloss $\pi$ zwischen die Grenzen $3\frac{1}{7}$ und $3\frac{10}{71}$ ein, *Adriaen Anthonisz* mit dem Beinamen *Metius* (1527—1607) gab die Grenzwerthe $3\frac{15}{106}$ und $3\frac{17}{120}$, aus denen er durch Addition der Zähler und der Nenner den auf 6 Decimalstellen genauen Werth von $\pi$ erhielt:

$$\pi = 3\,\frac{15 + 17}{106 + 120} = 3\tfrac{16}{113} = 3{,}141\,592\ldots$$

*Ludolph van Ceulen* (1540—1610) berechnete $\pi$ auf 35 Decimalstellen genau. *Bernoulli* hätte hier noch verschiedene andere Autoren mit dem gleichen Rechte wie *Metius* anführen können. (Vgl. *Cantor* a. a. O., Bd. 2, S. 549 u. folg.)

**15) Zu S. 253.** Die sämmtlichen Kapitel dieses vierten Abschnittes sind wortgetreu wiedergegeben, um *Bernoulli*'s Gedanken auch nicht im geringsten zu verändern. Nur in formaler Beziehung habe ich in den Beweisen der Hülfssätze (3), (4) und (5) kleine Aenderungen vorgenommen, welche die Uebersichtlichkeit derselben wesentlich erleichtern dürften, und welche vornehmlich in der Ersetzung von $L$ und $A$ (ohne Index) durch die mit Indices versehenen Buchstaben $L_n$ und $R_n$ und der Ersetzung von Worten durch Formeln bestehen. *Bernoulli* ist, da ihm eine geeignete Bezeichnung mangelt, oft gezwungen, weitläufig und schwer verständlich mit Worten Schlüsse beschreiben zu müssen, welche sich durch Formeln knapp und übersichtlich darstellen lassen.

**16) Zu S. 256.** *Bernoulli* verwendet statt $\pm$ und $\mp$ die Zeichen ♄ und ♃, welche sich in dieser Bedeutung sonst bei keinem Mathematiker zu finden scheinen. *Leibniz* hat zwar das letztere Zeichen in seiner Characteristica geometrica von 1679 benutzt; dort bedeutet es aber congruent.

Dass $\dfrac{M}{L_n}$ und $\dfrac{M}{R_n}$ für $n = \infty$ unendlich grosse Werthe haben, lässt sich mit Hülfe der Ungleichungen (auf S. 96): $(nr + 1)\,s > nsr, \ldots, (ns + 1)\,r > nrs, \ldots$ leicht und streng zeigen; *Bernoulli*'s hierfür (auf S. 98) gegebener

Beweis ist mindestens in formaler Beziehung unbefriedigend. Der in der Anmerkung (S. 100 u. folg.) gegebene Beweis der Hülfssätze (4) und (5) ist dagegen völlig streng.

**17) Zu S. 263.** Unter **Wahrscheinlichkeitsgrad** eines Ereignisses versteht also *Bernoulli* die Zahl der demselben günstigen Fälle. Dagegen gebraucht er nirgends für den Quotienten aus der Anzahl der günstigen Fälle dividirt durch die Anzahl aller möglichen Fälle den jetzt allgemein üblichen Ausdruck **Wahrscheinlichkeit** des betreffenden Ereignisses, sondern stets **Hoffnung**, indem er das zu erwartende Ereigniss gleich 1 setzt. **Hoffnung** hat also bei *Bernoulli* ganz die jetzige Bedeutung.

*Bernoulli*'s Beweis seines Satzes ist vollkommen streng und hat vor allen später gegebenen kürzeren Beweisen, welche die *Stirling*'sche Formel: $n! = n^n e^{-n} \sqrt{2\pi n}$ ($n$ eine sehr grosse Zahl) benutzen, den Vorzug, dass in ihm nur elementare Hülfsmittel und Betrachtungen verwendet werden.

In den Lehrbüchern der Wahrscheinlichkeitsrechnung ist als *Bernoulli*'sches Theorem gewöhnlich nicht das ursprüngliche Theorem, wie es sich auf S. 104 findet, angeführt, sondern das folgende, welches eine Umkehrung des ursprünglichen vorstellt:

»Sind $p$ und $q$ die einfachen und constanten Wahrscheinlichkeiten zweier entgegengesetzten Ereignisse $A$ und $B$ (also $p + q = 1$ und also $p = \dfrac{r}{t}$, $q = \dfrac{s}{t}$ in der *Bernoulli*'schen Bezeichnung), so ist die Wahrscheinlichkeit dafür, dass das Ereigniss $A$ in einer sehr grossen Anzahl $\mu$ von Versuchen in einer zwischen $\mu p + \lambda$ und $\mu p - \lambda$ liegenden unbekannten Anzahl $m$ von Malen eintrifft, gleich

$$W = \sum_{\varrho=\mu p-\lambda}^{\varrho=\mu p+\lambda} \frac{\mu!}{\varrho!\,(\mu-\varrho)!} p^\varrho q^{\mu-\varrho},$$

oder es ist $W$ die Wahrscheinlichkeit, dass die Abweichung $\dfrac{m}{\mu} - p$ zwischen $-\dfrac{\lambda}{\mu}$ und $+\dfrac{\lambda}{\mu}$ enthalten ist.«

Wenn sich diese Umkehrung des *Bernoulli*'schen Theorems auch nicht im Originale der Ars conjectandi in dieser Formulirung findet, so ist der Ausdruck für die Wahrscheinlichkeit $W$ in *Bernoulli*'s Beweise seines Satzes (S. 105) implicite enthalten, wenn auch nicht als Formel geschrieben. Aus dem Kapitel IV geht aber deutlich hervor, dass *Bernoulli* gerade die Bedeutung dieser Umkehrung voll erkannt hat, welche erst die Anwendung der Wahrscheinlichkeitsrechnung auf alle verschiedenen Gebiete des täglichen Lebens ermöglicht hat und es rechtfertigt, wenn man sich durch zahlreich wiederholte Beobachtungen Klarheit über ein Ereigniss und die es bestimmenden Ursachen verschaffen will. Die ganze Statistik hat erst durch dieses Gesetz ihre wissenschaftliche Grundlage erhalten. Sicher hatte *Bernoulli* diese weiteren Untersuchungen in den fehlenden Kapiteln des IV. Theiles durchzuführen beabsichtigt.

An diesen Summenausdruck knüpft die analytische Weiterentwickelung des *Bernoulli*'schen Theorems an, um welche sich *de Moivre* und *Laplace* die hervorragendsten Verdienste erworben haben. Letzterem verdankt der Ausdruck für die Wahrscheinlichkeit $W$ seine heutige Integralform:

$$W = \frac{2}{\sqrt{\pi}} \int_0^\gamma e^{-\xi^2} d\xi + \frac{e^{-\gamma^2}}{\sqrt{2\pi\mu p q}},$$

wo

$$\gamma = \frac{\lambda}{\sqrt{2\mu p q}}$$

ist. Wie *Eggenberger* neuerdings in den Mittheilungen der naturforschenden Gesellschaft in Bern aus dem Jahre 1893, S. 110—181 (Beiträge zur Darstellung des *Bernoulli*'schen Theorems, der Gammafunction und des *Laplace*'schen Integrals) gezeigt hat, lässt sich die Restfunction noch mit dem Integrale vereinigen in der Form:

$$W = \frac{2}{\sqrt{\pi}} \int_0^\delta e^{-\xi^2} d\xi,$$

wo jetzt aber

$$\delta = (\lambda + \tfrac{1}{2}) \sqrt{\frac{1}{2\mu p q}}$$

ist. Dort findet sich auch eine historische Untersuchung über die analytische Entwickelung des *Bernoulli*'schen Theorems, in welcher vor allem die Verdienste von *de Moivre* und die indirecte Mitwirkung von *Stirling* gewürdigt werden. Leider ist die Darstellung nicht klar und übersichtlich.

Während also die obige Umkehrung des *Bernoulli*'schen Theorems in den Lehrbüchern der Wahrscheinlichkeitsrechnung gewöhnlich als *Bernoulli*'sches Theorem selbst bezeichnet wird, findet man als Umkehrung desselben ein anderes Theorem, den Satz von *Bayes* bezeichnet: »Bezeichnen $x$ und $1-x$ die unbekannten Wahrscheinlichkeiten zweier entgegengesetzten Ereignisse $A$ und $B$, und ist in einer sehr grossen Anzahl $\mu = a + b$ von Versuchen das Ereigniss $A$ $a$-mal, das Ereigniss $B$ $b$-mal eingetroffen, so liegt der Werth von $x$ mit der Wahrscheinlichkeit

$$W = \frac{2}{\sqrt{\pi}} \int_0^c e^{-\xi^2} d\xi$$

zwischen den Grenzen

$$\frac{a}{\mu} \pm c \sqrt{\frac{2ab}{\mu^3}}.\text{«}$$

Für das Integral $W$ sind Tafeln berechnet, aus denen man den Werth von $W$ für jeden Werth von $c$ entnehmen kann, und welche in jedes grössere Lehrbuch der Wahrscheinlichkeitsrechnung aufgenommen sind. —

Das *Bernoulli*'sche Theorem wird häufig auch als das Gesetz der grossen Zahlen bezeichnet, welcher Name von *Poisson* (Recherches sur la probabilité, Paris 1837) herrührt.

In historischer Beziehung sei noch eine Aeusserung *Cardano*'s angeführt, welche an das *Bernoulli*'sche Theorem denken lässt. *Cardano* in seinem Buche De ludo aleae sagt, dass man im Verhältnisse $1 : (2^n - 1)$ darauf wetten könne, $n$-mal nach einander gerade Zahlen zu werfen, und dass bei unendlicher Anzahl der Würfe das Ergebniss mit der Erfahrung übereinstimmen werde, denn die Länge der Zeit sei es, welche alle Möglichkeiten zeigt (Vgl. die citirte Aeusserung und eine zweite ähnlichen Sinnes bei *Cantor*, a. a. O., Bd. 2, S. 495).

**18) *Zu S. 265*.** Wahrscheinlich hat *Bernoulli* das sogenannte grosse Weltjahr im Auge, nach dessen Ablauf alle Dinge wiederkehren sollen. Das von ihm gebrauchte Wort apocatastasis scheint sich bei *Plato* nicht zu finden, sondern nur in der pseudoplatonischen Schrift Axiochos vorzukommen.

Die Lehre von dem Kreislaufe aller Dinge war im Alterthume sehr verbreitet und findet sich schon bei *Herakleitos* von Ephesus und *Empedokles*; besonders entwickelt wurde sie von den Stoikern, wofür sich zahlreiche Belege bei *Zeller*, **Philosophie der Griechen** (Bd. 3, Theil 1, S. 141) finden.

---

**19)** *Zu S. 266.* Der Brief über das Ballspiel bietet, abgesehen von seiner mathematischen Bedeutung, insofern noch besonderes Interesse dar, als die in ihm entwickelten Methoden und Resultate fast ohne weiteres auf das jetzt sehr beliebte **Lawn-Tennis** übertragen werden können; man hat nur die einzige Modification einzuführen, dass bei diesem jede Partie aus 6 Spielen besteht. Zum Theil können die Untersuchungen principielle Fragen des **Lawn-Tennis** entscheiden, weshalb die Resultate jeden **Lawn-Tennis**-Spieler interessiren müssen, selbst wenn er nicht im Stande ist, die mathematischen Entwickelungen zu verstehen. Die Paragraphen XVIII und XXI sind dabei auszuschalten, da die Bisques und die Schassen beim Lawn-Tennis abgeschafft sind.

Der deutschen Wiedergabe dieses Briefes stellten sich nicht unbedeutende Schwierigkeiten entgegen, welche einerseits bereitet wurden von den französischen Spielausdrücken, um derenwillen nur *Bernoulli* den Brief in französischer Sprache geschrieben hatte, und andrerseits von der Unkenntniss der Spielregeln, welche *Bernoulli* zu seiner Zeit als wohlbekannt voraussetzen durfte, während es heute viel Mühe verursacht, sie überhaupt kennen zu lernen.

In ersterer Hinsicht habe ich mir dadurch geholfen, dass ich die von *R. v. Fichard* in seinem »**Handbuche des Lawn-Tennis-Spieles**« (Baden-Baden, 1895) für dieses Spiel eingeführten deutschen Spielausdrücke benutzte, was schon deshalb gerechtfertigt war, weil das moderne **Lawn-Tennis** von dem viel complicirteren und schwierigeren **jeu de Paume** abstammt. Für die Spielregeln und alles, was sonst mit dem **jeu de Paume** zusammenhängt, fand ich ausser dem eben genannten Buche als Quellen: »**Le jeu de Paume, son histoire et sa description**«, herausgegeben von *Édouard Fournier* (Paris 1862) und »**die Kunst der Ball- und Raquettenmacher und vom Ballspiele**« (Uebersetzung einer von *Garsault* herrührenden Abhandlung) in dem Werke **Schauplatz der Künste und Fertigkeiten**, übersetzt und herausgegeben von *D. G. Schreber*, 7. Band, S. 225—276 (Leipzig u. Königsberg 1768). Auch das *Fournier*'sche Buch enthält als wesentlichen Theil die Abhandlung l'art du paumier-Raquetier et de la Paume von *Garsault* aus dem Jahre 1767, welche jetzt sehr selten geworden ist. Die Darstellung in den beiden letztgenannten Büchern ist leider ziemlich unklar und schwer verständlich.

Das Paume genannte Ballspiel ist seit dem 13. Jahrhundert bekannt und erfreute sich in den folgenden Jahrhunderten bis zur französischen Revolution grosser Beliebtheit, hauptsächlich in den vornehmen Kreisen. Das Spielen war nicht nur sehr theuer, da um hohe Summen gespielt wurde und die Miethe für das Ballhaus eine hohe war, sondern erforderte viele Uebung und also sehr viel Zeit. Darin aber liegt der Grund, dass unser Jahrhundert keinen günstigen Boden für das Spiel darbot und dasselbe jetzt nur ganz selten noch gepflegt wird. Der Name des Spieles rührt davon her, dass der Ball ursprünglich mit der flachen Hand (palma) geschlagen wurde; erst vom 15. Jahrhundert an bediente man sich dazu des Schlägers (racket, raquette).

Ursprünglich wurde das Spiel im Freien oder in unbedeckten Räumen gespielt; vom 14. Jahrhundert an baute man Ballspielhäuser oder Ballhäuser (tripots, später jeux genannt), welche in grosser Zahl (1657 zählte man in Paris 114) entstanden und von denen das in Versailles durch die Sitzung der Nationalversammlung vom 20. Juni 1789 zu historischer Berühmtheit gelangte. Durch diese Ballhäuser wurde das Spiel von der Witterung unabhängig und erlangte, vornehmlich durch Mitbenutzung der Wände bis zu einer bestimmten Höhe, ausserordentliche Mannigfaltigkeit und Abwechslung. Man unterschied die Ballhäuser in jeux carrés und in jeux du dedans oder du tambour. Die auf S. 162 stehende Figur giebt den Grundriss eines jeu du dedans. Die Umfassungsmauern, welche mindestens 7 Meter Höhe bis zum Dache hatten, umschlossen ein Rechteck von ca. 30 Meter Länge und 10 Meter Breite. In dieses waren an drei Seiten Wandelgänge von ca. 1$\frac{1}{2}$ Meter Breite eingebaut, deren vordere Wände etwas über 2 Meter Höhe hatten und welche von unter 45° nach dem Innern abfallenden Dächern bedeckt waren. Diese Wandelgänge hiessen Gallerien (kleine, grosse Gallerie und Gallerie du dedans) und umschlossen das eigentliche Spielfeld $FGMK$, welches durch das in ca. 1 Meter Höhe gespannte (Seil oder) Netz $AA'$ in

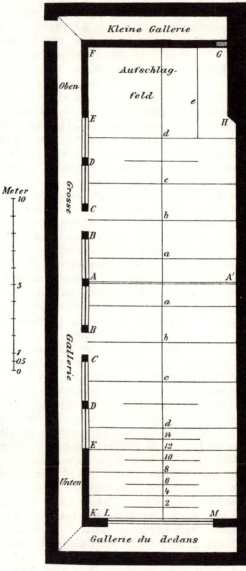

Fig. 2.

zwei gleiche Hälften getheilt wurde. Das Dach der grossen Gallerie wurde auf der Strecke $EE$ von den Säulen $A$, $B$, $C$, $D$ getragen, zwischen welchen sich die beiden Thüröffnungen $BC$ und die mit niedrigen Brüstungen versehenen fensterartigen Oeffnungen $AB$, $CD$, $DE$ (1., 2., 3. Oeffnungen genannt) befanden. Auch die Gallerie du dedans gestattete durch eine solche fensterartige Oeffnung $LM$ Einblick in das Ballhaus, während die kleine Gallerie keine derartige Oeffnung besass. In ihrer Vorderwand befand sich nur dicht unter dem Dache die kleinere rechteckige Oeffnung $G$, la grille genannt, von ca. $^3/_4$ Meter im Geviert. Solche kleinere Oeffnungen fanden sich oft noch mehrere vor und hiessen zusammen hasards. Hinter den grossen Oeffnungen der beiden andern Gallerien hielten sich die Zuschauer auf, welche durch Abschliessen von Wetten auf die Spieler eifrigst am Spiele theilnahmen. Die vorspringende Mauer $GH$ hiess le tambour und diente zur Erschwerung des Spieles. Das folgende Bild, welches eine Verkleinerung eines Kupferstiches aus dem »Schauplatze der Künste und Fertigkeiten« ist, gewährt einen Einblick in das Innere eines Ballhauses von der Gallerie du dedans aus, auf deren Brüstung der Korb mit den Spielbällen zu sehen ist, [und dürfte die vorstehenden Angaben wesentlich illustriren.

Fig. 3.

Die geschilderte Einrichtung eines Ballhauses unterlag bei den einzelnen Spielhäusern mannigfachen kleinen Abänderungen. Das jeu carré unterscheidet sich von dem jeu du dedans dadurch, dass die Gallerie du dedans und die Mauer

$GH$ (le tambour) fehlen, dafür aber mehrere derartige Oeffnungen wie die Grille vorhanden sind.

Auf dem Fussboden, welcher mit 90 Reihen quadratischer Steinplatten ausgelegt war, befanden sich eine Anzahl von schwarzen Linien. Eine der Längsseite parallele Linie halbirte das Spielfeld, ihr parallel war noch die Linie $e$, welche mit der Linie $d$ (dem Passestriche) im oberen Theile des Ballhauses das Aufschlagfeld abgrenzt. Sowohl in dem oberen Theile $AFGA'$, als auch in dem unteren Theile $AKMA'$ waren eine Anzahl von der Breitseite parallelen Linien $a$, $b$, $c$, $d$, 1, 2, ..., 14 gezogen, welche zum Markiren der Schassen, von denen weiter unten die Rede sein wird, dienten; solche Linien gab es im unteren Theile des Ballhauses mehr als im oberen (in dem Grundrisse sind nicht alle gezeichnet). —

Nahmen an dem Spiele 2 oder 4 Personen Theil, so vertheilten sie sich gleichmässig auf beide Seiten des Spielhauses; waren nur 3 Theilnehmer vorhanden, so spielten zwei oben und der dritte unten. Derjenige Spieler, welcher das Spiel zu beginnen und den Ball aufzuschlagen (den Service zu geben) hatte, stand unten im Ballhause. Sollte sein Aufschlageball gültig sein, so musste er über das Netz fliegen, auf das Dach der grossen Gallerie und nur auf dieses auftreffen und von diesem in das Aufschlagfeld $EFed$ hineinspringen; jeder andere Ball war ungültig. War dem Aufschläger der erste Ball missglückt, so durfte er noch einen Ball aufschlagen; erst wenn ihm auch dieser misslang, hatte er einen Gang verloren. Der Gegner hatte jeden gültigen Ball entweder im Fluge oder nach seinem ersten Aufsprunge zurückzuschlagen, worauf ihn der Aufschläger in gleicher Weise zurückspielen musste. Da hierbei der Ball auf die Gallerien, Dächer und Wände (bis zu einer bestimmten Höhe) aufprallen durfte, so boten sich die mannigfaltigsten Abwechslungen dar. Fehlte einer der Spieler den Ball, so wurde dadurch der Gang beendigt.

Die Anzahl der Spiele, aus denen eine Partie sich zusammensetzte, wechselte in den einzelnen Ländern im Laufe der Zeiten; gewöhnlich waren es 4, 6 oder 8 Spiele. Jedes Spiel wurde auf 60 Punkte gespielt, welche zu je 15 zusammengezählt wurden. Warum man gerade 15 zählte, ist schwer zu sagen; jedenfalls hing diese Zahl mit der Zahl der Felder zusammen, in welche Fussboden und Wände getheilt waren und deren man 15 auf jeder Seite des Netzes zählte.

Diese Zahlen waren bald einfach zu Namen geworden und man liess dann das Wort »Punkt« fort. Man zählte »15 zu 15« oder kurzweg »15 zu«, wenn jede Partei 15 Punkte, »30 zu 15«, wenn die eine Partei 30, die andere 15 Punkte gewonnen hatte, u. s. w. Wenn eine Partei vier Gänge gewonnen hatte, so war das Spiel von ihr gewonnen, ausser in dem Falle, dass die andere Partei 45 Punkte für sich zählte. Stand jedoch das Spiel auf »45 zu«, so musste eine Partei noch zwei Gänge hintereinander gewinnen, um das Spiel gewonnen zu haben. Statt »45 zu« zählte man »à deux« (englisch deuce), was ich durch das beim Lawn-Tennis übliche deutsche Wort »Einstand« wiedergegeben habe. Diejenige Partei, welche dann den nächsten Gang gewann, zählte »vor« für sich oder war »im Vortheil« (franz. avantage, engl. advantage). Gewann dieselbe Partei noch den nächsten Gang, so hatte sie, wie schon erwähnt, das Spiel gewonnen; verlor sie diesen aber, so zählten beide Parteien wieder Einstand.

Ging die Partie auf $m$ Spiele, so hatte die Partei gewonnen, welche zuerst $m$ gewonnene Spiele für sich zählte. Hatten aber beide Parteien je $m - 1$ Spiele gewonnen, so zählte man »*Spieleinstand*« (à deux de jeu). Diejenige Partei, welche das nächste Spiel gewann, zählte dann »*Spielvor*«; gewann sie auch das folgende Spiel, so war damit die Partie zu ihren Gunsten entschieden, andernfalls aber zählten beide Parteien wieder Spieleinstand.

Die in der unteren Hälfte des Ballhauses spielende Partei I, welche also den Aufschlag zu geben hatte, gewann 15 für sich, 1) wenn die Gegenpartei II den Ball in das Netz $AA'$, an die Decke oder in die Lichtöffnungen schlug, 2) wenn sie selbst eine Schass zog oder die Gegenpartei II sie nicht zog, 3) wenn es ihr gelang, den Ball in die letzte Oeffnung $DE$ auf der oberen Seite des Ballhauses oder in die Grille zu spielen, 4) wenn die Gegenpartei II den Ball nicht im Fluge oder nach dem ersten Aufsprunge und den Serviceball nicht nach dem ersten Aufsprunge zurückschlug; die oben spielende Partei II dagegen gewann 15 in den gleichen Fällen 1) und 2) wie vorher, 3) wenn es ihr gelang, den Ball in die Oeffnung du dedans $LM$ zu spielen, sie machte aber 4) nur eine Schass, wenn ihre Gegenpartei I den Ball nicht im Fluge oder nach dem ersten Aufsprunge zurückschlug. Von diesen Regeln fanden oft in dem oder jenem Punkte Abweichungen statt, welche hier aber kein Interesse darbieten.

Die oben spielende Partei II **machte eine Schass** (ital. caccia, franz. chasse), wie erwähnt, wenn die Gegenpartei I den Ball zweimal aufspringen oder sie den Ball in die letzte Oeffnung $DE$ der unteren Seite fliegen liess. Die Schass wurde ursprünglich da markirt, wo der Ball nach seinem zweiten Aufsprunge zu rollen aufhörte oder erjagt (cacciata, daher der Name) wurde; bald aber war es Regel geworden, sie an der Stelle des zweiten Aufsprunges zu markiren. Galten die vorstehenden Regeln, so fanden die Schassen nur unten im Ballhause statt und, um sie zu markiren, dienten die dem Netze parallelen Linien $a$, $b$, $c$, $d$, 1, 2, ..., 14 (man bezeichnete sie darnach als Schass der ersten, zweiten, Thür- und letzten Oeffnung und als Schass $\frac{1}{2}$, 1, 2, ..., 14). Mit der Schass hatte aber die Partei II, welche sie gemacht hatte, noch nicht 15 gewonnen, sondern sie musste nun die Schass vertheidigen, und die Gegenpartei I hatte die **Schass zu ziehen**. Der letzteren Partei gelang dies, wenn sie eine bessere Schass machte, indem sie ihren Schlag so einrichtete, dass der zweite Aufsprung des Balles jenseits des Ortes lag, an welchen die von der Partei II gemachte Schass markirt war. Die Partei II suchte ihrerseits das Ziehen der Schass dadurch zu verhindern, dass sie den Ball vor seinem zweiten Aufsprunge auffing oder wegschlug. Eine Schass war um so schwieriger zu gewinnen, je näher an der Gallerie du dedans sie gemacht war. Bevor die Schass gezogen wurde, wechselten beide Parteien ihre Plätze. Man liess aber die Partei II erst zwei Schassen machen, ehe die Plätze gewechselt und die Schassen von der Partei I zu ziehen versucht wurden; nur wenn die eine Partei 45 oder vor für sich zählte, wechselte man bereits nach einer gemachten Schass die Plätze. Hatte die Partei I die Schass richtig gezogen, so gewann sie 15; sie verlor aber 15, wenn die Partei II das Ziehen der Schass verhindert hatte. Hatte z. B. die Partei II zwei Schassen, die eine auf der Linie $d$, die andere auf der Linie 10 gemacht, so konnte die Partei I nur dann zweimal 15 gewinnen, wenn sie zwei bessere Schassen machte, z. B. in Bezug auf die erste Schass auf der Linie 14 oder zwischen 14 und $d$ und in Bezug auf die zweite auf der Linie 9 oder zwischen 9 und 10.

20) *Zu S. 275.* Die Tafel IV findet sich in dem Originale in etwas anderer Form, indem dort sämmtliche Zähler und Nenner ausgerechnet sind; weil dadurch die Tafel aber sehr

unübersichtlich ist, so habe ich die hier gegebene Form bevorzugt.

21) *Zu S. 280.* Wenn $A$ dem $B$ ein halb fünfundvierzig vorgiebt, so bedeutet dies, dass er dem $B$ entweder in den ungeradzahligen Spielen 45 und in den geradzahligen 30 vorgiebt oder umgekehrt; von beiden Arten kann sich $B$ die ihm passende nach Belieben auswählen. Ein halb dreissig bedeutet die Vorgabe von 30 in jedem zweiten Spiele und 15 in den dazwischen liegenden Spielen und ein halb funfzehn die Vorgabe von 15 in jedem zweiten Spiele und 0 in den anderen Spielen.

Bei Lawn-Tennis ist noch ein ganz ähnliches Vorgabesystem in Gebrauch.

22) *Zu S. 285.* Die von *Bernoulli* hier ausgesprochene Vermuthung ist in der That völlig zutreffend und zwar nicht nur in dem Falle, für welchen die Tafel VI berechnet ist, dass $A$ in einem Spiele doppelt soviel Wahrscheinlichkeit hat, es zu gewinnen, als es zu verlieren, und in dem nächsten Spiele umgekehrt doppelt soviel Wahrscheinlichkeit hat, es zu verlieren als es zu gewinnen, sondern ganz allgemein für jedes Verhältniss. Ein Beweis hierfür existirt aber meines Wissens bis jetzt nicht, weshalb ich den folgenden hier mittheile.

Es werde angenommen, dass $A$ dem $B$ abwechselnd einen kleinen oder einen grösseren Vortheil einräumt, je nachdem die Anzahl der von beiden Spielern noch zu gewinnenden Spiele eine gerade oder ungerade Zahl ist; im ersteren Falle soll es $n$-mal ($n$ eine positive Zahl) wahrscheinlicher sein, dass $A$ das Spiel gewinnt, als dass er es verliert, und im letzteren Falle soll es umgekehrt $n$-mal wahrscheinlicher sein, dass $A$ das Spiel verliert, als dass er es gewinnt. Bezeichnet man nun die Hoffnung des $A$, die Partie zu gewinnen, wenn er noch $g$ und sein Gegner $B$ noch $h$ Spiele zu gewinnen hat, mit $A_{g,h}$, so ist, wenn $g+h$ eine gerade Zahl ist, immer

$$A_{g,h} + A_{h,g} = 1. \tag{I}$$

Dies lässt sich folgendermaassen leicht zeigen.

Aus den Voraussetzungen ergeben sich die folgenden Recursionsformeln:

$$A_{g,h} = \frac{n}{n+1} A_{g-1,h} + \frac{1}{n+1} A_{g,h-1},$$

wenn $g + h$ eine gerade Zahl ist, und

$$A_{g,h} = \frac{1}{n+1} A_{g-1,h} + \frac{n}{n+1} A_{g,h-1},$$

wenn $g + h$ eine ungerade Zahl ist. Wendet man auf $A_{g-1,h}$ und $A_{g,h-1}$ in der ersten Formel die zweite und auf dieselben Grössen in der zweiten Formel die erste an, so erhält man die für gerade und ungerade Werthe von $g + h$ gültige Formel:

$$A_{g,h} = \frac{1}{(n+1)^2}\left\{nA_{g-2,h}+(n^2+1)A_{g-1,h-1}+nA_{g,h-2}\right\}. \quad \text{(II)}$$

Beachtet man nun, dass auf Grund der Definition von $A_{\varrho,\sigma}$ und der Spielbedingungen die Gleichungen bestehen:

$$A_{\varrho,\sigma} = 0, \text{ für } \varrho > 0, \sigma \leqq 0,$$
$$A_{\varrho,\sigma} = 1, \text{ für } \varrho \leqq 0, \sigma > 0,$$
$$A_{2,2} = A_{1,1},$$

da ein Spieler zwei Spiele hintereinander gewinnen muss, um die Partie zu gewinnen, wenn jedem der Spieler nur noch 2 Spiele fehlen, so findet man aus der Recursionsformel zunächst:

$$A_{1,1} = \frac{1}{2};$$

$$A_{2,1} = \frac{1}{2(n+1)},$$

$$A_{1,2} = \frac{n+2}{2(n+1)};$$

$$A_{2,2} = \frac{1}{2},$$

$$A_{3,1} = \frac{n}{2(n+1)^2},$$

$$A_{1,3} = \frac{2n^2+3n+2}{2(n+1)^2}.$$

Auf der rechten Seite der Formel (II) stehen nun lauter Hoffnungen $A_{\varrho,\sigma}$, deren Indicessumme $\varrho + \sigma$ um zwei Einheiten kleiner ist als die Indicessumme der auf der linken

Seite stehenden Hoffnung. Kennt man also alle Hoffnungen, deren Indicessumme gleich $s$ ist, welche der Kürze wegen die zur Zahl $s$ gehörenden Hoffnungen heissen sollen, so kann man alle zur Zahl $s+2$ gehörenden Hoffnungen berechnen. Es sei nun $s$ eine gerade Zahl, also $2t$, und es werde angenommen, dass alle zur Zahl $2t$ gehörenden Hoffnungen $A_{\varrho, 2t-\varrho}$ ($\varrho = -2$, $-1$, $0$, $1$, $2$, ..., $2t+2$) der Gleichung genügen:

$$A_{\varrho, 2t-\varrho} + A_{2t-\varrho, \varrho} = 1, \qquad (\text{III})$$

so folgt aus der Recursionsformel:

$$A_{\varrho, 2t+2-\varrho}$$
$$= \frac{1}{(n+1)^2}\Big\{nA_{\varrho-2, 2t+2-\varrho}+(n^2+1)A_{\varrho-1, 2t+1-\varrho}+nA_{\varrho, 2t-\varrho}\Big\},$$

$$A_{2t+2-\varrho, \varrho}$$
$$= \frac{1}{(n+1)^2}\Big\{nA_{2t+2-\varrho, \varrho-2}+(n^2+1)A_{2t+1-\varrho, \varrho-1}+nA_{2t-\varrho, \varrho}\Big\}$$

und unter Berücksichtigung der für die zur Zahl $2t$ gehörenden Hoffnungen als gültig angenommenen Gleichung (III) durch Addition:

$$A_{\varrho, 2t+2-\varrho} + A_{2t+2-\varrho, \varrho} = \frac{1}{(n+1)^2}\Big\{n+(n^2+1)+n\Big\}$$
$$= 1,$$

d. h. wenn die Gleichung (I) für die zur Zahl $2t$ gehörenden Hoffnungen gilt, so gilt sie auch für die zur Zahl $2t+2$ gehörenden. Nun gilt sie aber für $t=1$ und $2$, folglich gilt sie allgemein, w. z. b. w.

Aus der allgemeinen Formel

$$A_{g,h} + A_{h,g} = 1$$

folgt aber für $h=g$ sofort die specielle Formel:

$$A_{g,g} = \tfrac{1}{2},$$

welche *Bernoulli* für $n=2$ vermuthet hatte. Ist $g+h$ eine ungerade Zahl, so gilt keine derartige Gleichung.

Die Hoffnungen des $B$ ergänzen die entsprechenden des $A$ stets zu 1.

Die Hoffnungen $A_{g,h}$ lassen sich independent als Functionen von $g$, $h$ und $n$ darstellen, wobei die Ausdrücke verschieden sind, wenn $g+h$ eine gerade und wenn es eine ungerade Zahl ist. Diese Rechnung aber nicht nur, sondern sogar die Ausdrücke sind zu lang, um sie hier anzuführen, zumal sie nicht auf besonderes Interesse Anspruch machen können.

23) *Zu S. 293*. Eine Bisque ist eine Vorgabe von 15, welche ihr Inhaber verwenden kann, wann es ihm beliebt; nur muss er sich vor Beginn eines Ganges, nicht erst während desselben entscheiden, ob er sie verwenden will oder nicht.

Die Resultate von *Bernoulli*'s Untersuchungen sind offenbar wenig bekannt geworden. Denn während *Bernoulli* hier zeigt, dass es vortheilhafter für einen Spieler ist, seine Bisque bald zu verwenden, als sie längere Zeit aufzuheben, sind die Bisques beim Lawn-Tennis (bei welchem es keine Schassen giebt) nur deshalb abgeschafft, weil man sich über den Zeitpunkt ihrer Verwendung ganz im Unklaren befand. Ihre Abschaffung war aber gerade nach *Bernoulli*'s Untersuchungen gerechtfertigt, weil jede Bisque am Anfange eines Spieles am besten verwendet wird und also dann einfach einer Vorgabe von 15 gleich ist.

24) *Zu S. 299*. Waren auch oben im Ballhause Schassen zugelassen, d. h. war festgesetzt, dass die Partei I nicht 15 gewann, sondern nur eine Schass machte, wenn die Gegenpartei den Ball ein zweites Mal aufspringen liess, so nannte man diese Schassen de vers le jeu, weil die ganze obere Hälfte $AFGA'$ des Ballhauses als côté de vers le jeu bezeichnet wurde.

Giessen, 16. April 1899.

**Robert Haussner.**

Sonderband
**Dunsch · H. Müller**
Im Fundament zum Gebäude der Wissenschaften 100 Jahre Ostwalds Klassiker

In diesem Band sind die vollständigen Angaben zu allen Bänden von Band 1 bis Band 275 enthalten, sowie ein geschlossener Überblick der Geschichte der Reihe.

Band 1
**H. von Helmholtz**
Über die Erhaltung der Kraft/Über Wirbelbewegungen/ Über discontinuirliche Flüssigkeitsbewegungen/Theorie der Luftschwingungen in Röhren mit offenen Enden
▶ Reprint der Einzelbände 1, 79 und 80
Hrsg.: A. Wangerin

Band 3
**J. Dalton · W.H. Wollaston**
**A. Avogadro · A. Ampère**
Die Grundlagen der Atom- und Molekulartheorie/Versuch einer Methode, die Massen der Elementarmolekeln der Stoffe und die Verhältnisse, nach welchen sie in Verbindungen eintreten, zu bestimmen/Brief des Herrn Ampère an den Herrn Grafen Berthollet
▶ Reprint der Einzelbände 3 und 8
Hrsg.: W. Ostwald

Band 8
**A. Avogadro · A. Ampère**
Versuch einer Methode, die Massen der Elementarmoleküln der Stoffe und die Verhältnisse, nach welchen sie in Verbindungen eintreten, zu bestimmen.
Jetzt enthalten in Band 3

Band 11
**G. Galilei**
Unterredungen und mathematische Demonstrationen über zwei neue Wissenszweige, die Mechanik und die Fallgesetze betreffend (Erster bis sechster Tag)
▶ Reprint der Einzelbände 11, 24 und 25
Übers. und Hrsg.: A.J. v. Oettingen

Band 12
**Kant**
Allgemeine Naturgeschichte und Theorie des Himmels
Hrsg. A.J.v. Oettingen

Band 20
**C. Huygens**
Abhandlung über das Licht
Worin die Ursachen der Vorgänge bei seiner Zurückwerfung und Brechung und besonders bei der eigentümlichen Brechung des isländischen Spathes dargelegt sind.
Hrsg.: A. J. v. Oettingen

Band 24
**G. Galilei**
Unterredungen und mathematische Demonstrationen über zwei neue Wissenszweige, die Mechanik und die Fallgesetze betreffend. (Dritter und vierter Tag)
Jetzt enthalten in Band 11

Band 25
**G. Galilei**
Unterredungen und mathematische Demonstrationen über zwei neue Wissenszweige, die Mechanik und die Fallgesetze betreffend. (Fünfter und sechster Tag)
Jetzt enthalten in Band 11

Band 35
**J. Berzelius**
Versuch, die bestimmten und einfachen Verhältnisse aufzufinden, nach welchen die Bestandteile der unorganischen Natur miteinander verbunden sind.
Hrsg.: W. Ostwald

Band 37
**S. Carnot**
Betrachtungen über die bewegende Kraft des Feuers und die zur Entwicklung dieser Kraft geeigneten Maschinen
Übers. und Hrsg.: W. Ostwald

Band 44
**L. Gay-Lussac · J. Dalton · P. Dulong u.a.**
Das Ausdehnungsgesetz der Gase
Abhandlungen 1802-1842
Hrsg.: W. Ostwald

Band 52
**A. Galvani · A. Volta**
Abhandlung über die Kräfte der Electricität bei der Muskelbewegung/Untersuchungen über den Galvanismus
▶ Reprint der Einzelbände 52 und 118
Hrsg.: A.J. v. Oettingen

Band 59
**O. v. Guericke**
Neue „Magdeburgische Versuche" über den leeren Raum
Hrsg., Übers. und Anm.: F. Dannemann

Band 68
**L. Meyer · D. Mendelejeff**
Das natürliche System der chemischen Elemente.
Abhandlungen.
Hrsg.: K. Seubert

Band 69
**J.C. Maxwell**
Über Faradays Kraftlinien/ Über physikalische Kraftlinien
▶ Reprint der Einzelbände 69 und 102
Hrsg.: L. Boltzmann

Band 72
**G. Kirchhoff · R. Bunsen**
Chemische Analyse durch Spectralbeobachtungen/ Abhandlungen über Emission und Absorption
▶ Reprint der Einzelbände 72* und 100**
*Hrsg.: W. Ostwald ** Hrsg.: M. Planck

Band 79
**H. von Helmholtz**
Zwei hydrodynamische Abhandlungen
Jetzt enthalten in Band 1

**Band 80**
**H. von Helmholtz**
*Theorie der Luftschwingungen*
Jetzt enthalten in Band 1

**Band 81**
**M. Faraday**
*Experimentaluntersuchungen über Elektrizität*
I. und II. Reihe
Hrsg.: A.J. v. Oettingen

**Band 84**
**C. F. Wolff**
*Theoria Generationis*
Über die Entwicklung der Pflanzen und Thiere
Theil I und Theil II
▶ Reprint der Einzelbände 84 und 85

**Band 85**
**C. F. Wolff**
*Theoria Generationis*
Zweiter Theil
Jetzt enthalten in Band 84

**Band 86**
**M. Faraday**
*Experimentaluntersuchungen über Elektrizität*
III. bis V. Reihe
Hrsg.: A.J. v. Oettingen

**Band 87**
**M. Faraday**
*Experimentaluntersuchungen über Elektrizität*
VI. bis VIII. Reihe
Hrsg.: A.J. v. Oettingen

**Band 96**
**Sir I. Newton**
*Optik oder Abhandlung über Spiegelungen, Brechungen, Beugungen und Farben des Lichts*
(Erstes bis drittes Buch)
▶ Reprint der Einzelbände 96 und 97
Übers. und Hrsg.: W. Abendroth

**Band 97**
**Sir I. Newton**
*Optik oder Abhandlung über Spiegelungen, Brechungen, Beugungen und Farben des Lichts*
(Zweites und drittes Buch)
Jetzt enthalten in Band 96

**Band 99**
**R. Clausius**
*Über die bewegende Kraft der Wärme und die Gesetze, welche sich daraus für die Wärmelehre selbst ableiten lassen*
Hrsg.: M. Planck

**Band 100**
**G. Kirchhoff**
*Abhandlung über Emission und Absorption*
I. Über die Fraunhoferschen Linien
II. Über den Zusammenhang zwischen Emission und Absorption von Licht und Wärme
III. Über das Verhältnis zwischen dem Emissionsvermögen und dem Absorptionsvermögen der Körper für Wärme und Licht
Jetzt enthalten in Band 72

**Band 102**
**J.C. Maxwell**
*Über physikalische Kraftlinien*
Jetzt enthalten in Band 69

**Band 107**
**J. Bernoulli**
*Wahrscheinlichkeitsrechnung*
I. bis IV. Teil
▶ Reprint der Einzelbände 107 und 108
Übers. und Hrsg.: R. Haussner

**Band 108**
**J. Bernoulli**
*Wahrscheinlichkeitsrechnung*
Jetzt enthalten in Band 107

**Band 106**
**J. D' Alembert**
*Abhandlung über Dynamik,*
Übers. und Hrsg.: A. Korn

**Band 110**
**J. van't Hoff**
*Die Gesetze des chemischen Gleichgewichtes für den verdünnten, gasförmigen oder gelösten Zustand*
Übers. und Hrsg.: G. Bredig

**Band 118**
**A. Volta**
*Untersuchungen über den Galvanismus*
Jetzt enthalten in Band 52

**Band 120**
**M. Malpighi**
*Die Anatomie der Pflanzen*
I. und II. Teil
Bearb.: M. Möbius

**Band 121**
**G. Mendel**
*Versuche über Pflanzenhybriden*
Zwei Abhandlungen 1866 und 1870
Hrsg.: E. v. Tschermak - Seysenegg

**Band 126**
**M. Faraday**
*Experimentaluntersuchungen über Elektrizität*
IX. bis XI. Reihe (1835)
Hrsg.: A.J. v. Oettingen

**Band 128**
**M. Faraday**
*Experimentaluntersuchungen über Elektrizität*
XII. und XIII. Reihe (1838)
Hrsg.: A.J. v. Oettingen

**Band 131**
**M. Faraday**
*Experimentaluntersuchungen über Elektrizität*
XIV. bis XIX. Reihe
Hrsg.: A.J. v. Oettingen
▶ Reprint der Einzelbände 131, 134 und 136

### Band 134
**Faraday**
Experimentaluntersuchungen über Elektrizität
I. und XVII. Reihe
Jetzt enthalten in Band 131

### Band 136
**Faraday**
Experimentaluntersuchungen über Elektrizität
VIII. und XIX. Reihe
Jetzt enthalten in Band 131

### Band 140
**Faraday**
Experimentaluntersuchungen über Elektrizität
I. bis XXIII. Reihe
Hrsg.: A.J. v. Oettingen

### Band 144
**Kepler**
Optik
Der Schilderung der Folgen, die sich aus der unlängst gemachten Erfindung der Fernrohre für das Sehen und die sichtbaren Gegenstände ergeben.
Übers. und Hrsg.: F. Plehn

### Band 162
**G.W. Leibniz · Sir I. Newton**
Über die Analysis des Unendlichen/ Abhandlung über die Quadratur der Kurven
Reprint der Einzelbände 162 und 164
Übers. und Hrsg.: G. Kowalewski

### Band 164
**Sir I. Newton**
Abhandlung über die Quadratur der Kurven
Jetzt enthalten in Band 162

### Band 180
**Mayer**
Die Mechanik der Wärme
Zwei Abhandlungen
Hrsg.: A.J. v. Oettingen

### Band 199
**Einstein · M. v. Smoluchowski**
Brownsche Bewegung
Reprint der Einzelbände 199 und 207

### Band 201
**Archimedes**
Abhandlungen
Über Spiralen
Reprint der Einzelbände 201, 202, 203, 210 und 213
Übers., Anm. u. Anh.: A. Czwalina-Allenstein

### Band 202
**Archimedes**
Kugel und Zylinder
Jetzt enthalten in Band 201

### Band 203
**Archimedes**
Die Quadratur der Parabel/ Über das Gleichgewicht ebener Flächen
Jetzt enthalten in Band 201

### Band 206
**M. Planck**
Die Ableitung des Strahlungsgesetzes
Sieben Abhandlungen aus dem Gebiete der elektromagnetischen Strahlungstheorie
Anm.: F. Reiche

### Band 207
**M. von Smoluchowski**
Abhandlung über die Brownsche Bewegung und verwandte Erscheinungen
Jetzt enthalten in Band 199

### Band 210
**Archimedes**
Über Paraboloide, Hyperboloide und Ellipsoide
Jetzt enthalten in Band 201

### Band 213
**Archimedes**
Über schwimmende Körper /Die Sandzahl
Jetzt enthalten in Band 201

### Band 228
**W. Wien · O. Lummer**
Das Wiensche Verschiebungsgesetz/Die Verwirklichung des schwarzen Körpers
Hrsg.: M. v. Laue

### Band 233
**P.S. de Laplace**
Philosophischer Versuch über die Wahrscheinlichkeit
Hrsg.: R.v. Mises

### Band 235
**Euklid**
Die Elemente
Bücher I bis XIII
▶ Reprint der Einzelbände 235, 236, 240, 241, 243
Hrsg. und Übers.: C. Thaer

### Band 236
**Euklid**
Die Elemente
Buch IV bis VI
Jetzt enthalten in Band 235

### Band 240
**Euklid**
Die Elemente
Buch VII bis IX
Jetzt enthalten in Band 235

### Band 241
**Euklid**
Die Elemente
Buch X
Jetzt enthalten in Band 235

### Band 243
**Euklid**
Die Elemente
Buch XI bis XIII
Jetzt enthalten in Band 235

**Band 244**
**G.S. Ohm · G.T. Fechner**
*Das Grundgesetz des elektrischen Stromes*
Drei Abhandlungen
Hrsg.: C. Piel

**Band 251**
**H. Hertz**
*Über sehr schnelle elektrische Schwingungen*
Vier Arbeiten.
Einl. und Anm.: G. Hertz

**Band 252**
**D. Hilbert**
*Die Hilbertschen Probleme*
Vortrag „Mathematische Probleme" von D. Hilbert, gehalten auf dem 2. Int. Mathematikerkongreß Paris 1900.
Erläuterungen: P.S. Alexandrov u.a.

**Band 253**
**F. Klein**
*Das Erlanger Programm*
Vergleichende Betrachtungen über neuere geometrische Forschungen
Einl. und Anm.: H. Wußing

**Band 254**
**F. Crick · R. Holley · J. Watson · u.a.**
*Molekulargenetik*
Beiträge zu ihrer Entwicklung.
Ausw., Einl. und Komm.: E. Geißler

**Band 256**
**C.F. Gauß**
*Mathematisches Tagebuch 1796 - 1814*
Einf.: K.-R. Biermann   Übers.: E. Schuhmann
Anm.: H. Wußing

**Band 257**
**W. Ostwald**
*Gedanken zur Biosphäre*
Sechs Essays
Einl. und Anm.: H. Berg

**Band 258**
**E.F.F. Chladni**
*Über den kosmischen Ursprung der Meteorite und Feuerkugeln*
Erl.: G. Hoppe

**Band 261**
**L. Euler**
*Zur Theorie komplexer Funktionen*
Übers.: W. Purkert, H. Maser, H. Müller, R. Thiele, O. Neumann, A. Wangerin, E. Schuhmann.
Einl. und Anm.: A.P. Juschkewitsch

**Band 263**
**H. Hertz**
*Die Prinzipien der Mechanik in neuem Zusammenhange dargestellt*
Vorw.: H. von Helmholtz, Vorb.: P. Lenard,
Einl. und Anm.: J. Kuczera

**Band 264**
**M. von Ardenne**
*Arbeiten zur Elektronik*
Erl.: H. Berg und S. Reball

**Band 267**
**W. Ostwald**
*Zur Geschichte der Wissenschaft*
Vier Manuskripte aus dem Nachlaß
Einf. und Anm.: R. Zott

**Band 271**
**J.W. Ritter**
*Entdeckungen zur Elektrochemie, Bioelektrochem und Photochemie*
Ausw., Einl. und Erl.: H. Berg und K. Richter

**Band 272**
**F. Runge · R. Liesegang · B. Belousov
A. Zhabotinsky**
*Selbstorganisation chemischer Strukturen*
Ausw., Einl., Komm.: L. Kuhnert und U. Nieders

**Band 276**
**E. Abbe**
*Briefwechsel mit Adolf Ferdinand Weinhold*

**Band 280**
**P. Brosche**
*Astronomie der Goethezeit*
Textsammlung aus Zeitschriften und Briefen Fra Xaver von Zachs

**Band 281**
**M. Eigen**
*Die „unmeßbar" schnellen Reaktionen*
Frühe Arbeiten
Vorwort und Einf.: R. Winkler-Oswatitsch

**Band 282**
**E. Haeckel**
*Entwicklungslehre*
Gemeinverständliche Vorträge und Abhandlunge
Einführung: E. Krauße

**Band 283**
**J. von Gerlach**
*Histologische Färbungen und Mikrophotographie*
Bearb.: D. Gerlach

**Band 285**
**M. Exner**
*Entwurf zu einer physiologischen Erklärung der psy schen Erscheinungen*
Bearb.: O. Breidbach